BRIEF CANDLE IN THE DARK

My Life in Science

Richard Dawkins

ドーキンス自伝 II

ささやかな知のロウソク

科学に捧げた半生

リチャード・ドーキンス

垂水雄二訳

早川書房

50歳の誕生日に、母は戸棚（下中央）に私のそれまでの人生の絵を描いてくれた……ニュー・カレッジの私の部屋で、コンピューターの画面にバイオモルフが映し出され、窓からオックスフォードのスカイラインが見える（上左）。アフリカの子供時代（下左）、そしてイヌと２匹のネコを連れた娘のジュリエット。空中に城が築かれている（下右）。

なかでももっとも偉大なチャールズ・ダーウィンを筆頭とする私のヒーローたち。このページの時計回りに、ピーター・メダワー、ニコ・ティンバーゲン、ビル・ハミルトン、ジョン・メイナード・スミス。

そしてこちらのページでは（上から下に）、ダグラス・アダムズ、カール・セーガン（本書のタイトルの一部は彼に負っている）、そしてデイヴィッド・アッテンボロー。

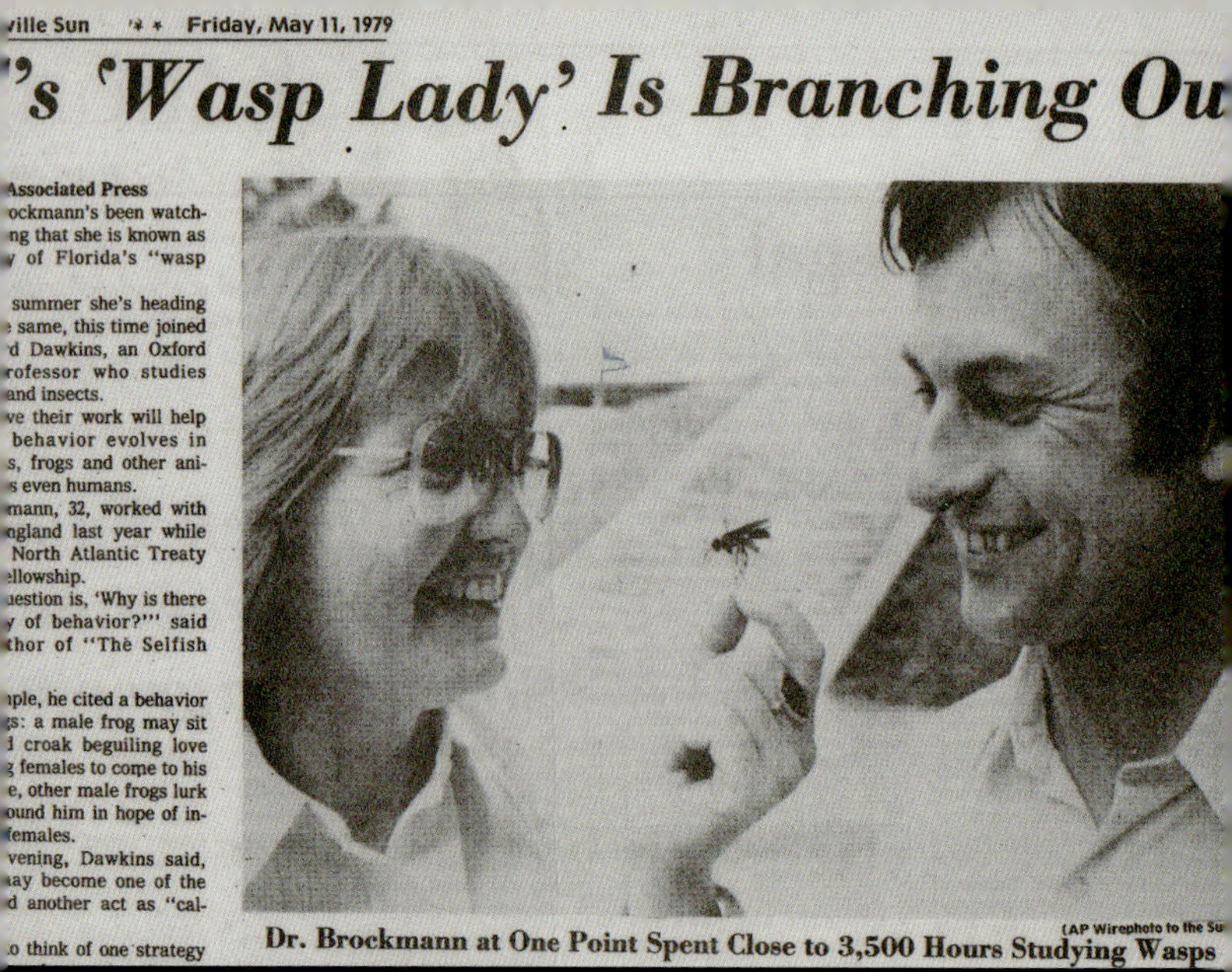

ville Sun Friday, May 11, 1979

's 'Wasp Lady' Is Branching Ou

Associated Press
ockmann's been watch-
ng that she is known as
y of Florida's "wasp

summer she's heading
e same, this time joined
d Dawkins, an Oxford
rofessor who studies
and insects.
ve their work will help
behavior evolves in
s, frogs and other ani-
s even humans.
mann, 32, worked with
ngland last year while
North Atlantic Treaty
ellowship.
uestion is, 'Why is there
y of behavior?'" said
thor of "The Selfish

nple, he cited a behavior
s: a male frog may sit
d croak beguiling love
g females to come to his
e, other male frogs lurk
ound him in hope of in-
females.
vening, Dawkins said,
nay become one of the
d another act as "cal-

o think of one strategy

(AP Wirephoto to the Su

Dr. Brockmann at One Point Spent Close to 3,500 Hours Studying Wasps

フロリダ。ジェーン・ブロックマン（上）と彼女の研究対象。巣穴の入り口のクロアナバチ属（*Sphex*）のアナバチ（左）とオルガンパイプジガバチモドキ（*Trypoxylon politum*）がつくった筒巣（右）——「延長された表現型」の１例。

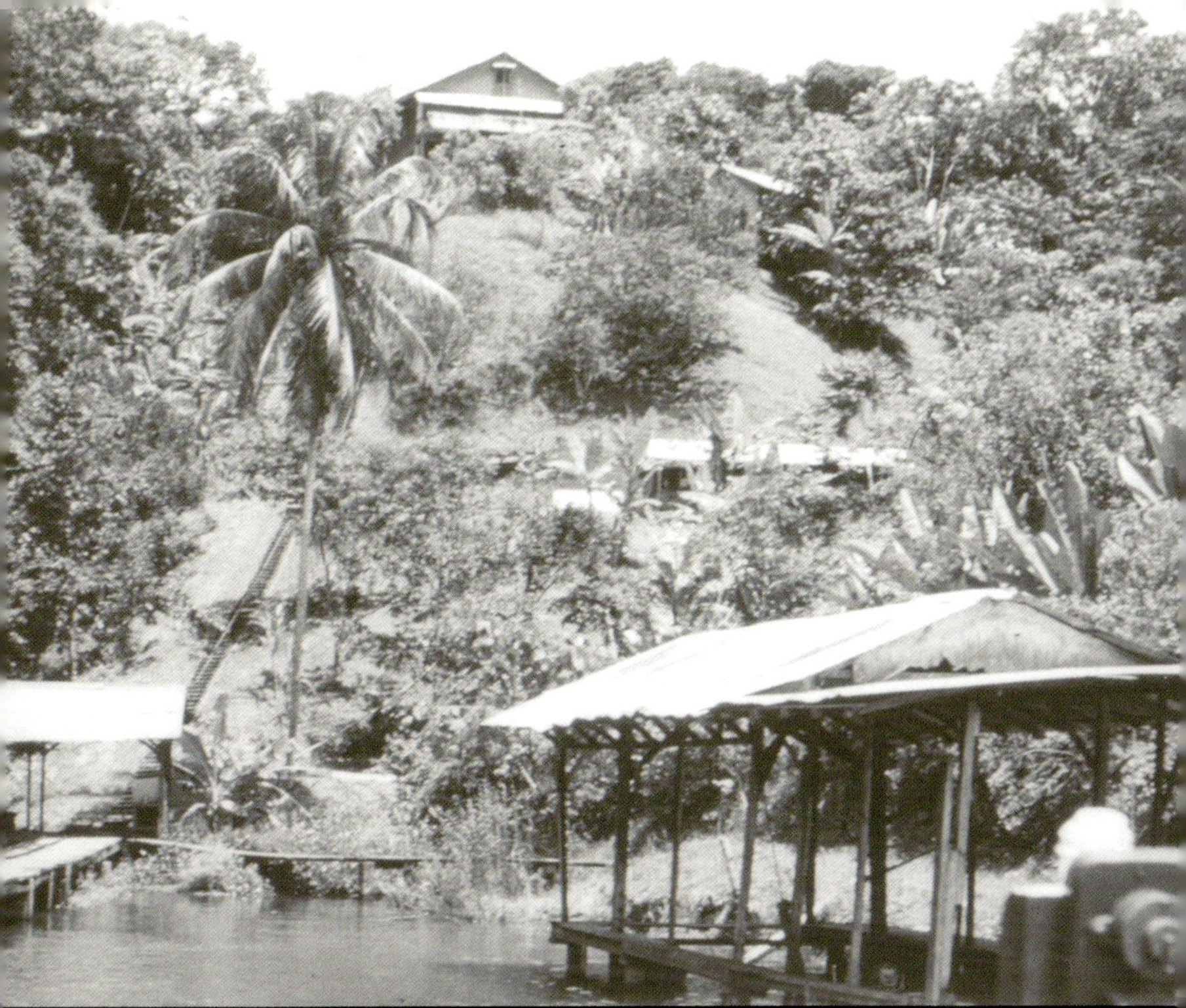

パナマ。バロコロラド島への到着。船着き場から初めて見たスミソニアン熱帯研究所の姿（上）。研究所長代理のマイク・ロビンソンとお友達（下右）、いつも陽気なフリッツ・フォールラス（下中）。地下の菌園のための堆肥をつくる材料を運ぶハキリアリに私は魅了された（下左）。

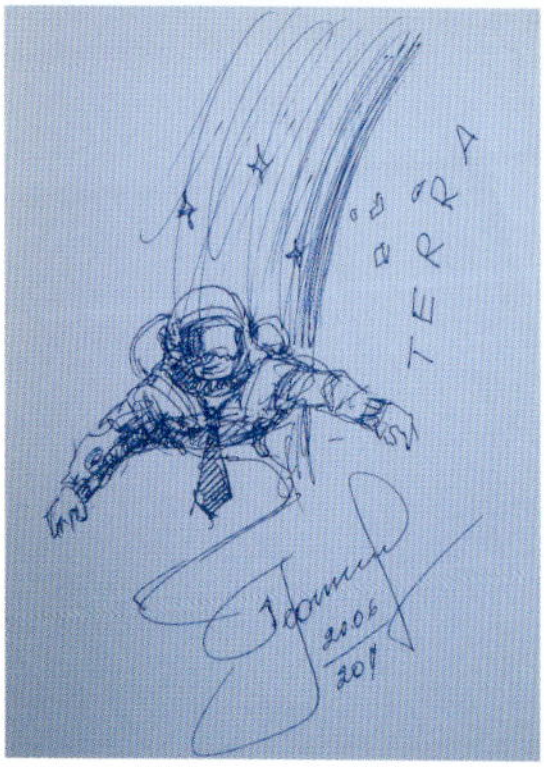

学会巡礼。私が出席したなかでもっとも豪華な会議がおこなわれた壮麗なドイツの城（上左）と、この会議を主宰した天才たちの一人で、断固たる禁煙主義者のカール・ポパー（上右）。2011 年にスタームス会議が開かれたカナリア大望遠鏡の内部（中右）、ここで驚くほど愛想のいい、最初に宇宙遊泳をした人間であるアレクセイ・レオーノフが、宇宙飛行士仲間であるジム・ラヴェルに本格的なロシア式の挨拶をした（下右）。そして主催者の息子のために大急ぎで自画像を描いた（中左）。この息子は会議で彼が身に着けていたネクタイを、宇宙空間でも着けているように書き加えてほしいと頼んだ。

いわゆる「社会生物学の創設者たち」の何人かとともに（上）。1989年、イリノイ州、エヴァンストンにおいて。左から順に、イレネウス・アイブル＝アイベスフェルト、ジョージ・C・ウィリアムズ、E・O・ウィルソン、私、ビル・ハミルトン。

ノルウェー北部のすばらしく美しい眺めをもつメルブ島（下）でおこなわれた、マイケル・ルース主宰の会議で迷子になったように見える私（中右）。ひょっとしたらすでに私は、「北の国の小夜啼き鳥」、ベティ・ペテルセン（中左）に魂を奪われてしまっていたのかもしれない。

意気投合。「四騎士」（上）――左から順に、クリストファー・ヒッチェンズ、ダニエル・デネット、私、サム・ハリス。悲しいことに、数年後私は「さようならヒッチ」と言わなければならなかった（中左）。相互指導は、ニール・ドグラース・タイソン（中右）との「科学の詩情」についての議論や、ローレンス・クラウス（下右）――彼と私は『不信心者たち』という映画を撮影するあいだ、密閉され、息苦しいほど暑いリムジンに閉じ込められた――との旅行から、楽しいだけでなく啓発的でもあることが証された。

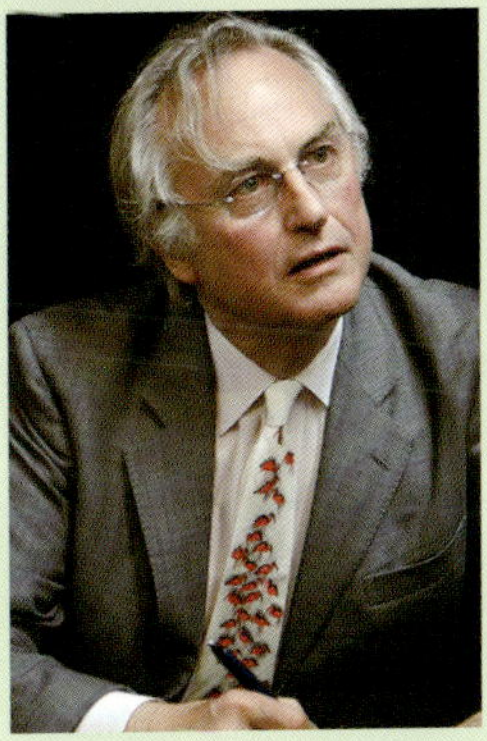

ネクタイ。現在私が身につけるネクタイは、ララが手書きした動物柄の美しいものだけである。ここでは左上から時計回りに、ララとジュゴン柄のネクタイをした私、カンタベリー大主教ローワン・ウィリアムズと私（カマキリ柄）、『不可能の山に登る』で献辞をささげたロバート・ウィンストンと私（カメレオン柄）、ヘイ・オン・ワイでのジョアン・ベイクウェルと私（ペンギン柄）。本にサインしている私（ショウジョウトキ柄）とオープン大学から名誉博士号を授与されている私（シマウマ柄）。

オックスフォード。大パント・レースに参加中のアラン・グラーフェン（上左）とビル・ハミルトン（上右）。レース終了後に、川岸で動物行動学グループの友人たちといるジョン・クレブス（中。右側の眼鏡をかけている人物）。《進化生物学オックスフォード・サーヴェイズ》にこっそりジョークをしのびこませたマーク・リドレー（下右）。彼と私はこの雑誌の創刊編集委員だった。

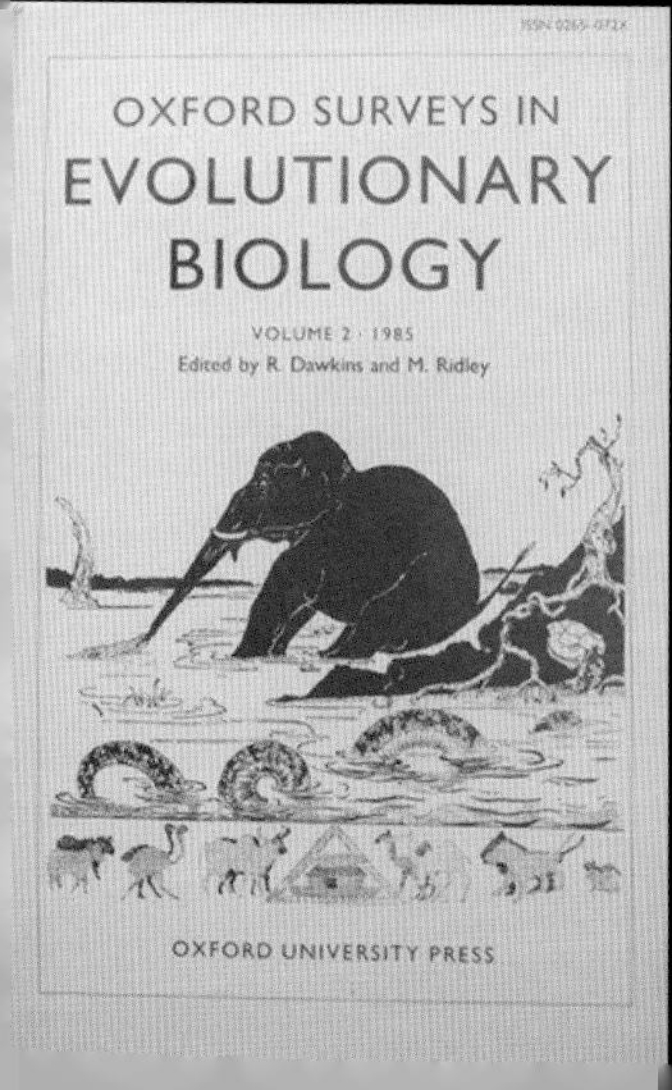

知的巨人とよき友たち。上の写真はオックスフォードの私たちの住居で、フランシス・クリック（左から二人め）とリチャード・グレゴリー（右）をもてなすララと私。左の写真は、サセックス大学の名誉博士号を私に授与してくれたリチャード・アッテンボロー（「どうしてリコリス菓子の包装みたいな格好をしているの」と言われた）。下左は、オックスフォードのわが家の庭の「惑星の詩人」キャロライン・ポルコとララ、下右は、多数の著作のごく一部という並外れた冒険家のレドモンド・オハンロン。

王立研究所クリスマス講演と日本における再演（次ページ）。巨大な子供ボランティア、ダグラス・アダムズ（上）。鼻を砕く寸前で止まる砲弾を見つめている私（中）。ゴミムシダマシの防衛的化学作用の実演（下）。

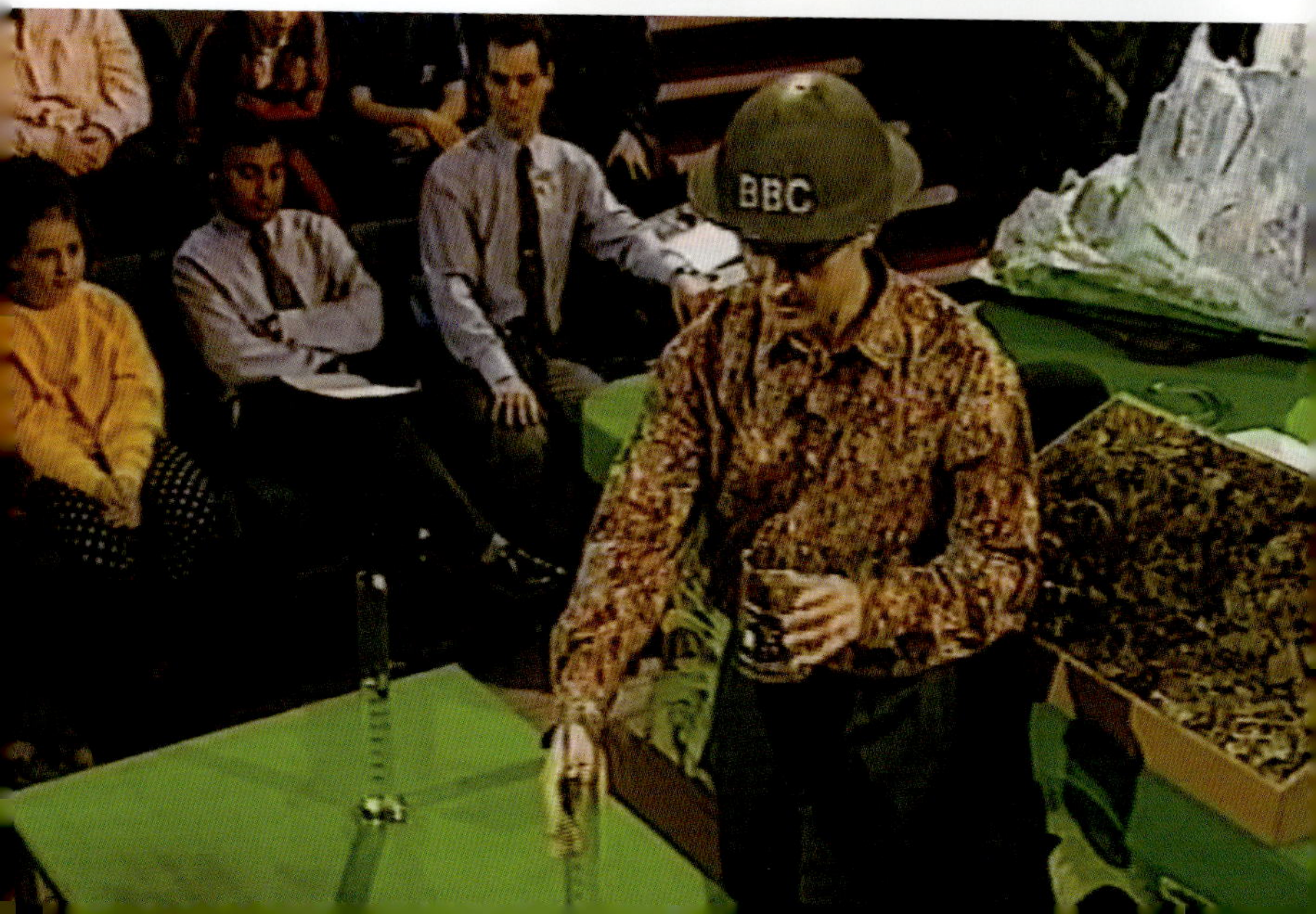

ララと私がはじめてサー・ジョン・ボイド（中左）に会ったのはこの日本への旅行期間中だった。当時彼は駐日大使で、現在もよき友人である。日本での講演ではララも私と一緒に演壇に上がり（上）、一度、このときのために借りてきたニシキヘビをもって登場した（中右）。

人為淘汰の威力を実証するために集められたさまざまな品種のイヌ（下）。

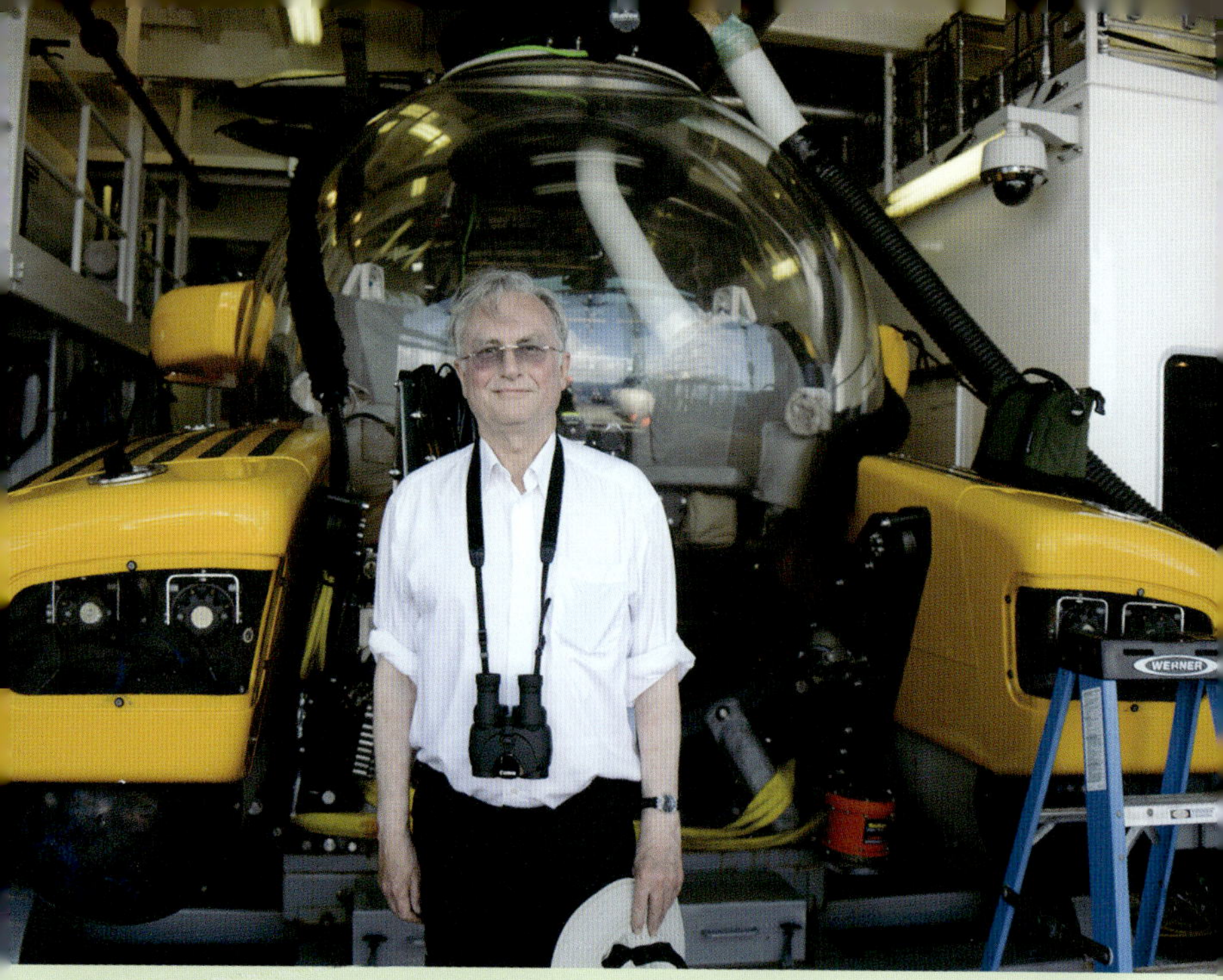

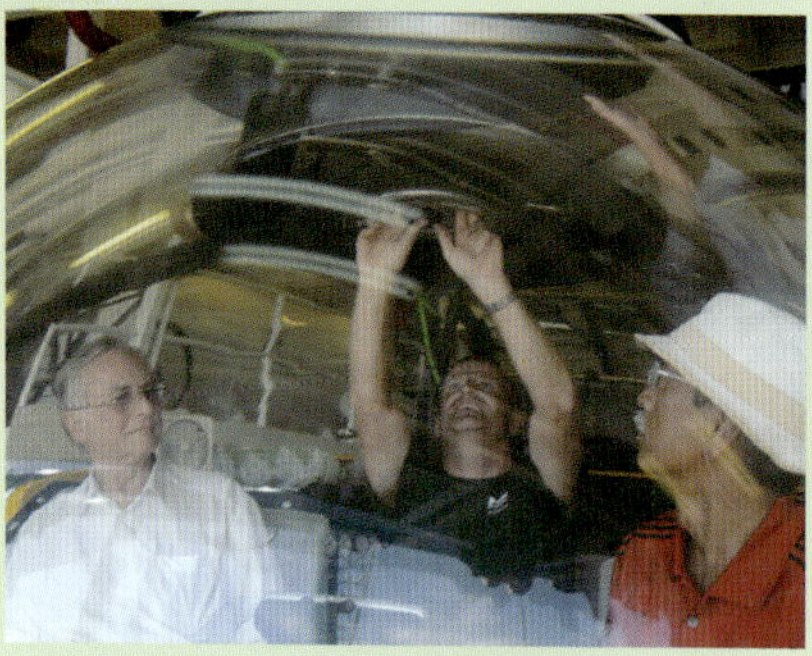

深海。上から時計回りに。レイ・ダリオの調査船アルシア号上で、ダイオウイカ調査のために、潜水艦〈トライトン〉に乗り込もうとするところ。この並外れた動物の生きた標本の初めての写真（右）、エディス・ウィダー（下左）の「電子クラゲ」がダイオウイカをカメラの前までおびき寄せた。〈トライトン〉の内部（中左）、マーク・タイラーとその右の窪寺恒己。窪寺は生きたダイオウイカを見た最初の科学者。

陽光の島。アルシア号での２回めの探検は、私をラジャ・アンパット諸島（上）に連れていってくれた。そこで私はカヤック漕ぎを試みた。『不可能の山に登る』のためのプロモーションツアーのおかげでララと私はグレート・バリア・リーフのヘロン島（３段めおよび４段め）に行くことができた。そこで私は、サメたちのあいだでシュノーケリングをした。たぶんいつの日か、母が子供の頃に遊んだスリランカの川でシュノーケリングをして、かわいい *Dawkinsia rohani*（２段め左）とのお目もじがかなうだろう。

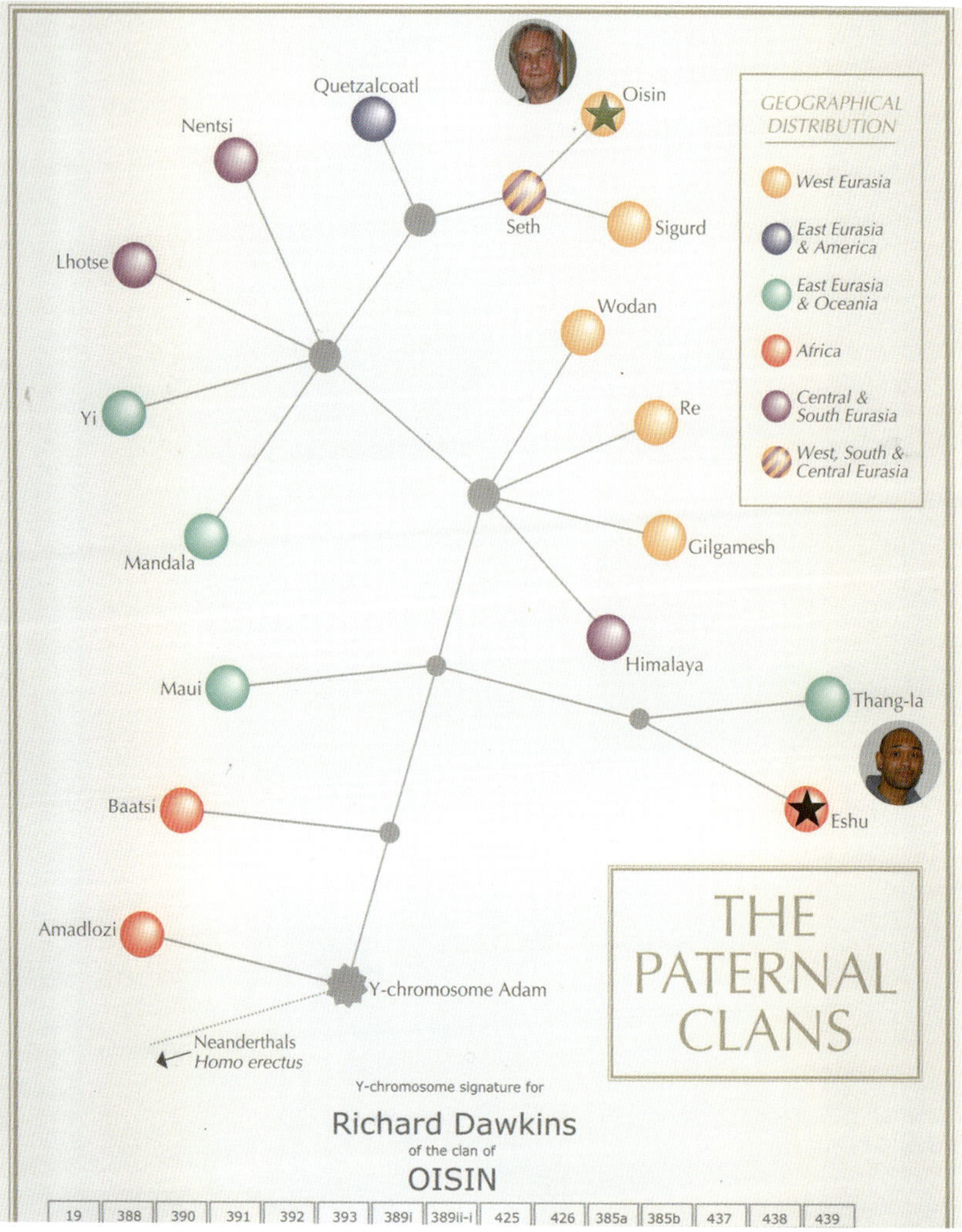

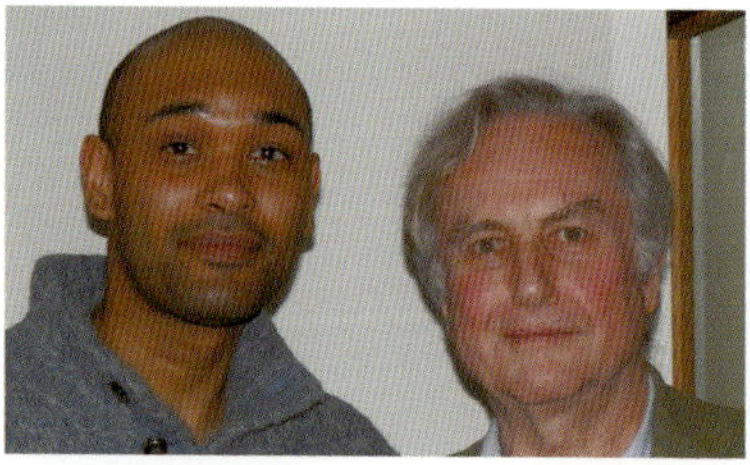

私はジェームズ・ドーキンスと私がジャマイカにいた共通の祖先からの子孫であることを期待していたが、DNA はそれを否定してしまった。遺伝学者ブライアン・サイクスのヒト Y 染色体家系図（上）からわかるように、私たちはそれぞれエシュー、オイシンという、異なる Y 染色体の「クラン」に属している。

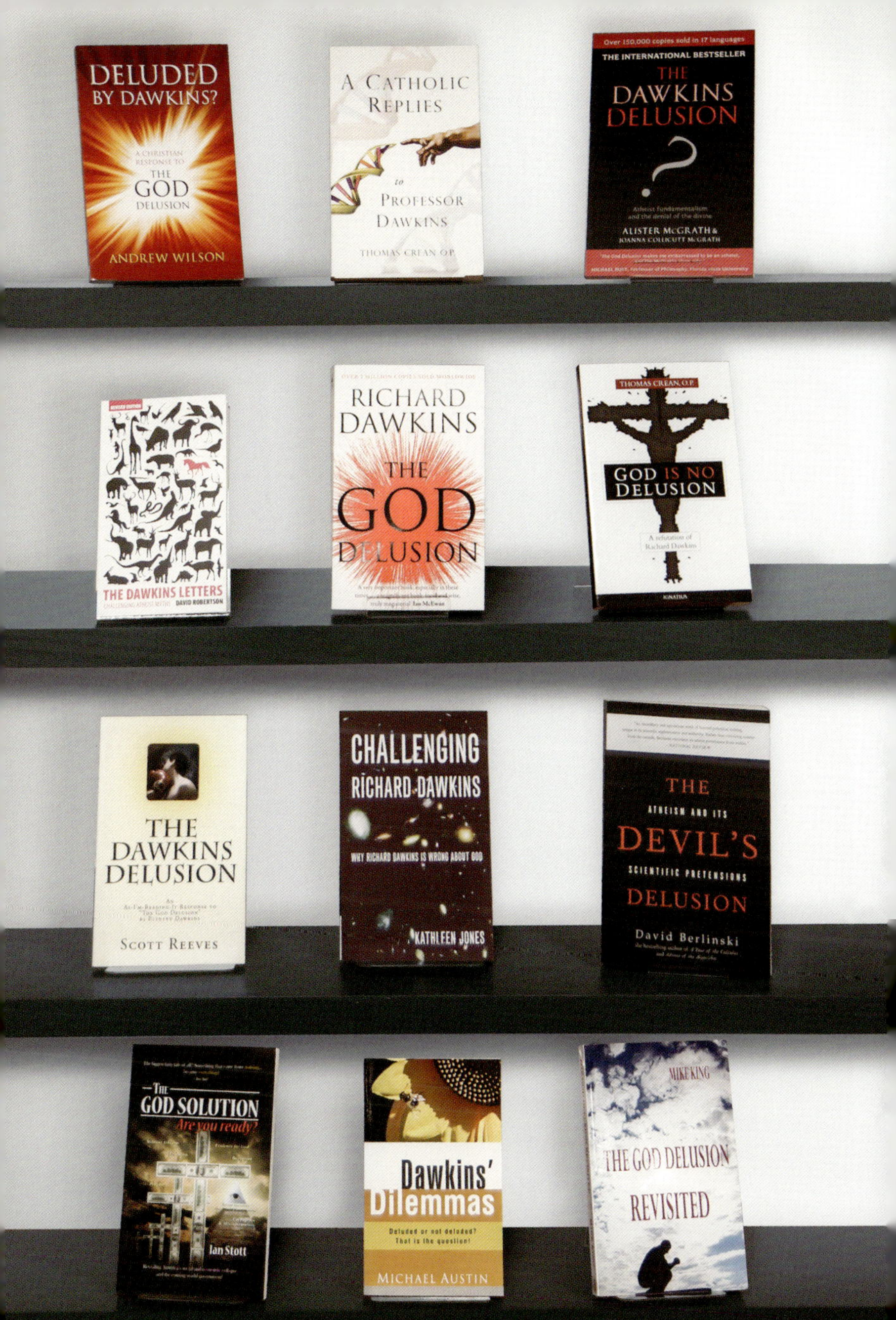

「しかし、自分にたかるノミを讃えるイヌがいたか？」。『神は妄想である』に刺激を受けて出版された20冊を越える宗教書の一部。2段め中央がその「イヌ」にあたる、私の原著。

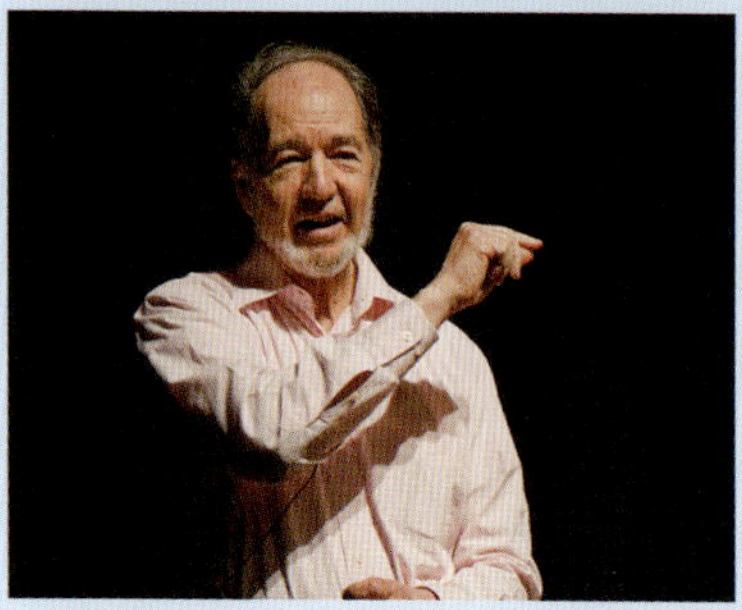

シモニー講演。チャールズ・シモニーは遠い将来を見通して、オックスフォード大学に「科学的精神啓蒙のための教授職」を寄贈した。彼は多数の興味と熱狂の対象をもち、シアトルのすばらしい邸宅で現代美術のコレクションとともに暮らしている（上段右)。2009 年に宇宙旅行したときの、2 人の宇宙飛行士のあいだにはさまれた彼の勇姿（上段左)。

科学的精神啓蒙のための初代教授として、私はシモニー講演を寄付し、その講師として綺羅星のごときスターたちを招くことができたのは幸運だった。前ページの下側の写真４点の、左下から順に時計回りに、ジャレド・ダイアモンド、ダニエル・デネット、リチャード・グレゴリー、スティーヴン・ピンカー。本ページ上から、マーティン・リース、リチャード・リーキー、キャロライン・ポルコ（下左）、ハリー・クロトー（下中）、ポール・ナース（下右）。

テレビ。《科学の壁を破る》（上左）は私がチャンネル４で初めて司会をした最初のテレビ・ドキュメンタリー。もっと最近に私はラッセル・バーンズ（上右の写真の後列中央）と彼のクルーであるカメラマンのティム・クラッグ（右端）、音声係のアダム・プレスコッド（前列）と、ベルファストで撮影した《信仰学校の脅威》（左）や《チャールズ・ダーウィンの天才》（下）など、いくつかの作品で一緒に仕事をした。後者の撮影では、ゴリラとのアッテンボローになれそうな共演があった。ただし、これが動物園でなければの話。

ラッセルと私は《チャールズ・ダーウィンの天才》でも、ナイロビのスラム街で一緒に撮影した（上）。《諸悪の根源？》ではルルド（下左）やエルサレムを訪れた。ここでは私は嘆きの壁を訪れるための必須条件として帽子を被っている（下右）。

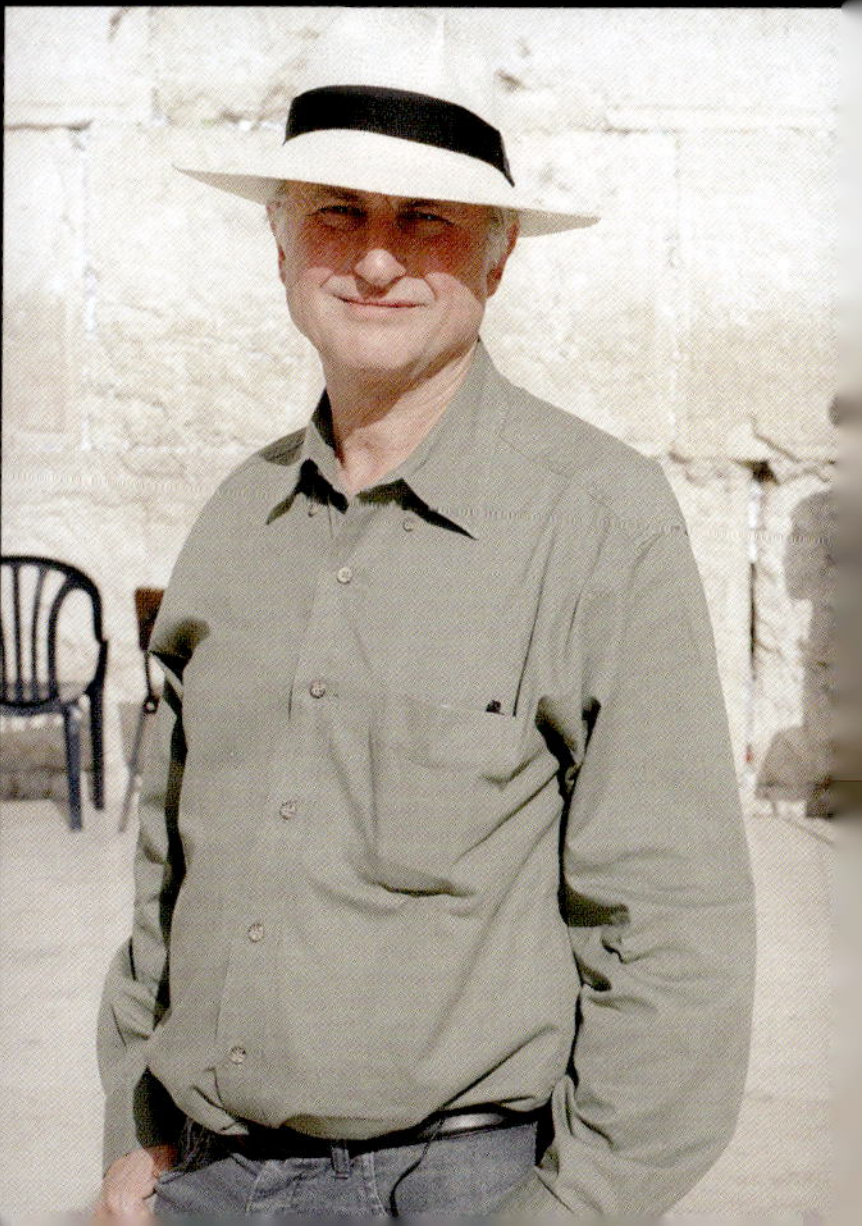

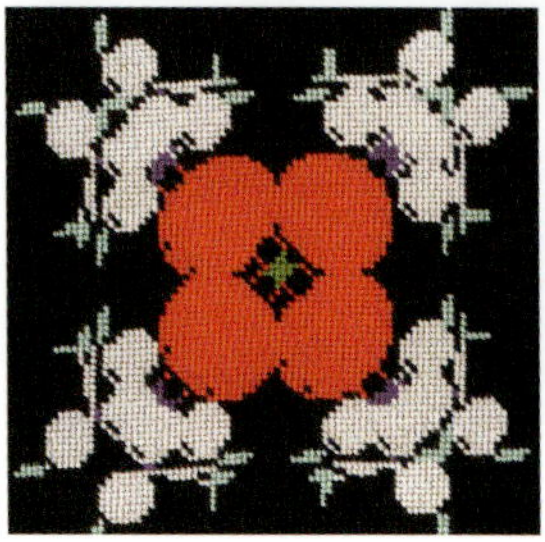

進化のイメージ。「航空機のガラクタ置き場をハリケーンが吹き抜けてボーイング747が組み立てられたというようなものだ」という神話の虚妄をあばく――いい絵がとれたが、結局編集段階でカットされてしまった（右上）。考えられるあらゆるバイオモルフ貝殻の絵を貼った立方体をもつララ（左上）。ララに出会った頃、私はコンピューターでのモノクロおよびカラーのバイオモルフの研究に没頭していて（右中）、彼女はそれからヒントを得て、刺繍の椅子カヴァーをつくったが（左下）、1刺しが1ピクセルに対応している。右下の写真は、そう思われるのももっともだが、バイオモルフではない。実際はガラス海綿の骨格である。

ミームについての諸々。デヴォンシャーにおけるスーの「ミームラブ」の集まりの1つにおいて、ダン・デネットとスーザン・ブラックモアとともに（上）。そうした集まりの1つで、私は「ジャンク（宝船）」ミームを増殖させた（中）。少年時代にクラリネットをいじった経験が、カンヌにおけるサーチ・アンド・サーチ社によるミーム的な音響ショーの最後に、EWIを演奏する備えとなった（下）。

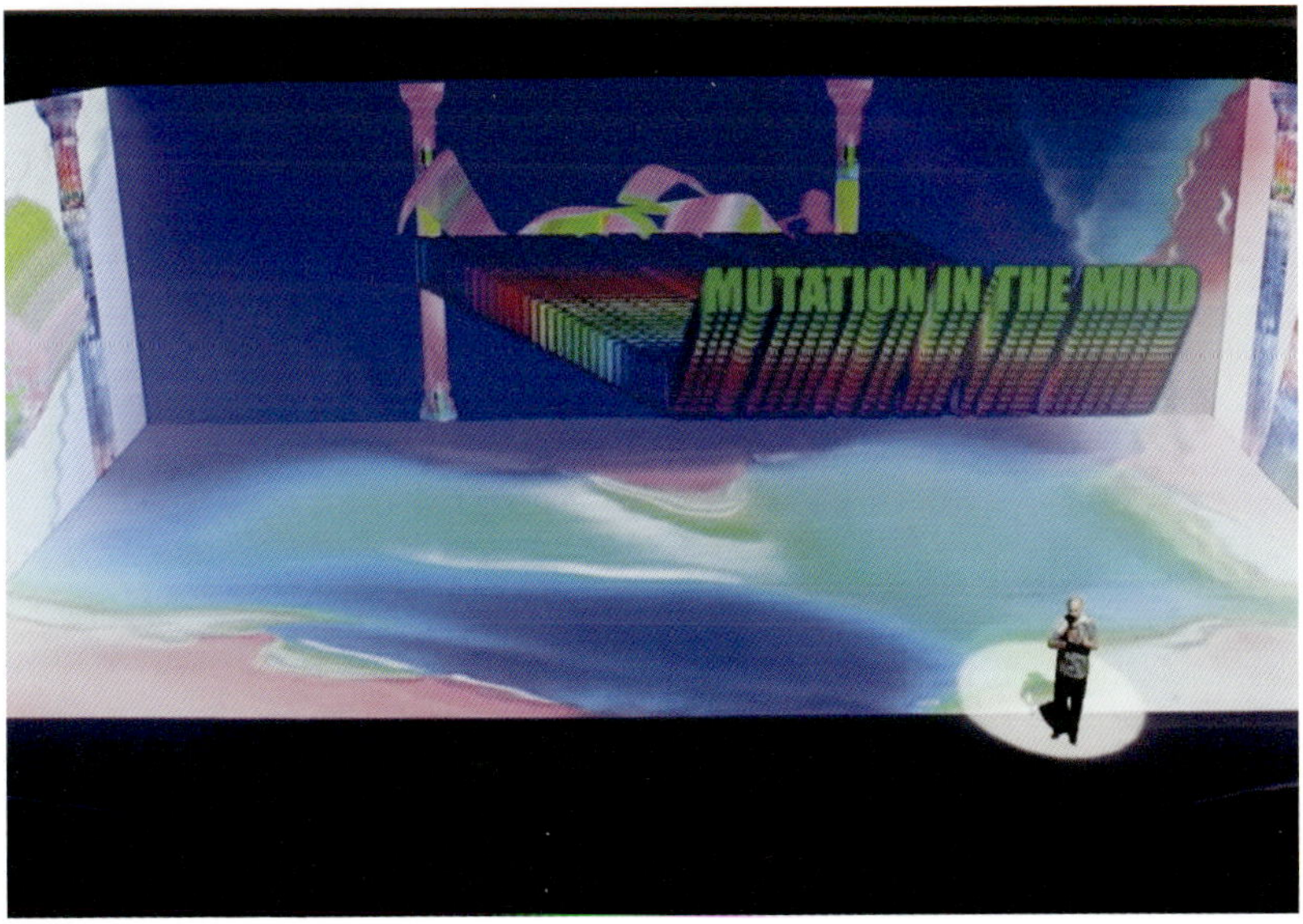

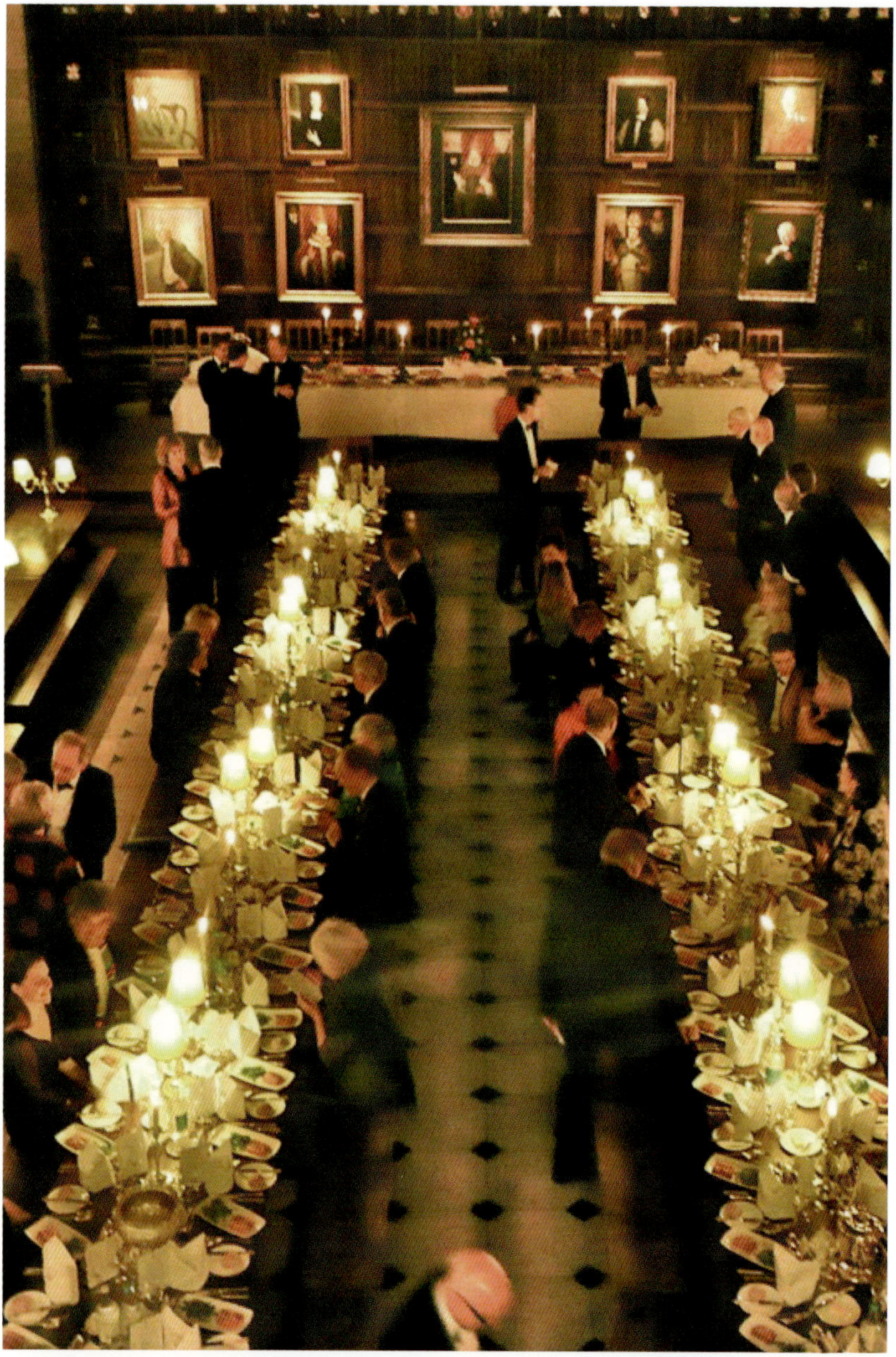

祝宴。私の 70 歳の誕生日晩餐会のためにニュー・カレッジ・ホールに集まってくださった来賓。

ささやかな知のロウソク　ドーキンス自伝Ⅱ

——科学に捧げた半生

BRIEF CANDLE IN THE DARK

My Life in Science

by

Richard Dawkins

Translated by

Yuji Tarumi

First published 2017 in Japan by

Hayakawa Publishing, Inc.

This book is published in Japan by

direct arrangement with

Richard Dawkins, Ltd.

c/o Brockman, Inc.

装幀／水戸部 功

ララへ

「消えろ、消えろ、束の間のロウソク。
人生は歩きまわる影、哀れな役者に過ぎぬ。
出番の時は舞台の上で見得も、啖呵も切りはするが、
終わると、それきり何も聞こえはせぬ……」

ウィリアム・シェイクスピア『マクベス』、五幕五場

「闇を照らすロウソクとしての科学」

カール・セーガン『悪霊にさいなまれる世界』（一九九五年）の副題

「暗いと不平を言うよりも、心に灯（ロウソク）をともしましょう」

作者不詳

目次

Richard

Dawkins

Richard

Dawkins

凡例：本文中、〔（キッコー）〕で囲われた小さい文字列は翻訳による補足であり、［（ブラケット）］内は原著著者による補足・説明である。

ある祝宴での回想

Richard Dawkins

ここニュー・カレッジ・ホールで、一〇〇人のお客さまを前にして自分の詩を朗読するなんて、私はいったい何をしているのでしょう？　どのようにして私はここまできたのでしょう――主観的には二五歳のつもりですが、客観的には太陽のまわりを七〇回も巡ったお祝いをしている自分に困惑しています。ロウソクの灯りに照らされ、磨き上げられた銀器ときらめくワイングラスの載った長いテーブルのまわりを眺めながら、ウィットに富み、きらめくような祝辞の言葉をよくよく嚙みしめながら、早回しのフラッシュバックのような一連の思い出に浸らせていただくことにします。

アフリカの植民地で、大きくて、ゆったりとした動きのチョウに囲まれた幼年時代に戻ってみましょう。今はなきリロングウェ〔マラウィの首都〕の庭から盗んできたクレソンの胡椒《こしょう》のような香り。ただ甘いだけでなく、ツンとくるテレピン油とイオウの匂いのスパイスが効いたマンゴーの味。ジンバブエのブンバ山にあったマツの香りに囲まれた寄宿学校。そして、英国に帰「郷」してからの、ソールズベリーの天に向かう尖塔の下と、オーンドル校での生活。オックスフォードでの小舟《パント》と尖塔のあいだで過ごした夢みがちな大学時代。そして科学や科学しか答えることができない深い哲学的疑問への関心の兆し。オックスフォードとバークリーでの研究と教育への進出。熱心な若手講師としてのオックスフォード大学への帰還。より多くの研究（ほとんどはここニュー・カレッジの宴席にその姿が認められる、最初の妻マリアンとの共同研究です）。そして私の最初の著作である『利己的な遺伝子』。こうした駆け足の思い出は、私を三五歳、今日の記念の日となる誕生日のちょうど中間地点まで、運んでくれます。そうした出来事は、私の回想録の第一巻である『好奇心の赴くままに』で扱った年月の里程標なのです。

自分の三五歳の誕生日というと思い出されるのが、ユーモア作家のアラン・コーレンが自分のことについて書いたある記事です。コーレンは、自分が人生の中間地点に達し、これからはひたすら下っていくだけだと考えたときに、鬱病もどきになったというのです。私はそんなふうには感じませんでしたが、たぶんそのとき私は最初の、どちらかといえば若気《わかげ》にあふれた著作の最後の仕上げをして、刊行とその後の余波を待ち受けていたからでしょう。

そうした余波の一つは、予想外の本の売れ行きに担ぎ上げられて、小さな囲み記事を書き散らしているジャーナリストたちから、ディナー・パーティにどういうゲストを呼べば理想的な集まりになるかその名前を列挙してほしいと、つねに問われる人間の仲間入りをさせられたことでした。当時の私は当然のことながら、その類《たぐい》の依頼にはいつも、招きたい偉大な科学者は何人もいるけれども、それだけでなく、作家やあらゆる種類の創造的精神の持ち主も招きたいと答えることにしていました。実は、そうしたリストのどれにもたぶん、本日の誕生日ディナーに実際に出席していただいた人々のうちの少なくとも一五人は含まれていたことでしょう。そのなかには、小説家、脚本家、テレビのコメンテーター、音楽家、コメディアン、歴史家、出版人、俳優、そして多国籍企業の大立者といった方々がいらっしゃるわけです。

こうして今、テーブルのまわりに見知った顔をいくつも見つけながら思うのですが、三五年前であれば、一人の科学者の誕生日晩餐会にそんなふうに文学や芸術畑のゲストが混ざり合うというのはありそうにもなかったことでしょう。Ｃ・Ｐ・スノーが理科と文科のあいだの断絶を嘆き悲しんで以降、時代精神が変化したのでしょうか？　この席でいま私が思いを馳せた、三五年という年月のうちに何が起こっていたのでしょう？　私の空想はこの三五年の中頃まで飛んで、悲しいかなこの祝宴にはいない、ダグラス・アダムズという、偉大な忘れがたい人物が思い起こされます。一九九六年、五五歳のときに私は自分より一〇歳若いダグラスと、《科学の障壁を破る》と題するチャンネル４のテレビ・ドキュメンタリー番組で対談したのです。この番組の目的はほかでもなく、科学がもっと広い文化のなかで花開く必要があることを示そうとするもので、ダグラスへの私のインタヴューはその白眉でした。次に示すのが、彼が語ったことの一部です。

小説の役割は少しばかり変わってきたと思っています。一九世紀には、小説は自分についての深い省察や、人生についての疑問を手に入れるために赴くべき場所でした。トルストイやドストエフスキーを読むべきだとされていたのです。現在ではもちろん、ご承知のように、そうした問題に関して実際には科学者たちが、小説家から得られるよりもはるかに多くのことを教えてくれるのです。ですから私は、本当に重要だと考える実質的問題のためには、科学書を当たるべきだと思います。そして、息抜きのためになにか小説を読めばいいのです。

これが、変化したことの一部なのでしょうか？　小説家、ジャーナリストその他、C・P・スノーなら断固として第一の文化（文科）に入れていたはずの人々が、しだいに第二の文化（理科）を受け入れるようになってきたのでしょうか？　かつてケンブリッジ大学で英文学を学びながら、二五年後に、小説では見つけられない謎の答えを得るために科学に鞍替えしたダグラスがまだ存命であったら、いまや小説に戻って、そうした謎を暴こうとするでしょうか？　たとえば、イアン・マキューアンやA・S・バイアットのような作品に。それとも、フィリップ・プルマンやマーティン・エイミス、あるいはウィリアム・ボイドやバーバラ・キングソルヴァーのような、他の科学を愛する小説家の作品でしょうか？　さらに、トム・ストッパードやマイケル・フレインの伝統のなかに、科学にインスピレーションを受けた非常に成功した戯曲があります。画家兼女優であるとともに科学書によく通じている妻のララ・ウォードによって集められた、この綺羅星《きらほし》のような賓客の並ぶディナー・パーティは――私の人生における個人的な記念碑であるだけでなく――、文化における変化のなんらかのシンボルになりうるでしょうか？　私たちは、科学的文化と人文的文化との建設的な合体、ひょっとしたら「第三の」文化を目撃しているのでしょうか？　この第三の文化に向けて、私の著作権代理人であるジョン・ブロックマンがオンライン・サロンを育《はぐく》み、科学書作家《サイエンス・ライター》の華麗なリストを拡充することで、舞台裏で活躍しています。あるいは私自身がララの影響のもとで、『虹の解体』で志した文化の融合を、目《ま》のあたりにしているのでしょうか。私はこの本で、人文学の世界へ手を差し伸べ、科学との断絶に橋渡しをしようと試みたのでした。去年《こぞ》のC・P・スノーはいまいずこ？〔Où sont les C. P. Snows d'antan?：フランソワ・ヴィヨンの詩の一節、où sont les neiges d'antan?――去年の雪はいまいずこ――のもじり〕

これから紹介する二つの逸話が答を教えてくれるでしょう（もし、あなたが本筋から外れた逸話が嫌いだとおっしゃるのなら、選んだ本がまちがいだったのかもしれません）。このニュー・カレッジの晩餐会にお見えになっているゲストの一人で、探検家であり冒険家でもあり、『ボルネオの奥地へ』や『また面倒なことに』のような、グロテスクの趣はあるが面白い旅行記の著者でもあるレドモンド・オハンロンは、奥様のベリンダ夫人とともに、ロンドンの文学関係者全員が招待されると思われる文芸パーティや晩餐会をよく開かれます。小説家、批評家、ジャーナリスト、編集者、詩人、出版者、著作権代理人、文壇の寵児たちが、オックスフォードシャーの遠い田舎からやってきて、オハンロン家にはヘビの剥製、干し首、ミイラ、革装の書物、人類学（anthropology）と食人習慣（anthropophagy）——ではないかと疑っている人もいます——に関する異様な骨董品などが詰め込まれていました。こうした夕べはつねに、そのお客の顔ぶれのゆえに人目を引き、そこにサルマン・ラシュディ〔『悪魔の詩』の作者で、イスラム教徒から暗殺の対象として付け狙われている〕が含まれていたときには、二階にある自分の会社を守るボディガードのゆえに人目を引いたものでした。

たまたまララと私はそうしたパーティの一つに、マイクロソフトのチーフ・テクノロジー・オフィサーで、シリコンヴァレーでもっとも発明的才のあるギーク（コンピューターおたく）の一人であるネイサン・ミアヴォルドを家から同伴して出席することになりました。ネイサンはきちんと教育を受けた数理物理学者です。プリンストン大学で博士号を取ったあと、ケンブリッジ大学で、スティーヴン・ホーキングのもとで研究しました。この時期ホーキングはまだなんとかしゃべることができたのですが、ごく近しい同僚を除けば、明瞭に聞き取ることはできなかったので、彼らが他の世界の人間のための通訳をしていました。ネイサンはきわめて有能な物理学者の、そうした秘書役の一人となったのです。有言実行の人である彼はいまや、ハイテク業界におけるもっとも革新的な思想家の一人です。

レドモンドとベリンダが私たちを招いてくれたとき、〝家に泊まっているお客さんがいるのです〟と言ったところ、二人はいつものように快く、その人を連れて一緒においでくださいと言ってくれたのでした。

ネイサンは非常に礼儀正しく、会話を独り占めにしたりはしません。長いテーブルの隣りに座る人々がたぶん彼に何のお仕事をされているのですかと尋ね、会話は弦理論やその他の現代物理学の奥《おう》義《ぎ》についての議論へと発展していったのでしょう。そして、文系知識人のお歴々はただ彼の言葉におとなしく耳を傾けるだけになってしまったのです。彼らはいつものように隣席の人々と、機知に富んだ警句で言葉を交わしはじめたにちがいありません。しかし、ネイサンを中心に広がった、好奇心をそそる科学への関心の波は長いテーブルをなめつくし、その夕べはさながら、現代物理学の凄さについての非公式セミナーのようになってしまいました。この晩餐会の出席者のお歴々のなかでも学識ある知性がセミナーにかかわるとき、興味深い出来事が起きます。おかげでララと私は、この原型的な「第三の文化」の夕べに、予想外のゲストを連れてきた仲介者という栄光に浴することになりました。そして後でレドモンドが電話をしてきて、あの手のパーティを長年主催してきたけれど、著名な文系のお客たちがあれほどすっかり黙り込んでしまったのは一度もなかったとララに語ったのです。

二つめの逸話は、ほとんどその裏返しの鏡像のようなものです。劇作家で小説家のマイケル・フレインは、彼の注目すべき戯曲『コペンハーゲン』がオックスフォード劇場で上演される際に、有名な作家である妻のクレア・トマリンと一緒にわが家に泊ったことがありました。この劇は、現代物理学の二人の巨人、ニールス・ボーアとヴェルナー・ハイゼンベルクの関係と、科学史における一つの謎を扱ったものです。なぜ、一九四一年にハイゼンベルクはボーアをコペンハーゲンに訪ねたのか？

かの戦争におけるハイゼンベルクの役割は何だったのか（四〇八頁を参照）？　公演が終わったあと、マイケルは劇場の上階の部屋に導かれ、そこで、オックスフォード大学の物理学者の集団から根掘り葉掘りの質問を受けました。王立協会《ロイヤル・ソサエティ》の会員《フェロー》数人を含むオックスフォード大学の科学者から選りすぐったメンバーによる、文学的・哲学的学識にかかわる分野での質疑応答という、至高のやりとりが聞けたというのはえがたい特権でした。またしても、肝に銘すべき第三の文化の戦士たちの夕べとなったのです。三〇年前のC・P・スノーを驚かす――そして喜ばせる――夕べです。

一九七六年の『利己的な遺伝子』に始まる自分の著作が、スティーヴン・ホーキング、ピーター・アトキンス、カール・セーガン、エドワード・O・ウィルソン、スティーヴ・ジョーンズ、スティーヴン・ジェイ・グールド、スティーヴン・ピンカー、リチャード・フォーティ、ローレンス・クラウス、ダニエル・カーネマン、ヘレナ・クローニン、ブライアン・グリーン、マーク・リドレー、マット・リドレー、二人のショーン・キャロル（物理学者と生物学者）、ヴィクター・ステンガーといった人々の著作とならんで、そしてそれらにかかわった批評家やジャーナリストの口コミとあわさって、文化的な風景を変えるのに一役買ったものと私は思いたい。ここで私が言っているのは、科学を一般読者に説明する科学ジャーナリストのことではありません――そういう人々も大事ではあるのですが。私が言っているのは、専門的な科学者による、自分の専門分野や他の学門分野の学者に向けたものではあるが、ふつうの読者がのぞき込んで参加できるような言葉で書かれた本についてです。私としては、自分がこの「第三の文化」の始動を助けた人間のうちの一人だったのではないかと思いたいのです。

『好奇心の赴くままに』とちがって、私の自伝のこの第二巻は、単純に時系列に沿ったものでないし、私の七〇歳の誕生日からの一回のフラッシュバック的回想でさえありません。むしろこれは、テーマによって分けられ、横道への脱線と逸話によって区切られた、一連のフラッシュバックです。厳密な年代順に従うことをやめたので、テーマの順序はいくぶん恣意的であります。第一巻で私は、「私をかくあらしめるに与《あずか》ったものが何かというかぎりにおいて、オックスフォード大学こそそれだった」と言いました。ならば、その鮮やかな大理石の壁をもつ大学に私が帰還したところから始めない理由はないでしょう。

大学教師のつとめ

Richard
Dawkins

一九七〇年から九〇年のあいだ、私はオックスフォード大学動物学教室の動物行動学の講師で、九〇年からリーダー（上級講師）に昇格し、九五年まで勤めた。講師の義務は、少なくともアメリカの水準と比べれば、それほど面倒なものではなかった。動物行動学の講義をするだけでなく、私は進化に関する新しい選択科目を開設した人間の一人だった（当然のことながら、進化は動物学過程の中心でありつづけてきたが、この新しい選択科目は学生に、長い時間をかけてその学科の専門的知識を身につけるというオックスフォード大学方式の利点をより深く生かせる機会を与えることになる）。動物学やその他の生物学を勉強している学生に加えて、私は人間科学や心理学を学んでいる学生にも講義をした。彼らはどちらも優等コースの学生で、動物行動学の筆記試験を課せられるのである。

私はまた、動物学の学生のために年に一回コンピューター・プログラミングの講座もした。ついでながらこの講座は、学生の能力における驚くべきばらつきの存在を暴露させた——もっとも優秀な学生ともっとも不出来な学生の差がここまではなはだしい科目は他になかった。もっとも〝できない〟学生は、私が最善の努力を尽くしたにもかかわらず、けっして本当には理解できなかった。しかも、コンピューターがかかわらないこの講座の他の部分ではなんの問題もなかったという事実にもかかわらずである。もっとも〝できる〟学生はどのくらいできたか？　たとえば、講座期間前半の授業をすべて欠席していながら実習授業に遅刻してきた、ケイト・レッセルズという学生がいた。私は、「君はこれまで、コンピューターに一度も触ったことはないんだろう。なのに、四週間も欠席している。どうしたら今日の演習課題ができると思っているんだ」と意見した。

「講義で何を話されたのですか」というのが、このきりっとした眼のお転婆そうな少女からの少しも動じない返答だった。

私は当惑した。「君は四週間分の講義を、私に五分で要約せよと言うのかい」

彼女は、まだ動じる様子もなくうなずき、皮肉っぽいかすかな笑みを浮かべた。

「いいだろう」はたしてそれが彼女にとってか私にとってか、どちらにとって難題なのかわからないな、と思いながら、私は言った。「君がそれを求めたのだからね」。私は四時間の講義を五分に要約した。彼女はノートを取らず、一言もしゃべらず、一文ごとにうなずくだけだった。そのあと、このおそろしく頭のいい若い女性は制御台《コンソール》の前に座り、課題をやり終えて、部屋から出て行った。これが少なくとも、起こった出来事についての私の記憶である。すこしばかり誇張があるかもしれないが、ケイトのその後の経歴を考えあわせれば、とてもそうは思えない。

動物学教室で講義し、実習授業を受け持つことを別にすれば、その他の私の教育義務は個別指導《チユートリアル》から成っていた。私はニュー・カレッジ（一三七九年には新しかったのだが、現在ではオックスフォード大学で最古のカレッジの一つである）で指導したが、一九七〇年にここのフェローになった。オックスフォード大学とケンブリッジ大学の教授と講師の大部分は、この二つの連邦的な大学を構成する半ば独立した三〇～四〇のカレッジあるいは学寮の一つのフェローでもある。私の給料の一部はオックスフォード大学（そこでは私の義務は主として、動物学教室における講義と研究である）、一部はニュー・カレッジから出ていて、ニュー・カレッジのために私は最低週に六時間の個別指導をしなければならなかった――しばしば対象は他のカレッジからの学生で、それは、そのカレッジのチューター（個別指導員）と取り決めを交わすことで可能になる。このやり方は、生物学の諸学科ではふつうに実践されていたが、他の学科ではあまりそういうことはなかった。私が教えはじめたときには、個別指導はふつう一対一でおこなわれていたが、徐々に二人の学生をペアにして指導するやり方が増えてきた。自分自身が学生だったときにはこの個別指導方式が好きで、一対一の方式がとりわけ気に入っていて、その際私は、チューターの前で自分の書いた小論文《エッセイ》を声に出して読んだ。チューターはメモを取ってあとで議論するか、あるいは読むのを中断させてコメントした。現在では、オックスフォード大学のチューターは、同じ時間に二人、あるいは三人の場合さえあるが同時に指導し、小論文はふつう声に出して読まず、指導の事前に提出してから読まれる場合が多い。

ニュー・カレッジにおける最初の数年間、私の生徒はすべて男だった。一九七四年に、私を含む一団のフェローは、女性の学生を受け入れるべきだと提案したが、多数決で勝つのに必要な三分の二の票を僅差で得られなかった。反対した何人かはあからさまな女性嫌いだった。現在では、このきわめて嘆かわしい考えはおかげさまで過去のものになって久しいので、もはや彼らのおぞましい論議の実例をここに再現する必要はない。女性の学問的能力についての彼らのもっと馬鹿馬鹿しい主張のいくつかを取り消させるために、大学の委員会で私が統計を駆使することができたのは喜ばしいことだった。

実際に私たちは一九七四年に、大学の方針を変えて女性の入学を可能にするという議案で、一回めの投票で勝利した。しかし——典型的な議会流の策略——、勝利を得る代償として譲歩を余儀なくされた。女子大学生の実際の入学については次学期に別途、二回めの投票をおこなう、ということで合意がなされたのだ。私たちは二回めの投票でも勝てると思っていたのだが、そうはならなかった。譲歩に合意した反対者たちは、決定を左右する一人の委員がサバティカル休暇でアメリカに行って欠席することを知っていたのかどうか、私にはわからない。しかし結果として、予想に反して、初めて女性を受け入れた五つの男子カレッジのうちにニュー・カレッジが入ることはなかった。私たちのところが、女子学生を受け入れるように方針を最初に変えさせた(そして、私がいた時代よりずっと以前に、どこよりも先に、それについて公式な議論をしていた)カレッジであったにもかかわらず。私たちが目標を達成できたのはやっと一九七九年になってからで、オックスフォード大学の他の大多数のカレッジと足並みを揃えてだった。一九七四年には、女性の学生こそ受け入れることができなかったニュー・カレッジだったが、私たちのおこなった方針の改革のおかげで、女性フェローの選出はできるようになっていた。私たちが選出した最初の女性は残念ながら、その分野では傑出した学者ではあったが、自身が少し女性嫌いの兆候を示していた。つまり女子学生や若い女性の同僚を好まなかったのだ(私自身の親密な友人になったそうした女性の一人から教えられたのだが)。その後の選出ではもう少し幸運に恵まれ、いまやニュー・カレッジは活気にあふれた男女混合社会で、それがもたらしたあらゆる恩恵を享受している。

新入生の募集

私に課せられたもっとも重い責任の一つは、何よりも、ニュー・カレッジに若い生物学者を入学させることだった。つらかったのは、競争が非常に厳しかったので、やむなく多数のすぐれた、頭の切れる候補者を振り落とさなければならなかったことだ。毎年一一月に英国中の、そしてもっとはるかに遠い国からも多数の熱心な若者の群れが、面接のためにオックスフォード大学に押し寄せる。彼らの多くは着慣れない薄いスーツを着て、寒さで震えているのがはっきり見てとれた。カレッジは彼らを学生の部屋に宿泊させた。部屋の住人は、「世話係」として留まる数人のボランティアを除いてあらかじめ退去させられていた。世話係は彼らの面倒を見、まわりを案内し、寒さ以外の要因で学生を震え上がらせることがないよう留意する。

候補者を面接することに加えて、筆記試験が廃止されるまで、私はオックスフォード大学の入試答案も読まなければならず、また、奇妙に風変わりな問題（「動物はなぜ頭をもっているのか?」、「なぜウシは四本脚で、搾乳用の腰掛けは三本脚なのか?」）。ついでながらこの二問のどちらも私がつくったものではない）の作成にも関与しなければならなかった。入学試験と面接のどちらでも、私たちは知識のための知識を求めはしなかった。正確なところ、私たちが何をテストしていたかを定義するのはむずかしい。知能にはちがいないが、単なるＩＱタイプの知能ではなかった。私の思うに、それは、「その学科が要請する特定の方法について建設的に推論できる能力」のようなものである。私の場合は生物学だが、要するに水平思考、生物学的直観、ひょっとしたら「教え甲斐」――「この人物に教えることが報われる体験になるだろうか?　これがオックスブリッジの教育、とりわけ、われわれの特異な個別指導方式から恩恵を受ける種類の人物だろうか?」といったことまでも評価しようという目論見――といったものである。

以下は脱線であるが、なぜこれに言及するのかはあとでおわかりになるだろう。一九九八年に、私は《ユニヴァーシティ・チャレンジ》の最終勝者へのトロフィー授与者として招かれた。これはBBCテレビで放送されている一般知識を問うクイズ番組で、各大学の代表者（この番組では、オックスフォード大学とケンブリッジ大学の各カレッジは別個の単位として扱われる）が、複雑な形のノックアウト方式で競いあう。提示される一般知識は驚くほどレベルの高いことがある――《クイズ・ミリオネア》はこれと比較すると非常に程度が低く、おそらく、多額の賞金を賭けるギャンブル的な要素が魅力なのだろう。一九九八年の《ユニヴァーシティ・チャレンジ》の勝者（オックスフォード大学のモードリン・カレッジで、決勝戦で、ロンドン大学のバークベック・カレッジを破った）にトロフィーを授与するにあたり、私は次のように述べた（ウィキペディアに引用されているものによったが、私の記憶とも一致している）。

私はオックスフォード大学で同僚たちとともに、学生の入学規準としてAレベル［全国一律の大学入学資格試験で、専門的知識をテストする］を用いるのをやめて、《ユニヴァーシティ・チャレンジ》を採用しようというキャンペーンをおこなっています。このことについて私は非常に真剣に考えています。《ユニヴァーシティ・チャレンジ》に勝つのに必要な類《たぐい》の精神《マインド》が――大切なのは知識ではなく、どんなところにいてもいろんなことを習い覚え、記憶するという精神なのですが――、大学においても君たちに必要なのです。

私は、オックスフォード大学で歴史を学んでいて、世界地図の上でアフリカを探しだすことができなかった女子学生の話をした。私が同僚に彼女をわが（あるいはどこの）大学に入学させるべきではなかったと言うと、同僚は、その子は学校で適切な地理の授業を受け損なっただけなのかもしれないと弁護した。しかし、断じてそういう問題ではない。アフリカがどこにあるかを知るのに、地理の授業を受ける必要があるとすれば――もし一七歳になるまで、そのような知識を自然に少しずつ、あるいは単純な好奇心によって吸収することにしくじったのなら――、その人物はきっと、大学教育から恩恵を受けることができるような類の精神をもちあわせていないだろう。これは極端な例だが、私がユニヴァーシティ・チャレンジ流の一般知識のテストを入学手順の一部にしたらという意見を述べる理由はそこにある。単なる一般知識ではなく、教え甲斐のある精神であるかどうかのリトマス試験紙としての一般知識を試すべきなのだ。

私の提案（ちょっと陰で舌を出す感じがあるが、まるっきりそうだというわけではなかった）は、いまでも真剣に受け止められるべきである。しかしオックスフォード大学は、希望する学科に関連の深い、狭い知識だけでない、それ以上のものをテストしようと努力していた（今でもそうだ）。面接で私がしそうな典型的な質問（実際はピーター・メダワーが考えたもの）に、次のようなものがあった。

画家のエル・グレコは、人物画を描くとき、ことのほか細長くするという評判を得ていました。その理由は、彼の視覚に欠陥があって、そのため、あらゆるものが縦方向に引き伸ばされて見えたからではないかと言われています。あなたはそれがもっともらしい理論だと思いますか？

論点をすぐに理解し、「いいえ、それはまちがった理論です。なぜなら、彼が自分の描いた絵を見るともっと伸びて見えるはずだからです」と答える学生もいて、そういう学生に私は高い点をつけるだろう。最初はわからなかったが、なだめすかしながら、要点に気づくまで推論の筋道へ導いていくことのできた学生もいた。彼らのうちの何人かは、そのときには明らかに好奇心を掻きたてられていて、たぶん、本人はまっすぐに要点を見抜けなかった自分に苛立ったとは思うが、私は彼らにも、教え甲斐のある学生として、かなり高い点を与えるだろう。何人かは果敢に反論するかもしれない。「ひょっとしたら、エル・グレコの視覚は、モデルのような遠いところにある対象を見るときにだけ欠陥を生じ、自分のキャンヴァスのような近い対象ではそうならないのでは」。それについても、私は彼らを認めてやるだろう。私がそこに向かって導こうと試みてさえまったく要点を理解できないというような学生もいて、私はオックスフォード大学の教育から恩恵を受ける可能性があまりないとして、低い評点をつけた。

オックスフォード大学のチューターが面接で尋ねるような類の質問を、少しだけ詳しく見ていこうと思う。その理由の一つは、大学入試における面接の技術それ自体が興味深いと私が思うからである。しかしそれだけでなく、もし私がちょっとした内部情報を洩らせば、いまだにわざわざ面接をしている大学（いまではかなり少なくなった）の一つに入りたいと望んでいる大学進学予定の学生に、実際に役立つかもしれないのだ。

次に示すのは、「エル・グレコ問題」と同じような謎々で、ときどき私が使うものである。

鏡の像はなぜ左右が逆転しているのに、天地が逆転していないのだろう？　そして、それは心理学、物理学、哲学のいずれの問題なのか、それともほかの何かの問題なのか？

ここでもまた、私はもっぱら、学生の教え甲斐をテストしていたのである。たとえただちに謎を解かなくとも、一連の推論の連鎖をたどっていく彼らの能力を試していたのである。実際には、この問題自体は驚くほどむずかしい。この謎を鏡についてではなく、ガラス扉、たとえばLOBBYと書かれたホテルの扉に置き換えてみれば、理解の助けになる。反対側から見れば、「LOBBY」ではなく、「YBBOL」と読める。鏡についてよりもガラス扉のほうが、その理由を説明するのが容易である。ここから鏡の場合について一般化するのは、簡単な物理学である。これは、問題を扱いやすくするために枠組みを組み換えるのがいかに有用かを示すいい例である。

あるいは彼らに、網膜に映る像は上下が逆転しているのに、私たちは世界を正しい向きで見ているということを思い起こさせてもいい。「このことについて説明してみてください」。彼らの生物学的な直観力をテストする私のお気に入りの質問は、次のようなものである。「あなたは何人の祖父母をもっていますか？」。四人。「そして、何人の曾祖父母をもっていますか？」。八人。「そして、何人の曾曾祖父母をもっていますか？」。一六人。「それなら二〇〇〇年前、キリストがいた時代には、あなたに何人の祖先がいたと思いますか？」。聡明な学生は、二倍する操作を無限に繰り返すことができないという事実にハッと気がつく。なぜなら、キリストのいた時代という比較的小さな年数だけさかのぼる場合でさえいうまでもなく、あっというまに祖先の数が現在の何十億という世界人口を超えてしまうからである。実地に試してわかっているとおり、この質問は私たちすべてがそれほど遠くない昔に生きていた共通の祖先をもつ親戚同士なのだという結論に彼らをうまく導いていく、すぐれた論理の道筋なのだ。もう一つ別の質問の仕方として、こんなのがある。「あなたと私の共通の祖先に行き当たるまで、どれくらい昔までさかのぼらなければならないと思いますか?」。私は、ウェールズの田舎から来た一人の若い女性が返した答を今でも覚えている。彼女は、睨みつけるような眼差しで私の顔を上から下まで見つめながら、評決を下した。「類人猿までさかのぼります」

たしか彼女は合格できなかったはずだ（これが理由ではなかったが）。椅子の背中にだらりと寄りかかっていた（机の上に脚を乗せていたというイメージがあるが、それは彼が与えた印象が生んだ誤った記憶だったに違いない）パブリック・スクール[1]出身の若者も合格できなかったが、彼は私のとっておきの問いに、こんな答をものうげに返した。「それってかなりふざけた、馬鹿馬鹿しい質問じゃないですか?」。私は彼に気をそそられたと言わなければならないが、競争があまりにも厳しいものだったので、もう一つ別のカレッジの好戦的な同僚に推薦し、その同僚が彼を受け入れた。この若者はのちにアフリカでの野外研究に赴き、突撃してくるゾウを睨み倒したと聞いている。

哲学の同僚は、「いまこの瞬間、あなたが夢を見ていないことは、どうすればわかりますか?」という面接の質問がお気に入りで、私もいい質問であることに同意する。もう一人の同僚は次の質問が好きだった。

夜明けにある僧［なぜ僧でなければいけないのか理由は確かではないか、話をもっともらしくするためだけだと思う］が、麓《ふもと》から山頂までの長い曲がりくねった道を歩いて登りはじめた。一日がかりだった。彼は山頂に達して、夜を山小屋で過ごした。そして、翌朝の同じ時間に、同じ道を山の麓までずっと歩いて下った。この僧が両日の正確に同じ時間に通過するような、特定の地点があると断言できるだろうか？
答はイエスだが、その理由を誰もが理解あるいは説明できるわけではない。謎解きの秘訣はまたしても、枠組みを変えることである。その僧が山登りに出発するときに、もう一人の僧が同じ道に沿って同時に、山頂から麓に向かう逆コースの旅に出発すると想像してみてほしい。その日のうちのいつか特定の時間に、二人の僧がその道沿いのどこかの地点で会うに違いないことは明らかである。私はこの謎々を面白いと思ったが、面接でいつか使おうとはまったく考えなかった。なぜなら、いったん要点がわかってしまえば、エル・グレコ問題（あるいは鏡の問題、網膜で像が逆転している問題、またたは本当に夢を見ているかどうかという問題）と違って、そこから先どこにも導いていかないからである。しかしこれもまた、枠組みを換えることの威力を実証するものである。思うにこれは、「水平思考」の一つの側面と言えるだろう。

私はけっして使わなかったが、生物学者が必要とするような類の数学的直感力（数式処理や算術計算のような数学的スキルとは別のもので、それらがあっても害にはならない）をテストするのによいかもしれない問題がある。「多くの作用――重力、光、電波、音、その他――が逆二乗の法則に従うが、それはなぜか？」というものだ。作用源から遠ざかるにつれて、作用の強さは距離の二乗に比例して急速に衰弱する。なぜそうでなければならないのか？　直感的に答を述べるやり方として、次のようなものがある。作用はそれが何であれ、拡張しつつある内側の表面にぺったり貼りつきながら、

（1）私立学校についての奇妙な英国式の用語。

あらゆる方向に放散していく。拡張する表面が大きくなればなるほど、作用はより「薄くひろがる」ことになる。球の表面積は（ユークリッド幾何学を思いだしながら。そのつもりになれば証明することもできるが、面接ではわざわざそんなことはしないだろう）、半径の二乗に比例して大きくなるからだ。ここから、逆二乗の法則がでてくる。これは、数学的な操作を（かならずしも）必要としない数学的直観であり、生物学の学生に求めるべき価値ある資質である。

この面接をさらに一歩進めて、それほど数学的ではないがなお興味深い、生物学への応用が可能な議論へと向かうこともできるが、それは学生の教え甲斐を判定するのに役立つかもしれない。雌のカイコガは、「フェロモン」と呼ばれる化学物質を放出することで雄を引きつける。雄は驚くほど離れた距離でも、それを感知することができる。ここでも逆二乗の法則は適用されるのだろうか？　一見、たぶん答はイエスだろう。しかし学生はこう指摘するかもしれない――フェロモンは風によって特定の方向にふきとばされます。このことは事態にどのような影響を与えるでしょうか？　さらに言えば、風がないときでさえ、フェロモンは拡張する球面として拡散していくことはないでしょう。球面の半分が地面で止められ、他の半分のほとんどはあまりにも高いところへ行ってしまうという理由だけからでも、そうはならないと言えるからです。こう指摘されたチューターは、その学生がまず確実に知らないはずの、次のような興味深い事実を打ち明けるのではないだろうか。

圧力と温度勾配のあいだの相互作用のゆえに、音はある深さのところで、海の中を他のものよりも遠くまで（そしてよりゆっくりと）伝わる。音響チャンネル（SOFAR Channel あるいは Sound Channel）と呼ばれる層があり、そのなかでは、層の縁から内側に向かう反射があるため、音は、球面が拡大していくというよりは、むしろ、リングが拡大していく、というような形で伝わるだろう。クジラの専門家および環境保護論者として名高いロジャー・ペインの見解によれば、非常に大きな声をもつクジラが音響チャンネルのなかに身を置いたときには、理論上、大西洋を越えた向こう岸でその声が聞こえるはずだそうだ（このこと自体が、面接を受けている学生を興奮させる魅惑的な発想である）。そうしたクジラの歌に、逆二乗の法則はあてはまるのだろうか？　もし音が、拡大するリングの内側に「貼りついていく」のなら、貼りつかれていく面積は半径の二乗よりもむしろ、半径にもっと近いもの（円の周は半径に直接比例する）に比例すると、学生は推論するかもしれない。しかしながら、それが真っ平な円ではありえないのも明らかだ。この質問に対する理に適《かな》った答で、私が拍手喝采するのは、「これは私の直観で答えるには複雑すぎます。物理学者に電話してみましょう」というものである。

大部分のカレッジのチューターも同じだと思うが、私は、面接した多数の候補者に愛着を抱いた。不本意ながらも、彼らのうちの半分以上を不合格にすることを余儀なくされ、そうすることは、しばしば心の痛みをともなった。私は「自分の」候補者の長所を同僚に説いて、オックスフォード大学の他のカレッジに入れるよう精一杯努力した。別のカレッジが独自の志願者リストから選別して受け入れた学生が、私たちが単なる数の問題だけでニュー・カレッジで不合格にしなければならなかった学生より明らかに劣っていることがあって、そんなとき私はよく腹を立てた。しかし、私の同僚たちも、「彼らの」候補者に対して、同じ愛着をもっていたと推測される。すべてのカレッジがそれぞれ別個に候補者を受け入れることができるというオックスフォード方式は、賛成すべきところが少なく、反対すべきところがずっと多い。私の推測ではこの方式の複雑さだけが理由で、少なからずの候補者がそもそもオックスフォード大学に応募する気をそがれている。受ける気をそぐという意味ではこちらのほうが、オックスフォード大学が「上流」か「上流気取り」だ（かつてそうだったことは誰もが認めるが、もはやそうではない――まったく逆である）という馬鹿げた誤解よりも、まだまっとうな理由であるが。

成人してからのほとんど、私は実際の年齢より若く見られてきたが（この点については、テレビに関する章で立ち戻ることになる）、そのことが、ある面接シーズンに面白い出来事をもたらした。一日中入学候補者を面接したあと、疲れ果て、喉がからからになったので、ニュー・カレッジを出たすぐのところにあるキングズ・アームズというパブに行った。私が立って、ビールが来るのを待っていたところ、背の高い若い男がつかつかと歩み寄ってきて、同情するように、私の肩に腕をまわしてこう言った。「やあ、ところで、うまくいったかい？」。私は彼がちょうど面接してきたばかりの候補者の一人であるとわかった。こちらの顔を覚えていたのに違いなく、それが昼間見た顔だったから、自分のライバルの一人と思って声をかけてきたわけだ。この男、アンドリュー・ポミアンスキーはニュー・カレッジで入学を勝ち取り、例外的に高い優等学位を得て、博士号（オックスフォード大学およびサセックス大学ではDPhilという言い方をする）のためにサセックス大学のジョン・メイナード・スミスのもとで研究を続け、現在では、ロンドン大学ユニヴァーシティ・カレッジの進化遺伝学の教授である。彼は、教えるという特権を私が授けられた多数のきわめて聡明な学生たちの一人にすぎない。

ここでもう一つの、個別指導方式にうまく適した、とび抜けて優秀な学生の物語について述べよう。ニュー・カレッジの自分の部屋で個別指導をしているとき、私はしばしば時間を超過し、次の学生を外で待たすことになった。このときまで私は自分の声がドア越しに聞こえることに気づいていなかったのだが、私が何かの話題について長々と述べているときに扉が突然パッと開いて、次の順番の学生が憤然として叫びながら突入してきた。「ちがう、ちがう。ちがいます。僕は絶対に同意できません」。サイモン・バロン＝コーエンのお手柄だった。まちがいなく、彼が正しく、私がまちがっていた。彼は今ではケンブリッジ大学の教授で、自閉症に関する先駆的な研究で有名である（従兄弟で、スキャンダラスな喜劇俳優であるサシャ・バロン・コーエンほどには有名でない）。

私の学生で、優等生で、のちに実際に私の師匠となったアラン・グラーフェン――彼については、後のほうの章でもっと詳しく述べる――は、ニュー・カレッジで受け入れた学生ではなかったが、彼の友人で共同研究者のマーク・リドレーは私のカレッジの学生だった。数学的能力はアランに劣ったが、マークは並外れて博識の学者、生物史家、総合家、批判的な思想家、見識ある読書家、そして洗練された文体の作家である。彼は進化に関する二冊の代表的な教科書（アメリカの大学内にある書店が立方メートル単位で注文し、定期的に新版を補充するような）のうちの一冊を含めて、多数の重要な本を書く道に進んだ。アランとマークは数度にわたって共同研究をしたが、その一つにアホウドリについての野外プロジェクトがあり、ドイツ出身の非常に聡明な若い女性であるケイティー・レヒテンも加わって、ガラパゴス諸島の一つの島でキャンプを張った。後になってアランが私に語ったところでは、ガラパゴスに向かってアランがマークと飛行機で一緒に飛び立ったとき、隣りの席から聞こえてくる、低くぶつぶつとつぶやく奇妙な音に気づいたという。確かめてみると音の主はマークで、ラテン語の詩を暗唱していることがわかった。確かにそれはマークで、哀歌二行連句にぴったりの長さの音を出しているのは疑いなかった。またこのマークは最初の著書で、「リチャード・ドーキンスが二回のサバティカル休暇でプランテーションへでかけているとき」の代理の論文指導教官をつとめたサウスウッド教授に謝辞を献じている。ここでプランテーションというのは、フロリダの意味である。

マークを、オックスフォード大学にいる同年代のマット・リドレーと混同しないでほしい（二人の血縁関係は不明だが、マットが調査して確かめたところでは、二人は同じY染色体種族だった）。私は二人とも大切な友人とみなしている。いつか、ある雑誌の編集者が二人に知らせないで、同じ号でお互いの本の書評をまんまと書かせたことがある。お互いは相手方に対して敬意を表し、マークはマットの本が「われわれの共同経歴のさらなる輝かしい一項目になるだろう」と書いた。

一九八四年にマークと私はオックスフォード大学出版局から、《進化生物学オックスフォード・サーヴェイズ》という年刊誌の創刊編集委員になってほしいという要請を受けた。私たちはこの職に三年間しかとどまらず、生まれたばかりの赤ん坊を、ポール・ハーヴェイとリンダ・パートリッジに託した。しかし私たちはその三年間で卓越した著者たちをなんとか確保することができ（論文は投稿よりもむしろ依頼によった）、タイトルページを飾るスターたちをずらりと並べた編集委員会にかなり満足することができた。

オックスフォード大学で大学生を指導するという職務を終える最後の時期に、学生たちの最終試験《ファイナルズ》のためのコーチをするという自分の役割に真剣に取り組んだ。アメリカの学生はふつう履修したすべての授業で、学期の終わりに試験を受ける（しばしば中間試験も受ける）。オックスフォード大学ではまったく違っている。「学期試験《コレクションズ》」と呼ばれる非公式のテストがあるが、これは進捗状況を査察するためにさまざまなカレッジで実施されているもので、公式な役割をまったくもたない。この学期試験を別にすれば、オックスフォード大学の大部分の学生は一年生の終わりと三年生の終わりのあいだに、まともな試験を一度も課されない。万事は「ファイナルズ」という最終試練に詰め込まれている――この試練は、その機会には「暗色の服《サブファスク》」で正装しなければならないという要請のために、いっそう辛いものとなる。私の時代には、この服装規定《ドレスコード》は、男は黒いスーツに白の蝶ネクタイ、女の場合には黒のスカート、白いシャツ、および黒いネクタイで、黒いガウン、黒い帽子すなわち式帽を着用のこと、というものだった。二〇一二年以降、大学当局は、政治的に許容できる範囲のジェンダーフリーを宣言する、巧妙な言い回しを思いついた。「自分が男女どちらかの性であるとみなしている学生は、歴史的に男または女の服装とされているものを着用することができる」。

サブファスクの威圧的な雰囲気に加えて、厳密な試験監督がある。正式には、男性用または女性用のトイレに行きたいと思う学生は、そこにいるあいだに調べ物をするというズルをしないように、同性の見張り役がついていかなければならない。しかし、私が見張り役をするようになった時代には、ふつうこのルールをわざわざ守りはしなかった。少なくとも私がいた時代には、今日《こんにち》ではたぶんおこなわれているにちがいないインターネット通信のできる携帯電話をもっているかどうかの身体検査は必要なかった。

こうしたやり方のすべてが、学生にとってはおぞましいプレッシャーであり、最終試験の時期の前後にノイローゼがでるのは珍しくない。私の同僚で、ベリオール・カレッジのチューターをしているデイヴィッド・マクファーランドは、試験室にいる見張り役から電話を受けたことがある。「あなたの学生である〇〇氏が心配になってきました。というのも、試験が始まってから、彼の手書き文字が少しずつ大きくなっていっており、いまでは一つの文字の幅が三インチ〔八センチメートル弱〕になっているからです」。

私は最後の学期のあいだ、最終試験の試練とそれに備えての復習の数週間を切り抜けられるよう励ますため学生に頻繁に会うのが、カレッジのチューターとしての義務だと考えていた。定期的に全員を私の部屋に集めて試験のテクニックをコーチし、彼らのために、ぴったり一時間で終わるたくさんの模擬問題をつくった。自らタイム・リミットを課すのは重要である。一二個ほど提示される課題から選んで、それぞれの答案用紙に三つの小論文《エッセイ》を書くのに三時間が与えられる。合同カウンセリング・セッションで私は、三つの小論文のそれぞれに均等な時間――各一時間――を配分するという原則をなるべく順守するよう力説した。少しばかり誇張した言い方ではあったが、あまりにも多くの学生がプレッシャーのもとで得意な課題に熱中するという罠に陥り、時間をほとんどそれにつぎ込んで、それほど得意でない課題に答える時間が残らなくなってしまうのを知っていたので、警告のためだった。

「自分が気にいった問題については、自分が世界的権威だと思うように」と私は言った。「自分の知っていることのごく一部分しか書くことができないはずだ」。私は、アーネスト・ヘミングウェイに賛同して「氷山作戦」を推奨する。氷山の一〇分の九は水中に隠れている。もしあなたがある話題についての世界的権威だとしたら、いつまでも書きつづけることができるだろう。しかし、持ち時間はみんなと同じように一時間しかない。そこでうまく立ち回って、あなたの氷山の天辺《てっぺん》だけを見せびらかして、表面の下に大量の氷があることを試験官に推測させるのだ。「ブラウンやマカリスターの異論にもかかわらず……」と言えば、試験官に対して、もし時間があるならブラウンとマカリスターについてたっぷり論じますよということを伝えられる。実際に論じはじめてはいけない――時間がかかりすぎて、他の氷山の天辺に移って論を展開する時間が残らなくなるからだ。名前を出すだけで、ことは足りる。語らなかった残りは試験官が埋めてくれるだろう。

氷山作戦は試験官が多くを知っていると想定するからこそ有効であると、合わせて指摘しておくのは重要である。たとえば、語られている内容を著者は知っているが読者は知らない、手引き書のようなものを書く場合、氷山作戦はおそろしくまずいテクニックである。スティーヴン・ピンカーはそのすばらしい著書『文体のセンス』において、この点を「知識の呪い」として、力を込めて論じている。何事かについて、あなたよりも知識のない誰かに説明しようと実際に試みるとき、あなたがなすべきは、氷山作戦とまさに正反対のことである。氷山作戦が試験で有効なのはひとえに、あなたの読み手がたくさんのことを知っている試験官であると想定できるからにほかならない。

私自身が大学生だったとき、頭が良く学識のあるハロルド・ピュージーという人物が私と同年生のグループに同じようなコーチをしてくれたが、氷山作戦は彼が教えてくれたことの、まさに氷山の一角だった。実際に彼が喩《たと》えにだしたのは、氷山でなく店のショーウィンドウだったと思うが、有益であることに変わりはない。人目を引くショーウィンドウとは、空間的にゆとりをもって飾られているものだ。優雅に飾られた少ない数の趣味のいい品は、店の奥に逸品がどっさりと仕舞いこまれていることを想起させる。すぐれたウィンドウ飾り付け師は、ウィンドウに店のすべての商品をむやみに並べたりはしない。

ミスター・ピュージー（そう、ミスターなのだ。彼はあえて博士号をとろうとしない古いタイプの教師だった）が教えてくれたもう一つの氷山の一角があり、私は自分の学生にそのまま言葉通り伝えているが、それはこんなものだ。問題用紙を読んで、得意な課題を見つけても、すぐにその小論文を書きはじめないこと。一二の問題のうち、どの三つに取り組むかを最初に決めること。それから、どれか一つについて書きはじめる前に、三つの小論文についてそれぞれ別々の紙に、どう書くかのプランをつくる。最初の小論文について書いているときに、刺激を受けたあなたの心に、他の二つの小論文のアイデアが絶え間なく浮かんでくる。そうしたら、三枚の紙のうちの適切なものに大急ぎで書き留める。それから、二つめおよび三つめの設問に答える段になれば、ほとんど時間を浪費することなしに、考える作業の大半がすでになされていることに気づく。この〝氷山の一角〟は、AP試験〔全米の高校生が統一試験日に受ける教養科目のテストで、大学受験の参考にされる〕を受けるアメリカの学生にも適切であるという話を聞いている。

ハロルドの助言録のもう一つについては、学生に伝える勇気が私にはない。最終試験が始まる前の丸々一週間は復習を止めよというものである。最後の週は川で船遊びをし、すべてを頭に染みこませなさいというのだ。私はそのとおりにしたが、学生たちには、彼の英知のもう一つのほうを紹介している。すなわち、オックスフォードの最終試験の数週間のあいだ、君たちの頭はおそらく、人生の他のいかなる時期よりも多くの濃縮された知識を詰め込むことになるだろう。復習しているあいだの君たちの努めは、それが煮詰まるあいだに体系化すること。君たちの知識基盤のさまざまな部分のあいだのつながりや関係を探すことであると言うのである。

動物学教室に私がいた数年間、ときに試験官をする番も回ってきたが、それには非常に重い責任がある。関連した大変な作業は別にして、自分の判断が、将来ある熱心な学生の人生全体に影響を与えようとしているという事実はあまりに重く、それを頭から追い払うことはできない。この試験制度には、システム自体に組み込まれた、いくらかの不公平さがある。学生は最終的に三階級のクラスに分類されるが、一つのクラスの最下位について、そのクラスのトップとの差よりも、その下のクラスのトップとの差のほうがずっと小さいことを誰もが知っている。私はこれについて、「不連続精神の暴虐」(私が客員編集者であったときの《ニュー・ステイツマン》誌に載せた)に書いたので、ここでもう一度詳細を論じるつもりはない。

しかし、試験官がどうにかできる、そしてどうにかすべき不公正が他にもある。たとえば、採点しているときに答案を読む順番が重要でないと断言できるだろうか、ということだ。次から次に論文を読んでいけば、疲れてくるのではないだろうか? 結果として判断基準が——しだいに上がるか、それとも下がるかという形で——変動しはしないだろうか? あるいは、たとえ肉体的には疲れなくとも、人気のある設問に答が集中して、その設問の解答を次から次へと読まされつづければ、避けがたく見なれたものという感じが意識にドンドン押し寄せてきて、しだいに飽きてくるのではないか? このことが人気のない設問を選んだ候補者を有利にするという不公平が生じはしないだろうか? この有利さは不公平だろうか? この「倦怠あるいは疲弊効果」は、最初のころに読まれた小論文に不当な利益を与えはしないか? あるいは後のほうで読んだ小論文を不当に利するのか? 私はすべての生物学者が実験計画を立てるときに学ぶ基本的原理をいくつか使うことによって、この「順序効果」を防ぐように努めた。最初の候補者の小論文三篇を全部は読まない、そして二番めの候補者、その次の候補者についてもそうしない。そのかわり、全員の一つめの小論文を読み、次に全員の二番めの小論文を読み、それから全員の三番めの小論文を読むのである。そして、全員の答案を三回に分けて読む場合に、毎回同じ順番ではなく、ランダムな順序で読むのも悪くない。

あるいは、こちらの候補者の流麗な手書きに魅せられる一方で、あちらの候補者の乱雑な書きなぐりに偏見をもつことはないだろうか? 文字の巧拙は学問の質とはなんのかかわりもない長所あるいは欠点のはずなのに――そうでしょう？　私と私の最初の妻マリアンとは、二人がオックスフォード大学動物学教室に勤務するあいだ、さまざまな機会に試験官になったことがあり、互いに小論文を声に出して読むという実験を試みた。それは「手書き効果」を解消する方向にいくらかは寄与したはずだし、付加的な利点もあった。読み終わったあと、互いにコメントはせずに、三つ数えて同時に（互いに影響を与えないためだ）、お互いがその小論文にふさわしい評点を大声で叫ぶことにした。二人で別々に出した評点のあいだに高い一致が見られたことで、私たちはどちらも安心した。いずれにせよ、オックスフォード大学のすべての小論文は二重評価によって、すなわち二人の別々の読み手によって、談合なしに評点が出される――これは、ある種のタイプの不公平を予防するためのいい試みである。さらに今日では（私が試験官だったときには実現していなかった）、候補者の名前は付せられ、ランダム処理された数字でしかわからないようになっている。これは、好意あるいは悪感情をもつといった個人的な偏見を防ぐものだが、学生のほとんどを試験官が個人的に知っている動物学教室のような小さな教室では、そうした問題への対処が実際に必要になるのだ。

意思決定に関する別の任務、たとえば新しい講師やフェローを選んだり、受賞者や表彰者を決定したりする委員会などでも、順序効果に悩まされることがあった。ロイヤル・ソサエティは、一般大衆に科学を浸透させるのに貢献した人に毎年、マイケル・ファラデー賞を授与している。私は一九九〇年に受け、のちに受賞者を選ぶ委員会に加えられた。この委員会はメンバーが交代制で、私は五年間の任期のうちの最後の三年間は委員長をつとめた。前任の委員長のもとで委員をつとめた最初の二年間、私は順序効果に悩まされた。各候補者には履歴書と支持の手紙からなる一件書類がついている。私たち全員は委員会の会合の前に、誠実に一件書類を読んだ。ここまではいい。しかし、それから私たちは委員会で、全員について順番に——おそらくアルファベット順だったと思うが、これは事態をさらに悪くするが、ここではそれは論点ではない——論じていった。どのような方式で順列をつけようとも、順序効果は避けがたい。最初の数人の一件書類は長い審議の対象となるが、審議の長さは午後の時間の経過とともに、しだいに減っていく。このことは、最初に審議される候補者について微細な点まで論じるのに多大な時間が費やされたあげく、望みのないことが明らかになり、委員会のどのメンバーからも支持が得られなかったときには、とりわけ残念なことになる。

私は委員長になったとき、その類のあらゆる委員会に従来推奨していたやり方に審査方式を変えたのだが、いい機会なので、どういう考え方でそうしたのかを、ここで詳しく説明しておこう。委員会がそもそもいかなる審議を始めるより前に、事前に一件書類をすでに読みおえた一人一人の委員が誰にも見せずに、最初に審議したい三人の候補者の名前と、第一候補には三点、第二候補には二点、第三候補には一点という評価点を紙に書いた。それからすべての紙を集め、評価点を合計し、順番を発表した。これが受賞者を決める投票ではなく、候補者について審議する順番を決めるためだけの投票であることを、あらかじめ私から明確に説明しておいた。それから私たちは一件書類を適切かつ詳細に審議したが、私たちが採用した順序はアルファベット順でも逆アルファベット順（これは頭文字がAやCの人がTやWの人より有利になるという、これまで指摘されていた優位性を取り消すために時になされる試みであるが、無益無用である）でもなく、まったく恣意的でもなく、事前の秘密投票によって決定されたものだった。すべての審議が終わったあと、受賞者を選ぶ最終の秘密投票へと進んだ。最終的な受賞者は結局、事前の「順番」投票で一位になった候補者と同じであったが、そうならない可能性も十分あった。午後におこなわれた審議は、委員の心を変えることが十分できるほどに徹底したものだったからだ。古い方式のもとでは、審議時間の「獅子の分け前〔強いものが受けてしかるべき多くの分け前という意味、イソップ童話に由来〕」が、どうあがいても望みのない候補者に浪費される。新しい方式は、少なくともなんらかの支持を得ている候補者についてより徹底的に審議する時間がもて、しかも正しい順番で審議できると保証するものだったのである。

副学寮長

新しい講師やフェローを選ぶ委員会でつとめを果たすというのは、私のオックスフォード大学での生活でもっとも重大な責任の一つだった。ほかにもいくつか委員会――財務、学生相談、保護管理――があった。オックスフォード大学あるいはケンブリッジ大学のふつうのカレッジのフェロー職には、投資や支払いをおこなう大きな慈善組織の受託者（管財人）という職務が付随していて、ニュー・カレッジのような比較的裕福な財団の場合、扱う金額はきわめて大きいことがありうる。それに加えて、フェローは学生の福祉と規律、礼拝堂やその他の貴重な中世建築物の維持、およびその他多くのことに対して集団としての責任をもっている。そうした主要な機能のそれぞれを監督する役員が、フェローのあいだから選出された。幸いにしてかつ正当にも、私はどの役目にも選ばれることがなかった（選ばれたらどうしようもなく無様《ぶざま》なことになっていただろう）。けれどもニュー・カレッジのフェローがだれ一人免れることのできない役目がある。それは副学寮長（Sub-Warden）である。他のオックスブリッジのカレッジの場合であれば、学寮長の代理として同僚たち全員が敬意を表する副学寮長（Vice-Warden ――オックスフォード大学のカレッジによって Vice-Master, Vice-Principal, Vice-Provost など、驚くほど多様な呼び方がある）が選出されるだろう。しかし、ニュー・カレッジでは事情が異なる。私たちは副学寮長を選ばない。それは一年任期、否応なしに、フェローの名簿リスト順に回ってくるもので、その人物が敬意を払われているか否かは無関係なのだ。一九八九年に運命の順番が私に回ってくるまで毎年、それが近づいてくる年数を指折り数えることができた。それはつねに最大で何年というものだったが、リストの私より先にいる同僚が一人亡くなるかあるいは――こちらのほうがかなり多いが――どこか他大学の教授となって去るたびに、一年がおぞましく差し引かれた。「おぞましく」というのは、私がそれを怖れていたからだ。

副学寮長の義務は厄介なものだが、公平にもそのぶん、任期は短い。人生のうちのたった一年間だけである。副学寮長として私はあらゆる委員会の会合に出席しなければならず、ということは議事録を書かなければならない全カレッジが集まる委員会だけでなく、すべての下部委員会やすべての任命・選出委員会にも出なければならない。しかし実際にやってみる段になると、私は自分の議事録を、同僚――もちろん全員ではないが、それを読んだ人間がいることは、その後の委員会で時々知ることができた――を面白がらせようとする手段として使って、大いに楽しんだ。副学寮長は、学寮長がカレッジの会合で余儀なく欠席するとき、あるいは学寮長自らが個人的にかかわっていて審議に不適格とされたときには、議長を務めなければならない。この役割は、カレッジが新しい学寮長を選ぶときには、とりわけ重い責任がある。なぜなら、そのときの副学寮長が投票手続きの全体を主宰するからである。幸いなことに、私がその任にあったときには、そういうことは起きなかった。私が参加した四度の学寮長選挙のすべてで、そのときの副学寮長はたまたま適任であるか、臨機応変になすべきことをやってのけられたかであった。あるとき、正真正銘の人間嫌いとはいわないまでも情緒不安定で悪名高いフェローがその役目につくことになっていたが、なんらかの巧妙な操作によって、尊敬すべき「きちんとやれる人」に委《ゆだ》ねるために、どういうわけか後回しにされた。ついでながら、私に政治的な手腕が欠如していることは、その四度の学寮長選挙のうちの三回で次点に指名されたという事実からも見て取れるだろう。

副学寮長として、私は大食堂《ホール》での晩餐会を主宰し、初めの祈り（Benedictus benedicat）と終わりの祈り（Benedicto benedicatur）を唱えなければならなかった。私はこの最後の単語を「ベネディカータ」と発音する多数派に属するが、古典の訓練を受けた年長のフェローの何人かは「ベネ＝ダイ＝ケイ＝ツアー」と発音し、私はその発音に魅了されたが、自分であえて真似することはなかった。そう発音するのが正統だという論拠は、おそらく聖職者たちのあいだでかつて交わされた論争のなかに埋もれているだろう、よく考えられ、計算されたものだったにはちがいないが、この人たちとて、それがローマ人の発音の仕方だと本気で考えてはいなかろうとは思っていた。私の副学寮長としての先任者の一人で、古代史家のジョフロワ・ド・サント・クロワは、良心を理由に祈りを唱えることを拒むのを常としていた（彼は〝礼儀正しいが戦闘的な無神論者〟を自称している）。けれども、同じように良心にもとづいて、誰かが彼に代わって唱えるようわざわざ手配した。ケンブリッジ大学の姉妹カレッジであるキングズ・カレッジ（ここの礼拝堂はイングランドでもっとも美しい建物の一つである）の晩餐会の客として私が招かれたとき、たまたま主宰していた長老フェローは、分子遺伝学の創始者の一人で、その名誉にふさわしい（いつもそうとは限らない）ノーベル賞受賞者である、かの比類なきシドニー・ブレンナーだった。シドニーは小槌を叩いて全員の起立を促し、それから重々しい声音《こわね》で隣りの人物に、「博士――どうかお祈りを唱えていただけませんか？」と言ったのだ。しかしながら私は偉大な哲学者、サー・アルフレッド・エイヤーと意見を同じくする。彼はニュー・カレッジの副学寮長だったとき、「私は偽りの言葉を発することはしないが、意味のない言葉を口にだすことに反対はしない」という理由にもとづいて、高らかに祈りを唱えたのである。

私はかつて、これと同じ態度《スタンス》をとったことに対して、英国でもっとも有名なラビで、まぎれもない高潔有徳の士とされ、デイム〔男性のサーに当たる爵位〕で上院議員でもあるジュリア・ニューベルガーから厳しく糾弾されたことがある。ある公式の午餐会で彼女の隣りの席に着いたことがあったが、そこで話を交わすうち、ニュー・カレッジで自分が主宰する会席で祈りを唱えるのにやぶさかではないと私が言うと、それは偽善だと猛烈に非難されたのである。私は、祈りの言葉はあなたにとってはおおいに意味があるのだろうが、私には何の意味もない。ならばなぜ拒む必要があるのですかと反論した。私にとっては、それはヒンドゥー教や仏教の寺院に上がるときに靴を脱ぐのと同じような、ただの礼儀作法の問題でしかない。私が昔からの伝統に敬意を表したのはまちがっていたのでしょうか（もっとも私には'Benedictus benedicat'が本当にそんなに古いものかどうか確信はない。ひょっとしたら多くの「昔からの」伝統と同じように、一九世紀以前にまではさかのぼらないのかもしれない）？　と。一度ウェリントン・カレッジで、オックスフォード主教で哲学者のA・C・グレイリング、ジャーナリストのチャールズ・ムーア（このときには、何かの理由でショットガンを二丁もってきていた）などとのディベートのあとでおこなわれた晩餐会でのこと、校長先生《マスター》と呼ばれ、当然ながら高名なアンソニー・セルドンから、非宗教的な祈りを唱えるように誘われた。私は困惑して、咄嗟《とっさ》にうまい言葉が浮かんでこなかったので、「これから受けるもてなしについて、料理人に感謝します」としか言えなかった。

副学寮長の義務のなかでもっとも気力を萎えさせるのはスピーチをすることで、新しいフェローを歓迎したり、離任するフェローを惜別したりする際にやらされるのがふつうだ。苦難の年が近づいてきたとき、私がとりわけ怖れたのがこのスピーチで、何人かいい仕事をした副学寮長もいれば、かなりできの悪い仕事をしたのもいると聞いていたからである。いざやってみたら、自分にもできることがわかったが、即席にこなす、というわけにはいかなかった。スピーチの準備をするのにあらかじめ多くの時間を費やさなければならず、これについてはロンドン大学経済学部の哲学および科学史の教授で、私よりずっと天性のウィットの才を持つヘレナ・クローニンに大いに助けられた。彼女はその頃、私の緊密な共同作業者だった――のちほど説明するように、私たちはそれぞれの本を書くのを互いに助けあっていたのである。

新しいフェローについてのスピーチをつくるのは、その人物が新人である以上、その人についてはよくわからず、材料として当人が書いた履歴に頼らざるをえないがゆえに難しい。たとえば、法学の新しいフェローであるスザンヌ・ギブソンの履歴書には、「視覚的・物語的構造」としての「遺体」に専門家としての関心があると書かれていた。私はこれを見てちょっと嬉しくなり、ニュー・カレッジで法学を学んだ仮想の未来の法廷弁護士がどのような活躍を見せるのか、スピーチの中で大げさに表現した。

裁判官閣下、わが博学なる友が、私の依頼人が深夜に死体を埋めているところを目撃されたという証拠を提示されました。しかし、陪審席の紳士淑女の皆さん、死体は視覚的・物語的な構造であると私は申し上げたい。あなたがたは、視覚的・物語的構造以上の何物でもないものを埋めたという証拠にもとづいて一人の人間に有罪を宣告することはできません。

スージーは寛大な人で、私のスピーチを冷静に受けとめてくれ、私たちはのちに親密な友人となった。その夕べに私が紹介しなければならなかったもう一人の新しいフェローは、フランス語学者のウェス・ウィリアムズで、彼は大事な同僚となった。すでに他に二人のウィリアムズがいたので、私はそのことをネタにすることができた。

長年、私どものフェロー職には一人のウィリアムズしかおりませんでした。私どもはそのことを堪え忍んでいたのですが、よいことには思えず、なんとか二人めのウィリアムズを迎えることができるまで、時間がかかりすぎたのではないかと考えております。そういうことですから、今宵、三人めのウィリアムズを迎えることになって、私は喜んでおります。そこで私は、これからのすべての選挙委員会には少なくともウィリアムズ名義の人間が一人、公正監視のために含まれることを、正式に宣言することができるわけです。

こうした歓迎スピーチはつねに、「デザート」のときにおこなわれる。正式なデザートの古色蒼然たる儀式は、多少形は変わってもほとんどのオックスブリッジのカレッジで見られるが、私はけっして好きになれなかった。晩餐会のあと別室でおこなわれ、そこにはポートワインとクラレット（赤ワイン）、ソーテルヌ、ラインワインを円卓に沿って時計回りに渡していかねばならず、ナッツ、果物、チョコレートが、もっとも若いフェローによって順に手渡しされていく。ニュー・カレッジにはポート・レールウェイと呼ばれる奇妙な仕掛けがあって、これも案の定、一九世紀から伝わるとされるものである。この仕掛けは、円卓の真ん中に開いた囲炉裏の上を行き来する滑車装置によって、ビンやデカンターを運ぶものとされている（そしてまれに実際に運ぶ）。嗅ぎタバコも伝統的に順に手渡されていくが、実際に取られることはほとんどない（少なくともある高齢の、ずっと以前に退職したフェローが手に取った日以来。この際、このフェローは結果として並はずれたクシャミを頻発し、夕べの残りの時間のあいだずっとオーク材の羽目板をその音で震わせつづけた）。

副学寮長は（いくつかの他のカレッジの主宰役のフェローがしているように）フェローと来客を席に案内する必要はなかったが、デザートの際には、愛想よく微笑む主人《ホスト》の役割を務めるものとされた。私は最善を尽くしたが、一度、気まずい夕べになったことがあった。出席者が席を見つける手助けをしていたとき、私は不気味なうなり声とでもいうべきものが聞こえてきたので、万事順調ではないことに気づいた。フレディ・エイヤーの後任として論理学のウィカム教授職に就いた、高名な哲学者サー・マイケル・ダメットは文法にうるさく、人種差別に反対する良心的で情熱的なキャンペーンをおこない、カード・ゲームの世界的権威で、怒りっぽいことでも有名だった。怒ったときには、烈火のごとくなどという通常の形容では追いつかないほどに激高して――これは私の妄想かもしれないが――眼が威圧するような赤色に輝く。ちょっと怖い……そして、この問題がいかなるものであれ、対処するのが副学寮長としての私の義務だった。

うなり声は咆哮になっていった。「生涯で、これほどの辱めを受けたことはいまだかつてない。君のマナーはとんでもなく不快だ。きっとイートン校の出身にちがいない」。この破滅的な口撃の矢面に立たされたのは、幸いにも私ではなく、型破りに切れ者の古典歴史家ロビン・レーン・フォックスだった。ロビンは当惑げに謝りながら、蒼い顔をして逃げまわっていた。「でも、私が何をしたと？

何をしたのでしょう？」。私は何が問題なのかはすぐに見て取れなかったものの、自分のホストとしての役割として、二人をできるかぎり離れた席に座らせるようにした。ことの全容を知ったのはのちのことである。それは、その日の昼食時に始まっていた。昼食は非公式なもので、食事はセルフサービスで、フェローたちは好きなところに座った。ただし、テーブルを順に埋めていくというのが慣例だった。ロビンは新しいフェローがおずおずと席を探しているのに気がついた。彼は親切に彼女に座るよう手で合図したが、不幸なことにその指さした椅子は、サー・マイケルが座ろうとして向かっていたものだった。侮辱されたという思いがわだかまり、午後のあいだにぐつぐつと煮えたぎっていき、晩餐会のあとのデザートの場で沸騰してしまったのだ。最近になってロビンに尋ねたところ、この話はハッピーエンドを迎えたのだと彼は語ってくれた。この悲惨な出来事の二日後にダメット教授のほうから、このカレッジではほかの誰よりもロビンだけは侮辱したくないのだという、きわめて丁重な謝罪の申し出を受けたということだった。幸いにも、私は一度もダメット教授の怒りの標的にならなかったが、彼は改宗者のような情熱をもつ敬虔なローマ・カトリック教徒だったから、攻撃を受ける羽目になった可能性は十分にあった。

まったく関係がないというわけではないが、ロビン・レーン・フォックスはたまたま実際に、イートン校の出身だった。彼が《フィナンシャル・タイムズ》の園芸欄の寄稿者で、『よりよい園芸』の著者であることを知っている人がいるかもしれないが、この本の「よりよい樹木」についての章に続く「よりよい灌木」と題する章は次のような、気持ちがいいほど時代錯誤的で、まったく独特の爆弾投下で始まる。

ぶらさがっていた樹木の枝から、よりよい灌木のレベルに飛び降りてもまだ、世界がまだ若く、メタセコイア（Dawn Redwood）が恐竜たちのあいだで芽生え（dawn）はじめていた時代を抜けでてはいないだろう。マストドンやディメトロドンのあいだにあって、死にゆかんとするわが種族、オックスフォード大学の古代史の教師よりもうってつけなものがほかにありえようか？瀕死の状態であると宣告されて久しいが、われらは絶滅にはほど遠い。

アレクサンドロス大王に関する世界的権威で、かつ熱烈な乗馬好きであるフォックスは、オリバー・ストーン監督映画、『アレキサンダー』の監修をつとめることを、エキストラとして騎馬団の突撃の先頭に立たせてくれるなら、という条件で同意した。そして実際に出演した。そのような特異で予測しがたく、委員会の会合でさえ面白くしてしまうような同僚たちに囲まれることができたのは、私の職務の特権である。そのような同僚や友人の多くに関する似たような話はいくつもすることができるが、やめておこう。この一例を挙げただけで、他は推して知るべし、ということになったにちがいない――もっとも、〝特異である〟という言葉の真の意味が誤解されたのでは、という危惧はあるが。

私はニュー・カレッジと、そこで長年にわたってできた多くの友人たちに大いなる愛着をもっている。サイコロが違う目を出して私が別のカレッジに――あるいはオックスフォードではない、ケンブリッジ大学のカレッジに――行ったとしても、きっと同じことを言うだろうという思いはかなりある。なぜなら、この二つの非常によく似た教育機関はすばらしい場所で、分野は異なっても同じ学問的・教育的価値観――その価値観から学生たちは恩恵を受けるものと私は思いたい――を共有する学者が混じり合っているからだ。にもかかわらず風変わりな個性をもつ人がたくさんおり、オックスブリッジのカレッジは、より広い外の世界から足を踏み入れた多くの人々が思い知ったように、統治運営が難しいことで有名である。確かにそこには学界の千両役者《プリマドンナ》たちが含まれているとはいえ、彼らは頭がいいが、自らの虚栄心を押しとどめるほどには必ずしも賢くないのだ。そして正反対の人もいる。虚栄心をまったく欠いていて、次のような自分に不利益な話を昼食の席で、笑いながら語る学者もいるのである。

今日、学生新聞から電話があってね。「――先生、今朝のあなたの講義で、一人の学生があまりにも大きな欠伸《あくび》をしすぎて顎がはずれてしまったという事実について、何かコメントがあるでしょうか?」

たまたまこの学生新聞、《*Cherwell*》(紙名の由来となったオックスフォードの川と同じように「チャーウェル」と発音する)が、教師たちがどれほどクールであるか調査をしていて、私に電話をかけてくるということがあった。その学生記者は、私のストリート・クレッド〔若者の流行や事情に通じている度合い〕を評価するための一連の質問をしてきた。たとえば、「デュレックス〔コンドームの商品名〕一箱の値段はいくらですか?」。次は、「ビッグマックの値段は?」だった。これに対して私は世間知らずにも、「カラー・スクリーン付きで二〇〇〇ポンドくらい」と答えてしまった。彼は笑いすぎるあまりインタヴューを続けることができず、電話を切った。

ニュー・カレッジの副学寮長としてのスピーチの一つで、礼拝堂牧師のジェレミー・シーヒィの送別の辞を述べなければならなかったことがある。彼は(この時代には慣習であったので)英国国教会の受禄聖職者として異動することになっていた。私たちはしばしば、議論の分かれる問題に関してともにリベラル側に投票してきたので、私はスピーチにおいて、カレッジの会合で「私たちの相違の深淵を超え、彼の眼が賛同しているのに気づいて」、彼に対して政治的親近感を覚えたと述べた。当時はニュー・カレッジのキッチンはかなり美味しいプディング、しっとりした黒いスポンジケーキの上にクリーム状のホワイトソースがかかったものを出す習慣があったが、メニューにはつねにNégre en Chemise（黒人のシャツ）という不幸な名前で載せられた。当然のことながら、ジェレミー師は一再ならずこのことに腹を立てていたので、私は彼への送別の贈り物として、この名前を変えさせたいと思った。私は料理長のところへ行き（副学寮長がもっている数少ない権力の一つ）、彼に夕食でこの料理を、新しい名前で出してくれるように頼んだ。その夜のデザートにおけるスピーチで私はこの話をし、礼拝堂牧師を讃えて新しい名前、Prêtre en Surplice（サープリスを着た聖職者）を選んだという話をしたのである。なんたることか、彼が去ったあとそう時間がたたないうちに、この美味はふたたびもとの名前Négre en Chemiseで供されるようになり、そのときにはもはや、私はそれをどうにかできる副学寮長の権力をもっていなかった。

ついでながら、英国の老人介護ホームで起こっている、これに関連した問題について聞いたことがある。ある日メニューに、スポッテッド・ディックと呼ばれる伝統的な英国風のプディングが含まれていた。これは小麦粉にスエット（牛脂）を混ぜて巻いた、干しぶどう入りの細長いプディングで、上からカスタードをかけて食べる。地方政府の監察官は、名前が「性差別的」だから献立表に入れることを禁止するように要求したという（ディックには「男性器」の意味がある）。

ニュー・カレッジで副学寮長として弁舌をふるうという仕事の辛《つら》さの極みは、ゴーディ（大学記念祭）でのスピーチである。ゴーディとは毎年一度、古いメンバーのさまざまな年齢区分の集団が招かれる同総生の晩餐会のことだ。年齢集団の選択は、一回に数年単位でさかのぼって進んでいくようになっていて、死神に敬意を表して、年季の入った老人からスタートして、次に古強者《ふるつわもの》に道を譲り、最後には「オールド・ゴーディ」に行き当たる。ここまでで、一定の年代より以前にニュー・カレッジに入ったすべての人間がカバーされることになる。そこから一巡してふたたび、「ヤング・ゴーディ」――カレッジを卒業してから一〇年くらいしかたたない人たち――という集団に戻るわけだ。私が副学寮長をした年、たまたまこのサイクルはオールド・ゴーディまで回っていたが、その数が枯渇して、なんたることか、テーブルを満たすことができなかった。そこでヤング・ゴーディ、すなわちまだ三〇代のひよっこのような若者たちから新しい血が追加されることになった。それゆえ私は世界大戦、大恐慌およびおよそ五〇年という歳月によって半分がもう半分と断絶している来賓に対してアピールしなければならないという困難な仕事に直面した。簡単に作文できるスピーチではない。私は老人グループが大学生だった動乱の二〇年代と、少なくとも私の学生時代の一九六〇年代と比べれば許容範囲で真面目だとみなしうる一九七〇年代とを対比させる方針でスピーチに臨んだ。私自身が「人生のお昼時」に到達したと述べながら、「金ピカ時代、偏屈な若者に出会う」という話をでっちあげたが、老人たちは楽しんだだろうし、若者たちにしても、たぶん話の内容はまるで信じられなかっただろうが、本気で煩わしがってはいなかったと思う。

私が試みたのは、学部学生社交室（ＪＣＲ）にあった一九二〇年代の「改善提案ノート」を読むことで老人たちに郷愁を掻きたて、それを若い後輩たちの信じられない、というおかしがり方と結びつけよう、ということだった。このノートはカレッジの文書保管係が親切にも貸してくれたものだった。

信じられないというのは、たとえば、どうやら一九二〇年代の浴室の多くは、一つの大きなホールのなかに仕切られた個室にあったという発見である。それが事実であることは、以下のような複数の手紙によって証言されている。「左側にある五番めのバスで歌おうとしてうまくいかなかった紳士は、今後は控えてくれるだろうか？」。また、いまではもはや断じてオックスフォード大学のカレッジを象徴するものではないが、カレッジの使用人に対する無遠慮な扱いに見られる、傲慢な「ブライズヘッド〔英国の伝統社会の没落を描いたイヴリン・ウォーの小説の舞台となった館の名〕世代」（この小説でいたく忌み嫌われた「ブリンドンのお仲間」は例外かもしれないが）の紛れもない烙印もまた、信じがたいものだろう。

もしお茶の時間にキュウリのサンドイッチの皿を自分の部屋まで上げてほしいときには、午前一一時までにキッチンへの通知を必要とすることは理解している。しかし、これはきわめて不便である。

靴磨きをする人間か、あるいは浴室でサッカー・シューズから泥をこそぎ落としてくれる浴室係員のどちらかをつけてもらうことは可能だろうか？

学部学生社交室の扉のきしみについては、たくさんの苦情が見られた。一九七〇年代の世代なら、ほかの誰かにやってくれと怒鳴るよりも、静かに自分で蝶番《ちょうつがい》に油を一滴垂らしているだろうと思いたい。

とだろう。しかし、私が引用した文章で特筆すべきは何より、過ぎ去った昔への穏やかな郷愁をかき立てたこ

か？　浴室に、新しいヘアブラシ（本当に耐えがたいので）と新しい櫛を供給してもらえないだろう

学部学生社交室にパイプ掃除機が提供されるようお願いしていいだろうか？　これらの物品は爪楊枝よりもずっと役に立つものだと、私には思えます。

今朝、電話をかけようと思ったところ、電話ボックスがなくなっているのでびっくりした。いったい何事が起きたのですか？　しかるべき筋に具申したく付け加えるのですが、ボックスを取り替えるべき特別な理由はないように思えます。

私のスピーチは非常に好評だったと思っている。老年組の一人が、学寮長に感謝の手紙を書いてきた。そこには、私のスピーチが彼の古《いにしえ》のチューターであったデイヴィッド・セシル卿を思い起こさせたと述べられていた。キングズリー・エイミス〔小説『怒れる若者たち』の作者〕の自伝に描かれた、かの貴族的な碩学〔セシル卿〕を思い出した、というコメントにはちょっと考え込んでしまったが、まあ、これはお世辞のようなものだったのだろう。

ジャングルの教え

Richard Dawkins

パナマ運河のバロコロラド島にすむ一一五種の哺乳類のなかに、不規則に個体数が変動するホモ・サイエンティフィクス（科学するヒト）がおり、そこには、定住する生物学者の個体群と接触する（そして気分を新たにし、活気づけることが期待されている）ために一カ月ほど招待される短期渡り研究者が含まれる。一九八〇年に光栄にも私は、二羽の渡り鳥の一羽として招待されることになったが、もう一羽の名を聞くと、なんとも嬉しいことに、かの偉大なジョン・メイナード・スミスだった。

びっしりと木々が生い茂るバロコロラド島は、パナマ運河の主要な部分を構成しているガトゥン湖の中央にあり、スミソニアン熱帯研究所（ＳＴＲＩ）が運営する世界的に有名な熱帯研究センターの本拠地である。そのような森林になぜそれほど生物の種数が多いのかは、生態学で繰り返し問われる疑問の一つである。ここの生物多様性は、他のすべての大きな生態系を上回っており、（オックスフォード近くのワイタムの森をおそらく例外として）六平方マイル（約一五〇〇ヘクタール）のバロコロラド島はまちがいなく、世界でもっとも集中的に研究され、もっとも綿密に調べられ、もっとも分析され、もっともよく双眼鏡で精査され、もっとも詳細な森林地図が描かれたところである。そこに一カ月も招待されるというのは、なんという栄誉だろう。

　私が訪問したとき、そもそも私を招いてくれたパナマのSTRIの所長、アイラ・ルビノフはサバティカル休暇に出かけていて、研究所は彼の代理で、私の古くからの友人であるマイケル・ロビンソンの有能で愛想のいい手に任されていた。マイクと私は一九六〇年代、オックスフォード大学でニコ・ティンバーゲンの学生仲間だった。彼は私たち他の学生より少しだけ年上で、人によっては（私ではない）青春の無駄遣いだと見なすのかもしれないが、左翼のアジテーターとして過ごしたのち、昆虫学への情熱を満たすために、成人学生として大学に戻ってきていたのである。彼の人生のこの時期、英国軍部隊がマラヤ〔現マレーシア〕の反乱軍と戦闘中で、マイクは一度、一晩中徹夜で、「マラヤから手を引け（Hands off Malaya）」、「マラヤから手を引け」、「マラヤから手を引け」というスローガンをマンチェスターの町じゅうの壁から壁へと落書きして回ったことがある。夜が明けてきて、彼は逮捕されることもなく夜をうまく過ごして、マンチェスターは十分にかつ真に教訓を得ただろうと、いい気分になってベッドに潜り込もうとしていた。彼は満足の吐息をつきながら、自分の最後に書いたペンキの文字を見上げ、そしてあることに気づいて震え上がった。「マラヤの手（Hands of Malaya）」と書かれていたのだ。後戻りして、自分で描いたすべての手書き文字をチェックするまでもなかった。がっかりしながら考え直してみて、その夜、一晩に書いたすべてのスローガンが同じ書き損じを含んでいるとわかった。最初に書いた文句を機械的に繰り返していたのだから。

　オックスフォード大学でナナフシ類についてのみごとな博士論文を完成したのち、マイクがSTRIで職を提供されたとき、公式に決められていたパナマへの旅程は、マイアミ経由だった。マイクはかつて共産党の党員だったために米国当局は、彼が空港の保安区域から一歩も出るつもりがなく、彼のパナマでの給与は米国政府によって支払われることで完全な合意が成されていたにもかかわらず、マイアミに降り立つために必要なビザの給付を拒んだ。手詰《ステイルメイト》まりだ！　それがどのように解決されたのか忘れてしまったが、彼は最終的になんとかパナマに行き着いた。のちに、すべてのことは包括的に赦免されたにちがいない（少なくとも公式には忘れられた）。なぜなら彼は最終的に、世界でもっとも有名な動物園の一つであるワシントンDC国立動物園の園長になったからである。私がパナマを訪問した当時は、彼はSTRIの所長代理として十分に受け入れられていて、私の記憶していた彼と、いまだにそっくりそのままだった。ちょっとだけ赤いヤギ鬚を伸ばした赤らんだにこやかな顔、頭の天辺《てっぺん》の、鬚によくマッチしたトサカのような髪の房（オックスフォード大学の一人の若い女性が、目の前の集団の中で誰がマイクなのかを確認しようとして、「ちょっとだけ顎鬚を生やしている人ですか？」と私に囁いたことがあったが、手振りはちゃっかりと、彼の頭の天辺を指し示していた）。

　私がパナマに到着したとき、案内してくれたのはもう一人のオックスフォード時代の古い友人——クモ屋《スパイダーマン》のフリッツ・フォールラス——だった。もしマイク・ロビンソンが愉快な人間ならば、フリッツは世界クラスの愉快な人間だ。しかし、「パーティの人気者」という否定的な意味合いはまったくなく、むしろ、日々の生活そのものにおける人気者である。私が彼の問いかけるように笑う眼にはじめて出会ったのは、彼がティンバーゲン・グループの一〇代の「奴隷」として研究するために、ドイツからオックスフォードへ到着したときだった。彼はこの頃このグループの指導的なメンバーだった、むやみに頭の切れる従兄弟のホアン・デリウスによって紹介された。フリッツはすぐに溶け込み、私たちのほかの誰よりも、自分自身の下手《ブロークン》な英語を笑った。数年後にパナマで再度会ったときも、彼はほとんど変わっていなかった。英語はずっとうまくなっていたし、スペイン語も下手なようにはまったく思えなかったが。私たちは車でパナマ市の郊外を巡り、立ち止まって、週に一度の排便のためにゆっくりと木から降りてくるナマケモノを観察した。私たちはダリエン山に登った――悲しいかな、勇猛なるコルテスが鷹のような鋭き眼で静かに太平洋を睨み、部下たちが激しく憶測をめぐらしながら互いに顔を見つめあった、かのダリエン山〔アーサー・ランサムの『ツバメ号とアマゾン号』の冒頭に出てくる描写〕ではない（と、私は独りでつぶやいた）。フリッツはパナマ市内に駐在し、私は奥地のバロコロラドに縛りつけられていたのだが、たった一日でも彼に会えて私は嬉しかった。現在ではオックスフォード大学に戻った彼は私の親密な友であり、クモの行動とクモの糸の比類のない性質に関する卓越した権威である。

　パナマ市からバロコロラドまでは、敷物のない木製の座席のついた小さなガタゴト列車に揺られた（いまでもそうだろうか?）。列車はガトゥン湖で、湖に突きでた半島を半分横断したところの小さな仮駅《ホールト》（あまりにも小さすぎて駅《ステーション》と呼ぶに値しない）で停まる。すぐ間近に桟橋があり、列車が着くたびに一艘の船に出迎えられる。あるいは少なくとも、出迎えられると想定されている。私が滞在した一カ月間で一度、ジョンとシェイラのメイナード・スミス夫妻がパナマ市への日帰り旅行に出かけた。彼らは遅く、最後の列車で帰ってきて、船がポンポンと音を立てながら波止場《ドック》に向かってくるのを見て喜んだ。ところが、うろたえる二人を尻目に船は突然方向転換し、島の方向に戻っていったのだ。どうやら船頭は、最後の列車に誰かが乗っているなどということはとてもありそうにないから、わざわざ見にいくこともないだろうと判断してしまったらしい。メイナード・スミス夫妻は大声で叫び、わめいたけれども、このろくでなしの船頭には、エンジン音がうるさくて聞こえなかった。電話がなく、そのためこの年老いたカップルは、ほとんど遮蔽するものがなく、寝そべる木の板以外なにもない仮駅で一夜を過ごさなければならなかった。翌朝、彼らは驚くほど泰然としていた。このことで船頭が首になったかどうか、船頭はいかなる精神の異常によって、誰かが自分を待っているかどうかわざわざ調べにいくことなしに船を引き返させたのか、あるいは実際、もし駅の波止場にいくつもりがなかったのなら、船頭がなぜそもそも船を出したのか、私にはまったくわからなかった。

私自身が最初に到着したときには、すべては順調に運んでいて、船もきちんと務めを果たしていた。島の小さな波止場から険しい階段を登って、研究所の本部構内にたどりつく。特別の目的をもってつくられた、赤い屋根の家屋と研究室が集まっている。私の寝室は何もないが機能的で、なれなれしい大きなゴキブリも気にならなかった。共同の食堂があって、研究者たちが食事をし、おしゃべりするために集まってきた。二人のコックがそこで決まった時間に温かい食事を提供してくれた。私が滞在していたときにはそこにたぶん十数人いたが、ほとんどは大学院生とポスドク（博士研究員ともいい、才能ある若い研究者が博士号を得たのちにたどる通常のステップで、一定の給与が与えられる）で、アリからヤシ類まで幅広い生物を対象にして研究していた。大部分は北アメリカ大陸から来ていたが、一人はインドからだった——そして、このインド人生物学者ラガヴェンドラ・ガダガルはスズメバチ科のハチ、とくに原始的な社会性をもつチビアシナバガチ属（*Ropalidia*）を研究していたので、とりわけ私は関心を引かれた。この属のハチは、ジェーン・ブロックマンと私が前年の《ビヘイヴィアー》誌に発表した、昆虫の社会性の進化的起源と考えられるものについての論文（これについては次章でもう少し述べる）のために作成した図表における、中間型を表している可能性がいかにもありそうだった。

まったくそんなことは想像していなかったのが、食堂と構内の社会的雰囲気は、科学者の研究グループのあいだで私が慣れ親しんできたものより、ほんの少しばかり冷たいように思えた。私がいた一カ月の後半には冷たさは目に見えて解けていき、最後には、十分に受け入れられたと言っていいと思えるようになった——この点についてのちに、これはこの場所のよく知られた特徴で、定住している人々は、島暮らしをしているせいだと考えていると教えられた。この心理学的な洞察と、〝島の生物地理学の理論〟（バロコロラド島でかつて研究した二人、すなわち若くして悲劇的な死を遂げたロバート・マッカーサーとエドワード・O・ウィルソンによる有名な本の表題）についての私の知識とをどのように結びつけたらいいのか、私にはわからなかった。しかし、この島で一カ月過ごしたのち、自分もまた新人が到着したときに、ほんのわずかにだがなわばり意識のようなものを抱いているのに気づいた。だから私は、自分がそこを去る前に最後に到着したナンシー・ガーウッドに対して、大晦日のパーティでわざわざこちらから友好的にふるまうことによって、その気持ちを追いやる意識的な努力をした。あとでわかったのだが、彼女はこの島に以前にいたことがあったので、私がわざわざそう振る舞う必要はなかったのだが、私は自分がそうすることで気分がよかったし、彼女のほうもそうだったのではないか。

このパーティが忘れがたいのは、木々のすぐ下の運河を通過する巨大な船の上でおこなわれた花火のゆえでもある。実際には、その忘れがたい記憶はまちがっていた。というのも、長いあいだ私は、それを見たのが単に新年になっただけではなく、新しい一〇年期に入った一九八〇年一月一日だと、すっかり信じ込んできた。「新しい一〇年期の始まりを見た」という私の思い出はきわめて詳細だったので、一点の曇りもない澄み切った記憶だと考えてきたものがまちがいであったなどとは、アイラ・ルビノフ、ラガヴェンドラ・ガダガル、ナンシー・ガーウッドが親切にも送ってきてくれた、それを証拠立てる多数の記録を見るまでは、とても認められなかったのだ。しかし実際には、一九八〇年ではなく一九八一年の一月のことだった。このことを知らされ、私はまったく動揺した。なぜなら、他の明瞭な記憶のどれほど多くが実際にはありもしないことだったのだろうと、思い悩まずにはいられなかったからである（ゆえに、私の回想録の読者も、その可能性に留意してしかるべきではないかと思う）。

深いジャングルの奥地に大きなタンカーが夢のように存在するという光景は、あの場所から私が持ち帰ったもっとも鮮明な記憶の一つだった。午後に何度か、常在研究者たちが筏《いかだ》を沖に浮かべるのに参加したが、そうした巨大な船が、背後の樹木からほんの数メートルしか離れていない、明澄《めいちょう》で流れのない水のなかを、音を立てずに、驚くほど静かに滑っていくのを眺めるのはシュールな体験だった。女性研究者のなかには日光浴を楽しむ者もあったが、ジャングルの奥深くで筏から裸の麗しい女性が飛び込むのを、タンカーの乗組員たちはどう思っているのだろうかと、私は疑問を抱かずにはいられなかった。もしそうした船員がギリシア人なら、彼女らをセイレーンだと思っただろうか？　あるいはドイツ人ならローレライと？　あるいは——青々と茂った熱帯の植物を透かして眺めながら——失楽園以前の無垢なイヴ（エヴァ）の幻影を見るのだろうか？　この熱帯の妖精がアメリカのトップクラスの大学からやってきた博士たちであることを、彼らが知るすべはなかった。

私が束の間の侵入を許された島の砦を守る、こうした多忙で献身的な科学者たちの一見なわばり根性のようなものについて先ほど述べたが、あまり大袈裟に言うべきではないだろう。ほとんどの日々、私は野外かあるいは食堂で、友好的な専門家からいろいろ教えられた。示しあわせたわけではないが、エリザベス・ロイテは彼女自身のバロコロラド島訪問について述べた本、『バクの朝風呂』で、同じような訪問当初のかすかな冷淡さを書きとどめている。彼女の場合も私と同じように、のちにはそれが解け、身内の島の住人として徐々に受け入れられるようになり、研究を手伝うことが許されるようになった。彼女に対して最初に友好的に振る舞ったのは、島の年長の学者、愉快で風変わりなエグバート・リーで、彼は私も快く受け入れてくれた。私はすでに、「遺伝子議会」についての示唆に富む論文の著者として彼の名を知っていたので、中央アメリカの森林の奥深くでこの思慮深い理論家を見つけて、まったく驚いてしまった。しかしリーはそこで家族とともに、トード・ホールと呼ばれる島の唯一の恒久的な邸宅に住んでいたのである。のちに私は、「トードみたいな《トーディッシュ》」がリー博士の語彙における強い賞賛を示す形容辞であることを知った。彼がこの語をどういうことが言いたくて使っているのか、はっきり突き止めることはできなかったが、英国の数学者G・H・ハーディの個人的な語彙における「スピン」のように（ハーディの場合はクリケットに由来する賞賛の言葉で、C・P・スノーはその愛情に満ちた回想録において、その正確な意味を詳《つまび》らかにするのに悪戦苦闘した）、多面的で微妙な意味をもつのではないかと、私は推測する。エグバート・リーと私は、R・A・フィッシャーを賞賛してやまないことでも意気投合したが、「過敏性母音症候群（irritable vowel syndrome）」〔過敏性腸症候群 irritable bowel syndrome のもじり〕（言い得て妙という〝診断名〟だと思うが、出典は明らかでない）とでも言うのがふさわしいしゃべり方で、フィッシャーへの賛辞を声高に述べたてたものである。

　この島がエグバート・リーという科学理論の「破壊兵器」を隠し持っていたと言えるとすれば、ジョン・メイナード・スミスの到着とともに、島の知的武器庫は格段に増強されたことになる。客員顧問としてのジョンの一カ月の滞在の前半は、私の滞在期間の後半と重なっていた。ジョンはつねに、教えることだけでなく、学ぶことにも熱心だった。そんな彼とジャングルの遊歩道を連れだって歩き、生物学を教わるのはすばらしかった――生物学だけでなく、私たちを案内してくれた現地の専門家からの学び方も、私は彼から教わった。自分の研究エリア全体を私たちと一緒に歩いてくれた一人の若者について、彼が発したささやきを私は心に銘記している。「自分の動物が本当に好きな人間の話を聞くというのは、なんと楽しいことか」。ここで彼が「動物」と言ったのは、実は植物で、ヤシ類だった――しかし、これはいかにもジョンらしいし、私が彼を大好きな理由の一つである。しかし、悲しいかな彼はもういない。

この光合成のできる名誉動物ではない本物の動物としては、いみじくもクモザルと名づけられたサルがおり、巻き付けることができる尾という、五本めの手脚をもっている。ホエザルには喉に舌骨《ぜっこつ》で囲まれた共鳴袋があり、しだいに大きくなったり小さくなったりしながら伝わっていくその鳴き声の波は、ともすればジェット戦闘機の編隊が轟音をとどろかせながら林冠を抜けていくのと聞き間違えてしまうほど激しいものだ。一度私は、血を吸って膨らんだ首のダニが見えるほど間近で、完全な成獣のバクに遭遇したことがあった。体についたダニをつまみ上げることなしに、ここのジャングルを歩くのはむずかしい。しかしダニは、最初に飛び移ってきたときにはつねにつねに小さく、誰もがダニを引きはがすために粘着テープを一巻き携行している。余談ながら、バクはアフリカに出現したことがなく、かの傑作『二〇〇一年宇宙の旅』の冒頭部分での、ヒト族の祖先がバクを狩る場面は、スタンリー・キューブリックのちょっとした間違いである。

私がパナマ滞在中におこなったなんらかの建設的研究ということに話を限れば、それは『延長された表現型』の数章を書いたことだが、この作業では、島の何人かの学者たちとの議論が助けになった。

日付から考えて、私がこの島で過ごしたのが一九八〇年のクリスマスであることはわかるのだが、クリスマスについての記憶は一切ない。それからして、このときにはさしたる大騒ぎがなかったと推測される。クリスマスに関係していたかもしれない、ある種のショー付のパーティのことは確かに思い出せる。まだ到着したばかりだったのに進行係に選出されたラガヴェンドラ・ガダガルはおそらく、いくぶん当惑していたことだろう。

なかでも、私が特別な愛着を抱いていることに気づいたのがハキリアリだ。ハキリアリについてはアレン・ヘレからもっと邪悪なグンタイアリといっしょに教えられたのだが。グンタイアリはある晩浴室に侵入し、手脚をつないで、不快な黒褐色のカーテンのように垂れ下がっていたのだった。アランだけでなく、島に常住する研究者たちが常に真顔で警告してくれていたのが、巨大なサシハリアリ（*Paraponera*）だった。その恐るべき一刺しゆえに、このアリはジャングルのもっとも話題に登る住人の一つとなっている。恐怖を叩き込まれた私の眼はしばしばこのアリの姿を捉えたが、最大の敬意をもって距離を保つことにしていた。

それらよりずっと心惹かれたのがハキリアリで、動いていく葉っぱの緑の奔流を私はいつも、何時間でも観察して飽きなかった。何万匹もの働きアリ《ワーカー》がそれぞれ緑色のパラソルを頭上に捧げ、暗い地中の菌園に向かう様子を。このアリたちは今すぐかしばらくあとに緑の葉を食べるためではなく、菌（キノコ）類を育てる堆肥をつくるために葉を切り取っているのだと考えると、素朴な魅惑で胸が一杯になった。しかも、その菌類は当のアリたちが死んだ後になって、そのごったがえす巣《コロニー》内の他のアリによって食べられるのである。このアリたちをこういう行動にかりたてる「動機」は、フタフシアリ亜科〔ハキリアリ類を含む上位分類群〕における「食欲」に相当する何かであって、この食欲はお腹が一杯になることによってではなく、たとえば口に含んだ葉の感覚、あるいは何かさらに間接的なものによって満たされるのだろうか？　自然淘汰が選り好みする「戦略」を、それを実行する動物が必ずしも理解しているわけではないということを、ジョン・メイナード・スミスに思いださせてもらう必要はなかった。アリがなんらかの意識的な食欲、欲求、願望あるいは空腹を感じているかを云々する必要はないのだ。私がこのとき感じた理解の閃きはのちにグンタイアリに出会ったときにも再び訪れ、私はそのことをのちに三冊めの著書『盲目の時計職人』に書いた。この本で私は、アフリカにいた子どもの頃、自分がライオンやワニよりもむしろサスライアリを怖がっていたと述べている。しかし私は、サスライアリは「脅威よりも不思議さと驚嘆を与えるものであり、想像できる限り、哺乳類とはかけ離れた進化物語の頂点をきわめたものなのだ」という趣旨のE・O・ウィルソンの言葉を引いて、そのあと、次のように続けた。

大人になってパナマに行ったとき、子供のころアフリカで怖い思いをしたサスライアリにあたる新世界のアリを観察したことがある。それは私のかたわらをザワザワと音をたてて川のように流れていた。そこで私はこの不思議さと驚嘆を証言しよう。私が女王を待つあいだ、行軍は何時間もかかって通り過ぎ、地面の上ばかりか互いに他のアリに積み重なるようにして進んでいた。ついに彼女はやってきたが、それは畏敬[1]の念を起こさせる出会いだった。姿をじきじきに見ることはできなかった。狂乱したワーカーたちの動く波、腕をつないだアリたちの沸きかえるような蠕動性の球としてしか見えなかったのだ。彼女は、ワーカーたちの波が逆立つまっただなかのどこかにいた。まわりは兵アリたちが一団となって取り囲み、外へ向かって威嚇するように顎を大きく広げていた。兵アリはどれもこれも、女王を守るために敵を殺し自らも死ぬ覚悟でいた。女王見たさの私の好奇心をどうか許してもらおう。女王を追い出そうとしてワーカーの球を長い棒切れで突っついたのだが、うまくゆかなかった。すぐさま二〇匹もの兵アリが、放してはならじと、筋肉隆々たる大顎のはさみを私の棒切れに食い込ませてきたし、そうこうするうちに、何十匹もの兵アリがその棒切れをはい上がってきて、私は早々にあきらめさせられた。

私は女王を一瞥することもかなわなかったのだが、その沸きかえるような球のなかのどこかに、中央データ・バンクでありコロニー全体のマスターDNAの貯蔵庫である彼女がいたはずなのだ。顎を大きく広げた兵アリたちは女王のために死を覚悟していたが、それは兵アリたちが母親を愛していたからでも、愛国主義の理想をたたき込まれていたからでもなく、その脳や顎が、女王自身の携えている鋳型の原版から打ち抜かれた遺伝子によってつくられていたからにすぎない。兵アリたちが勇敢な兵士のごとくふるまったのは、それらが同様に勇敢であった兵アリたちによって生命と遺伝子が救われてきた、そのような祖先女王の遺伝子を延々と受け継いできたからである。わが兵士たちは、昔の兵士たちがその祖先女王から受け継いできたのと同じ遺伝子を現在の女王から受け継いでいる。わが兵士たちは、女王を防衛せよと仕向けているまさにその指令のマスター・コピーを防衛していたのだ。それらは祖先の知恵、いうなれば「契約《コヴェナント》の箱」を防衛していたのである。……

そのとき私は不思議さと驚嘆を感じたが、その感覚は、半ば忘れていた恐怖が甦えることで純化されたのではなく、アフリカにいた当時の子供の私には欠けていた、こうした行為がいったい何のためのものかを熟知したせいで、かたちを変えてかきたてられた。それは、この行軍の物語が、一度ならず二度までも同じ進化的頂点に達したことを知ってのことでもある。この行軍の主は、私の幼少時代の悪夢に出てくるサスライアリではなかった。サスライアリにいかにそっくりだとしても、それは遠くかけ離れた新世界の親類だった。連中はサスライアリと同じことを、同じ理由からやっていたのだ。もう夜になっていたので、私はまたしても畏れを抱いた子供のようにして家路についた。ただし、あの暗いアフリカの恐怖にとってかわる理解の新世界にたどりついたことを愉快に思いながら。（以上、中嶋康裕・遠藤彰・遠藤知二・疋田努訳）

私は、ハキリアリについていくつかの定量的観察をするという、あまり気乗りのしない試みもしたが、成功しなかった。十分な時間がなかったからだ。思うに私は、特定の目的をもつ適切に計画された研究に取り組むのには、あまり適していないのだろう。関心のおもむくままにチョウのようにヒラヒラと飛びまわる「パイロット実験」はできるが、実際の実験とは、あらかじめプロジェクトの時間経過を書いておき、それに厳格に従って進めるものにほかならない。そうしなければ、望みの結果が得られたときに、いともたやすく研究をストップしてしまうことになりかねない――そして、そういう態度こそが、明確な意図をもって欺くつもりはなくとも、科学史における誤りの深刻な源泉となってきたのだ。

（1）現在では、私は畏敬（awesome）という単語を使えない。この言葉はあまりにも劣化が激しく、適度な賞賛のためのありきたりの用語〔日本語の素敵のような〕でしかない。いや確かに、言語が進化するものであることは、重々承知しているのだが……「落ち着け、教授」。私はいまでも、価値ある単語を失うことを嘆き悲しんでいる。「awe-inspiring（畏敬の念を引き起こす）」では、文章のリズムを駄目にするだろう。

私は昼間のほとんどを、ゾクゾクするほど魅了されながら、ハキリアリの二つの敵対するコロニー間の衝突を観察するのに費やした。そのさまは、私に第一次世界大戦のことを考えさせた。大きな戦闘があった場所には、手脚、頭、腹部が散乱していた。私はアリが痛みや恐怖を感じないことを願い、半分そう信じていた。しかしアリたちは、遺伝的にプログラムされた機械的動作——メイナード・スミスの「戦略」——を、小さな脳内のゼンマイを巻かれたように実行していたのである。そのこと自体は、アリが痛みを感じないことを意味しない。もし痛みを感じていたとしたら、私はかなりびっくりしただろうが、この疑問を判定する方法は、私には思いつかなかった。

学者たるもの、私がパナマで親愛なるジョン・メイナード・スミスと過ごしたような幕間《まくあい》によって、心をリフレッシュする必要がある。そしてオックスフォード大学での日常生活に私が戻ったとき、その日常はいつもとほんのわずかちがうように思われた。

怠け者よ、アナバチのところへ行け
——進化経済学

〔『旧約聖書』「箴言」第6章、「怠け者よ、アリのところへ行き……」のもじり〕

Richard
Dawkins

自然淘汰は欲深な経済学者で、目に見えないところで金勘定をし、観察している研究者が気づかないほどの損得のニュアンスを計算しているのである。人間の経済学者は競合する「効用関数」、すなわち、個人、あるいは企業、政府といったエージェント〔意思決定をする行動主体〕が、国民総生産、個人の収入、個人の富、会社の利益、人間の幸福の総量といったものを最大化するために選ぶ数量を比較検討する。こうした効用関数のどれ一つをとっても、それだけが正しく、他はすべて誤っている、と言えるほどのものはない。唯一の正しいエージェントも存在しない。好みのままどんな効用関数でも選んでいいし、それを好きなエージェントに適用すれば、しかるべき数値が得られるだろうが、それぞれに異なった結果が得られるだけだ。

自然淘汰はそういうものではない。たった一つの「効用」、すなわち遺伝子の生き残りだけが最大化される。もし遺伝子を比喩的な意味で、効果を最大化する「エージェント」であると擬人化するなら、そうして得られるのは唯一の正しい答なのだ。しかし現実には、遺伝子は直接にエージェントとして振る舞うわけではない。そこで、意思決定が現実におこなわれるレベルに視線を移すことになる。

そのレベルとはふつう生物個体であり、遺伝子とちがって、世界を把握する感覚器官、過去の出来事を貯える記憶、瞬間瞬間に意思決定するための脳の計算装置、およびそれを実行する筋肉をもっている。

ついでながら、そもそもなぜ生物学者は遺伝子であれ個体であれ、「エージェント」として擬人化することが有効だと思うのだろう？　思うにそれは、私たちが強い社会性をもつ種、人々の海を泳いでいく社会的な魚だからではないだろうか。私たちの身のまわりで起こっていることのほとんどは、各個人の意図的な行為によって引き起こされる。したがって、その論理を、生命をもたない「エージェント」にまで一般化するのはまったく自然なのである。この傾向の具体化したものの一つが迷信――ポルターガイストや亡霊への恐怖――であるが、これはよくない面である。しかしいい面もあって、それは科学者が、自分のしていることがわかっているかぎり、正しい結果を得るための手軽で適切な近道としてまっとうな擬人化を利用できることである。かつて私は、ノーベル賞受賞の生物学者ジャック・モノーが次のような発言をするのを聞いたが、想像力をかきたてる彩りに満ちた表現ゆえに、私の頭から離れない。「こういった種類の化学的問題に直面したとき、私は、この状況でもし私が電子ならどうするだろうかと自問するのだ」。物理学者は光子を擬人化し、さまざまな度合いで進行速度を遅らせる媒質中を、最短時間で通過できるように角度を調整することとして、屈折を説明できる。つまりこういうことだ――光子は海水浴場のライフセーバーのように、浜のある場所から出て、溺れている遊泳客に達するまでの最適な経路を選び取る。彼は大半の距離を浜に沿って（速く）走り、そこから総行程に要する時間が最小になる角度を選んで、方向を変えて泳ぐ（ここで速度が遅くなるのは避けがたい）。光子が空中（進行速度は速い）からガラス（遅い）に移動するとき、ライフガードのように意識的な計算をしていなくとも、光子がエージェントのように振る舞うと想定して計算することで、屈折角は正確に計算することができるのだ。空中に投げ上げられた石は、あたかも物理学者が計算できる数学的な量を最小化しようと「試みて」いるかのような軌道をたどる。化学反応においては、反応物質が「エントロピー」と呼ばれるもう一つ別の数学的量を最大化しようと「試みている」と想定すれば、正しい答が得られる。もちろん、こうした生命をもたない実体が本当に何かをしようと試みているなどと、誰も考えていない。そういうふうに思い描きさえすれば、正しい計算結果が得られるというだけのことであり、人間の心は、目的をもつエージェントという観点で考えるように仕組まれているのである。

だから、生物学者はまっとうな擬人化の焦点を遺伝子から生物個体へと移行させるのである。生物個体が意識的なエージェントであるかどうかという疑問は、とりあえず措《お》いておく。遺伝子がそうでないことは自明だからだ。その生物個体が、自分の体内に乗りこんでいる遺伝子——意思決定をする神経系を胚発生を介してプログラムした遺伝子——の長期的な生き残りを計算した（必要な想定は無意識的にということだけである）意思決定をおこなうのである。まさしくそうした意思決定がなされるがゆえに、未来の世代に遺伝子を伝えわたすという作業において、限られた資源をあたかも配備（分配、やりくり）するように活動する、抜け目のない経済学者による采配《さいはい》がなされているかのような観を呈するのだ。ジャガイモの用いる限られた資源は、太陽、空気および土からもたらされる。抜け目のない経済学者は、塊茎（将来への貯え）、葉（化学的エネルギーに変換するための太陽光をより多く集めるための太陽光パネル）、根（水分と無機質を吸い上げるため）、花（高価な蜜を代償にして媒介昆虫を引きつける）、茎（葉を太陽に向けて高く持ち上げる）等々のあいだで、限られた資源をどのように配分するかを「決定」しなければならない。全体経済の一つの部門（たとえば根）にあまりにも気前よく分配し、別の部門（たとえば葉や花）にあまりにもけちれば、この植物の経済全体のあらゆる部門に完璧にバランスの取れた分配をしている植物より成功度で劣るという結果に終わるだろう。

行動的（どの筋肉をいつ引っ張るか）であれ、発生学的（体のどの部分を他の部分よりも大きくするか）であれ、動物がなすあらゆる意思決定は、経済学的な意思決定、すなわち競合する要請のあいだでいかにして限られた資源を分配するかにかかわる選択である。採餌にどれだけの時間予算を配分するか、競合する相手を押さえ込むのにどれだけ、交尾の相手のへの求愛にどれだけ、等々という意思決定もそうである。養育行動（限られた食べ物の予算、時間とリスクを現在いる子どもに費やし、将来の子どもにどれだけ保留しておくか）についての意思決定もそうだ。生活史（一生のどれだけを芋虫として植物を食べて暮らすのに費やし、どれだけをチョウとして花の蜜から飛行燃料をすすり飲みながら、交尾の相手を追いかけるのに費やすべきか）についての意思決定もそうだ。あらゆるところであなたが見ているのは、経済学なのである。それは、「あたかも」意識的に費用と利益を計量しているように見える無意識の計算なのである。

これはすべて理論であり、ちょっとしたごまかしの感がある。出かけていって、野生の動物の瞬間瞬間の行動を記録し、彼らの経済学的意思決定の実例として、その時間の配分を計算することはできるだろうか？　イエス。できる。しかしそれには自然な関係において、個体識別された動物を、多かれ少なかれ継続的に観察することが必要である。それは途方もなく大きな忍耐心、根気、知性、および献身の蓄えをもつ、有能で几帳面な観察者によってしかなしえない。ここで、ジェーン・ブロックマン博士を紹介させていただきたい。

私がジェーンに会ったのは一九七七年の夏、オックスフォード大学にある私の研究室に彼女が元気よく、飛び跳ねるように入ってきたときだった。彼女は私の同僚で上司でもあり、ニコ・ティンバーゲンの後任で特異な頭の切れ味をもつデイヴィッド・マクファーランドによって、ポスドクとして受け入れられていた。後でわかったのだが、彼女の到着が一年遅れ、そのときにはデイヴィッドがサバティカル休暇でいなくなっていたため、ほかに行き場のなかったジェーンが、デイヴィッドの代理である私のところで研究にあたることになったのだった。私はそれが自分にとってきわめて幸運な出来事だったと思うようになったが、ジェーンもまた、このことを後悔しなかったと思いたい。

ジェーンのウィンスコンシン大学での博士論文は、クロアナバチ属の一種（*Sphex ichneumoneus*：英名 great golden digger wasp）についてのものだった。彼女はニューハンプシャーとミシガンの二つの異なるフィールド地点で個体識別した雌の行動についての、厖大な量の注意深い組織的な観察を携《たずさ》えてオックスフォードにやってきた。最終的に私たちが一緒におこなうことになったのは、そうした計測値——もともとは、私よりもデイヴィッド・マクファーランドの分野に関係したまったく異なる目的でつくられた——に基づく研究であった。

アメリカでイエロージャケット（yellowjacket）という名で呼ばれ、ジャムが好きで庭でのティー・タイムのお邪魔虫として誰もが知っている、黒地に黄色い細い縞模様のあるクロスズメバチ類は社会性昆虫であるが、英語でワスプ（wasp）と総称されるスズメバチ類やアナバチ・ジガバチ類のすべてが社会性をもつわけではない。ワスプの多くの種は単独性で、クロアナバチ属もそうである。アナバチ類の雌はいったん交尾すると、あとはすべての仕事を働きアリの助けなしに、自分だけでやり遂げる。雄は交尾のあと姿を消し、赤ん坊の面倒を雌に押しつける。いや、雌は文字通り抱っこして面倒を見るわけではない。通常は次のようなサイクルになる。雌は深さおよそ一五センチメートルの穴を掘るが、穴は地平面からわずかに傾斜し、短い横穴で終わって、そこから広い巣室につながっている。それから雌は獲物を求めて飛び立つ。このアナバチの種では獲物はキリギリス類（優美な、ふつうは緑色で、長い触角をもつ）からなる。キリギリスを捕まえると、針で刺して殺さずに麻痺させてから巣に持ち帰り、巣穴を引きずり下ろして巣室まで運ぶ。雌はこれを何度か繰り返し、半ダースほどのキリギリスを巣穴にきちっと積み上げ、それから積み上げたものの天辺《てっぺん》に卵を産みつける。ときには同じ巣穴の別の場所にもう一つ横穴を掘り、新鮮なキリギリスでこの過程を繰り返す。最後にその巣穴に栓をして、新しい巣穴で同じことを始める。アナバチ類のいくつかの種では、顎で小さな石を拾い上げ、土を固めるハンマーとして用いる――かつては人間の専売特許と考えられた道具使用の例として、センセーショナルに受け止められた芸当だ。真っ暗の安全な巣内で卵が孵化すると、幼虫は麻痺したキリギリスを食べ、その栄養で太り、最後に蛹化《ようか》して、次世代の雄または雌のアナバチとなる。

不妊の働き《ワーカー》バチの軍団をもつ巨大なコロニーをつくって生活することはないので、単独性と呼ばれてはいるが、別の意味ではこれらのアナバチ類は単独性ではない。これらのハチは自分が孵化したすぐ近くに巣穴を掘るので、「伝統的な」営巣区域が自然にできあがってくる。これが地面の特定の区画に一種の村的な雰囲気をつくりだし、何十匹もの雌バチがそれぞれ個々の仕事に励んでおり、おおむね互いに無頓着だが、まれに衝突することがある。このハチどうしの近さがジェーンに、ノートをもって一カ所に座り、その区域のすべてのハチを観察することを可能にした。それぞれのハチには、マークした色の組み合わせによる暗号《コード》を付した。つまり、すべてのハチをその暗号名（赤赤黄、青緑赤など）で区別し、それぞれのハチの巣穴がどこにあるか、次の巣穴、そのまた次の巣穴は、というふうにその位置を地図に書き込んでいったのである。ジェーンはほかの何よりも、雌バチが別のハチが掘った巣穴にもし行き当たったとき、わざわざ苦労して自分の巣穴を掘るのを止めて、すでに存在する巣穴を使うかどうかを観察した。そしてこれには次に述べるような、面白い話がある。

ところで、アナバチ類について、まったく別の物語を紡いでいる人々もいる。チャールズ・ダーウィンは、ただ単純に獲物を殺すのではなく、針で刺して麻痺させ、幼虫が消費できるよう餌を新鮮なままに保つという残忍さにぞっとしている。もし獲物を殺してしまえば、それは腐敗してしまい、幼虫が食べるのに適さなくなってしまうだろう。麻痺させられ、食べられるのを防ぐために筋肉を動かすことさえできないまま内部から組織がゆっくりとむさぼり食べられるときに、獲物が痛みを感じているのかどうかを知る方法はない。そうでないことを私は切に期待するが、ダーウィンがぞっとしたのは、この可能性に対してだった。ダーウィンの同時代人で、偉大なフランスの博物学者であるジャン＝アンリ・ファーブルによれば、アナバチ類が刺すときの厳格な作法には、何かしら臨床的な冷酷さがあるという。ファーブルは、アナバチは慎重に針の狙いをつけ、獲物の腹側に沿って神経節の一つ一つに針を刺していく――おそらくは、経済的最小限の毒液で麻痺を達成するために――と述べている。

哲学者たちもまた、やはりファーブルによって始められ、それ以来他の人間によって繰り返されてきたいくつかの古典的な実験に刺激を受けて、アナバチ類を使った独自の物語をつくりあげてきた。狩りバチが獲物をもって巣穴に戻ってきたとき、それをすぐには地中に引き込まない。そうではなく、入り口の近くに獲物を置き、それから手ぶらで巣穴に入っていき、ふたたび姿を現し、それからやっと獲物を引き込む。これは、獲物を引き込む前に障害がないかどうかをおそらくチェックしているのだろうという考えから、巣穴の「点検」と呼ばれてきた。これは再現性の高い実験で確かめられた発見であるが、ハチが巣穴に入って「点検」しているあいだに、実験者が獲物の位置を数インチ動かしてやると、ふたたび姿を現したとき、ハチはその獲物を探す。そしてそれを見つけると、まっすぐ巣穴に引き込む代わりに、もう一回「点検」をおこなうのだ。実験者がこの嫌がらせを連続して数十回繰り返してみた。その都度、「愚かな」ハチは、自分がたったいまその巣穴を「点検した」ばかりで、したがってもう一度繰り返す必要のないことを「覚え」られなかった。それは、洗濯機に一サイクル前の操作、たとえば「すすぎ」行程が始まろうとするときに、「洗い」行動に戻るようセットしてやるとおこなうような、一種のロボット的な行動のように見える。何回そうしようとおかまいなく、馬鹿な機械は、衣類をすでに洗ったことを「覚え」られないのだ！　クロアナバチ属（*Sphex*）の名は、この類《たぐい》の心をもたない機械的動作に対する哲学の専門用語《ジャーゴン》、sphexish behaviour（アナバチのような機械的行動）や sphexishness（アナバチのように誤りを何度も繰り返す性質）のもとになっている。ジェーンはこの解釈に懐疑的なアナバチ観察者の一人である。彼女は、アナバチが sphexishness ではまったくないと推測している。誤解は、それが巣穴の「点検」だという人間の思い込みから生じる。ジェーンらの解釈では、アナバチは腹を正しい方向に向けたままで獲物を巣穴に引っ張り入れられるよう、巣穴から獲物へと、一度アプローチをしておく必要があるのだ。そこでアナバチはまず頭を先にして下り、中で反転して、獲物を引きずりいれるときに抱えている腹が下になるように、頭を先にして現れるのである。それは狙いを定める方法にすぎず、「点検」などではまったくないのである。

進化的に安定な戦略を探る

ジェーンがオックスフォード大学にやってきたとき、『利己的な遺伝子』は出版されたばかりで、私の心はその中心的な概念の一つ、ジョン・メイナード・スミスの進化に関するゲーム理論的な概念である「ESS」、すなわち「進化的に安定な戦略」に支配されていた。そのころ私は、翌年ワシントンで開かれる社会生物学についての会議（一五九頁を参照）でおこなうことになっていた「良い戦略、すなわち進化的に安定な戦略」という講演の準備に取り組んでいた。動物行動についての物語——ジェーンが彼女のアナバチについて私に語ってくれたような物語——を聞くときにはつねに、当時の私は、ほとんどみっともないほど熱中し、飛びついて、それをESSの言葉に翻訳しようとした。

ある動物にとっての最善の戦略が、集団内の他の大部分の動物がどういう戦略をとるかに依存しているようなことがあれば、つねにESS理論が必要になる。「戦略」は意識的に熟慮をめぐらすことを意味するものではない。それは、コンピューターのアプレットや時計の仕掛けと同じように、単純に動作のルールなのである。たとえば、「最初は攻撃せよ。もし相手が報復すれば逃げろ、それ以外であれば攻撃を継続せよ」というようなものかもしれない。あるいは、「平和的な身振りで始めよ。もし相手が攻撃してくれれば報復せよ。それ以外であれば平和的な態度を続けよ」かもしれない。ときに単純に、集団のなかでどんな戦略が支配的であるかにかかわらず、絶対的な意味で最善の戦略が存在し、そのとき、自然淘汰は単純にその戦略を選り好みする。しかし往々にして、唯一の最善な戦略など存在しない。それが最善かどうかは、集団で他のどんな戦略が支配的であるかに依存する。ある戦略がもし、誰もがそうしているときに最善であるとすれば、その戦略は進化的に安定な戦略と言われる。どうして、「誰もがしている」が問題になるのか？　なぜなら、もしほかの何かの戦略が、「誰もがしている」ものよりも良ければ、自然淘汰はそちらのほうを選り好みするからである。それゆえ、自然淘汰が二、三世代おこなわれたあと、「誰もがそれ――つまり、もともとの行動――をしている」というのが、もはや真実ではなくなる。つまり進化的に安定ではなくなっているだろう。進化論的な言い方をすれば、代替戦略、つまりここで述べた「他の何かの戦略」によって集団が侵略されるという意味で、それは進化的に不安定なものだと言えるのだ。

　鳥のなかには、「労働寄生」と呼ばれる習性をもつものがいる（ジェーン・ブロックマン自身がのちに同僚と共著で、この習性についての科学文献の総説を書いた）。他の鳥から海賊のように食物を略奪するのである。グンカンドリは他の種から魚を横取りすることで生計を立てているが（のちに私がガラパゴス諸島で、さらにフロリダでジェーンと一緒に見たように）、労働寄生は、たとえば一部のカモメ類におけるように、同種内でも起こる。略奪は進化的《E》に安定《S》な戦略《S》なのだろうか？　ほとんど全員が略奪者で、魚獲りをする鳥がめったにいない仮想のカモメの集団を想像することによって、答が得られる。それは安定だろうか？　ノー。盗むべき魚がないので、略奪者たちは飢え死にするだろう。略奪者たちの集団のなかでたった一人、あなただけが正直な漁師だと想像してみてほしい。たとえ、そこいらじゅうにいる略奪者のために相当な数の魚の損失を堪え忍ぶことになったとしても、あなたはそれでもなお、どの一羽の略奪者よりも多くの魚を食べているだろう。そうすると、一〇〇％略奪者の集団は、進化的な時間が経つうちに、正直な漁師戦略によって「侵略」されることになるだろう。自然淘汰は正直な漁師を選り好みし、正直な漁師の頻度は増加するだろう。しかし、増加がつづくのは、略奪がより割に合うようになり始めるちょうどその時点までだろう。

したがって、略奪は進化的に安定な戦略《ESS》ではない。ならば正直な魚獲りはESSだろうか？　今度は、すべて正直な漁師だけからなる集団を仮定してみよう。進化論的な言い方をすれば、この集団は略奪者たちに侵略されるだろうか？　イエス。きっとそうなるだろう。もしあなたが、正直な漁師たちの集団にいるたった一人の略奪者であれば、あなたには、盗める獲物がたっぷりあるだろう。したがって、自然淘汰は略奪を選り好みし、略奪者の頻度は増加するだろう。

しかしまたしても、増加が続くのは、もはやもう一方の戦略に比べて利益が勝らなくなる時点までである。こうして、略奪者と正直な漁師とのあいだの均衡《バランス》に行き着く。一〇％の略奪者と九〇％の正直な漁師というような、なんらかの臨界頻度で均衡がとれる。この均衡点では、略奪者と正直者の利益はまったく等しい。もし、集団内の比率が均衡点からたまたまぶれることがあれば、自然淘汰はどちらの「戦略」であれ、臨界頻度より少ないために一時的に有利になっている戦略を選り好みすることによって、均衡を回復する。

ここで語られているのが戦略の頻度についてであることが、この理論の重要な点である。話を単純にするために、私はそういう表現を選びはするが、それがその戦略を採用している個体の頻度と一致するとはかぎらない。「一〇％の略奪者」というのは、すべてのカモメの個体がランダムに一〇％の時間を盗賊行為に、九〇％の時間を魚獲りに費やすことも意味しうる。あるいは一〇％の個体がすべての時間を略奪行為に費やしているということでもありうる。「一〇％の略奪者」というのは、集団内における略奪戦略が一〇％という頻度を達成できるどんな組み合わせに対しても適用することができるのだ。数学上の計算結果は、その比率がいかにして達成されるかにかかわりなく、同じである。ついでながら、「一〇％」という数字に特別な秘密はない。単純な一例としてこの数字を選んだにすぎない。現実の臨界パーセンテージは、計測するのが難しい経済的諸要因に依存するだろう——実際のところ、それを計測するには、ジェーン・ブロックマンに匹敵するようなカモメ好きが必要だろう。

ジェーン・ブロックマンがオックスフォードの私の部屋に颯爽と入ってきて、一緒に腰をかけて、彼女のアナバチについて話しはじめたとき、ワシントンの会議での講演の準備をしていた私の心のなかで、そういった事柄がブンブン跳びまわっていた。ときにアナバチは自分で穴を掘り、ときには他人の穴掘りの努力と、ひょっとしたら他のハチの獲物であるキリギリスをも搾取する。それを聞いたとき、ESSではちきれそうな私の脳がどれほど興奮したか、容易に想像がつくだろう。略奪アナバチと正直アナバチ！　「穴掘り屋」はESSだろうか？　もし集団の大多数が穴を掘るなら、穴掘り戦略は、「他のハチの穴掘り努力への寄生」と言うべきライバル戦略によって侵略されてしまうだろう。ならば「寄生屋」がESSなのだろうか？　たぶんちがう。なぜなら、自分で穴を掘るハチが誰もいなければ、乗っ取るべき巣穴がなくなるからである。穴掘り屋と略奪屋が同等の成功確率をもつ臨界比率が存在しうるのだろうか？　私を興奮させたのは、ジェーンが明らかに、山のような確実な定量的データをもっていたことである。ひょっとすれば、二つの戦略の経済学的な利益と費用を実際に計測することができるかもしれないのだ。私がワシントンの講演のために用意した草稿の鳥の略奪者と漁師については、誰も現実のデータをもっていなかったが、ジェーン・ブロックマンの個体識別されたアナバチについての、時間刻みの厖大な行動記録は、混合ESS理論についておこなわれる初めての野外実験となりうる、ジリジリするほどの潜在的可能性を秘めていた。

ジェーンと私はこのプロジェクトで一緒に研究することに決めたが、二人のどちらよりも数学的に卓越した能力をもつ、より理論的な専門家が必要だった。実力者を呼んでくるべきときが来たが、私の世界で最高の実力者は、私の学生のアラン・グラーフェンだった。私の尊師で師匠が私自身の学生だったというのは奇妙に思われるかもしれないが、それが事実なのだ。彼はそういう類《たぐい》の学生だった。彼はESS理論への熱狂を私と共有していて、私がその細かな点や、進化生物学のその他多くの側面を理解するのを助けてくれた。たとえ私が記号操作の茂みを通り抜けていくアランについて行けなかったにせよ、彼は数学者の直観と本能のいくつかを教えてくれた。一週間で生物学者にやり方を悔い改めさせることができると考えて、反《そ》っくり返って生物学の世界に入り込んでくる数学者や物理学者がいる。そんなことはできはしない。彼らは生物学者の直観と知識を欠いているからだ。アランは例外だ。彼は数学的直観と生物学的直観のめったにない組み合わせをもっており（彼にとってのヒーローであるR・A・フィッシャーもその持ち主だったと、私は思う）、問題に対する正しい答をほとんど瞬時に嗅ぎつける――そして、私とは違ってフィッシャーのように、求められれば、自分が正しいことを証明するために、そこから代数計算にまで進むことができる。アランは現在ではオックスフォード大学での私の同僚で、理論生物学の教授であり、その地位にふさわしいロイヤル・ソサエティの会員《フェロー》である。

私は一九七五年に初めてアランに会った。そのとき彼は大学生で、私はニュー・カレッジの動物学のチューターで、『利己的な遺伝子』執筆の途中だった。別のカレッジのあるチューターが、どこか並外れたところのあるスコットランド出身の若者を推薦してきて、私は彼を動物行動学について個人指導することを引き受けた。その当時は個人指導の最初のときに、学生は自分の書いた小論文を声に出して読み、その後それについて議論するという習慣があった。アランの小論文が何についてのものだったか忘れてしまったが、それを聞いたときの、鳥肌が立つような畏怖の念は鮮明に記憶している。

「並外れた」というのは、控え目に過ぎた。

アランの大学での学位は心理学だった（彼の選択科目に動物行動学があり、だから個人指導のために私のところへ送り込めばいいということになったのだ）。アランが一緒に博士研究をしてくれるだろうと私は期待していたが、彼は、スコットランド人フェローで世界有数の数理経済学者であるジム（のちにノーベル賞を受賞したサー・ジェームズ）・マーリーズの指導のもとで、数理経済学の修士課程という厳しい選択肢を選ぶことに決めた。進化理論において、経済学はますます重要になっているので、彼が生物学に戻ってくるか、経済学者として成功するかのいずれにしても、アランにとっていい選択になるはずだった。結果的には、彼は生物学に戻ってきて、私と博士研究をおこなった。ジェーン・ブロックマンが私たちの人生に入り込んできたとき、彼はまだ数理経済学の勉強中だったが、彼は私たち三人が一緒に取り組んだアナバチ研究において、それを非常にうまく使うことになった。

けれども、まず大事なことを言っておこう。ジェーンがやってきた翌日は、彼女の記憶では（私は忘れてしまったが）、毎年恒例のパント・レース大会があった。オックスフォード大学とケンブリッジ大学の対抗ボート・レースほど真剣ではなく、たぶんもっと気楽なもので、対戦するのはわが動物行動研究グループ（ABRG）チームと、エドワード・グレイ野外鳥類学研究所（EGI）チームだった。EGIは動物学教室のもう一つの附属施設で、元外務大臣で熱心な鳥類学者だったグレイ卿（第一次世界大戦前夜に、「全ヨーロッパから灯りが消えようとしつつある。われらが生きているあいだにふたたびこの灯りが点《とも》るのを見ることはないだろう」という、忘れがたい慨嘆の言葉を呟いた）の名をとったものである。両チームとも、てんでバラバラな数のパント（棹を川底に押しつけて――しばしばはまり込んでしまう――推進する平底船）を使っていた。ゲームの胆《きも》は、単なるスピードではなく妨害行為にあり、ジェーンが今もはっきり憶えているのは、ＥＧＩ側でとりわけ冷酷な振る舞いをしていたジョン・クレブス（のちにサー・ジョンとなり、現在はロイヤル・ソサエティ会員クレブス卿であり、英国でもっとも著名な生物学者の一人である）のことである。アランはひょっとしたらここで、正直な漕ぎ手対海賊的な妨害工作者の、ちょっとしたＥＳＳモデルができる可能性を思い浮かべていたのだろうか？　そんなことはあるまい。彼はもっと常識があるし、自分のパントの棹を実直に操るのに必死だった。

さていよいよ、アナバチについての真面目な仕事の話である。主《メイン》はニューハンプシャーのもので、従《サブ》はミシガンのものだが、彼女はこの異なる二つの野外サイトで一五〇〇時間以上にわたり、色で個体識別した雌バチの行動を注意深く記録していった。彼女は四一〇の巣穴の歴史と、六八個体のハチが生涯の時間のほとんどを費やす巣に関係した活動について、ほぼ完全な記録をもっていた。先に述べたように、彼女はもともと別のまったく異なった目的のためにそれらの記録を使っていて、その研究で、すでにウイスコンシン大学で博士論文を書き上げていた。アランを加えた私たち三人は、ＥＳＳ理論における費用と利益のところに現実の、計測された経済学的価値を入力するために、同じ生データを使うことに決めたのだった。

マシュー・アーノルドの夢見る尖塔を見下ろせる動物学教室の私の部屋で、ジェーンと私は毎日、私のＰＤＰ‐８コンピューターで彼女の厖大なハチの記録から数字を打ち込み、無数の統計的分析にかけた。アランは二、三日おきに立ち寄り、私たちの統計を素早い専門家の眼で検討し、数理経済学者のように考えるにはどうすればいいかを、私とジェーンに忍耐強く教えてくれた。三人は共同で作業し、彼の経済学的なアイデアをＥＳＳの数式モデルに当てはめた。それは夢のような時間で、私の研究生活におけるもっとも建設的な時期の一つだった。学ぶことがどっさりとあり、私は二人の同僚のどちらからも学んだ。私は自分が天性の共同研究者だと思いたい。わが人生の悔いの一つは、もっと多くの共同研究をしなかったことである。

私たちがテストした最初のモデル――モデル1という華々しい名をつけた――は、うまくいかないことがわかった。しかし、科学哲学の教科書通りの流儀で、ここで得られた反証は私たちに、もっとうまくいくモデル2を考案する手がかりを与えてくれた。最初にモデル1を提案したとき、私たちは「参入（Join）」を、正直な穴掘り屋の穴掘りとキリギリス集めの努力につけ込む、略奪的戦略とみなしていた。モデル1の予測はすべてまちがっていることが判明したので、私たちは振り出しに戻って最初からやり直し、モデル2にたどりついた。モデル2では「穴掘り（Dig）」と「穴入り（Enter）」という二つの戦略を仮定した。「穴掘り」はそのままの意味である。「穴入り」は「すでに掘られた巣穴に入り、自分が掘った穴とまったく同じように使う」を意味する。これは一つの興味深い理由によって、モデル1の略奪的な「参入」と同じではない。

その理由とは、このアナバチについてのもう一つの付加的な事実から発するものだ。これらのハチは、しばしば自分が作業していた巣穴を放棄するのである。なぜそうするのか、理由がつねに明らかというわけではなく、実際のところ、理由は多様だと思われる。ひょっとしたら、アリやムカデによる侵入といった一時的な問題があるかもしれない。あるいは巣から離れたハチが死んでしまったのかもしれない。これが意味するのは、「穴入り屋」は空き家になった巣穴をみつけ、自分ひとりのものだと考えるかもしれないということだ。あるいはもし、前の持ち主がそれを放棄していなかったとすれば、二匹はその巣で互いに他方を無視しながら、作業を続けるだろう――たまたま二匹が巣のそばで同じときに出会って（ほとんどの時間を狩りに費やすので、そういうことはごくまれにしか起こらない）闘う、ということがないかぎり。

モデル2は、「穴掘り」と「穴入り」が、均衡のとれた頻度では同じように成功することを示唆している。多数の穴掘りがおこなわれているときには、放棄された巣穴の十分な供給があるから、穴入り屋のほうが成功しやすい。しかし穴入り屋の頻度があまりに高くなりすぎると、十分な数の巣穴が掘られず、したがって穴入り戦略が繁栄するのに必要なだけ十分な放棄された巣穴が存在しなくなる。

さて、ここには事態を複雑にする興味深い要因がある。アナバチは、たとえ中にキリギリスをすでに貯えている場合でさえ、いつなんどき、自分の巣を放棄するかもしれない。それゆえ穴入り屋は、すでに掘られた巣穴だけでなく、すでに捕まえられ貯蔵されたキリギリスをも獲得できるかもしれないのである。このモデルは穴入り屋が、ある巣穴が本当に放棄されたものであるか、それとも持ち主が狩りに出かけていて一時的にいないだけなのかどうかを知る方法をもたないと仮定している——ジェーンと私が別の論文で示したように、これは彼女の計測値から正当化できる想定だ。そして、私たちはさらにもう一つの論文で、それぞれのアナバチは自分がどれだけの数のキリギリスを捕まえたかを知っているかのように行動するが、その巣穴に別のアナバチが入れたかもしれないキリギリスの数には気づかないことを示した。

もし、あるアナバチが巣穴の唯一の所有者であれば——その雌バチが最初に掘ったのかどうかにかかわりなく——、穴入り屋に参入されるリスクがある。そして穴入り屋のほうは、自分が入ろうとして選んだ巣穴をまだ最初の持ち主が使っているというリスクを冒している。どちらにとってもその結果は、自分が唯一の所有者である場合よりも好ましくない。このことは、（捨てたモデル1で私が強調したように）共有の巣は（二匹のアナバチが狩るので）より多くのキリギリスを含んでいる可能性が高く、最終的に産卵して、共有の貯蔵食糧を利用できたアナバチが得る「勝者総取り」の利益が存在するという事実にもかかわらず、そうなのである。擬人化した、くだけた言葉を使えば、アナバチは新しい巣穴を掘って、ほかのアナバチに参入しないでほしいと「思っている」かもしれない。あるいは、それが前の持ち主に放棄されたものであってほしいと「思いながら」既存の巣穴に入り込んでいくかもしれない。モデル1では、「参入」が一つの戦略的意思決定だった。モデル2では、参入するのも参入されるのも、いずれも望ましくない事故であり、穴入りという意思決定がもたらす不幸な帰結である。それに対して、「穴掘り」と「穴入り」は二者択一的な戦略上の意思決定だった。平衡状態において、アナバチは両者の違いに無頓着であるにちがいない。もし正しければ、モデル2は次のような戯れ歌《リメリック》に要約できるだろう。

Sphex ichneumoneus と呼ばれるハチがいる。
彼女らの出会いが仲むつまじいことはめったにない
「穴入り」と「穴掘り」のどっちがいいか
彼女たちは気になんかしない
でも、参入するか、参入されるかは大違いだ

しかし二つのモデルで得られる利益を比較し、モデル2をテストするためには、そうした利益をどのようにすれば測定できるだろうか？　それぞれの戦略に生じる利益と費用を評価するために、ジェ

ーンのデータを使う正しい方法を慎重に考えなければならなかった。個々のハチがいつも同じ戦略を使うわけではないことは実証されていた。ならば、個体ごとに利益と費用の合計を出すのは無駄である。しなければならないのは戦略それ自体について、アナバチの集団全体で平均した合計を出すことだった。そしてそのために私たちは、意思決定（決断）と呼ばれるものに着目した。成虫のアナバチの生活全体が一連の意思決定から成っており、個々の意思決定はアナバチを、限られた短い期間だけ特定の巣穴にかかわらせる。それぞれの期間は、穴掘りであれ穴入りであれ、新しい巣穴との結びつきを開始させる次の意思決定がおこなわれた、まさにその瞬間に終わる。利益と費用は、それぞれの意思決定に帰される。こうして私たちは、穴を掘るという意思決定をするか穴に入るという意思決定をするかでもたらされる、実質的な利益の平均値を得ることができたのである。

成功する意思決定とは、結果として巣穴のキリギリスの上に産卵できるようにするものである。もしアナバチがその巣穴の別々の巣室に二つの卵を産めば、その意思決定は二倍成功したことになる。しかし、卵が産み付けられたキリギリスを考慮に入れることで、利益の計測をより精密なものにすることができないだろうか？　おそらく、一匹のキリギリスに卵を一つ産み付けることは、三匹のキリギリスに卵を一つ産み付けるより成功につながりにくいだろう。前者の幼虫は栄養が不足するだろうからである。さらに、すべてのキリギリスが同じ大きさではないが、次に説明するように、アナバチの行動の奇妙さのおかげで、ジェーンはキリギリスの大きさの違いを計測することができたのである。

sphexishness（アナバチのように誤りを繰り返す）という言葉と、アナバチがちょっとのあいだ巣穴に入り込んでふたたび現れるまで獲物を巣穴の入り口に残しておくという習性についての、私の哲学的な脱線を覚えているだろうか？　この習性がジェーンにチャンスを与えた。ハチが巣穴に下りているあいだに、彼女は大急ぎでキリギリスの体長を測り、いかなるsphexishをも繰り返させる引き金にならないよう細心の注意を払って、ハチが残していったのと正確に同じ場所に戻した。体長よりも体積のほうが栄養価のよりよい目安になる。そこで、私たちは長さの三乗から体積を概算した。共有された巣穴の場合、キリギリスの総量を、共同の貯蔵庫に最終的に産卵したハチの利益の得点とした――勝者の総取りだ。

そして、これが利益の目安となった。つまり、うまく卵を産み付けられたキリギリスの数（あるいは推計されたキリギリスの肉の容積）である。費用はどうだろう？　ジェーンと私の両方に大きな感動を与えた洞察の閃きにもとづき、アランは時間がおおよその通貨になると力説した。時間はこれらのハチにとって貴重な資源である。夏の季節は短く、これらのハチは長生きしない。遺伝学的な成功は、季節――そしてその命――が終わる前に穴掘り／産卵のサイクルをどれだけ多くの回数繰り返せるかにかかっている。これこそ実に、「意思決定」という概念に着目することを正当化する私たちの理論的根拠だった。すなわち、一匹のハチが特定の巣穴にかかわる時間、次の意思決定によって終わりを告げるまでの期間が重要なのである。したがって、一匹のハチの一分一分が、一つの戦略を開始するという意思決定の費用として台帳に計上される。「穴掘り」の正味の利益は平均的な比率、すなわち、すべての掘るという意思決定から得られる総額を時間の費用《コスト》で割ったもので計測された。そして、私たちは「穴入り屋」についても、それに相当する正味の利益比率を計算した。

ようやくここが、私たちが「ＥＳＳを考える」ことを始めた地点である。私たちのＥＳＳモデルに従えば、「穴掘り」と「穴入り」は、両者の成功の比率が等しくなる均衡した頻度で共存すると予測するべきである。もし穴入りの頻度がこの均衡値より上にぶれれば、自然淘汰は穴掘りのほうを選り好みしはじめるだろう。なぜなら、穴入りがあまりにも多くなると、一つの巣穴を共有していることに気づき、高い出費をともなう争いに巻き込まれ、ひょっとすれば負けるというリスクを負うからである。そして逆もまた真である。もし穴入りの頻度が均衡値よりも下にぶれれば、放棄された巣穴のあいだにたっぷりと拾い物があるゆえに、穴入りが選り好みされる。ニューハンプシャーの集団において観察された穴入りの頻度は四一%で、私たちはこれが実際にニューハンプシャーの集団の均衡頻度であろうという仮説を立てた。その場合、穴掘りと穴入りの測定される比率は同じになるはずだ。そこで私たちは調べてみた。

実際の比率は同じではなかったが（一〇〇時間当たり産卵数は〇・九六%対〇・八四%で、キリギリスの容積による得点と同じような結論になる）、この違いは統計的に有意と言えるほどの差ではなく、モデルをさらにテストするよう私たちを勇気づけるに足るほど近い値だった。アランはモデルから四つの予測数値を引き出すことを可能にする、いくつかの巧妙な代数計算をおこなった。それを私たちは、実際に観察された数値と比較するわけだが、その数値がかかわるのは、四つのカテゴリーに入るアナバチの割合で、その予測値は、もしその集団が私たちのＥＳＳモデルに従って均衡状態にあれば観察されるはずの割合だった。次に示す表はその結果を示している。これらのニューハンプシャーで観察された数字は、モデル２の予想が誤りだと立証するものではなかった。この結果は私たちを喜ばせた。

アナバチの割合	観察値	予測値
穴を掘ったのち放棄	0.272	0.260

穴を掘り、放棄しない	0.316	0.303
穴に入り、占有であることがわかる	0.243	0.260
穴に入り、共有であることがわかる	0.169	0.176

だからと言って私たちは、予測が観察されたデータによって誤りを立証されないモデルは、そうした予測が反証に対して弱点をもつものであるかぎりにおいてのみすばらしいのだという原理を忘れることはなかった。観測データから予測を引き出す際に、それが行きすぎると、その予測がどうあっても正しい、すなわち反証不可能なものとなってしまうことがあるのだ。私たちはコンピューター・シミュレーションで（つまりジェーンの現実のデータではなく、実際にありうる、しかしランダムなデータを入力することで）、私たちのモデル2の予測の場合には、そんな心配はまったくないことを実証した。モデルは十分「誤りうる」ものだったが、今回、実際には誤っていなかった。斬られる覚悟で首をさし出したが、生き延びたのだ。カール・ポパーも満足したことだろう。

確かに、モデル2はニューハンプシャーでは生き延びた。あたかも、誤ることも十分ありうるのだと印象づけるかのように、ジェーンがミシガンで研究した別の集団では、モデル2は実際にうまくいかなかったのである。私たちはがっかりしたが、なぜそうなったかを建設的に考えるよう、意欲をかきたてられた。理由はいろいろと思いついたが、なかでももっとも興味深いのは、ミシガンのアナバチがジェーンの研究した環境とは違う環境に適応していたというものである。ひょっとしたらミシガンのアナバチは「時代遅れ」で、彼らの遺伝子が古い時代におけるなんらかの環境条件に適応してきたのかもしれない——われわれ人類の遺伝子はアフリカでの狩猟採集生活に適応したものであるが、現在では都市で暮らし、靴をはき、自動車に乗り、精製した砂糖やその他の過剰な食物を採っているのと似たようなものだ。ミシガンのアナバチは大きな栽培された花壇のなかで活動しており、それは彼らの正常な環境とはかなり異なっていたにちがいなく、ニューハンプシャーのアナバチの、より自然に思える環境とは実際に異なっていた。

私たちの穴掘り／穴入りモデルは、ミシガンでは失敗したにもかかわらず、ニューハンプシャーでは目覚ましい成功をおさめ、メイナード・スミスの優雅な「混合ＥＳＳ」（この場合、「混合」は穴掘りと穴入りのあいだで見られる）についての、今でも数少ない野外での定量的テストの一つである。私にとって、これは互いに補いあうような知識と技量《スキル》をもって協調できる同僚と共同研究をする喜びを得た、典型的なケースの一つなのである。

そのするところを見て、知恵を得よ〔『旧約聖書』、「箴言」の引用句で、本章冒頭に続く語句〕

私たちのＥＳＳモデルについての研究にけりがつき、論文が《理論生物学雑誌（*Journal of Theoretical Biology*）》に送られ、'Brockmann, Grafen and Dawkins, 1979'（こう書かれたものを見ると、いつものことながら心地よい達成感が得られる）として発表された。ジェーンと私は引き続き、「社会生活への進化的に安定な前適応としての、アナバチ類における共同就巣」という表題のもっと大きな論文についての共同研究に取りかかった。この論文はＥＳＳ論文で使った多くの背景的な事実を提示し、統計学的に実証したものだ。これには昆虫の社会的行動が単独性の祖先からどのように生じたかを巡る論争に寄与するという、独自の理論上の目的があった。つまり、私たちが単独性のアナバチにおいて進化的に安定であることを示したような種類の、協同的ではない、意図せざる巣の共有が、地球上の生命の壮観な見物といえるスズメバチ類、アリ、ハナバチ類の巨大な協調的コロニーの先駆形であった可能性はありうるのか？　ということである。私の友人で同僚でもあるビル・ハミルトンがあれほど説得力をもって主張したように、社会性昆虫のコロニー内の遺伝的な近縁度の高さが重要な要因であるのは確かである。しかし、社会生活に向かうように仕向ける他の圧力もありえたのではないか、そして大昔のハチの祖先における私たちのESSモデルがまさに、そうした他の圧力の一つの原型を示すものだということはありえないだろうか？　ジェーンと私はこの論文について、主としてオックスフォード大学での彼女の宿舎で非常な努力を傾けた（味と匂いというものには強烈に記憶を呼び覚ます作用があるが、私はチンチンと音を立てる氷の塊《かたまり》のただなかにレモン一切れを浮かべたチンザーノの味で、そうした幸いにも建設的であった時間を連想する）、最終的に私たちはそれを《ビヘイヴィアー》誌に発表した。

この論文の構成は異例だったが、そのやり方を私はきわめて誇りに思っていて、真似たものを見るとうれしくなる。科学的な論文のための標準的な構成《プラン》は昔も今も、「はじめに」、「方法」、「結果」、「考察」という形をとる。私はこの「標準」を相手に、一九七四年から七八年までの四年をかけて、《動物行動（*Animal Behaviour*）》誌の編集委員と負け戦を闘ってきた（当時の私の上司で、前任の編集委員だったデイヴィッド・マクファーランドの奥さんである陽気なジル・マクファーランドの助けを得て）ものであった。この構成はパッとしないけれども、単一の実験が計画・実行され、考察されるというような種類の科学的研究では理に適《かな》っている。しかし、それぞれが次の実験を促しながら、一連の実験が連続的におこなわれるような場合はどうだろう？　一つの疑問が提起され。実験1でそれに答えようとする。実験1の結果はさらなる疑問を提起し、実験2で解答される。実験2は実験3

によって、より明快にする必要がある。実験3の結果は実験4を引き起こさせる。そういったことが続いていく。そのような論文のわかりやすいプランは、私の考えでは次のようなものだった。すなわち、「はじめに」、「疑問1」、「方法1」、「結果1」、「考察1」、そこから「疑問2」、「方法2」、「結果2」、「考察2」へと続き、そこからまた「疑問3」、「方法3」、「考察3」へ……と続いていく。しかし、私は編集委員として、「方法1」、「方法2」、「方法3」、「方法4」、「結果1」、「結果2」、「結果3」、「結果4」、「考察」、というように配列された論文を再三再四受け取っていた。本気かい？　一つの論文を書くのに、なんという狂ったやり方だろう。一つの物語の話の流れをぶち壊し、興味を押しつぶし、残りの問題への関連性を痩せ衰えさせてしまうお仕立て着だ！　私は編集委員として、著者たちにそういうやり方をすてるよう説得に努めたが、古い習性はなかなか死なないものである。

私とジェーンがこの論文を書こうとしたとき、私たちには、実験ではなく一連の観察的な計測という形ではあるが、提示すべき物語的な流れがあった。私たちの結論は、アナバチに関する一連の事実の記述から構成され、それぞれ統計学的な正当化の根拠を必要とし、それぞれが次の新しい疑問を促し、それが次の記述をもたらし、それらが積み重なって、昆虫における社会生活の考えられる起源についての論拠として提示される。そこで私たちは、それぞれ定量的証拠で実証された三〇の異なる事実の命題からなる論文の要約を書き上げた。三〇のそうした命題のそれぞれが、論文それ自体の一つの見出しになる。それぞれの見出しのもとに、本文、表、図、統計的分析その他が、その見出しが真であることを実証するべく配置される。見出しをただ読んでいくだけで、論文の要旨をつかむことができるのだ。そして、雑誌がそれぞれの論文の最後に「要約」を要求したので、私たちは単一の要約的記述として、すべての見出しをそのまま、順番どおり並べた文章を載せた。これと同じ形式をジム・ワトソンが、その分子遺伝学のすばらしい教科書で私たちとは独立に採用している。そして私もずっとのちに、『進化の存在証明』（原題 *The Greatest Show on Earth*）の最終章でもう一度、これの変形版を使った。そこではダーウィンの『種の起原』の有名な最後の一節を取り上げ、彼の明言《フレーズ》を一つずつ順にとりあげ、本文の最終章の見出しにした。各節の中身は、ダーウィンの明言《フレーズ》についての私の瞑想であった。

以下に、ジェーンと私の論文から引いた見出しを再掲したが、これは私たちが示した事実の簡単な要約をなしている。もしお読みになるなら論文それ自体においてそれぞれが、それに続く本文、数字、分析によって実証されていることを、心に留めておいてほしい。

昆虫の社会性の進化的起源として提示しうる一つの案として、同じ世代の雌による共同就巣というものがある。

自然淘汰が共同就巣そのものを選り好みするずっと以前に、通常は単独性であるクロアナバチ属の一種のアナバチ（*Sphex ichneumoneus*）に見られる、放棄された巣穴への「入り込み」といった、他のいくつかの偶発的な前適応が選り好みされていたのかもしれない。

私たちは、個体識別されたアナバチの活動についての広汎な利害得失の記録をもっている。

就巣（産卵）の成功に関して、それが一貫した個体変異と関連している証拠はほとんどない。

アナバチはしばしば、自分が掘った巣穴を放棄し、他の個体がそうした空《から》の巣穴を自分のものとしたり、「穴入り」したりする。

「穴掘り／穴入り」は、混合型の進化的に安定した戦略のすぐれた候補である。穴掘りと穴入りに関する意思決定は、特定の個体に特徴的に見られるものではない。穴入りする確率は、繁殖期の初めであるか終わりであるかに左右されない。個体の体の大きさと、穴を掘る、または穴に入る傾向のあいだには相関関係がない。個体の産卵の成功と穴掘り、または穴入りの傾向のあいだには相関関係がない。各個体は、直前の成功に基づいて、穴掘りまたは穴入りの選択をすることはない。個体は穴掘りと穴入りを続けてすることがなく、交互にすることもない。アナバチは、どれだけ長く探索してきたかということにもとづいて穴掘りするか穴入りするかを選ばない。

一方の調査地では、穴掘りと穴入りのどちらの意思決定も成功度はほぼ同じであるが、もう一方の調査地では、穴入りという意思決定のほうがたぶんわずかに成功度が高いかもしれない。穴入りするアナバチは、空っぽの放棄された巣穴とまだ使用者がいる巣穴を識別していないように見える。

無差別な穴入りの結果として、ときに二匹の雌バチが同じ巣穴に同居する。同居は「共同居住」と呼ぶべきではない。なぜなら、二匹はふつう同じ巣穴だけでなく、同じ巣室も共有するからである。

アナバチは同居からなんらかの利益を得ていると考える向きがあるかもしれないが、いくつもの理由からそうではない。

共通の巣室に卵は一つだけ産み付けられるので、明らかに、二匹のうちの一匹だけが産卵できる。

二匹のアナバチが一緒でも、一匹だけのときより巣室により迅速に餌を供給できるわけではない。

一つの巣に同居しているとき、二匹は、相手によって遂行済みの作業を自分で繰り返すこともある。

同居しているアナバチどうしは、しばしば高い出費を伴う闘いをする。

共同就巣について言えることは、それが寄生を減少させるのかもしれないということだけである。

共同就巣のリスクは、すでに掘られて放棄された巣穴を引き継ぐという利益の代償として、アナバチが支払う代価である。

「穴掘り／穴入り」を混合ESSだと想定する数学的モデルは、いくつかの予測で成功を収めている。

もしパラメーターを定量的に変えれば、アナバチ・モデルは、それなりに変化した共同就巣に有利に働く自然淘汰を予測しうる。

実証されたような同居の不利益を克服するためには、淘汰圧は非常に強いものでなければならないであろう。

アナバチ・モデルの変形版が、他の種に応用でき、集団生活の進化に関する私たちの理解を助けてくれるかもしれない。

ESSの理論は、単に行動の維持に関係しているだけでなく、行動の進化的な変化にも関係が

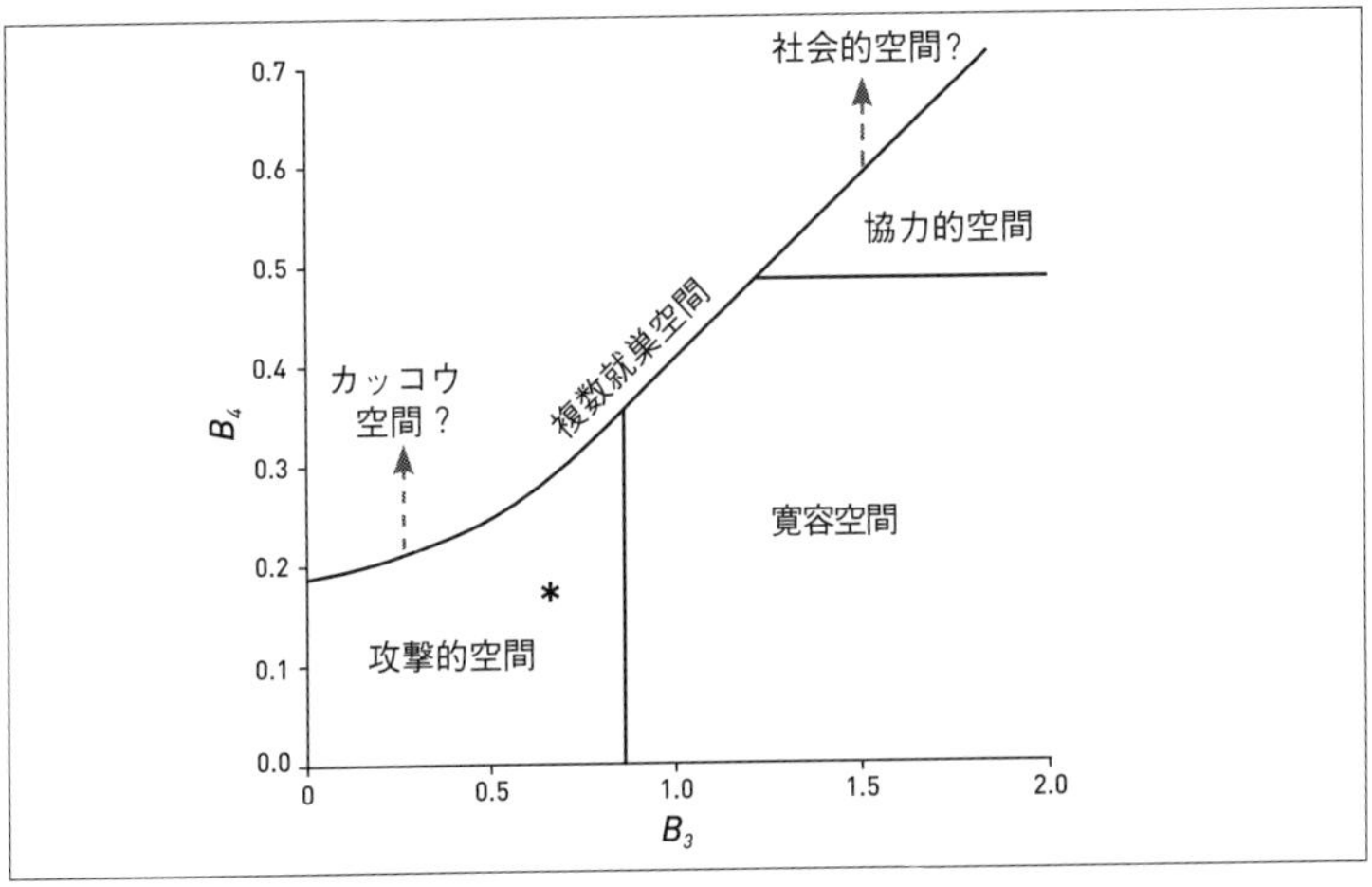

表1 アナバチ類の行動についての私たちのゲーム理論モデルにもとづく社会性昆虫の進化を示す「経済学的な見取図」。経済学的な意味での2つの変数 B_3 と B_4 は、それぞれアナバチが参入された場合と参入する場合の利益である。＊印は「攻撃的空間」（そこではアナバチは単独でいるほうがいい）にいるアナバチ（*Sphex ichneumoneus*）を表す。この地図は、もし経済学的条件が変われば、攻撃的空間から「寛容空間」、「協力的空間」および「社会的空間」にいたる滑らかな軌道が存在することを示している。資料：H. J. Brockmann, R. Dawkins and A. Grafen, 'Joint nesting in a digger wasp as an evolutionarily stable preadaptation to social life', *Behaviour* 71 (3), 1979, pp. 203-44.

ある。

私たちの結論は、ニューハンプシャーのアナバチ（クロアナバチ属の一種*Sphex ichneumoneus*）の集団に適合した穴掘り／穴入りモデルは、もしここで用いた経済学的なパラメーターが進化的な時間の経つうちに変化していけば、「社会的空間」を含めた、複数の「空間」のうちのどれかに移行できるというものだった（表1を参照）。私たちはモデル2を取り上げ、この代数の二つの項、すなわち参入の利益B_4と参入されることの利益B_3を体系的に変えたらどういうことが起きるかを計算した。このモデルはこれら二つの利益の異なる数値でも、安定したESSをもたらすだろうか？

ニューハンプシャーのアナバチ集団は、「攻撃的空間」（単独でいるほうがアナバチはうまくやっていける）において安定なものとして、＊印で示してある。私たちの分析は、Bの値が（進化的な時間の経過で）変化するにつれて、このモデルは「寛容空間」（参入されたアナバチのほうが単独の場合よりうまくやれるが、参入したほうはうまくやれない）を経て、「協力的空間」（参入したアナバチが単独の場合よりうまくやれ、参入されたハチがもっともうまくやれる）へとスムースな勾配での移行をおこなうことができると示した。この進化的な勾配の全行程を通じて、穴掘りと穴入りのどちらもが（変化していく）均衡頻度で、淘汰によって選り好みされるような安定な解決策が存在する。私たちの分析からわかったのは、多くの場合に疑いなく適用できる〝強い血縁〟という要因がない場合でさえ、社会的な行動が、*Sphex ichneumoneus*タイプのアナバチから進化しうる、ということである。そしてもちろん強い血縁があれば、社会性にさせる、あるいは社会的でありつづけさせる圧力が増強されるだけのことである。

フロリダでの幕間

一九七八年にジェーンのオックスフォード大学での年期が終わることになり、残念ながら彼女をゲインズヴィルのフロリダ大学に手放すことになった。しかし、私たち三銃士は再結成されることになった。一九七九年に私がジェーンのゲインズヴィルの研究室でサバティカル休暇をとり、アランが私の滞在期間の終わる頃に合流するよう手配したのである。その頃には、ジェーンはオルガンパイプジガバチモドキ（*Trypoxylon politum*）という、単独性のドロバチ類を研究していた。このハチはクロアナバチ属に近縁で、よく似た習性をもつ――しかし地中に巣穴を掘る代わりに、壁の上、橋の下、岩の表面に、空中の「巣穴」を築く。空中の巣穴は、川から少しずつ運んできた泥でつくった筒で築かれている。この筒はしばしば並べて立てかけられているところから、「オルガンパイプ」という名前がきている。筒を築くとこのドロバチは、クロアナバチ属と同じようにそこに餌を供給するが、ジガバチモドキ属はキリギリスではなくクモを狩り、一本の筒に、泥で仕切りをしながら続けていくつも詰め込んでいく。ジェーンはある橋の下でこのハチを研究し、クロアナバチ属でしたのと同じように、マークをつけて個体識別したハチの出入りを記録した。アランは理論面での彼女の共同研究者だが、アランも私もジェーンと何人かの学生とともに、ハチの観察を手助けしながら過ごした――そして、ヌママムシから逃げ回らなければならなかった。このヘビは、現地民にも怖がられていたが、私にはもっと怖ろしかった。

私はこのハチの造巣行動を眺めるのが好きだったが、そのわけは、ちょうどそのとき私が『延長された表現型』を執筆中で、動物の造作物がこの本の議論で中心的な役割を果たしていたこともあった。

とりわけ私は、このハチが一種の「溶接」技術として、チキソトロピーと呼ばれる物理現象を利用していることに魅了された。ハチは口に泥の球をくわえて筒に戻ると、筒の縁にその球をあてがう。それからブンブンと激しく翅を振るわせると、震動が顎から伝わって、目に見えて泥を流砂《クイックサンド》のように「溶け」させる。単なる新しい泥の球をあてがうだけではなく、泥でできた筒の縁をつけ足したのである。したがって、つけ足した部分はもとの部分に溶け込んでいた（ように見えた。しっかり確認はできなかったが）。溶解、融合、溶接[1]——まったく溶接のようだった。新しい泥が古い泥と結合するように、ときどき縁が液状化する様子は実際、この震動が溶接工のアセチレン・バーナーの炎の中心が金属に作用するのと同じやり方で作用しているように私には見えた。ジェーンの考えでは、これまで誰もこの「チキソトロピー」説を発表した人間がいないようなので、役に立つかどうかはわからないが、とりあえずここに書いておく。

　ジェーンと私は、ゲインズヴィルで進化と行動に関する大学院生向けのセミナーを開き、そこに他の二人の教授が合流した。これらの週一回の集まりについて主に記憶しているのは、そこで人々がアラン・グラーフェンの知的威力によって、しだいしだいに場を支配されるようになっていったありさまだった。表向き、アランは大勢の大学院生の一人（そしてもっとも年少の一人）にすぎなかったが、私たち全員が、学生も教授も同じように、難しい問題があるとアランのほうを向くという習慣に陥っていったさまは、眼を見張るものだった。彼はその鋭いスコットランドふうの声音で、どうすれば問題を明快に取り扱い、正しい答に到達できるかを説いたものだった。

　私のフロリダでのサバティカルは、ハチと研究だけに明け暮れたわけではなかった。ジェーン、アランと私に、ジェーンの動物学教室以来の友人であるドナ・ギリスが加わり、四人でさらなるフロリダ探検に出かけたのだ。ディズニー・ワールド（アランは心底ゾッとするような乗り物すべてに乗ると言い張った）と、シーワールド（アランは公演中アザラシによってプールに突き落とされる役を買ってでた初めての人間だった）までドライブした。メキシコ湾岸にある大学付属のシーホース・キー海洋生物学研究所にも行き、そこで自炊し、宿泊所の二段ベッドで寝た。私たちはカブトガニ（英名もhorseshoe crabだが、カニではまったくなく、クモの遠い親戚である。ジェーンはのちに、この「生きている化石」についての研究をおこなった）を見た。私たちが近づくと、容易にたどれる足跡を残して巣穴に逃げ込む、何千匹というスナガニ（こちらは本物のカニである）を見た。もっとも忘れられないのは、プランクトンのなかの顕微鏡レベルの大きさの生物の攪乱によって引き起こされる海のリン光だった。水切り遊びもした。つまり平らな石を水面すれすれに投げて、石が何回水面に当たって波立って光るかを見るのである。ドナは夜の浜辺でダンスをし、足の指で濡れた砂のなかに光っては消える青いリン光のパターンをしるしながら、自分自身のことを三人称で、「彼女は踊っている」と、愛らしく歌った。

別の浜辺で、アランと私は真っ裸で泳いだが、ジェーンとドナから注意された。なぜなら――アランも私も驚いたのだが――どうやら、夜間でもそれは違法だったようであり、いまでも違法である。よく考えてみると、米国ではこの違法行為が本当に重大なこととして受けとられていると信じるべき理由があると教えてくれる、何年も前に起きたある出来事に思い当たった。人類学者のヘレン・フィ

（1）『好奇心の赴くままに』で詳しく述べた、オーンドル校自慢の工作室で私が学んだ唯一の技術とほぼ同じようなもの。

ッシャーと私は、ノースウェスタン大学の会議で講演した暑い昼間に続くある暖かい夏の夜に、ミシガン湖で素っ裸で泳いでいた。一〇〇ヤードほど離れた路上に一台のパトカーが止まっていた。真っ暗だったので、彼らがどうして私たちを見つけたのかわからなかったが、サーチライトを私たちに向け、ハンドマイクで、「君たちを逮捕する。君たちを逮捕する。君たちを逮捕する」と叫んだ。パニックに襲われ、私たちは体が乾くのを待つ暇もなく、走りながら服を着た。ただ、月光に照らされたフロリダの波間での、アランと私の束の間の水浴が、そのような事件で台なしにされることはなかった。後になって振り返ってみると、私たちはそれを楽しむというよりもむしろ強がってみたいという理由でそうしたのではないかと思っている。ジェーンの話では、現在ではサメが頻繁に見られるという理由で、ほかでもないこの浜辺から泳ぎださないよう学生たちを思いとどまらせているという。

ゲインズヴィルに話を戻せば、このサバティカルにおける時間のほとんどは、図書館を利用し、ほとんど毎日のようにアランに進化理論の問題や、それについての整然とした考え方について相談しながら、『延長された表現型』の数章を書くことに費やした。しかし、ジェーンと共著の「アナバチはコンコルドの誤謬にかかわっているか?」という新しい論文についての共同研究にも時間を割いたのである(ここでもまた、アランの助言に頼るところが大きかった)。

コンコルドの誤謬

経済学者たちが注目する、埋没費用《サンク・コスト》の誤謬——失敗した事業にさらに資金を投じること——というものがある。その言葉を聞く以前、私は進化生物学の文脈においても同じ誤りを認めていて、それを「コンコルドの誤謬」と名づけ、一九七六年の《ネイチャー》誌にオックスフォード大学の学生であ

図1　共有する巣穴の入り口の近くで戦う *Sphex ichneumoneus*。ジェーン・ブロックマン描く。

ったタムシン・カーライルとの共著論文で発表し、ついで『利己的な遺伝子』にも書いた。次に示すのは、アンドリュー・コールマン編の『オックスフォード心理学辞典』におけるコンコルドの誤謬の定義である。

すんでしまったこととは無関係に、いま投資することの合理的根拠を評価するのではなく、単に過去にそれに投資したことを正当化するためだけに、あるプロジェクトに投資をつづけること。たとえば、ギャンブラーはしばしば増えていく負債から逃れようとして、ますます金をつぎ込んで失う……そしてクロアナバチ属の *Sphex ichneumoneus* の雌は競合する巣穴をめぐって、巣穴のなかにどれだけの食物があるかによってではなく、自分がそこにどれほど運んだかに基づいて闘いへの心構えをする。闘いを諦めるのをもっともよしとしないのは一般に、巣穴のなかへもっとも多量の獲物を運び込んだハチである。この現象は、一九七六年に《ネイチャー》に掲載された、英国の動物行動学者リチャード・ドーキンス（一九四一年生まれ）と彼の大学の学生タムシン・Ｒ・カーライル（一九五四年生まれ）による論文において初めて突き止められ、名づけられた。意思決定理論および経済学ではとくに、「埋没費用の誤謬」とも呼ばれる。……［「コンコルドの誤謬」という名は、英仏共同開発の超音速旅客機コンコルドが、一九七〇年代の開発期に費用が急激に高騰し、まもなく経済的に見合わなくなったにもかかわらず、英国・フランス両政府が過去の投資を正当化するために支援を続けたことからとられた］

もう一つ私が使った呼び名に、「わが兵士たちを無駄死にさせてはならないという誤謬」というのがある。ヴェトナム戦争反対の声が高まりつつあった、六〇年代後半のカリフォルニアで、私が催涙ガスから逃げ回った日々を思い起こすと、撤兵に反対する論拠の一つは次のようなものだった。「ヴェトナムで、多くのアメリカ人がすでに死んでいる。いまわれわれが撤退すれば、彼らは犬死になるだろう。われわれは、そうしたすべての兵士を犬死にさせることはできない。だから闘いを続けなければならないのだ」（そして、もっと多くの兵士が死ぬことになるが、そのことには触れない）。ジェーンと私は彼女のデータを分析し直してみて、クロアナバチが自家版のコンコルドの誤謬を犯しているように見えることを発見し、すこしばかり心を乱された。それはこういうことである。

穴に入ろうとするハチが、共有している巣穴の持ち主と鉢合わせすることはめったに起きないが、そうなったときには彼らは闘い、敗者は通常そのまま永久に逃げ去り、勝者は二匹で集めたキリギリスがどれだけ多かろうが、唯一の支配者として残る。おそらくハチどうしは、双方にとって価値のある巣穴をどちらが取るかを決するために闘っているのである。巣穴の価値は、なかに多数のキリギリスがあるときには大きくなるが、どちらがキリギリスを捕まえたかにかかわりなく、その価値は両方のハチにとって同じだと、考えたくなるかもしれない。ならば、もしハチたちがコンコルド経済学者でなく合理的な経済学者のように振る舞うならば、キリギリスが少ししか蓄積されていない巣穴よりもたっぷり蓄積された巣穴のほうで闘いはより激しくなると予想されるだろう。

しかし、実際はそうではない。むしろそれぞれのハチは、巣の価値は将来の巣穴の真の価値とはかかわりなく、自分がどれだけ多くのキリギリスを捕まえたかによって決まるかのような闘い方をする。このことは、二通りの側面から示された。第一に、もっとも多くのキリギリスを集めたハチが闘いにおいて最終的に勝利するという統計的な傾向があった。第二に、それぞれの闘いの継続時間は、敗者の集めたキリギリスの数に相関していた。この結果のコンコルド主義的な根拠は次のようなものである。それぞれの闘いは、一方が逃げだそうと決めたときに終わり、これによって敗者が決まる。コンコルド主義的なハチは、自分が少しのキリギリスしか集めていなければ早々に諦め、多数のキリギリスを集めていれば、いつまでも諦めない。したがって、戦闘継続時間と敗者が集めたキリギリスの数のあいだに相関が見られるのである。

冗談半分に「コンコルドの誤謬」と呼んだのは私だったが、その私とジェーンがいまや、アナバチがコンコルドの誤謬を犯しているように見えるという事実に頭を悩ませていた。「自然淘汰がまたへまをやった」というジョン・メイナード・スミスの冗談混じりの科白《せりふ》通りのことが起きたのか？　いつものように、私たちがアランに助言を求めると、彼はいくつかの事柄を指摘した。動物のデザインは、人間のエンジニアによるデザインと同じく、絶対的な意味で完全なものなどではない。よいデザインはつねに制約（拘束）を受けている。吊り橋は、あらゆる条件に持ちこたえるようには保証されていない。エンジニアは特定の安全マージンの範囲内で、できるだけ安くつくれるよう設計する。もし何らかの理由で、同居する巣穴のなかにあるキリギリスの数をかぞえるのに必要な感覚装置や神経装置に大きな出費がともなうが、キリギリスを捕まえるための自分の努力を測るのに必要な器官は安上がりだ、という具合になっているとすればどうだろう？　そのとき、アナバチのもっとも経済的な「デザイン」は、とりわけ巣穴の共有があまり見られないとしたら、まさにコンコルド主義的に見える――この場合は実際にそうであるように――かもしれない。

たまたま、アナバチが獲物の数をかぞえるのに使うような神経／感覚装置を動かすには、実際に大きな出費をともなうことを示すいくつかの間接的な証拠がある。それは偶然にも私の恩師ニコ・ティンバーゲンの最初の大学院生だったヘラルデュス・ベーレンツがオランダで、クロアナバチ属と近縁のジガバチ属（*Ammophila*）についておこなった研究から得られた。ジェーンの *Sphex ichneumoneus* とは違って、ベーレンツの *Ammophila campestris* は段階的に獲物を運んでくる。このジガバチは、食物の全量を集めて蓄えてからその上に産卵し、巣穴を閉じて立ち去るのではなく、成長していく幼虫に毎日食べ物（この場合にはキリギリスではなく芋虫）を運ぶ。さらに、このハチは二つないし三つの巣穴をもち、一度にどれか一つを訪れる。幼虫の齢はそれぞれバラバラで、それに応じて必要とする食物量も異なる。このハチは若い幼虫が高い齢の幼虫よりも必要とする食べ物が少なくてすむことを「知って」おり、それに従って、不均等に餌を与える。しかし、ここに驚くべき事実がある。雌バチは早朝に、自分のすべての巣穴を一回偵察して回るあいだに、それぞれの幼虫の必要量を査定してしまうのである。巡回偵察が終わってからは、その日の残りは、巣穴の中身についてはまったく何も知らないかのように振る舞う。

ベーレンツは、このことを巧妙な実験で示した。彼がおこなったのは、計画的に幼虫を巣穴から巣穴へと移し替えていく、ということだった。特定の巣穴にいまいる幼虫がどれだけ小さいかにおかまいなく、ハチは朝偵察してまわったときに巣穴にいた大きな幼虫にふさわしい、大きな獲物をその幼虫に与えつづけ、逆の場合も同様に振る舞った。まるでこのハチは巣穴の中身を測定する道具はもっているが、この道具は動かすのに大きな費用がかかるから、一日に一回だけ、朝の偵察のときにだけスイッチが入り、その他の時間は運営費用を節約するために装置のスイッチが切られているかのようである。これによって、ベーレンツの実験でハチが犯したへまが説明できるだろう。いまやハチは巣穴の中身が見えないのだと考えれば、このへまに矛盾はない。もちろん通常は、ベーレンツがいなければ、幼虫が巣穴から巣穴へ飛び移ることはありえないのだから、そのような「へま」は問題にならないだろう。

齢の異なる幼虫を住まわせた複数の巣穴に段階的に餌を与えていくのが正常な習性であるから、*Ammophila campestris*には、本当に査定の道具が必要なのだ。しかし、必要だといっても、その装置にスイッチの入る時間は厳格に制限されている。一方、一回に一匹の幼虫だけを相手にし、かなりまれにしか巣穴を共有しない*Sphex ichneumoneus*は、そのような費用のかかる装置に対するさほどの必要性をもちあわせていない。ゆえにけっしてスイッチが入れられないか、それともまったくもっていないかである。そのために、コンコルドの誤謬を犯しているように見えるのだ。いずれにせよ、私たちはこのように、結果を合理的に説明した。だが実のところ、私たちにはこのアナバチの「パフォーマンス」に失望する資格などなかったのだ——とくに、一部の哲学者が信じているほど彼らがsphexish（機械的な行動をするもの）なのであれば、なおさらである。権力の地位にある知的な人間でもコンコルドの誤謬を犯すのであり、ダニエル・カーネマンのような心理学者が示しているように、人間はリスク、費用、利益を評価した場合に比べて、はるかに愚かな意思決定をするものなのである。

学会巡礼の物語

Richard Dawkins

デイヴィッド・ロッジは、キャンパス小説『小さな世界』で、学会をチョーサー流の巡礼旅になぞらえている。

現代の学会は、厳粛な自己修養を心がけているように見せながら、旅の喜びと気晴らしにふけることを参加者に許すという点で、中世のキリスト教徒の巡礼と似ている。

私は『祖先の物語』で、別の目的でチョーサーを用いたことがあり、このアナロジーがたいへん気に入っている。ここで私は数百の学術会議のうちから六つを選び、私が科学的巡礼で訪れた代表的な宿場として紹介してみたい。

私が『利己的な遺伝子』を書いている頃に出席した、ある忘れられない会議は、ロッジのシニカルな見方と矛盾しない。それはベーリンガーインゲルハイム製薬会社の後援を受けたもので、思わず感嘆の声をあげてしまうほど広壮なドイツの城でおこなわれたものだった。会議の主題は「科学と医学における創造的過程」で、私の参加した会議のなかでまちがいなく、もっとも豪華なものだった。主立った来客のリストには並外れて著名な科学者、哲学者が連なり、その多くはノーベル賞受賞者だった。そうした輝かしい人士のそれぞれが二人の若手の同僚を同伴する——言うならば、「騎士《ナイト》」に付き従う従者として——ことが許されていた。わが恩師のニコ・ティンバーゲンはその「騎士」の一人で、彼はデズモンド・モリスと私を従者として選んだ。他の騎士（そのうちの何人かは本物のナイトだった）としては、サー・ピーター・メダワー（免疫学者、エッセイスト、そして伝説的な博識家）、彼の「哲学の師」であるサー・カール・ポパー、サー・ハンス・クレブス（世界でもっとも有名な生化学者）、偉大なフランスの分子生物学者ジャック・モノー、そして他の数人の科学における大看板たちがおり、それぞれに若手のお付きがいた。私たち全員を併せても三〇人ばかりしかいなかった。私はそこに出席できることをこの上なく幸運だと感じたが、ほとんど一言も発する勇気がなかった。

私たちは磨き上げられたテーブル（「騎士団」という私のたとえ話にとっては残念なことに、それは正確には円卓ではなかったと思う）のまわりに座り、私たちの前には立派な名札がおかれていた（ついでながら、こういう催しがあるときに、名札が他の人々の役に立つよう部屋の真ん中に向けて置かれるのではなく、自分の名前など先刻承知の本人のほうに向けられることが多いのはなぜだろう?）。テーブルの上のそこここに、メモ帳と鉛筆、ミネラル・ウォーターのボトル、砂糖菓子（ウエッ）、たくさんのタバコがおかれていた。このタバコだが、カール・ポパーがタバコの煙嫌いなのは周知のことだったから、そんなものがそこにあるのは「遺憾」などという言葉で済む事態ではなかった。あるとき、別の会議で彼は立ち上がって、ここでは誰も喫煙をしてくれるなという、異例の要請をした。近頃では、そのような嘆願は必要ないだろう。何も言わなくともそうなる。しかしこの頃には違った。議長が彼の要請を受け入れたのは、この偉大な哲学者への敬意の証《あかし》だった。あるいはほぼ受け入れた、と言ってもいい。議長が言ったのはこうである。「サー・カールに免じて、そして彼に敬意を表して、タバコをお吸いになりたい出席者はどうか、退出して会議室の外でお吸いください」。サー・カールはふたたび立ち上がって、「駄目です。それじゃ（zat）十分じゃない。彼ら（zey）が部屋に戻ってくれれば、彼らの（zeir）タバコ臭い息を嗅がされる」。

こう書くと、あなたの脳裡には今にも、われらが豪奢な城《シュロス》の会議テーブルの上に祝儀として撒かれたタバコによって引き起こされた恐慌が、まざまざと浮かんでいることだろう。喫煙者の手がテーブルのほうにさまようたびに、お仲間が、さっと動いて袖口を捕まえて囁く。「やめてください。吸わないでください。サー・カールはタバコに我慢がならないので。……どういたしまして《ビッテ・シェーン》」。しかし、私の記憶する限りこの期間中、タバコは不運な中毒者を誘惑するように、テーブルの上にこれみよがしに置かれたままだった。

会議は、一連の招待発表《プレゼンテーション》がおおまかな順番でおこなわれ、テーブルのまわりから質問があり、議論がひろがるという形に構成されていた。毎朝、朝食の席ではドイツ式の徹底ぶりで、文末のすべての um と er、不適切な言い直しや繰り返しを含めて、前日に発言されたあらゆることが一言一句違《たが》えず完璧に書き写された、ずっしりとした紙の束が私たち一人一人に渡された。私は、この奔流のような文書を短時間でつくるために、眼を真っ赤にして夜勤で奴隷のような働かされたタイピストたちに同情した。しかし問題が一つあった。真珠とそれが入っていた貝をどう結びつけるのか――いいかえれば、その発言は誰のものだったのか――という問題である。各セッションの議長は、発言者には発言に先立って必ず名を名乗らせるよう指示されていた。開会最初のセッションの議長をしたピーター・

メダワーは最初の質問をしたとき、特有の落ち着きをもって、テープレコーダーに向かって「私はメダワー、恥知らずにも、議長の特権を濫用しております」と名乗った。しかし、ほとんどの人が議論を切り結ぶ白熱のやり取りのなかで名前を言い忘れたので、それに代わる解決策が必要だと思われた。しかし実際に導入された「解決策」は、タバコよりもっと気を散らすものであった。大きな磨き上げられたテーブルのいちばん上座の位置に陣取り、ショートスカートの若い女性が回転椅子に座らされた。出席者の一人が話を始めようとするたびに、彼女が発言者の位置を特定するために戦艦の砲塔のように回転し、ノートにその人の名前と冒頭の一文を書きとめたのである。このノートをもとに、苦労して書き写されたそれぞれの文章が誰のものであるかを夜勤のタイピストが判断するのだ。

若い科学者にとって、専門分野の巨匠たちが自らの創造的過程を暴露するのを盗み聞きできるというのは魅惑的だった。ハンス・クレブスが明かしたノーベル賞をもらうための秘訣は、控え目にすぎて、額面通りにはとても受け取れないものだった。なぜなら煎じ詰めれば、「毎日午前九時に研究室に行き、午後五時まで一日中働き、それから家に帰る。これを四〇年間繰り返す」ということにほかならなかったからである。ジャック・モノーの、次に何をするべきかを決めるときに、自分が電子であると想像するのを常としているという人を魅了する打ち明け話については、先に引用したとおりである。私も似たようなことをしたことがあるが、そのときは科学上の私のヒーローであるビル・ハミルトンの話を受けて、もし自分が遺伝子だったら、自分のコピーを未来の世代に伝えわたすために何をするだろうと自問したのだった。

会議がまさに終わろうとしていたとき、招待客の一人で、ずっと一言も発しなかった日本人の物理学者がおずおずと、最後にちょっとしゃべってもいいかと尋ねた。日本へこのまま帰って何もしゃべらなかったと告白すれば、面目を失ってしまうだろう、と言うのである。もし彼がそこでやめていれば、立前上はそれで十分だったが、かなり興味深いことを話しつづけた。ほとんどの物理学者はさまざまな種類の対称性に取り憑かれているが、それに対して日本人の美学は非対称を好み、ひょっとしたら、それが日本の物理学に異なったものの見方をもたらしているのかもしれない、と彼は指摘した。私は即座に、メタ霊長類学——霊長類学者の比較研究——とでも呼べるような研究をしている、パメラ・アスキスという名の若いカナダ人人類学者の友人のことを思い出した。彼女の学位論文は、日本の霊長類学者がサルに対して、西洋の視点を補完するような異なった文化的視点をもたらしたというものだった。女性の霊長類学者が他の科学とは桁違いに数多く存在することを説明するのに、同じような主張がなされている。

ピーター・メダワー

すべてのノーベル賞受賞者のなかで、私はピーター・メダワーをとりわけ畏敬していて、彼は学問についてだけでなくその文体についても、久しく私のヒーローだった。心の準備もできていない若い年齢〔五五歳〕で脳卒中に見舞われて重度の障害が残ったために、ジーン夫人からの配慮の行き届いた介護を受けた（彼のネクタイの結び目は、男がするよりもソフトで緩《ゆる》かった）。話し方にかすかな不明瞭さがあるにもかかわらず、彼のウィットや博識は損なわれることがなかった。たった一度だけ私は、男らしく人当たりのいいという彼の鎧に、ちらとほころびを垣間見《かいまみ》たことがある。私はとある講演にほとんど遅刻しそうになって、廊下を急いで歩いていた。そして同じように、非常に速いとはいえないが、できるかぎりの速さで急いでいるメダワー夫妻を追い越した。ジーンは切迫したささやき声で私を呼び止め（「リチャード、リチャード」）、会議室の扉を通り抜けるのを手伝ってほしいと訴えた。私はそうしながら、彼女の夫に対する心配と、遅刻してはまずいという彼が見せたあからさまな不安に心を動かされた。油断して、外面の貴族的な平然さの裏をぽろりと見せてしまった一瞬だった。

また別の機会にピーターは、彼と私の父親がマールボロー・カレッジの学生生物学者として、まったく同世代だったと述べたことがある。「君の父上と私は、A・G・ラウンズという奴が大嫌いなことで意見が一致していた」。ラウンズは非常に愛され、伝説的な成功を収めた生物学の教師で、私はサー・ピーターに、でもあなたは前に、かつての師の愛情のこもった死亡記事をお書きになったじゃないですか、と尋ねた。すると彼はこう言った。「ああ、そうだよ。かの老いぼれがくたばったとき、私は彼のために応分の働きをせねばと思ったのさ」。

ちょうどその頃のあるとき、私は《タイムズ文芸付録（TLS）》の編集部員だったレドモンド・オハンロンから、ピーターの著書の一冊を書評するよう頼まれた。私はべた褒めの、私がこれまで書いたなかでもっとも熱狂的な記事を投稿した（いくつか嫌みも添えたのだが、いまになって考えてみればそうしたスタイルは、メダワーその人からインスピレーションを得たものだった）[1]。唯一、わずかに否定的な私の一文にしても、もとはと言えば、あとで否定し去るために盛り込んだものだったのである。「メダワーを〝甲板の制御不能の大砲《ルース・キャノン》〟と評する人もいるが、私はこの非難に強く異議を唱えたい」。ゲラ刷りが送られてこなかったので、私はこの、自分のもっとも力を込めた称賛の文言がまるごとカットされ、書評が「制御不能の大砲からの砲撃」という見出しのもとで印刷されているのをみて、仰天した。レドモンドの事務所は当時、オックスフォードにある奥さんのベリンダが経営する〈アナベリンダ〉という有名な婦人服店の上階にあったが、そこに私は怒鳴り込んだ。爬虫類の剝製、しなびたサルの手、呪いの道具その他の、旅行先から持ち帰った奇怪な記念品などのあふれかえるようなコレクションらしきものに囲まれて、レドモンドは私の長広舌を黙って聞いてから、一言も発さず部屋を出た。彼はあるモノをもって戻ってきて、依然として一言も発さず、重々しくそれを私に差し出した。それは二連式散弾銃《ショットガン》だった。実弾が込められていたのかどうか（レドモンドの常軌を逸した冒険主義的な気質なら、それはありえた）はけっしてわからないだろうが、いずれにせよ、この行動が逆説的に私の怒りを和らげた。私はレドモンドが実際にこの悪意ある編集作業に責任があったとは思わないが、この仔細を手紙で伝えたとき、ピーターは寛大であった。

それから一〇年ほどのち、ピーターの人生に終わりが近づいた頃、ジーン夫人は北ロンドンのハムステッドにある夫妻の家で開く晩餐会に私を招待してくれた。ピーターの体調はドイツでの会合以来悪化していたが、彼の精神は従来通り鋭く、夫人は夫を楽しませるために毎週、二、三人の客を招待するようにしていた。私のように、ピーターについて個人的にほとんど知らない人間は招待されることに特別な喜びを感じたが、その夕べのことは忘れられない。私の連れになった客は著名なジャーナリストのキャサリン・ホワイトホーンで、私はいたく畏《おそ》れ入ったのだが、彼女のほうが私よりずっと、ピーターを楽しませたのではないだろうか。ピーターが自分の病気に対して唯一弱味をみせたのは、早めにベッドに戻ることを詫びながら断ったときだけだった。「具合がとても悪いように思えるんだ」。

二〇一二年に六月にご子息のチャールズ・メダワーが、自分の父親の蔵書から貴重な一冊を贈呈し

（1）そうした書評の抜粋は、私のウェブサイトの e-appendix を参照。

てくれたときにも、私は喜びを感じたものだ。それは偉大なスコットランド人ダーシー・トムソンの引退のときに贈られた、ピーター編の『記念論文集（*Festschrift*）』で、V・B・ウィッグルスワース、J・Z・ヤング、J・H・ウッジャー、E・C・R・リーヴ、ジュリアン・ハクスリー、O・W・リチャーズ、A・J・キャヴァナー、N・J・ベリール、E・N・ウィルマー、J・F・ダニエリ、W・T・アストベリー、A・J・ロトカ、G・H・ブッシュネルを含む、すべての著者の署名がなされており、そしてもちろん二人の編者W・E・ル・グロ・クラークと、P・B・メダワー自身のものもあった。おまけに、ダーシー・トムソン自身のサインもそこに貼り付けられていた。これらの著者の大部分が私にとって身近な名前で、みな私の大学生時代の動物学の先生たちだった。そして、ダーシー・トムソンは、ピーター・メダワーが次に書いているように、別格のヒーローだった。

> ダーシー・ウェントワース・トムソンは、このような知的天分が一人の人間のなかに結びつくというようなことなどほかにありそうもない、学識ある貴族だった。彼は、イングランド、ウェールズ、スコットランド、それぞれの古典学会の会長になったほどのすぐれた業績をもつ古典学者である。ロイヤル・ソサエティで受理され発表された、掛け値なしの数学論文をものしたことのある数学者でもある。そして、六〇年間にわたって重要な教授職を保持した博物学者《ナチュラリスト》である。……彼は座談の名手で講演家（この二つは相伴う才能だと考えられることが多いが、そういうことはめったにない）として有名であり、美しく謳い上げる《ベルカント》技法を完全にマスターしている点で、ピーターやローガン・ピアソル・スミスの作品に匹敵するほどの、文学としても遜色ない著作の著者でもある。それに加えて、彼は身長が六フィート〔一八〇センチメートル〕を超え、ヴァイキ

ングのような体つきと身のこなしをもち、誰もが認めるその見目の良さに由来する、誇り高い忍耐心をもっていた[1]。

自分が他の誰よりもその文体から啓発された科学者の名を一人だけ挙げよと言われれば、私はトムソンに比肩する学識ある貴族、ピーター・メダワーがそうだと答えるだろう。その理由ももしかしたら、この短い引用から伝わるかもしれない。

ちんぷん《ダブル》・かんぷん《ダッジ》

一九七七年に、私は西ドイツのビーレフェルトでおこなわれた国際動物行動学会（International Ethological Conference）で講演をするように招待された。この段階での私の学問的な経歴では、自らの当時の専攻分野である動物行動研究の最高峰といえるこの学会で講演するために招待される（志願するのではなく）というのは、非常な名誉だったので、講演の内容については大変に苦労したが、それを私は「自己複製子の淘汰と延長された表現型」と題した。これをそののちに、《動物心理学雑誌（*Zeitschrift für Tierpsychologie*）》に発表したが、このとき私は初めて「延長された表現型」という概念と言葉を紹介したのであり、これが、私の二冊めの著書のタイトルとなった。

国際動物行動学会は異なった国で隔年ごとに開催され、私はそのうちの八回に参加した。ハーグ、

（1）P. B. Medawar, 'D'Arcy Thompson and growth and form,' in *Pluto's Republic* (Oxford, Oxford University Press, 1982).

チューリッヒ、レンヌ、エディンバラ、パルマ、オックスフォード、ワシントン、およびビーレフェルトでおこなわれたものである。『好奇心の赴くままに』で、私は一九六五年のチューリッヒでの学会のことについて述べた。そこで私は自分の博士論文研究について話し、オーストリアの動物行動学者《エソロジスト》ヴォルフガング・シュライトによって、用意した模型に生じた機械上のトラブルから救われたのだった。この学会は私の時代よりもっと昔から開かれていたが、始まった当初は、人目を引く美男子コンラート・ローレンツと、もっと物静かで思慮深く、これまた美男子の同僚、ニコ・ティンバーゲンによって運営されていたかなりこぢんまりとした集まりだった。発表《スピーチ》は、この学問における二人の大長老――実際に高齢だったわけではないが、すでに大家だった――が、聴衆の便宜のためにドイツ語と英語に交互に翻訳したために、時間がかかった。私が参加しはじめたときには、学会はずっと大規模になっていて、ドイツ語での発表は頻度が減っていき、また、翻訳するための十分な時間がもはやなくなっていた。

　けれども、言葉の問題が解消したわけではなかった。こうした隔年開催のうちの、レンヌでおこなわれた学会で、オランダから来た年長の参加者による講演は、プログラムによればドイツ語によるものだった。そのため、彼が立ち上がって話を始めようとすると、聴衆のなかの大多数の英米からの参加者は遺憾ながら、しずしずと出口のほうに動いていった。私は当惑しながらかしこまって、席にとどまっていた。このとても面白いオランダ人は、一カ国語しか話せない最後の恥ずべき人間が抜け出すまで、忍耐強く微笑みながら演壇で待っていた。それから口元を満足の微笑みでほころばせてから、気持ちが変わったので、これから英語で発表しますと宣言した（オランダ人はたぶん、ヨーロッパ人のなかでもっとも言語的な才能に恵まれている）。そのあと彼の聴衆はさらに減ってしまった。

この学会に参加したすぐれたフランス人研究者は、自分が重要な発表をする前の晩に、もしフランスの先生たちが命令するとおりフランス語でしゃべった場合、どれだけの人が理解できるのか、世論調査した。困ったことに、大丈夫だと答えた人がほとんどいなかったので、その結果、彼女は英語でしゃべることに決めた。彼女の心変わりは事前によく周知徹底されたので、そのすばらしい講演は多くの聴衆を引きつけた。

同じレンヌの学会でケンブリッジ大学の同僚は、講演をあまりにも早口でしゃべってしまった。終わったとき、一人の質問者が立ち上がり、同じように速射砲のようなオランダ語で、激しく苦情をまくし立てた。オランダ語を勉強したことのない私にも彼が言いたいことはわかり、そういう人間は私だけでなく、他にも大勢いた。私たち、英語を母語とする人間は、自分たちが享受している特権を悪用してはいけない。わが英国語（lingua anglica）が新しい共通語（lingua franca）となったのはあくまでも、歴史上のさまざまな偶然がそうさせただけのことなのである。この頭脳明晰なオランダ人は、実際には私のケンブリッジの友人の言うことを完全に理解していて、自分のためにではなく、早口のケンブリッジ英語を必死で理解しようとしている他の人々――おそらくオランダ人以外の――のために苦情を言ったのではないかと、私は思っている。私も同じような配慮をしたことがあるが、それは言葉についてではなく、むずかしい科学的な問題についてで、聴衆のなかの一部の学生に理解できないのではないかと思われる理由があったときである。言い換えれば、わが親愛なる師のマイク・カレン[1]と同じ（と思うのだが）ように、私はときに講演者《スピーカー》に話をもっと明快にさせるため、科学的な

（1）彼の忘れることのできない働きに対する賛辞は、『好奇心の赴くままに』におおむね再録されている。

論点が理解できないようなふりをあえてすることがあったのだ。いずれにせよ、私はこのオランダ人の公共精神によって、(高校以来)中断していたドイツ語の勉強をウータ・デリウスのすばらしい指導のもと、オックスフォードに戻ったときに再開する程度には謙虚にさせられたのだが、一人の恥ずかしいほど狭量《きょうりょう》な同僚から、「いや、そんなことをするべきじゃない。彼らをつけあがらせるだけだ」(彼が誰だかを——愛着ゆえに、そして私の思うにさして困難を感じることなく——推測できる同僚や友人たちは、これを読むだけで、彼の独特のイントネーションでこの言葉が語られるのをまざまざと耳にすることだろう)と言われただけだった。

ビーレフェルトの学会での私の基調講演については、全員が十分に理解できるほどゆっくり明瞭にしゃべれたものと思いたい。いずれにせよ、数カ国語を話せるオランダ人からの唯一の否定的なコメントとして、私は自分のネクタイの色について激しく攻撃された。確かにそれは燃えるような紫色で、派手すぎて——そしてわななく彼の感受性を苛立たせることに——、私の残りの服装と調和がとれていなかった。

ついでながら、そのような服装に関するマナー違反を近頃では犯すことはない。私が身につける唯一のネクタイは、多芸な妻のララの手書きのもので、すべて彼女独自の動物デザインである。題材としては、ペンギン、シマウマ、インパラ、カメレオン、ショウジョウトキ、アルマジロ、コノハムシ、ウンピョウ、そして……イボイノシシである。この最後のものは、王室関係の集いにしていくものとしてははなはだしく不適切であるとして、高い地位にある人々から手厳しい批判を受けてきたことを認めなければならない。私はバッキンガム宮殿での女王の毎週の昼食会の一つに、数十人の目がくらむほど幅広い分野にまたがる客に混じって招待されたとき、それを着けていった。出席者(テーブルのまわりの）としては、国立美術館の館長、「体つきと身のこなし」はまさに想像通りだったオーストラリアのラグビーチームの主将、落ち着いたバレリーナ（これも上に同じ）、英国でもっとも有名なイスラム教徒[1]と（そのもとに）少なくとも六頭のコーギー犬がいた。女王陛下はそのイヌをうっとり見ておられたが、私のイボイノシシは陛下を楽しませなかった。「なぜそんな醜い動物をネクタイの柄にしているのですか？」。自分で言うのもおかしいのだが、私の返事は咄嗟《とっさ》の答として悪くはなかった。「陛下《マム》[2]、もしこの動物が醜いのなら、このような美しいネクタイに仕立てる芸術的才能は、いかほど偉大なものと言えましょうか？」。女王が会話を意味のない礼儀正しさに限定せず、自分が本当に思っていることを相手に伝えるほどに来賓に敬意を払うのはかなりあっぱれだと、私は本当に思った。イボイノシシに関しては、私の審美的評価は女王と一致する。確かに醜い。しかし、尻尾を垂直にピンと立てた彼らの走り方は、あまりにもないがしろにされすぎだ。魅力的でないのは確かだし、美しくもないが、はつらつとした意気軒昂さは、そばにいる私を喜ばせる。そして、それはすばらしいネクタイである。女王も後で考え直してくれたのではないかと、私は思いたい。

　話をずっと以前、紫色のネクタイをしていてオランダ人に批判された当時に戻せば、延長された表現型という概念そのものは、彼の怒りを免れた――これについてはありがたかった。なぜなら、彼は

（1）穏やかな紳士で、同じ宗教を信じる興奮した群衆がサルマン・ラシュディを血祭りに上げようと追いかけたときに、彼が自宅にこの高名な作家をかくまったという話を聞いて以来ずっと、私は彼に敬服している。

（2）Ma'mは、私たちに心得を指導した侍従にかたく言われたのだが、ふつう思われているように「マーム」ではなく、「マム」と発音する。

鋭い知性と論戦における強力な舌鋒をもつことで名高かったからである。私たちの共通分野の長老で、人類の起源に関する重要な理論の提案者ではあったが、彼は誰にでも好かれる人物ではなかった。イヴリン・ウォーの小説〔三部作『名誉の剣』の第三部『無条件降伏』〕にちょっとだけ登場する「ペレグリン叔父さん」は、「その人を怖れさせる存在は、どんな文明の中心地においても部屋を空っぽにできるという国際的な評判を得て」いた。私のネクタイを批判した人物も残念ながら、研ぎ澄まされた被害妄想ゆえにかちえたらしい、同じような評判（彼の名前を出すだけで、世界中の動物行動学科の廊下から人が一掃されるだろう）を得ていた。アムステルダムに一歩も足を踏み入れないという厳格な条件のもとでアムステルダム大学から教授としての満額の給与を支払われていたという噂（まったく信じがたいわけでもない）があった。彼はオックスフォードに移り住むことになった〔この経歴から、このオランダ人はアドリアン・コルトラントのことだと思われる〕。

このジョークはさておき、想像するに彼はオランダで、悪意に満ちたジョークの標的にされたのではないだろうか。彼はかつて、オランダの雑誌に英語で書いた論文を投稿したことがあったが、そこに「人間は nidicolous な種である」という誤植があった。彼は「留巣性（nidicolous）」と書くつもりだったのであり、この言葉は、子どもが親に強く依存している（ツグミの雛のように）種を定義する言葉で、「離巣性（nidifugous）」（こどもが自分のしっかりした脚で立って巣から離れ、私たちの心にはるかに強く訴えかけるヒヨコや子ヒツジのような）とは正反対のことを指す。この雑誌の高名な編集委員たちは、著者が意味するところを十全にわかったのにちがいないが、彼がアフリカのジャングルという手の届かないところにいたので、確率の法則を信じて、速やかに決断しなければならなかったのだと――のちの謝罪を装った正誤表で――言い訳をした。英語では nidicolous よりも、

ridiculous のほうがはるかに頻繁に見られ、どちらも件《くだん》の誤植とは一文字しか違わない。そこで印刷された論文では、「人間は馬鹿馬鹿しい（ridiculous）種である」となったわけだ。ひょっとしたら、彼の被害妄想はあながち理由のないものではなかったのかもしれない。現在であれば、コンピューターのスペルチェック機能がこの編集委員たちに代わって仕事をするところだが、ほとんどまちがいなく、同じ判断に達したことだろう。

冷水と熱血

次に、一九七八年のワシントンDCにおける会議を取り上げる。なぜなら、ここでのある出来事がいわゆる「社会生物学論争」の伝説の一部となったが、この物語を肴《さかな》にした大方の人間とちがって、私はその場にいた目撃者だったからである。この会議は、バークリーでの私の旧友でエソロジストのジョージ・バーローと、人類学者ジェームズ・シルヴァーバーグによって、社会生物学革命とそれを前進させる方法について議論するために招集されたものだった。『社会生物学』の著者であるエドワード・O・ウィルソンは花形講演者であり、『利己的な遺伝子』も同じ時期に熱心な支持者を獲得しつつあったがゆえに、私も招待された。この二作のどちらも他方の影響を受けてはいないが、ウィルソンの大作と私のそれより薄い本のあいだには、多くの重複する点があった。一つの重要な違いは、『利己的な遺伝子』ではジョン・メイナード・スミスの進化的に安定な戦略（ESS）という強力な理論が際立った役割を果たしているのに対して、『社会生物学』にはなぜだか、まったく存在しないことである。私はこれを、ウィルソンの名著のもっとも重大な欠陥だとみなしているが、当時の批評家たちからは見過ごされた——そして前章で書いたように、ワシントンの会議における私の発表はそれゆえ、この話題に捧げられた。ひょっとしたらそうした批評家たちは、『社会生物学』の人間を扱った最終章を袋叩きにするという愚かな政治的攻撃——その攻撃から『利己的な遺伝子』も多少（それほどひどい傷は受けなかったが）の付随的な損害を被《こうむ》った——に熱中するあまり、注意がおろそかになったのかもしれない。この悲しい歴史の全容は、ウリカ・セーゲルストローレの『社会生物学論争（原題 *Defenders of the Truth*）』に詳しく、かつ公平に扱われている。

ワシントンでの会議で学生と左翼シンパの雑多な集団が演壇に向かって殺到し、そのうちの一人がエドワード・ウィルソンにコップの水をぶちまけたとき、私はパネル・ディスカッションの聴衆のなかにいた。ウィルソンはそのとき、ボストン・マラソンに出るためのトレーニング中に怪我をして、松葉杖を使っていた。一部の記者は、「水差し」の「氷水」が彼の頭から「注ぎかけられた」と報じた。そういうこともあったのかもしれないが、混乱のなかで私が見たのは、おおよそウィルソンの方向にあったコップの中の水が横ざまに彼に浴びせかけられたことで、デイヴィッド・バラシュがそれを防ぎ、バーナード・ショー（あるいはW・G・グレース（イギリスのクリケット選手））ばりの顎鬚を揺らしながら、古典的な霊長類の敵対的ディスプレイで攻撃者に向かっていった。バラシュは社会生物学の読みやすい学生用教科書の著者であり、以後の著作を通じて、私たちの分野における聖人、慈悲深く預言的な代弁者へとなっていく人物である。攻撃者たちは、リチャード・ルウォンティンとスティーヴン・グールドに率いられるハーヴァード・マルクス主義者の結社によって吹き込まれたのが明らかなスローガンを繰り返し叫んでいた。うまい具合にグールド自身はウィルソン、バラシュとともに壇上にいたので、レーニンの「左翼小児病」という非難の言葉を引用して攻撃者を非難できた。このセッションの議長も同じように、あきらかにうろたえながら立ち上がって怒りに満ちたスピーチをし、こう結んだ。「私はマルクス主義者であるが、個人的にウィルソン教授に謝罪したいと思う」。エド・ウィルソン自身は、いつもながらの快いユーモアで受けとめた。私は彼が、私たちもみなそう理解していたように、その日のこの大騒ぎのあいだに、意図せざるうちに大勝利を収めたとわかっていたのだと思う。

北の国の小夜啼き鳥《ナイチンゲール》

一九八九年に《生物学と哲学（*Biology and Philosophy*）》という雑誌の創刊編集長であるマイケル・ルースが、「進化科学と哲学の境界領域」についての会議を開催した。この会議は、そのテーマよりもむしろ開催地に関して注目すべきものだった。すなわち、ノルウェー北部海岸沖の島の一つにあるメルブという村である。その風景と夜の太陽の美しさ以上に忘れられないのは、開催地の――それをいったいどう呼べばいいのだろう？――社会学的性質だった。かつて漁業の中心地として栄えたメルブは、いまやすっかりさびれていた。この苦境を打開するべく、歯医者をリーダーとする市民団体が集まり、コミュニティ・センターを創設した。会議場を建築・運営することで村に金がもたらされるだろうと期待してのことだ。この事業のもっとも型破りな特徴は、純粋な利他的公共精神と思えるものにもとづいて、自由に時間、金、資源を提供するボランティアのみによって運営されることだった。私はすこしばかり誇張しているかもしれないが、海外からやってきた私たち参加者が、昼食時や夜中の散歩でもっぱら話題にしたのは、会議そのものの表向きのテーマよりもむしろ、町の人々の理想主義に、いかに私たちが驚かされたかということだった。

二つの楽しい挿話が、メルブについての記憶のなかで際立っている。巨大な円柱状の魚粉貯蔵所―

―漁業の衰退のためにその当初の用途はもはや失われてしまったのだが、それでもまだかすかな匂いが残っていた――のなかで、私たちは大祝宴《グラン・ガラ》の夕食を摂った。予定の時刻になると、私たちは外に集まり、一列になって並んだ――会議の出席者だけでなく、この村の住人のほとんどがいるように思えたが、彼らは実際は、ほとんど全員がこの事業のためのボランティアたちだった。私たちはじっと立ち、立ちつづけ、立ったままでいた。しばらくしてようやく一人のノルウェー人生物学者が、遅れの理由を調べるために列を離れた。彼は完璧な答をもって上機嫌で戻ってきた。「料理人が酔っぱらっています」。これこそまさにメルブであり、《フォルティ・タワーズ》〔イギリスのテレビ・コメディ〕の「グルメ・ナイト」の筋書きそっくりに、私たちが募らせたイライラは上質な笑いのなかで解けていった。最終的に盛大なドラムの音のなか、周囲をぐるりと数千本のロウソクで囲まれた素晴らしい光景を目にしたとき、私たちの精神はさらに高揚した。料理そのものはおいしかった。

「まだ心地よき声のままなら、目覚めてくれ、汝、小夜啼き鳥よ」〔ウィリアム・ジョンソン・コーリー（一八二三～九二）の「ヘラクレイトス」という詩の一節〕。コミュニティ・センターでの会議の最初の夜、立食式の夕食を摂っているとき、隣りの部屋でこう歌う、これまで聴いたことのないほど美しい歌声を耳にした私は、驚きのあまり言葉を失った。催眠術にかけられたように、私は食堂を出て、まるで「ラインの乙女」に誘い寄せられるように、音楽のほうに引き寄せられていった。明らかにプロの技巧を持つ弦楽五重奏を伴奏にして、美しいソプラノ歌手がドイツ語で、ノスタルジックな、おそらくはウィーンふうのワルツの旋律で歌っていた。私はうっとりとなり、いくつか質問をした。弦楽奏者たちは実際にプロで、この土地と理想主義に惚れ込んで、毎年メルブへ無償《プロ・ボノ》で演奏しにやってきていたのだった。すてきなソプラノ歌手は、ドイツ人ではなくノルウェー人だった。ベティ・ペテルセンといい、メルブの医師で、このセンターを創設するために歯医者と力を合わせた市民団体の一員だった。私たちは会議の期間を通じて友だちになったが、年月が経つうちに、連絡が途絶えたのが残念である。

しかし、この話には続きがある。二〇一四年の九月に私は、オックスフォード近郊のウッドストックでおこなわれたブレナム宮殿文芸フェスティバルに招待された。ブレナム宮殿はジョン・ヴァンブラの設計によるマールバラ公の壮麗な邸宅（チャーチル家で、サー・ウィンストンは実際にここで生まれた）である。そこは文芸的な催しに適した美しい場所《ロケーション》で、私は自分の新刊が出るたびに、販促のためにこのフェスティバルによく出向いたものである。このときは『好奇心の赴くままに』のためで、いつもとはちょっと趣向が変わることになっていた。インタヴューの合間に、私の人生の場面場面を彩るものとして、私が選んだ音楽——BBCラジオの《デザート・アイランド・ディスク》（私は「無人島に置き去りにされるとしてレコードを八枚選ぶ」というこの番組に一度出演したことがある）という番組でやったような——を挟む予定だった。ブレナム宮殿版の大きな違いは、音楽がライブで、ジョン・ラボック指揮のセント・ジョンズ管弦楽団の演奏で、ソプラノ歌手一人、コントラルト歌手一人と、ピアニストが加わっていた。

このとき選んだ一五の作品のうちで、私が本当に聴きたかったのは、ベティとメルブの精神を思い起こさせる、忘れられないウィーンふうのワルツのリズムの歌だった。私はその曲名も、作曲家も知らなかった。しかし、その旋律そのものはしっかりと私の頭に刻み込まれていて、朝のシャワーのときに口ずさむレパートリーの一つになっていた。そこで私はこの曲をEWI（ウィンドシンセサイザー）で演奏してコンピューターに録音し、そのうちの誰か一人でも曲を知っているのではないかという期待のもとに、このメロディを電子メールで数人の音楽家に送った。そして一人が――たった一人だけが――知っていた。それはララと私の親しい友人のアン・マッケイで、なんと驚くべき偶然の一致か、ブレナム宮殿での私のコンサートのためのソプラノ歌手としてかかわっていたのである。彼女はこの歌をよく知っていて、頻繁に歌ったことがあり、楽譜ももっていた。ルドルフ・ジーチンスキー作曲の「ウィーン、私の夢の街（*Wien, du Stadt meiner Träume*）」だった。アニーはブレナム宮殿の細長い、光きらめくオランジェリー〔もとはオレンジ栽培用の温室としてつくられた部屋〕でそれを美しく歌い上げ、私のメルブの小夜啼き鳥《ナイチンゲール》の甘い思い出を掻きたててくれた。

ＥＷＩによる音響と視覚によるサイコ・ショー

ところで、ＥＷＩ（イーウィと発音する）にはもう一つ別の話がある。二〇一三年にララは、ロンドンの国立劇場で開催されていた彼女の絵の展覧会について語るために、ＢＢＣラジオの《ルース・エンズ（*Loose Ends*）》という人気番組に出演した。この番組の挿入曲を演奏しているブラストロノート（Brasstronaut）というバンドに、サム・デイヴィッドソンという、ウィンドシンセサイザーの名手がいた。ララは興味をそそられて、彼に話しかけた。彼女からこのやりとりのことを聞かされた私は、ときどきクラリネットを吹く人間としてはなおのこと、興味をそそられた。サムと電子メールでやりとりをしたあと、いつの日か機会があれば自分の手でＥＷＩを試すことができればいいのに、という思いが頭の片隅に残された。

そうこうするうちに、たまたま私は、ロンドンの広告代理店サーチ・アンド・サーチからアプローチを受けた。彼らはカンヌ・ドキュメンタリー映画祭の開始を告げるオープニング用の劇的な作品《タブロー》の制作を依頼されていた。「ミーム」というテーマを選んだので、ついては私をフィーチャーしたいと言うのである。台本はこうだ——私がステージ左から登場し、ミームについて、きっちりと台本通りに三分間の講義をする。それから私は歩いて姿を消し、代わりに奇怪なサイケデリックな映画が始まる。その映画では、私の講義からの語句が手品のように、クルクル回転する私の顔の映像に取り込まれて合体し、大きく響き渡る音楽と奇妙なライトショーの効果が四方八方からかぶせられ、私の声は歪められ、シュールなエコーとハーモニーによって、かすかに音楽的になる——ありとあらゆるけたたましいコンピューター・グラフィックとサウンドを駆使して。これがポストモダンと呼ばれてしかるべきものだろうか？　さてどうだろう。

それはすべて、手品のごとく見えるように仕組まれていて、あたかも、コンピューター化された光《ソン》と音響のショー《エリュミエール》がどうにかして私の講義の語句を拾い上げ、断片化され歪められたエコー音で即座に魔法をかけ、サイケな織物に変えてしまったかのように見える。聴衆は、私の講義に関する風変わりな、夢のような記憶が捉えられ、すぐさま組み換えられて吐き出されたように感じることだろう。真相をいえばもちろん、サーチ・アンド・サーチ社のチームは何週間も前に一言一句違わない講義をする私をオックスフォードのスタジオで録画しており、その録画から断片を抜き取り、幻影のように移り変わる映画をつくるだけの十分な時間があったのだ。

ともあれそのあとは、音と光のショーが昂揚して終わると、私が歩いてふたたび舞台に戻り、今度はクラリネットを携えて、周囲を取り囲むラウドスピーカーからの雷鳴のような音楽がちょうど終わったところから、リフレインを演奏する——ということになっていた。「その、あなたはたしか、クラリネットを吹かれましたよね？」。まあ、私はここ五〇年ほどクラリネットに触ったこともないし、もってもいない。正しく唇を形作って音が出せるかだって怪しいものだ。しかしそのときララに言われてＥＷＩのことを思い出した。私は彼らにそれがどういうものか説明してやった。今度はサーチ・アンド・サーチのほうが興味を掻きたてられる番だった。彼らのサイケな狂騒劇《エクストラヴァガンサ》の舞台に登場して演奏するというクライマックスのために、私がＥＷＩの演奏を覚える準備をしてはどうだろうか？　願ってもないことじゃないか？　「私にやらせてください」。私たちの双方が挑戦に立ち上がった。彼らは私にＥＷＩを一台買ってくれ、私はその演奏法を学びはじめた。

　ＥＷＩはクラリネットまたはオーボエに似たまっすぐ細長い形をしたもので、片方の端にマウスピース、もう一方の端にはコンピューターにつながるコードがついており、その中間に木管楽器スタイルでキーの配列された部分がある。マウスピースには電子センサーが内蔵されている。それに息を吹き込むとコンピューターから音が出るわけだ。クラリネット、バイオリン、スーザフォーン、オーボエ、チェロ、サキソフォーン、トランペット、バスーン——本物の楽器の音色はソフトで可能な限りうまく模倣される。つまり本物そっくりの音が出る、という意味である。このコンピューターをカンヌの劇場の巨大なスピーカーと大型ポータブルラジオに接続すれば、その音響は相当に迫力がある。

　電子鍵盤楽器も本物の楽器の音を模倣していると言われるが、ＥＷＩのマウスピースを吹くことで加えられるコントロールの巧みさは、それとはまったく別物である。キーボード操作ではどうやっても盛り込めないような情感をもって、オーケストラ用の楽器の音が出せるのだ（ピアノでならできる。しかしそれは鍵盤《キー》を叩く強さに敏感に反応するようにできているからである。ピアノの正式名称はピアノフォルテであるが、これはpiano〔柔らかな音〕とforte〔強い音〕を組み合わせたものである）。ＥＷＩはクラリネットまたはオーボエとかなりよく似た指使いをする。これによって初心者が、たとえばチェロのすばらしく響くビブラート、あるいは歌うようなバイオリンの音色をずっと簡単に、驚くほど簡単に出すことができる。鋸《のこぎり》を挽くような耳障りな音と悪戦苦闘する、何年にもわたる見習い修業はもういらないのだ。ＥＷＩのマウスピースで強く吹くと、ソフトは弓が弦をこする特徴的な「ギュン」という音を出す。ソフトがトランペットにセットされていると、マウスピースで吹けばトランペット特有の、唇を用いた「アタック音」が得られる。チューバにセットしておけば、満足のいく低音の「ボンボン」が得られる。クラリネット・モードで吹けば、本物のクラリネットから聞こえるのとまったく同じ音が聞こえてくる。どんなモードでも、しだいに強くなるよう吹いていきながら、そのあと弱めれば、魂をこめて音を高めて《クレッシエンド》いきながら、ため息をつくように小さくなる《ディミニュエンドする》音をつくりだすことができる。サーチのショーのフィナーレで、私はＥＷＩをトランペット・モードで真っ直ぐに、力強く演奏した。実際には、舞台でアガってしまったために一カ所ミスをしたが、なんとか埋め合わせすることができ、サーチのチームは親切にも、私のまにあわせの「即興演奏」におめでとうと言ってくれた。彼らは、このYouTubeのビデオがものすごい勢いでひろまっていると教えてくれた。

宇宙飛行士と望遠鏡

二〇一一年に、宇宙飛行士で音楽家のガリク・イスラエリアンはカナリア諸島のテネリフェ島で、きわめて注目すべき集会を開催した。モロッコ沿岸沖にあるこの火山群島は、天文学の重要な中心地である。なぜなら、そこにはたいがいの雲を突き抜けて頭を出すことのできる高い山脈があり、重要な天文台がテネリフェ島とラ・パルマ島の両方を利用しているからである。ガリクは、科学者たちと宇宙飛行士や音楽家とを一堂に会させ、彼らが共通してもつものは何か、お互いから学ぶことができるものがあるかどうかを探るというすばらしいアイデアをもっていた。そこから「スタームス（Star-mus：Star＝星＋mus＝音楽）」というこの催し事の名前がきている。集まった音楽家のなかには、元ロックバンド、クイーンのギタリストだった、このうえなくすてきな人物、ブライアン・メイがいた。科学者としては、ジャック・ショスタク、ジョージ・スムートのようなノーベル賞受賞者が含まれていた。そして、宇宙飛行士としてはニール・アームストロング、バズ・オルドリン、ビル・アンダーズ（彼は信仰者ではなかったが、NASAの広報部の要請で創世記を朗読させられることになった）、チャーリー・デューク（困惑させられることに、回心してキリスト教徒となった）、ジム・ラヴェル（危ういところで死の淵から生還した、アポロ一三号の船長）、アレクセイ・レオーノフ（宇宙遊泳をした最初の人間）、クラウド・ニコリエール（ハッブル望遠鏡修復のために宇宙遊泳したスイス人宇宙飛行士）がいた。

この会議の半ばが過ぎたところで私たちのうちの数人が、口径四〇九インチ〔一〇・四メートル〕の反射鏡をもつ世界最大のカナリア大望遠鏡の建物の内部でパネル・ディスカッションをするために、隣りのラ・パルマ島まで小型飛行機で飛んだ。ララと私はニール・アームストロングと同行し、穏やかで静かな立ち居振る舞いの人という彼に対する人物評がどれほど当を得たものであるかを確かめられたのは喜びだった。彼は自伝を見知らぬ人に見境いなく贈呈しないという、非常に理に適《かな》った方針を貫いているが、これにしてもそうした評判と相矛盾するものではけっしてない。自分の署名が――そしてニセのサインさえもが――インターネット上で何万ドルもの値で売られているのに気づいて以来、そうしているのだそうだ（この旅で会った熱心な自伝蒐集家にそう説明していた）。

ラ・パルマの大望遠鏡は茫然とするほどすごい。このような機器は、あるいはこちらも同様にすごいハワイ島のケック天文台の望遠鏡も私の心を深く動かすが、思うにそれはそうした機器が、ヒトという種の最高の達成を表しているからだろう。これは友人のマイクル・シャーマーも記録にしたためていることだが、私はとりわけロサンゼルス近郊のサン・ガブリエル山系にある、口径一〇〇インチ〔二・五メートル〕のウィルソン山天文台の望遠鏡に感銘を受けた。この望遠鏡はかつて世界最大の望遠鏡であり、これによってエドウィン・ハッブルは宇宙は膨張していると、はじめて看破したのである。ウィルソン山以前には、世界最大の望遠鏡という称号は、アイルランドのバール城にある「パーソンズタウンのリヴァイアサン」と呼ばれたロス伯爵（＝ウィリアム・パーソンズ）の、口径七二インチの望遠鏡によって（長期にわたって）保持されていた。この望遠鏡はララの家系とかかわりがあるゆえに、私には格別な思い入れがある。同じような胸の高まりは、ＣＥＲＮ（欧州原子核研究機構）と大型ハドロン衝突型加速器を訪ねたときにも体験した。これもまた、人類が国を超え、言語の障壁を超え協力しあったときにどれほどのことができるのかと、涙が出るほどの誇らしい気持ちにさせる。

　国際的協力の精神は、会期を通じて終始、スタームス会議をくまなく彩っていた。バズ・オルドリンが遅れて会議場のホールに到着したとき、アレクセイ・レオーノフは聴衆の最前列にいた。誰かが講演をしようとしているというのもまったく意に介さず、この愉快なフルシチョフのそっくりさんは立ち上がって、あらん限りの大声で「バズ・オルド――リ――ン」と叫んだ。そして両腕を前に伸ばしながら、やってくるオルドリンに向かって歩み、両腕で抱える正式なロシア式の抱擁《ベア・ハグ》をしたのだった。夕食のときレオーノフは、宇宙飛行士の才能だけでなく、芸術家としての才能をもつことも示してみせた。ララと私は、彼がガリク・イスラエリアンの幼い息子アーサーのために、メニューの裏面にサラサラと自画像（カラー口絵を参照）を描きあげるのを見て、感心してしまった。その絵に合うようにというアーサーの求めに応じて、夕食の際にレオーノフが身につけていたネクタイが書き加えられ、この絵に一風変わった魅力を付け加えている――triskaidekaphobogenic[1]なアポロ一三号の英雄ジム・ラヴェルとも抱擁を交わしてサービス精神の旺盛なことを見せつけながら、それではまだ私たちを魅了したりない、といわんばかりだった。

ラ・パルマ島からテネリフェ島への帰りの便で、ララの隣りに座ったのがニール・アームストロングだった。二人はアポロ一一号に搭載されたコンピューターのメモリーの総計（三二キロバイト）は、アームストロングが指し示した、隣りの席の子どもがもっていたゲームボーイのメモリー容量のほんの一部でしかないという注目すべき事実――ムーアの法則の鮮やかな例証だ――を含めて、いろいろなことをしゃべっていた。ああなんと言うことか、ガリクが三年後に再びスタームス会議を招集したとき、この慈悲深く勇敢な紳士は、もはやこの世にいなかった。この第二回会議もまた壮大なもので、もっとずっとたくさんの聴衆を集め、特別ゲストとしてスティーヴン・ホーキングを迎えた。

一九七〇年代と、社会生物学に関するワシントン会議のような私の初期の経歴における集まりとに、こうしてフラッシュ・バックしてみると、多少のノスタルジーが入り込んでくる。そうした日々、私は一人の単なる出席者でいることができ、興味をもって話を聞き、そのあとで講演者に近づき、関心のある点を追求し、たぶん彼らと一緒に夕食を摂ることができた。最近の会議では、とりわけ『神は妄想である』を出版して以降は、非常に異なった種類の体験をするようになった。私は街角で多くの人に気づかれてしまうような有名人ではないが（ありがたいことに）、近頃私が招かれるような種類の会議を招集する、世俗主義者、懐疑論者、無信仰者の界隈《かいわい》では、ちょっとしたセレブになってしまっている。それ以外の大きな変化としては、自撮りをする人がやってくることがある。詳しく述べる必要があるとは思わないが、携帯電話の発明は功罪相半ばするとだけは言っておきたい。これは英国式の丁重な控え目表現だと受け取っていただいても、もちろんかまわない。

（1）Google で検索のこと〔「13恐怖症を引き起こす」という意味〕。

クリスマス講演

Richard
Dawkins

一九九一年の春に電話が鳴り、穏やかなウェールズふうのリズムの愛想のいい声が聞こえた。「ジョン・トマスだ」。著名な科学者で、ロンドンの王立研究所《ロイヤル・インスティテューション》の所長である、王立協会《ロイヤル・ソサエティ》会員のジョン・ミュリグ・トマスが私に、子どもたちのための王立研究所クリスマス講演を要請する電話をかけてきたのだ。彼が電話をくれたので、私はどぎまぎして冷や汗をかいた。この栄誉に体が喜びでパッと火照ったが、すぐさま冷たい狼狽の波が押し寄せた。この依頼を断れないだろうということは即座にわかったが、それを自分がきちんとやれるという確信はまだなかった。この有名な講演シリーズはマイケル・ファラデーによって創始されたもので、ファラデーが子ども向けに一九回にわたって講演をおこない、それが最終的に『ロウソクの科学』という有名な解説書にまとめあげられたことは承知していた。近年BBCがこのシリーズをテレビ映像化しており、講師をつとめた面々にはリチャード・グレゴリー、デイヴィッド・アッテンボロー、カール・セーガンなどの科学のヒーローたちが居並ぶことも知っていた。もし私が子どもでロンドンに住んでいるとすれば、たぶん自分でも聴きにいったことだろう。

サー・ジョンは私の心配を理解し（彼自身がクリスマス講演をしたことがあった）、親切にも、その場ですぐに決断するよう無理強《じ》いすることはなかったが、可能性について議論するために王立研究所を訪ねるよう私を誘った。私はロンドンまで行ったが、彼は電話の声からそうに違いないと思っていたとおりに、穏やかで、親切だった。特別な心配りをしてくれ、所内を案内して、彼の個人的なヒーローであるマイケル・ファラデーにまつわる多数の遺物や伝統を見せてくれた。そうした伝統の一つに、私がこのときすでに知りすぎるほど知っているものがあった。一年かそこら前に私は、一八二〇年代にさかのぼる歴史をもつもう一つの王立研究所の定期的な慣行である「金曜夜の講話」をするよう招かれたことがあったのである。この特別な伝統は、怖じ気づくほどの堅苦しい形式主義に満ちあふれていた。講師と聴衆は夜会用礼服を着用するものとされた。講師は時計が定刻を告げるまで、講堂（階段教室）の外で立っていなければならない。時を告げる最後の音がすると、係員が二重扉を開け、講師はきっぱりとした足取りで中に入り、前置きなしにいきなり科学について語りはじめる——自己紹介も、「ここでお話しできる無上の喜び」といった種類の前口上もいっさいなしである。これは賞賛すべき伝統である。もっと難しいのは、講演の結びの言葉は、時計が次の時刻を告げはじめるぴったりの瞬間に発せられなければならないというものである。さらにダメ押しをするかのように、講師は講演の二〇分前から「ファラデー部屋」に文字通り閉じ込められ、講演でしてはいけないことに関するファラデー自身の手になる小冊子を手渡される——このときではちょっと遅すぎるのではないかと思われるかもしれないが。あとで教えられたが、この部屋に閉じ込める伝統は一九世紀のいつか、ある講師がこの形式主義に耐えられなくなり、土壇場で逃げ出してしまったとき以来のものなのだそうだ。サー・ジョンは、さほど確信があるようではなかったが、逃げ出したのはホイートストン

〔一八〇二〜七五〕（あのホイートストン橋という名の由来となった）だったのではないかと推測していた。私は実際に囚われの身となった二〇分間にファラデーのノートを読み、驚くべきことに、講演をなんとかぴったり時計が時を告げる瞬間にしめくくることができた。聴衆のなかの特別な夜会服を着た紳士がフィリップ王子ではないかという幻影に足取りを乱されることもあったが、この幻影は、薄暗い光のなかにちらと視線を送ることを何度か繰り返すことでようやく消えた。

私は大きく息を吸い込んでから、サー・ジョンの依頼を受け入れた。ファラデーのもともとの表題を受けついだ「幼い視聴者のための」五回にわたるクリスマス講演を引き受けたのだ。伝統では、スライド（初期には幻灯機と呼ばれていたものと思うが、現在でいうならパワーポイントかキーノート）の使用を最小限にすることになっている。その代わりに、実演が重視されている。巨大なヘビのボア・コンストリクターについて話をしようと思えば、その写真を見せるのではなく、動物園から一匹借りてくるのだ。もし聴衆のなかから一人の子どもを呼び出して、ボアを首のまわりに巻きつけさせることができれば、もっといい。そのような実演をするためにはあらかじめたくさんの準備が必要で、私はすぐに、それにどれだけの時間を要するかについて見くびっていたことに気づかされた。その年のクリスマスのクライマックスに至るまでの残りの期間は、王立研究所の技術主任であるブライソン・ゴアと、ＢＢＣの傘下にある独立したテレビ会社〈インカ〉のリチャード・メルマンおよびウィリアム・ウーラードとの企画打ち合わせのために、頻繁にロンドンに出かける羽目になった。

ブライソンは技術的才能と即興的な工夫ができる強者《つわもの》であった（いまでもそうであるに違いないが、王立研究所からは移籍してしまった）。以前の講演シーズンに使った小道具を含めて、まだ使えるガラクタ（それらが役に立つ日が来るかどうかはけっしてわからない）が混沌として散らばる大きな工作室こそ、ブライソンの統《す》べる領国である。講演――クリスマス講演だけでなく、金曜夜の講話やその他多くの――のための装置をはじめとする用具一式をつくったり、その製作を監督したりするのが彼の仕事だった。彼の名前が姓のように聞こえるのはちょっとした不幸で、私は講演中に彼のことを「ブライソン」と呼んでいたが、聴衆は私のことを古風なやり方をする人間だと思ったかもしれない。実際、ブライソンの前任者〔William Coates〕は講師によって「コーツ」と呼ばれていた。ブライソンの小道具と彼のスタッフ（ビピンという名の若者）をどのように使うかは私の裁量に任されていた。私は懸命に考え、そうしたものをどう使うかを、ブライソン、ウィリアム、およびリチャードと議論しなければならなかった。

クリスマス講演についての、予想外に歓迎すべきだった事柄の一つは、私がどちらに赴いても、「クリスマス講演」という言葉そのものが、相手に扉を開けさせ、こちらの要求を快諾させる黄金の鍵になったことである。「ワシを借りたいといわれるんですか？　いやー、それは難しいですね。現実的にどうしたらできるのか、私には正直なところわかりません。つまり、本気でできると思っておられるのですか……エーっ、王立研究所のクリスマス講演をされるのですか？　なぜ、それを先に言ってくれなかったんですか？　もちろんできます。何羽おいりようなんです？」。「脳のＭＲＩスキャンを撮ってほしいというんですか？　それで、担当医はどなたですか？　国民保険サービスのＭＲＩ科にはもう問い合わせましたか？　それとも個人的に撮ろうとされているのですか？　あなたは健康保険をおもちですか？　ＭＲＩスキャンがどれほど高価なものかご存じなのでしょうか？　そしてどれほど長い順番待ちのリストがあるか？……あーっ、クリスマス講演をされようとしているんですか？　ええ、もちろん、それなら話は別です。私がまちがいなく、研究用の検査に潜り込ませることができます、質問は一切なしで。木曜日の昼休み中に放射線科に来ることができますか？」。

クリスマス講演の名前をチョロッと出すだけで、私は電子顕微鏡を借りることができ（大きくて重いものだが、貸し手の費用負担で輸送された）、完璧な仮想現実システム（所有者は、王立研究所の階段教室でのシミュレーションをプログラムするのに厖大な労働を費やした）、フクロウ、ワシ、巨大な大きさに拡大したコンピューター・チップの回路図、赤ん坊、シューシューと音を立てながらそのそと歩く巨大なヤモリのように、壁を登ることができる日本製のロボット、といったものを借りることができた。

五回の連続講演の全体的なタイトルとして、私は「宇宙で成長する（*Growing Up in the Universe*）」を選んだ。私は、「成長」という言葉に三つの意味を込めている。第一に、地球上で生命が成長していくという進化的な意味。第二に、迷信から脱却して自然的、科学的な現実の理解に向かうという人類の歴史的な意味での成長。そして第三に、子どもから大人への個々人の理解力の成長である。この三つのテーマは一回一時間、五回の講演のすべてに行きわたっている。各回は次のようなタイトルだった。

宇宙で目を覚ます
デザインされた物と「デザイノイド」（デザインされたように見える）物体
「不可能な山」に登る
紫外線の庭

初回の講演は、実演展示の数と多様性において、典型的な王立研究所のクリスマス講演だった。無限の食糧があって制約なしという仮想の条件下における個体数の指数関数的な増殖の威力を例証するために、私は紙折りという実例を使った。紙を一回折るたびに、厚みは二倍になる。二回めを折ると厚みはもとの四倍になる。折るたびに厚みは増し、六回めになると六四枚分の厚みに達する。最初の紙の大きさにかかわりなく、ふつう折ることができるのは六回までである。六回折られた紙束は厚すぎてもう折ることができないし、面積も非常に小さくなっている。しかし、もしなんとかしてさらに折りつづけていくことができるとすれば、わずか五〇回折るだけで、紙の厚みは火星の軌道に達してしまう。しかし今回はクリスマス講演なのであり、計算の結果を述べるだけでは不十分である。巨大な一枚の紙を広げ、二人の子どもを呼んで、それを折るのを手伝ってもらうことが必要だった——彼らが笑いころげながら奮闘した末に、ようやく六四枚ぶんの厚さまでしかいけなかった。これは指数的増殖の威力をよく理解させるいい方法だと思うのだが、このクリスマス講演を通じて、私は、直喩《シミリ》がシミュランド simuland（意味を知りたければ自分で調べてほしい。白状すれば私もそうした。しかしそうすれば、子どもの頃に母語を覚えたやり方のなかに吸収されているその意味を自分がすでに知っていることに気づくだろう〔「喩えられた対象」のこと〕）を明らかにするよりもむしろ曖昧にしてしまうのではないかと、心配になったことも一度ならずあった。

初回の講演では、科学的方法に対する信頼とも言うべきものについても、実演してみせた。ブライソンに、急な傾斜をもつ王立研究所の階段教室の高い天井から砲弾をワイヤーで吊るさせた。私は壁を背に気を付けの姿勢をとり、鼻先までその砲弾をもってきてから手を放した。力を込めて押さないように注意しなければならないが、ただ手を放して重力に任せるようにすれば、物理学の法則により、砲弾が振れ戻ってきても、こちらの鼻を粉砕する寸前で止まってくれる。黒い鉄球が自分に向かってぐっと近づいてくるときにたじろがないよう、ちょっとした意志の力が必要である。

もしこの実演をオーストラリア人の科学者がするならば、顔の前に砲弾をもつのは弱虫だけだろう、一人前の男（Top bloke）なら、それをブリーフ（lolly bags、これらの英語はオーストラリア人のスラングで、budgie smugglers とも言う）の前にもつのだ、と私は言われた（たまたまオーストラリア人だった元ロイヤル・ソサエティの会長に劣らぬ大家から）。そしてまたあるカナダ人の物理学者がこれを実演していて、砲弾が自分に向かって突撃してくるとき、聴衆が早まって一斉に拍手喝采をしたのに浮かれるあまり、謝辞を述べようと前に進みはじめてしまった……という話を、私は聞いたことがある。

私はまた講演で、「電気は何の役に立つのでしょう?」という質問に対するマイケル・ファラデーの有名な切り返しについての話になったとき、腕に抱くために、赤ん坊を一人借りた（リチャード・メルマンの姪ハナ）。そう訊かれたファラデーは、「生まれたばかりの赤ん坊が何かの役に立つとお思いですか」と答えたのだった（この話は、ファラデー以外の人間のエピソードとして語られることもある）。生命のかけがえのなさ、この子の前に広がっている人生のかけがえのなさについて話をしている——赤ん坊を怖がらせないように声をひそめて——あいだ、私は自分が愛らしい小さなハナを抱いていることに感傷的な気持ちになっているのに気づいた。二〇年ほどのちに、ハナ自身が私のウェブサイト RichardDawkins.net の correspondence forum に名乗り出てくれたときは嬉しかった。

もう一つの、私がとくに大事にしている心を動かされる記憶は、五回めの講演のときのものである。私は網膜の像を動かすやり方は二つあり、そこには興味深い違いがある、と語っていた。一方の眼を閉じ、もう一方の眼球を（瞼を通じて）指でそっと突いてみると――このとき私は子どもたちに、自分でそうしてみるように頼んだ――視界の全体が、まるで地震によって揺れ動いているように見える。しかし、本来眼球を動かすためにある筋肉を使って眼球を動かすと、網膜の像は眼球を指で突いたときとまったく同じように動いているというのに、「地震」が見えたりはしない。世界はしっかりと岩のように動かず、違う部分が見えるだけのことである。ドイツの科学者が提示した一つの説明は、脳が眼球を眼窩のなかで回転させよという指令を与えるとき、この像を知覚する脳の部分に、この指令の「コピー」が送られるからというものである。この指令コピーが脳に、命じられた分量だけ像が動くと「予測する」よう入れ知恵する。したがって、知覚された世界は、観察されたものと予測されたもののあいだに食い違いがないがゆえに、変わらないままに見えるのである。指で眼球を突くときには指令のコピーが送られないので、世界は地震の際のように、本当に動いたかのように動いて見える。なぜならこちらでは、観察された像と予測された像のあいだに食い違いがあるからだ。

これから一つの決定的な実験でその効果を実証しようと思いますと、私はうそぶいた。眼球を動かす筋肉を注射によって麻痺させようというのだ。この状態で脳が眼球を動かせという指令を送ると、眼球はじっとしたままだが、この指示のコピーはやはり発せられるだろう。そうすると、被験者は眼球が動いていないのに、見せかけの地震を見ることになるだろう――この見せかけの「動き」は、予測された動きと実際の動き（動きはなし）の食い違いなのである。

これはクリスマス講演であるから、次にするべきは、志願者《ボランティア》を求めることである。……私はサイをも眠らせるほどの、獣医用の巨大な皮下注射器をつくり、誰かこの実験に参加したい人はいませんかと呼びかけた。王立研究所の講演に来ている子どもはふつう、実演の手助けを熱烈にしたがるものだ。しかし今回はさすがにあえて志願する子どももいないだろうから、私がみんなに向かって〝これはただのジョークだ〟と安心させようとしたそのとき、一人の七歳の幼い少女、たぶん聴衆のなかでもっとも年少の子供が、ためらいがちに手を挙げた。それは私の愛しい娘ジュリエットで、母親の隣りに恥ずかしそうに座っていた。私が振り回していた怪物のような皮下注射器に直面して示した彼女の一途な忠誠心と勇気を思いだすと、私はいまでもちょっと言葉に詰まってしまう。あの子がいまや前途有望な若き医師であることに、このエピソードは無関係なのだろうか？

私のいちばん小さな志願者から、いちばん大きな志願者に話を移せば、第四回の講演で私は、動物に対する人類の道徳的態度と、人間が動物を搾取してきた歴史について話をした。私は動物は純粋に人間の利益のためだけに存在するという中世の信仰について述べた、オックスフォード大学の歴史家、キース・トマスの言葉を引用した。ロブスターに爪があるのは、それをうまく割れるようにする訓練から人間が利益を得るためだ。雑草が生えるのは、引き抜くために人間が一生懸命に働かなければならないことがいい修練になるからだ。アブは「人間がそれから身を守るため、知恵と勤勉を行使しなければならないようにと」創造されたのだ。

雄牛はすすんで戻りきたり。
屠《ほふ》られんがために、子ヒツジを伴い
しかして、あらゆる獣が、その場で

我が身を供さんとせん。

〔トマス・カルー（一五九五～一六四〇）作の「サクサムへ」という詩の一節〕

ダグラス・アダムズはこの奇抜な発想を敷延《ふえん》して、彼の小説『宇宙の果てのレストラン』におけるシュールな場面に仕立てあげた。このシーンでは、ウシ型の大きな肉づきのいい四足獣がテーブルに近づいてきて、自らが今日のメインディッシュであると名乗りを上げ、夕食で「肩肉《ショルダー》あたりはいかがでしょう。白ワインソース煮などの」を試すように薦める。そしてさらに続けて、人々が動物を食べることの道徳性を気にするようになったので、「最終的に、ごちゃごちゃした問題をばっさり両断して、本当に食べてもらいたがり、誤解の余地なくはっきりそう言える動物を育種することに決めたんですよ。それが私なんです」と説明する。レストランの一団の客の大多数はそこここでレア・ステーキを注文し、その動物は幸せそうに、自分を「人道的に」撃ち殺すため、キッチンのほうに駆けていくのであった。

クリスマス講演で、このブラックなユーモアに富んだ哲学的に秀逸な作品を朗読してくれる人間が必要になった。ここで私はまたしても、「幼い聴衆」のなかから志願者を募った。いつものように、数十本の熱心な手が挙がり、私はそのうちの一人を指さした。大男が七フィート〔二メートル〕近い長身を伸ばしたので、私は彼を、前に来るよう差し招いた。

「お名前はなんとおっしゃいますか」

「えーと、ダグラスです」

「ダグラス何さまですか」
「えーと、アダムズ」
「ダグラス・アダムズ！　なんという驚くべき偶然でしょう」

少なくとも年かさの子どもたちは、このやり取りが仕組まれたものであることに気づいていたが、それは問題ではなかった。ダグラスは「本日のおすすめ料理」とも言うべきすばらしい演技《パフォーマンス》を見せ、朗読が「あるいは尻肉《ランプ》も大変よろしうございますよ。しっかり鍛えてきましたし、穀物もたくさん食べておりますので、いい肉がどっさりついていますよ」というくだりにさしかかったときには、動きを真似る身振りまで添えた。

私の講演のための小道具のほとんどは、ブライソンと彼のスタッフがつくりだしたものだが、私も画家である母親を引っ張り出して使った。初回の講演で、地質学的時間の長大さという概念を直感的に伝えたいと思った。古来多くのアナロジーが用いられ、私自身もさまざまな機会に、そのいくつかを使ってきた。ほかの人が以前にしたように、ここで私は時間を距離で置き換え、一〇〇〇年を一歩として表す方法を選んだ。舞台を最初の数歩進むだけで、征服王ウィリアム、イエス、ダビデ王、さまざまなファラオの時代までさかのぼることになる。しかし、現代に化石として見つかる生物のところまでさかのぼる頃には、この劇場はあまりにも小さすぎるので、一歩を一マイルと換算して、その数字に見合う距離に位置する街の名前をマンチェスター……カーライル……グラスゴー……モスクワといった具合にあげることで、より鮮明にイメージできるようにした。私が名前をあげたそれぞれの化石につき、私の母がその復元図を大きな厚紙に描いていった。ブライソンはこれらの絵を大講義室の要所要所に配した特定の子どもに持たせ、私が声をかけたら立ってもらうようにした。私の両親はまた、三回めの講演のタイトル（およびのちに出版した同名の著書）の由来となった不可能の山の、すばらしい模型をつくってもくれた。山の一方の側はまったくの絶壁である。山の麓《ふもと》から山頂まで飛び移るという不可能な離れ業にあたるのが、眼のような複雑な器官が一足飛びに進化する、という事柄である。しかしこの山の裏側には、麓から山頂に至るなだらかなスロープがある。このスロープを一歩ずつ登っていくのが、進化の進み方なのである――累積的な自然淘汰を通じて。

この回の講演は、古典的な王立研究所式実演でしめくくった――私が第二次世界大戦のヘルメットをかぶって披露した実演とは、題して「ヘッピリムシ〔ホソクビゴミムシ類〕の不発弾」というものである。ヘッピリムシといえば、創造論者お気に入りの昆虫だ。この虫は、二つの物質による化学反応によってつくられる熱い蒸気を噴出することで、捕食者から身を守る。この反応物質が別々の腺のなかに保たれていて、虫の尾端から噴出されるまで二つの物質が接触しないようになっているのだが、このことには何の不思議もない。創造論者がこの虫を好むのは、この虫にとっての中間的な、祖先型の段階というものがあったとして、そうした中途半端にできあがった虫が出現したとしてもすべて爆発してしまうのだから、ヘッピリムシが進化したなどありえないはずだという主張が成り立つからである。ブライソンによって入念に準備された実演で私は、不可能の山のこの特別な山頂に至る穏やかなスロープが実際に存在することを示した。

この反応は過酸化水素の反応性に依拠するもので、触媒を必要とし、濃度に対応したなめらかな反応曲線が存在する。触媒がないと、目に見えるような反応はまったく起こらない。創造論者の論法のデタラメさを笑いものにするため、この〝不発〟という結果をことさら大げさに演出してみせた。それから私は作業台の上に原料液の入った一連のビーカーを置き、それぞれにしだいに濃度を高めた触媒を加えていった。少量の触媒を加えたときには過酸化水素は穏やかに温かくなった。触媒の量の増加につれて反応はゆるやかに増大し、大量の触媒によってついに煙がシューッと音をたてて天井に昇ったとき、聴衆は拍手喝采するに至った。その煙の勢いは、勇を奮ってヘッピリムシに攻撃をしかけるあらゆる捕食者を火傷させると思われる、警告以外の何物でもない、激しいものだった。もちろん、これはクリスマス講演なので、私は大げさに誇張して安全ヘルメットを被り、気の弱い聴衆に部屋から出ていくことを勧めた（誰も出ていかなかったが）。

大学の講師として過ごしたすべての年を通じて、クリスマス講演で私がやらされたリハーサルと訓練――ほとんど踊りの振り付けのようなものだ――に匹敵するほど大変なことはなかったと言っていい。ウィリアムとリチャードは私の一挙手一投足に指示を与えていたのではないだろうか。準備期間の数カ月を経て一二月のクライマックスが近づき、アルベマール街にある王立研究所の外にＢＢＣの巨大な中継車が並ぶようになるにつれ、ウィリアムとリチャードのほかに、ＢＢＣ専属の舞台監督スチュアート・マクドナルドが加わった。彼の仕事は実際のテレビ放送、カメラの配置などの指示監督だった。スチュアート、ウィリアム、そしてリチャードが、私という操り人形の糸を引っ張っていた――正確には私とブライソンの糸を、ということになるだろう。なぜならブライソンが講演のあいだじゅう、化石、トーテム・ポールから巨大な眼の模型までの種々の小道具を持ち込んだり撤去したりして走り回り、私がそれらを扱うのをしばしば手助けしてくれたからである。振り付けは、生きた動物を扱う場合に破綻するのは避けられない。滑稽なほどの花模様の私のシャツの上を歩き回るナナフシを、ブライソンと私が捕まえようとするときには、コメディのような一幕がくりひろげられた。

人為淘汰の威力を実証するために、かなりズケズケ物を言う飼い主（私がこの女性の自慢のジャーマンシェパードを「アルセイシャン」と言ったとき、ぶっきらぼうに私の表現を訂正した）によって連れてこられた、対照的な品種の代表的なイヌを数種出したときにも、収拾のつかない事態になった。

五回の講演はおよそ二日の間隔を空け、最終的に実施される前に毎回、全体を通してのリハーサルが三度おこなわれた。前日に二度のリハーサルと、夕方に実演される当日の朝に本稽古一度である。俳優なら慣れっこなのだろうと思うが、私はただ驚くだけで、繰り返しに飽きはしなかった。ということは、五回の講演のそれぞれについて、短期間に連続して四度講演し、全部併せて二〇時間の講演をしたことになる。白状すれば、それぞれの回の三度めのリハーサルの終わりには、少しばかり疲れてきた。しかし生の聴衆――ララからはこれこそ「劇場《ドクター》という医者《シアター》」というものよと教えられた――を目にすると、すぐに疲れは消えてしまった。

自分が担当した年に、あまりにも長い時間を王立研究所で過ごしたために、私はいまでもそこを訪ねるときはいつも、家に帰ってきたかのような、くつろいだ親しさの感覚をもつ。ほかのクリスマス講演の講師も同じではないかと思う。私は自分の週のあいだ、私の顔が他の誰の顔よりも長い時間、英国のテレビに露出していたと言われた――この点もまた、王立研究所クリスマス講演をしたすべての講師がそうであったに違いない。けれども、放送時間がゴールデン・タイムからかなり外れていたので、ありがたいことに、街角で私がすぐ見つけられてしまうという結果にはならなかった。

至福の島

Richard Dawkins

日本

王立研究所クリスマス講演を翌年の夏に日本にもっていくという伝統がすでにできあがっていて、私は喜んでこの習慣にしたがった。六月だったにもかかわらず、名称はクリスマス講演のままで、シリーズは五回が三回へと短縮されていた。けれども、私の三回の講演は二度、一度は東京で、一度は仙台——県庁所在地である大都市で、新幹線で東京から二時間半で行ける——でおこなわれた。ララが同行することで同意が得られ、五回の講演を短縮する私の作業を彼女が手伝ってくれた。ブライソンは私たちより一足先に、ロンドンでの公開実演で使った小道具類の入った大きな木箱と一緒に渡航した。東京で彼は、現地で彼と同じような科学的な事柄に関するまとめ役をするためにブリティッシュ・カウンシルに雇われた人物と会い、公開実演のための材料と動物を調達する仕事に着手した。

日本での講演は映像には収められなかった——少なくとも放送のためには——ので、振り付けはそれほど完璧である必要がなかった（いずれにせよ、それをするウィリアム・ウーラードやリチャード・メルマンはいなかった）。私たちはつねに同じ小道具と舞台を一瞬歩くだけの——あるいは、動物貸出会社から借りたニシキヘビもいたので、這い回るだけの「役者」もいることはいた——動物だけを使うわけではなかったので、これはたぶん、かえってよかったのかもしれない。このニシキヘビについては、予想外のトラブルに悩まされた。そもそもニシキヘビは日本語で「生きたカメ」というラベルが貼られた箱に入って到着した。これは動物貸出会社が、「生きたヘビ」というラベルが貼られていれば、荷物配送業者に箱の扱いを拒絶されるかもしれないと危惧を抱いたからそうしたのである。私たちは、誰であれ日本の子どもがそれにさわる役を志願する可能性はきわめて低いだろうと、前もって忠告されていた。そこでララが引っ張り出され、体に威圧的にとぐろを巻いたヘビを身につけた、かなり華々しい登場をすることになった。動かないようにしておくために、ニシキヘビは冷凍芽キャベツのなかに詰められて到着した。講演の時間経過と、そして、まぎれもなくララの体熱のおかげでヘビはきわめて活発になり、逃げ出して、そこらをすばやく這い回りはじめた。ララとブライソンと私は必死に追いかけたが、子どもたちは驚いて、怖がって黙るか、驚いて泣き叫ぶかのどちらかになった。

私たちは臆することなく、少ないスライドとたくさんの実演実験という王立研究所の伝統を変えることなく進めた。生きたカマキリが一杯入ったタンクがあって、それをビデオカメラで撮ったものが、私の頭上の巨大なスクリーンに映し出されていた。あるときカマキリについての話を終えたあと、まだそれがスクリーンに映し出されているのを忘れたまま、別の話題に取りかかったことがあった。しばらくして、どうも聴衆が私の話を聞いていないらしいことに気づいて不安になってきた。たとえ、彼らは同時通訳を通して聞いているのだからタイムラグがあるのは当然としても、私の言葉に対して、期待しているような反応をしているようには思えない。やがて私は、彼らの眼が一杯に、私の頭上のなにかに魅入られたように見開かれているのに気づいた。スクリーンを見上げると、巨大な雌カマキリが交尾相手の雄の切断された頭をむしゃむしゃと食べて（このすばらしい顎にはまさにぴったりの表現だ）いるのが見えた。雄の残された部分はまだ元気よく交尾をつづけ、おそらく頭を失ったためにいっそう活発だった（昆虫の雄の性行動は脳からの神経インパルスによって抑制されるという証拠はある。私の友人で同居人《フラットメイト》だったことのあるマイケル・ハンセルはかつて、彼の研究しているトビケラの幼虫について講演していて、飼育下で成虫を繁殖させることができなかったと無念の意を表明した。これに対して、昆虫学の教授でちょっと魅力的なつむじ曲がりのジョージ・ヴァーリーが最前列から、ほとんど馬鹿にするように、「頭を切り落としてみたこともないのか」とうなり声を上げた）。このカマキリのタンクの映像ほど人の気をそらすものもない。興ざめは承知だったが、私は技師にビデオを止めるように頼んだ。

先を争って熱烈に実演実験に志願しようとするロンドンの子どもたちに比べると、日本の子どもたちははるかに内気である。ひょっとしたら、講堂があまりにも巨大であったために、威圧されてしまったのかもしれない。東京、仙台のいずれの講堂も、ロンドンの王立研究所の階段教室と比べて、おそろしく大きかった。そして、言葉の問題の扱いもむずかしかったのだろうと思う。いずれにせよ、いかなる理由であれ、日本の子どもを志願させることは東京でも仙台でもほとんどできなかった。仙台でこれにどう対処したか覚えていないが、東京ではほとんど毎回、同じ志願者が手を挙げてくれた。英国大使、サー・ジョン・ボイドの美しい三人の娘さんたちである。

サー・ジョンとレディ・ジョンは、ララと私とブライソンを公邸での夕食に招待してくれた。食後、ジュリア・ボイドと三人の少女たちは、私たちを大使館のプールでの夜間水泳に連れていってくれた。

サー・ジョンはそれに対して見るからに困っていた。なぜならそれは規則違反であり、新任の大使として、家族に規則を破らせることで、スタッフに悪い見本を示すのを怖れたからである。その反面、明らかに楽しい時間をすごしている客の前では、彼は驚くほど心のひろい主人役《ホスト》であった。

これが、ボイド一家とのすばらしい友好関係の始まりで、それは今日《こんにち》まで続いている。日本でのクリスマス講演の二年後、中山人間科学財団による価値ある中山賞を受賞した私は、ララといっしょに贈呈式のために東京を再訪した。ボイド夫妻から公邸に滞在するように誘われ、私たちは喜んでそれを受け入れた。もっとも、ホテルも非常に豪奢《ごうしゃ》なものであったに違いなかったのではあるが。たまたま私たちが滞在中に地震があった。ララと私は寝室にいて、壁が揺れ、シャンデリアが振れ動くのを見て、多少心配になった。大使閣下自身がドアから、地震を経験ずみの人間らしい、ゆったりとした笑みを浮かべて、私たち用の二個の安全ヘルメットを振りながら入ってきたときには安心した。翌朝の朝食時に、同じく大使館に滞在していた訪日中の英国下院議員は、ララと私が入っていくと、あからさまな軽口を楽しんだ。「すると昨晩は、あなたがたのために地球が動いたのでしょうか?」

畏《おそ》れおおくも、ボイド夫妻は中山賞の贈呈式に出てくれた。この式については、後で集合写真を撮ったことを除いて、あまり覚えていない。写真家には助手がいて、小さな黒いスーツを着て、完璧な身だしなみで、てきぱきと動きまわっていた。写真のために私たちを整列させるのがこの小柄な若い女性の仕事で、彼女はそれをこのうえなく生真面目にこなしていた。前列に座っている人間は、両手をきっちりと膝の上に組まなければならなかった。膝はぴったり合わせ、靴はきっちり揃えなければならなかった。両脚を中途半端に曲げたまま固定しなければならなかったジョン・ボイドと私は、右側からの押し殺したクスクスという声や笑いの鼻息に気づくようになった。私たちは思い切って、厳しく統制された正面を見すえる姿勢のまますばやく視線をそらし、おかげで、記念すべきその光景を目にすることができた。われわれ二人の奥方たちが、写真家の助手によって整列させられていた。しかし私たち男は靴と膝を揃えさせられただけだが、女性陣は、タイツもまっすぐにしなければならなかった。そして、これをするために、写真家の助手はスカートの中まで手を入れていたのである。それゆえ、あまり声を抑えないクスクス笑いが出たわけだった。

一九九七年にララと私が日本への次の旅をした頃には、ジョン・ボイドの大使の任務は終わっており[1]、私たちは大使公邸にもう一度滞在する喜びは断念させられた。けれども、新しい大使は私たちのためのレセプションを快く主催してくれた。私がこの国へ三たび訪れたのは、もう一つのはるかに賞金の大きなコスモス国際賞を受け取るためだった。この賞はとても高い栄誉のもので、授賞式は皇太子と皇太子妃出席のもと、大阪でおこなわれた。私は、宮内庁楽部オーケストラが私を讃えてくれるために演奏する曲を選ぶように求められた。音楽には厳格な時間制限があり、私には限定された選択肢しかなかった。それで、ララの古い友人であるマイケル・バーケットに助言を求めた。彼はいろいろ考えたあげく、シューベルトの組曲の一つでぴったりの長さの作品はどうかと言ってきた。幸運な偶然で、たまたまシューベルトは私の好きな作曲家だった。その曲は半ばで雰囲気が刺激的に変化するという長所があり、オーケストラは美しく演奏して、皇太子夫妻との茶席を含めて、その行事全体と、授賞式をことのほか優雅なものにすることに貢献した。

(1) 彼はケンブリッジ大学、チャーチル・カレッジの非常に成功した学寮長に転身したのだが、私はぜひとも、彼のすばらしい資質へとこのカレッジの関心を向けさせるべく役立ちたいと思う。

次に示すのは、私の正式な受賞記念講演の冒頭の数パラグラフである。言葉遣いから、私が英国大使館の外交官たちからどれほどの助けを受けなければならなかったか推測できるだろう。

殿下（Your Imperial Highnesses）ならびに、紳士淑女の皆様方。この場にあることは大きな喜びであり、私はぜひとも、臨席を賜りましたことについて、皇太子、皇太子妃の両殿下に心からの感謝を述べることから始めたいと思います。とりわけ、皇太子殿下の、優雅で、きわめて思慮深いお言葉に感謝しております［彼のスピーチは、オックスフォード大学に留学した二年間を回想するものだった］。また、本日お祝いのメッセージを送っていただいた首相にも、心からお礼を申しあげたい。［外交的な感謝を述べた三つのパラグラフは割愛する］

日本の歴史と文化に束の間でも関心をもつ人間は、日本人が自然との調和に重きを置いていることに気がつきます。伝統的な日本の芸術は、弓道であれ、書道であれ、茶道であれ、すべてその核心には、世界との調和を達成するための個人による努力があります。四季はそれぞれ独自のやり方で祝われ、日本の絵画およびデザインに多くのインスピレーションを与えてきました。春にサクラの花を眺めたり、秋に月を眺めたりする楽しみのなかに感じるあなた方の喜びのことを考えるとき、私自身がはっきり日本人のような気がするのです。

一方日本に対し世界の抱くイメージはここ数十年来、技術と富の創造によって衝《っ》き動かされる国というものです。私たちは憧憬の眼差しで見つめ、また一部の人々は、日本の工場から目をみはるような新しい製品が果てしなく次から次へと流れでてくることを羨んでいます。そうした過程のなかで、あなた方は世界第二位の経済大国を築きあげました。しかし私は日本政府が、同時に好奇心を原動力とする基礎科学を積極的に推進しようとされていることも知っています。私は次の世紀には、環境および環境問題についての研究——当財団の目的に呼応した——を含めて、日本の大学および研究所における基礎的な科学研究の大きな開花が見られるものと、確信をもって予測しています。今日《こんにち》までの日本の達成は強い印象を与えるものではありますが、私は——英語の口語的な表現を借りれば——「お楽しみはまだこれからだ（We ain't seen nothin' yet!）」という気がします。

のちに科学的な主題についてすることになっていた公開講演で、私は「利己的な協力者」という話題を選んだ——そしてさらにのちに、この講演をふくらませて、同じ題名で『虹の解体』の一章とした。

私は日本へ行くのが好きだが、いくつかの生の食べ物については、気持ちが悪くなることを白状しなければならない——たとえば、生のナマコの腸〔このわた〕で、一九八六年に私が初めてこの国を訪れたときに出された。そのとき私は、著名な植物学者で、それまで会ったことはなかったがすばらしい人物であり、国際生物学賞を受賞したピーター・レイヴンを祝う会で、祝辞を述べる六人の科学者のうちの一人として出席していた。この際には、カラオケ（生魚よりも強い印象は受けなかった）と京都のお寺の瞑想を誘うような平安（こちらは強い印象を受けた）も紹介された。

恥ずかしながら、私は箸を扱う器用さをいささかも身につけることができていない。丸ごとの大きなカブ〔蕪《かぶら》〕がたった一つだけ、お湯のなかにふんぞりかえっている料理は、熟練者といえども、どう摑めばいいのだろう？　私が招待客の一人で、お茶を点《た》てている二人の白塗りの芸者を四角に取り囲む、低くて長いテーブルに並んだ二〇人ばかりの他の客の視線を受けながらのある正餐会で、まさにこの難題をつきつけられて、まったく困惑してしまった。残念だが、私はあきらめるしかなかった。しかし、私が見ることのできたかぎりでは、他の客たちも誰一人として、カブをうまく食べることができていなかった。

私のもっとも最近の日本訪問は、また別の種類のご褒美、ダイオウイカを求めてのものだった。才気溢れる投資家で、科学が熱狂的に好きなレイ・ダリオと私は友好を結ぶようになっていた。自ら情熱を注いで追求する海洋生物学上の活動の一環として、彼は美しい海洋調査船〈アルシア号〉を買い、日本とアメリカの二つのテレビ局と提携して、日本沖の深海にすむ古《いにしえ》の伝説の海の怪物、ダイオウイカを探索している。死んだ、あるいはほとんど死にかけた標本や、体の一部が底引き網にかかったことはあった。しかしレイは、深海の自然の生息環境で泳ぐ、生きたダイオウイカを数十年にわたって発見しようとしている、日本、ニュージーランド、アメリカ、その他の国の少数の献身的な生物学者からなる一団の試みを意気に感じたのだ。アルシア号は活動の準備が整い、世界中の熟練した生物学者が招集され、とても嬉しいことに、レイは私も同乗するよう誘ってくれた。この調査探検は高い機密性が保たれ、私は秘密厳守を誓わされた。というのも二つのテレビ局は、生きたダイオウイカの撮影に成功した暁《あかつき》には、そのニュースを最大限の衝撃を与えられるときまで内緒にしておきたいと願っていたからである。

残念ながら、この旅は延期された。私はそのことを忘れ、通常の仕事に取り組んだ。それから数カ月後の二〇一二年の夏に、突然電話がかかってきた。それはレイからだった。いかにも彼らしく、遠回しな言い方はしなかった。

レイ：「明日、飛行機で日本まで飛べるかな？」
私：「なんで？　ダイオウイカを見つけたの？」
レイ：「勝手にしゃべることはできないんだ」
私：「わかりました。行きましょう」

そして、私は行った。ただし、文字通り翌日ではなく、一週間後に近かった（事実のほうが小説に必死に追いつこうとしていた）。レイにされた説明では、アルシア号が碇泊している小笠原諸島まで、東京からフェリーに二八時間乗らなければならないだろうとのことだった。この火山諸島はときに、「東洋のガラパゴス」と呼ばれることがある。ガラパゴス諸島と同じように、これらの島は大陸の一部であったことはなく、独自の植物相と動物相を進化させてきた。しかし、ガラパゴス諸島よりもはるかに年代が古く、それをつくりだしたプレートテクトニクスの力は、島々をマリアナ海溝の近くに置いた。この海溝では、海底が地球上の他のどこよりも、地表から遠く離れた深いところにある。

私はまだ、彼らがダイオウイカをすでに発見したのかどうかを表向きは知らないことになっていたので、大急ぎで自分が招集されたことの理由と思われる事柄については、約束に忠実に、まったく言及しなかった。私が突然日本に飛んだ理由をララだけが知っていたのだが、彼女も厳格に秘密を守った。しかしその甲斐のなかったことが、少なくとも一度はあった。ララはある社交行事でデイヴィッド・アッテンボローに会い、私のことを尋ねられた。ララは私が日本の海で船に乗っていると答えた。「ああ」サー・デイヴィッドはためらうことなく、「彼はまちがいなく、ダイオウイカを追っているのだね」と言った。私たちの注意深い寡黙も、しょせんこんなものだった。

長い空の旅のあと、私は東京のホテルで一晩過ごしてから、同じくアルシア号に向かうレイのオーストラリア人の友人であるコリン・ベルとともにフェリーに乗り込んだ。私たちは一つの船室《キャビン》を共有した。非常にたくさんの乗客の大部分は大きな共同寝室の床に敷いた布団の上で寝ていた。私たちがどのように時間を過ごしたのか思い出せないが、たぶん本を読んでいたのだと思う。港に着くと、私たちはアルシア号からやってきたディスカバリー・チャンネルのメンバーに出迎えられ、少ししてから、船が停泊している場所に向かって疾走する小さなボートに乗り込んでいた。アルシア号は、船尾に大きな搬入デッキがあり、そこに二機の潜水艇、トライトンとディープ・ローヴァーが停留されており、私たちが到着したときには、体がまだ濡れたままの人々の一団がいた。私たちはまだ表向きには、彼らがダイオウイカを発見したことを知らなかったわけだが、レイは私たちが到着すると目配せをし、まさにその日の夕方に、その記念すべき発見と、それがいかにしてなされたかについて話しあうために、船上でセミナーを開いたのだと言った。しばらくして、海の底に行ってみたいかと聞かれ、もちろん、行くことにする。それからちょうど一〇分で、準備ができた。

私は、三人乗りの潜水艇トライトンに、コリンは二人乗りのディープ・ローヴァーに乗り込むことになった。トライトンの非常に高い技量を持つ操縦士は英国人のマーク・テイラーで、同乗者は東京の国立科学博物館の窪寺恒己《くぼでらつねみ》博士だった。彼はダイオウイカの生きた姿を見ることに中心となってかかわっている科学者だが、マークが水中で「ドクター・クー」に限りなく大きな敬意を払うのはそれが唯一の理由ではないと、私は思った。水上でも、みなが彼を敬っていた。

私たち三人は、まだアルシア号の艦上にあったトライトンの上部ハッチに登って通り抜け、透明な球形のバブル〔ドーム型の耐圧室〕内の座席に座った。マークは一段高い席に、その後方の左座席にドクター・クー、右に私だった。ハッチはしっかりと密閉され、トライトンは巻き上げ機《ホイスト》に吊り上げられて、海に沈められ、ディープ・ローヴァーが同じような進水作業をするあいだ、上下に揺れながら待機していた。潜水艇が波間に揺れ踊るあいだ、私はバブルの反対側に見える青い海の眺めにうっとりとしていた。マークは型通りの安全に関する説明をし、私たちの艇とディープ・ローヴァーの興味深い技術的な相違を含めて、救命用ハイドロキャスト〔漏出検知器〕の仕組みを教えてくれた。彼は、バブルの外側はすぐに何メガパスカルもの水圧に襲われるにもかかわらず、私たちはずっと正常な大気圧のままでいられることを説明した。したがって私たちは、水深七〇〇メートルまで潜ってさえ、再浮上するときに潜函病に対する特別な予防措置をとる必要がないことになる。

　私と一緒に潜航したときにドクター・クーが再度ダイオウイカを見るというのは、高望みが過ぎるというものだったが、私たちは実際に、何匹かのふつうのイカ、サメ、クラゲ、虹色にきらめくクシクラゲ類と、動物学者の夢に出てくるようなその他もろもろを含めて、たくさんの魚介類を見た。その夜、この調査隊の動物学者たちが船内のサロンで、ダイオウイカを撮影し、目で見ることに成功した背景にある科学についての、約束通りのセミナーをおこなってくれた。啓発的な話が二つあった。一つはマッカーサー財団の「天才賞」を取るほど優秀な海洋生物学者である、エディス・ウィダー博士による話だった。彼女は生物発光の専門家で、ダイオウイカが好むようなレベルの水深では、唯一の光は生きた生物がつくりだすものだが、実際には、そうした発光動物が光源を確保するために発光器官に注意深く養っている細菌がつくっていることが多い。同じように深海にすむクジラとは違って、ダイオウイカは巨大な眼をもっており、したがって、たぶん彼らは少なくとも部分的には視覚によって獲物を捕らえているのだろう。そのような考察からエディスは電子クラゲという、ダイオウイカの気を引くためにデザインした発光疑似餌の発明に導かれた。それは鮮やかな成功をみせた。船から七〇〇メートルのケーブルにつけて、自動カメラと一緒に水中に沈め、じっと待った――そして究極の、このうえない成功をおさめた。発光する餌に飛びかかるダイオウイカの奇怪な、ほとんど悪夢のような形状は、忘れることができない光景である。

エディスがのちに、何も映っていない厖大なコンピューター・ファイルをチェックしていき、突然、フレームの外から伝説の海の怪物が躍りでてくるのを見たときの顔をとらえた映像も忘れることができない。コンピューターのスクリーンで作業を始めたときから、彼女とその同僚たちはテレビのスタッフによって撮影されていて、彼らの表情と歓喜の叫びは、まるで自分が発見したような喜びで、私を身震いさせた（たとえ、興ざめな人たちが疑いを挟みたくとも、この場面はのちに再放送されている）。

アルシア号で開かれた異例のセミナーでの二つめの話は、ニュージーランドの海洋生物学者スティーヴ・オシェイによるものだった。彼は窪寺恒己同様、人生の大半をダイオウイカの探求に捧げてきた。餌についての彼の天才的なアイデアは、エディス・ウィダーの電子クラゲとは別の感覚、すなわち嗅覚に焦点を合わせたものだった。彼はにおい、とくに性ホルモンが暗闇のなかでダイオウイカを誘い寄せるのではないかという期待のもとに、すりつぶしたイカのピューレをつくった。それは潜水艇に取り付けた管から雲のように漂っていき、実際に、ダイオウイカを誘い寄せる効果的な磁石の役割を果たすことが証明されたが、残念ながら寄ってきたのはふつうの、より小さなイカだけだった。ダイオウイカは一匹もいなかった。生きたダイオウイカを見ることに最終的に成功したのは窪寺だったが、その話も続けてオシェイによって語られた（ドクター・クーも英語をしゃべるのだが、英語で講演するほどの自信がないとのことだった）。窪寺の疑似餌は、伝統的な釣り人のルアーにより似ていた。ダイオウイカほどのクラスではないが、それ自体かなり大きなソデイカを、潜水艇から出した釣り糸の先に餌としてつけた。そして、語るも不思議、それがうまくいった。ドクター・クー自身は潜水艇のなか――数日後に私も一緒に乗り込んだあのトライトンのなかにいて、このクラーケン〔伝説の巨大頭足類〕をつかまえ、カメラでそのすばらしい映像を提供できるだけの時間にわたって保持していた。彼が水面に戻ってきたときは、のちに放送されたテレビが示したように、感動的な瞬間だった。船の乗組員全員が、艦上でドクター・クーをピーピーとはやしたて、生涯をかけた探求のこのクライマックスに喝采をし、エディスとスティーヴも気前よく祝いの言葉をかけた。そしてなんたることか、たった二日違いで、私はそれを見逃したのだ。

予期しない形で、小さな不運も起こった。アルシア号での私の滞在予定は一週間で、そのあいだにもう何度かの潜水がおこなわれるはずだったのだが、危険な台風が近くで発達しており、予想進路がこちらに向かっているというニュースによって、日程が短縮されることになった。船長がレイ・ダリオに、急いで逃げて航路二日分離れた横浜港のシェルターに行く以外、選択の余地がないとアドバイスしたとき、それは到着したばかりのコリンと私にとって、大きな落胆であった。にもかかわらず、台風から逃れる二日間は非常に楽しかった。ある晩、私はサロンで進化論についてのセミナーをおこない、レイは財政危機の背後にある真相について、非公式な朝食時の個人指導を自ら買ってでたが、私には面白かった――自分自身の分野について本当にわかっていて、それについて第一原理から語ることができる人物の話を聞くのは、いつでも面白い。

宇宙についての気宇壮大《きうそうだい》な物語でもっともよく世に知られるアーサー・C・クラークは、深海はすぐ眼と鼻の先にありながら、ほとんど手つかずの謎ではないかと述べた。このときと、のちの二〇一四年のニューギニア沖のラジャ・アンパット諸島への旅（こちらもレイ・ダリオのアルシア号の乗客として）の両方で束の間、異星人の世界に足を踏み入れたのは、私の人生に与えられた大きな特典の一つである。この二回めの旅はダイオウイカのような、何か特別の生物学的な発見を目的としたものではなかったが、ラジャ・アンパット諸島は文明に侵されていない大きな海域の一つで、息を呑むほど美しく、世界中の他のどこにも劣らない豊かな海洋動物相をもっている。今度は私はトライトンで数え切れないほどの回数の潜水を満喫したが、ときにはマーク・テイラーが操縦し、ときには彼の二人の同僚のどちらかが操縦してくれた。この二回めの旅では仲間の客のなかに、途方もなく有名な経済学者で、ハーヴァード大学の元学長であるラリー（ローレンス）・サマーズと、彼の妻で文学者のリサ・ニューがいることに、私は喜んだ。食事時の会話は、大学の経済学者であるラリーと市場における抜群の実務家であるレイが互いに渡りあう、知の饗宴だった。

もっとも、そのような話題が会話の中心だったわけではない。船には世界第一級の自然保護の専門家たちがいて、彼らが論じていたテーマこそ、私たち全員の心を占めていたものだったのである。そうした専門家の一人が、コンサベーション・インターナショナルの議長ピーター・セリグマン（そしてこの旅では、私と同じ客室だった）である。もう一人がアメリカ人生物学者のマーク・エルドマンだった。マークはこの諸島を自分の掌のように知っており、かけがえのないインドネシア語の通訳だった。彼は西パプアの森の奥深くの川に生息する、彼の考えではまだ記載されていない種である、特殊なレインボーフィッシュを探していた。さらに彼は、それが同じ地域の他の種とは近縁ではないが、大きなニューギニア島の反対側に生息する魚と密接な類縁があることが判明するのではないかとも思っていた。もしそれが正しければ、それらの淡水魚を運んできた移動する地殻プレートについてなにがしかのことを教えてくれるだろうから、動物地理学において大きな意義をもつ。アルシア号は沖合に碇泊し、船に搭載のヘリコプターが、マークのレインボーフィッシュ探しを助けるために、私たちを交互に内陸および上流域へと運んだ。次のような作業が繰り返しおこなわれた。マークが網の一端をもって急流のなかに入って歩きだす。私たちのうちの一人（レイか私か、あるいはそのシフトに加わっていた誰か）も網の他端をもって、少し下流に向かって、同じように歩きだす。私たちは（冷たくて気持ちのいい）水の中にしゃがみ、それからマークの号令によって立ち上がって、大急ぎで土手に向かって網を引っ張り、泳ぎ入ってきたあらゆる魚をすくいあげる。そのあと岸で網をひろげて、マークが中身を調べ、レインボーフィッシュを探すのである。

私に二回めのシフトが回ってきた際、マークが網をもってしかるべき場所に立ち、私たちは網を引いて川の中洲へと歩いて上がった。魚探しが始まる。そして——成功だ！　この日の収穫は一五匹ほどの小さな魚で、マークの専門家の眼は、それらが実際に彼の推測通りの、これまで学名が記載されていない種であることを確認した。それらの魚は慎重に生きたまま水槽に入れられ、彼がＤＮＡ解析を含めた詳細を正式に記載するのを——そしてもちろん何よりも重要な、この種に学名を付けるのを——待つことになった。

たまたま私は、魚の命名に個人的な関心があった。二〇一二年に、スリランカの魚類学者のチームがスリランカおよび南インドに生息する淡水魚のある属に*Dawkinsia*という学名を付けたとき、私は非常に名誉なことだと感じた。この属には現在九種が識別されている。口絵写真に示した美しい種

（見てのとおり、これも「レインボーフィッシュ」という名をつけるのにふさわしいかもしれない）は、*Dawkinsia rohani* である。[1]

ガラパゴス諸島

もし小笠原が「東洋のガラパゴス」だとすれば、私が小笠原に魅せられるのは一面、ガラパゴス諸島それ自体に私が寄せる恋情ゆえである。ガラパゴスは私のようなダーウィン主義者にとっての巡礼地であり、したがって、ヴィクトリア・ゲティがウィンザー城の大晩餐会でたまたまララに会ったとき、私がまだガラパゴスに一度も行ったことがないと知って驚いたのも無理もないことだった――実際に、あまりにも驚いたために、彼女はその場で、このあってはならない事態を正すためにガラパゴス諸島への旅を手配し、私たちをゲストとして招待すると約束した。

この思いがけない成りゆきを招いた会話は、マイケル・オブ・ケント王子が主催した特別な催しの席で起こった。この催しでは、ヴィクトリアの死別した夫、サー・ポール・ゲティの弟であるゴードン・ゲティが作曲した交響曲の、訪英中のロシア交響楽団による演奏が呼び物であった。マイケル王子は有名なロシア好きだった――私は王子がロシア語で交響楽団に対する歓迎の辞を述べたのに感銘を受けた。彼と王妃は、オックスフォード大学における私の後援者であるチャールズ・シモニーの友人で、シモニーを通じて私たちは招待されたのである。この晩餐会は、ララとヴィクトリア・ゲティとの会話のゆえだけではなく、私がスーザン・ハッチスンの隣りに座ったということからも、私の記憶の中でも際立ったものとなっている。彼女は元シアトルのテレビ・ニュースのアンカーであり、チャールズの慈善団体の事務局長だった。私は彼女が恥知らずにも熱烈なジョージ・W・ブッシュの支持者であると知るまで、彼女が魅力的で、楽しいお仲間だと思っていた。彼女のブッシュ支持発言に、私の紳士としてのマナーが手厳しく試されることとなった。私たちは殴り合いの喧嘩などせず、食事の終わりにはキスをして、仲直りをした。そうこうするうちに、ヴィクトリアがララにガラパゴスはどんなところかと質問し、ララは自分がそこへ行ったことがなく、夫も行ったことがないのだと言った。その場ですぐにヴィクトリアは、旅行の手配をし、私たちをゲストとして招待すると約束したのだ。そのまさに翌日に、彼女はララに電話を寄こし、ビーグル号（帆走可能な小型船だが、その他の点では本家のビーグル号とは似ていなかった）という船のチャーターを検討しているところで、旅行の日程を決めたいと言ってきた。私たちは大喜びした。

そのあと、厄介なことも起きた。「豊かであるがゆえの厄介《アンバラ・ド・リシェス》」と呼ぶべきかもしれない。上の話とはまったく別個に、アメリカの海運界の大物、リチャード・フェインからアプローチがあった。彼の持ち船の一つ、〈セレブリティ・エクスペディション号〉が定期的にガラパゴス諸島とのあいだを往復しているのだが、彼は九〇人の友人と親戚で、妻のコレットとの結婚記念日を祝うためにこの船を借り切っていた。私がゲスト講師として船に乗って、ダーウィンがまさに最初のインスピレーションの閃きを得た場所で進化についての話をして、お客たちを楽しませたくはないかというのだ。そこはダーウィンが次のような、忘れられない言葉で書いている場所なのである。「この群島にもともといた少数の鳥から、一つの種が選びだされて、それぞれ異なった目的のために変形させられていったの

（1）水槽内で闘う *Dawkinsia filamentosa* のすばらしい動画が、https://www.youtube.com/watch?v=FnWprpFYJhQ にある。

ではないかと、ほとんど空想したくなる」。ララも招待された。私がフェイン氏に、娘のジュリエットの誕生日を逃すわけにいかないので行くことはできないと言うと、それならジュリエットも一緒にということになった。やり過ごすにはあまりにも魅力的で、寛大な申し出だった。

しかし、ヴィクトリアにはどう言えばいいのだろう？　彼女は、私がガラパゴスに行ったことがないという事実を知ったからこそ、ガラパゴスへの旅を手配したのだ。しかしいまや、もし私がリチャード・フェインの招待を受ければ、私たちはビーグル号の航海に、偽りの前提にもとづいて参加することになるだろう。それは私の二度めの訪問であり、初めてではなくなるからだ。私たちは相談の末、ありのままの事情を話すことにした。ララがヴィクトリアに電話をしてすべてを打ち明けた。彼女はことのほか寛大な反応を示し、ただこう言った。「それはよかったじゃないの。あなたたちは、私たちにいろんなことを説明できるでしょう」。彼女は次の機会、すなわち彼女が亡き夫に始まる伝統を讃えて組織したクリケット大会の一つで会ったときにも、同様の寛大さをもって接してくれた。かの英国好きのアメリカ人であるポール・ゲティ――彼は実際に帰化して、英国市民になっていた――は、クリケットに非常な情熱を傾けるあまり、自らのバッキンガムシャーの領地の山腹を削って第一級のピッチを造成し、そこへ州の各チームが他のチームと、なかでもゲティ・イレブンと対戦しにやってきた。彼が二〇〇三年に死んだのちも、ヴィクトリアはこの慣行を続け、私たちは毎夏、頭上を旋回するゲティアカトビと輝く陽光のもと、ゲティ・マッチの一戦に招待された。私がこの鳥をゲティアカトビと呼ぶのは、ポール・ゲティこそ、狩猟場の番人たちによってイギリス諸島のほとんどで絶滅に追いやられていた、この雄大な鳥を英国の一部に再導入することに大きな貢献をしたからである。私たちはクリケットの試合ではつねに、大テント《マーキー》の中でゲストのための豪勢な昼食が振る舞われる。私たちはヴィクトリアのテーブルに座るという栄誉を与えられ、そこで、ビーグル号の旅の仲間になる予定のルパート・リセット＝グリーン〔ファッション・デザイナー〕とキャンディダ・リセット＝グリーン〔作家〕に紹介された。そこで知ったのだが、私とキャンディダのあいだには互いを結ぶ、浅からぬ絆があった。彼女は私が生涯にわたって崇拝してきた——これは控え目な言い方である——心底からの英国詩人、ジョン・ベッチマンの娘だったのである。

二度にわたるガラパゴスへの旅は、どちらもすばらしかったが、かなりちがっていた。セレブリティ・イクスペディション号は九〇人の旅客を擁し、私たちは贅沢なクルーズ船の一通りすべての体験をしたが、ゾッとするカジノと、乗客の関心を右舷や左舷の外でなく、この浮かぶホテルの内側に向けさせるための「エンターテイメント」はなしだった。ビーグル号のぴったり九人の乗客はすべてヴィクトリアのゲストで、私たちは一つの大きなテーブルを囲んで、元気で物識りのエクアドル人ガイドのバレンティナと一緒に食事をした。

どちらの船もガラパゴス訪問の標準的なパターンに従い、一つ島の沖合から次の島の沖合へと順に碇泊していった。乗客は膨らませたゾディアック〔ゴムボート〕で岸まで運ばれ、「ガラパゴス・グリップ」と呼ばれるものを使って、強健な水夫が私たちの手を取って乗り降りさせた。セレブリティ・イクスペディション号は一二艘ほどのゾディアックをもち、それぞれにすばらしく頭のいいエクアドル人ナチュラリストが乗っていて、島を歩く私たちが踏みならされた道から遠く離れて迷わないよう、彼らが監督する。彼らの英語は流暢《りゅうちょう》だが、特別な一人の例外を除いて、みな強い訛りでしゃべった。例外はだらしない顎鬚を生やしたチェ・ゲバラ似の人物で、端正で完璧な抑揚の、オックスフォード大学の食堂の教授席で話されるような英語で、私たちを啞然とさせた。彼はどうやら宣教師から教育を受けたらしい(1)。

　私がガラパゴスから受け取った圧倒されるような印象は、動物のなれなれしさと、植物のほとんど「火星のものであるような」奇怪さである。動物相のほとんどの種が人を恐れず、遠くにいる個体が逃げていく姿を一瞬捉えただけで恵まれた体験をしたように感じられる地域が、世界にはいくつかある。ガラパゴスでは、旅行客は動物に触らないでくださいと言われることになっている。触るのは馬鹿らしいほど簡単だろう。日光浴をしているウミイグアナや抱卵中のカツオドリやアホウドリを踏まないように注意しなければならないくらいだ。

　ビーグル号はずっと小さな船で、もっと小さな島、たとえばピーターとローズマリーのグラント夫妻がガラパゴスフィンチについて壮大な、長期にわたる進化を研究した、人のすんでいない大ダフネ島の沖に碇泊することができた。大ダフネ島への私たちの上陸は少しばかり危険なもので、グラント夫妻やその同僚、学生たちはどうやって糧食を陸揚げしたのだろうかと、私は疑問を感じた。なぜなら、この無人島ではあらゆるものを、水でさえ携行していかなければならないからである。一艇しかないビーグル号のゾディアックは、クルス家の一員であるガイドのバレンティナがつねに監督していた。このクルス家は、一族のメンバーだけでこの群島すべてに入植したかのような一族だった。ほとんどすべての島で、私たちは彼女の兄弟たちのうちのそれぞれ別の一人から挨拶を受けた。あるいはそういうことらしいと、私たちは互いに冗談まじりで言っていた。彼女の兄弟のさらに別の一人が、ビーグル号の船長だった。彼の英語はバレンティナほどうまくはなかったが、彼が自分で言っていたのよりはたぶんましだった。ことのほか興奮したときに、操舵室から彼は「モーラ・モーラ！」と喜びの声を上げていたが、私はそのラテン語由来の言葉の意味がわかった。海でもっとも並外れた魚のひとつ、マンボウ（*Mola mola*）が水面近くで縦に吊るされた巨大な円盤のように浮遊していて、船の甲板から容易に見ることができたのである。クルス船長はビーグル号を停船させ、興奮したバレンティナと残りの私たちも、水中マスク、シュノーケル、足ひれを摑んで海に飛び込んだ。マンボウはそう長くは近くに留まらなかったが、彼らが私たちのではなく彼ら自身の、謎の世界へと姿を消すまでのあいだ、すぐ目の前で眺めることができたのは、すばらしかった。

セレブリティ・イクスペディション号には、フェイン自身と多くの才人からなる拡張家族を含めてすてきな人がたくさんいたが、あまりにも人数が多すぎたために、誰か特定の人を本当の意味でよく知ることはなかった。ヴィクトリアや彼女の友人たちと同行したビーグル号の旅は、ずっと親密に感じられた。ほかの人がカメラをもっていくところでノートを携え、逃げまわるオオイワガニのただ中で岩に腰を下ろし、自らの思索、観察、印象を記録していくキャンディダは、ひとり異彩を放っていた。私はこの習慣に魅せられ、自分で真似をしなかったことを後悔している。

こうしてあのときの回想を綴っていくと、痛切な悲しみの訪れるときがある。というのも、私がこれを書いているごく最近に、キャンディダが癌で亡くなったからだ。彼女とルパートは毎夏、彼らの美しく、哀愁のある英国式庭園で、皮肉半分に、「大国際クロケット・マッチ」と呼んだものを開催

（1）私の友人であるスティーヴンとアリソンのコブ夫妻が、同じような不思議な体験をしている。ウガンダ西部で野生生物保護の任務にあたるさなか、彼らは小さな村にランドローヴァーを止めたが、そこで、アフリカではつねにそうなるのだが、たちまちニコニコした子どもたちの輪に取り囲まれてしまった。コブ夫妻は、「みんな元気?」と穏やかに尋ねた。すると、声を揃えて「元気だよ（Moostn't groomble、正統英語では mustn't grumble）」という返事が返ってきた。ヨークシャー出身の宣教師に習ったのだろう。

した。すぐ間近には六角形の塔をもつアフィントンの一三世紀の教会があり、青銅器時代そのままの白亜質の草原を闊歩する「白馬」〔地上絵〕に見下ろされた庭園だ。ほんの数週間前の二〇一四年のトーナメントでは、これが自分にとって最後になることを知っていたキャンディダは、明るく立派で勇気ある女主人のお手本だった。安らかに眠れ、英国を、汝《な》の父上〔ジョン・ベッチマン〕ありしゆえにチャールズ・ダーウィンも昔どおりの面影をそこに認めるかもしれない英国を讃える風変わりな祝賀者よ、安らかに眠れ、不思議な心地よさをもつ船旅の仲間よ、そして若きダーウィンの至福の島を共に探検した仲間よ。

出版社を得るものは恵みを得る

〔『旧約聖書』「箴言」18章22節、「妻を得るものは恵みを得る」のもじり〕

Richard Dawkins

私は、自分の出版社からいい扱いを受けてきた——ほぼ四〇年のあいだ、私の一二冊の著作のうちの一冊も、英語版では絶版になっていない——ので、私がこれほどたくさんの出版社とかかわってきたように思えるのは、ちょっとした驚きである。実際オックスフォード大学出版局、W・H・フリーマン、ロングマン、ペンギン、ワイデンフェルト、英国ランダムハウス、そして同じほどの数の異なるアメリカの出版社のリストがあげられる。この乱交まがいの不実をはたらくに至った理由は一つだけではない。そうなったのは、逆の忠誠心ゆえのことだった。特定の編集者、マイケル・ロジャーズへの忠誠心で、彼が当惑させられるような頻度で——出版界ではかなりふつうのことである——、雇用主を変えたのである。

初期の本

『好奇心の赴くままに』で、私とマイケルの最初の出会いと、『利己的な遺伝子』出版に対する、慎重に節度をわきまえた熱意のことを語った。初期の草稿を読んだ後に、彼は「絶対にこの本を下さい！」と、電話の向こうから大声で叫んだのだ。彼はいまや、出版界における履歴を回想した『出版と科学の発展――『利己的な遺伝子』から『ガリレオの指』まで』という本のなかで、同じ出来事について彼の立場から書いている。マイケルの本には、『利己的な遺伝子』刊行三〇周年を祝賀するために、ヘレナ・クローニンがオックスフォード大学出版局（ＯＵＰ）と二〇〇六年にロンドンで共催した晩餐会（二七二頁を参照）で、私がおこなったスピーチも収められている。私がＯＵＰよりも彼に忠誠心をもつ理由を説明する助けになるので、それを全文、引用することにしよう。

『利己的な遺伝子』が出た直後に、私はドイツのある大きな国際会議で基調講演をおこないました。会議場の書店は『利己的な遺伝子』を何冊か注文していましたが、私の講演が始まって数分で売り切れてしまいました。書店の店長はすぐにロンドンのＯＵＰに電話をして、追加注文を航空便で送ってほしいと頼みました。その当時のＯＵＰは今とは非常に異なった組織で、この書店員は、慇懃だが冷たい拒絶にあいました。書面で適切な注文をしてもらう必要があり、倉庫にある在庫次第では、数週間後に船便で送れるかもしれませんと言われたのです。困り果てた書店員は、会議場の私のところへやってきて、もっとてきぱきと動けて融通の効くＯＵＰの人をどなたかご存じないですかと尋ねてきました。……私はオックスフォードのマイケルに電話して、ことの次第を話しました。私にはマイケルが拳で机を叩くゴツンと言う音が今も耳もとで聞こえるような気がするほどで、彼の言った言葉も正確に覚えています。「まさにうってつけの人間に連絡をくれましたよ！　私に任せてください」。はたして、会議が終わるよりかなり前に、大きな箱に詰まった本がオックスフォードから到着したのです。

これはもちろん英語版の『利己的な遺伝子』で、すこし後にドイツ語版（*Das egoistische Gen*）も出た。すぐに私はドイツの一読者から、翻訳が非常によく、まるで著者と翻訳者は「双子の魂」のようだと書かれた手紙を受け取った。もちろん私は翻訳者の名前を見てみた――カリン・デ・ソウサ・フェレイラ――その驚くほど非ドイツ語的な響きから、容易に覚えることができた。少し後に、私は著名な霊長類学者のハンス・クンマーと、彼の本拠であるチューリッヒの大学で会った。夕食の席で、私のドイツ語翻訳者にまつわる逸話を語りはじめた。私は「双子の魂」のことより先の話はせず、翻訳者の名前もださなかったのだが、そのとき突然、彼は私をさえぎって、ピストルを撃つような格好で指を私に向けて質問してきた。「カリン・デ・ソウサ・フェレイラじゃない？」。こうしてこの訳者に対して二人の著者がこもごも賛辞を呈するということのあったあとで、『盲目の時計職人』がドイツ語に翻訳されることになったとき、私は同じ翻訳者を使うように強く要請し、ポルトガル人の名前を持つドイツにいる私の双子の魂は嬉しいことに、この本をドイツ語版（*Der blinde Uhrmacher*）にするために、畏《おそ》れおおくも引退から復帰してくれたのだった。

私の本の翻訳がつねにそう幸運だったわけではない。あるスペイン語版（どの本かは言わない）はあまりにもひどいので、三人の別々のスペイン語をしゃべる人から、あれは回収すべきだと言われた。英語の小説で「彼は彼女に電話した（He gave her a ring）」がオランダ語版で「彼は彼女に ring（指輪）を与えた」と翻訳されたという話があるが、同じように英語の慣用句《イディオム》が逐語的に翻訳されていたのである。このオランダ語の話は都市伝説かもしれないが、私の本のスペイン語版の場合には、with a vengeance〔「激しい勢いで」という意味〕が con una venganza と訳されていて、これは文字通り言っていること（一つの復讐によって）を意味するだけ——と私は確信している——で、慣用句としては意味をなさない。これはたくさんあるうちのほんの一例にすぎない。それは、機械翻訳が非常に難しい理由（またしても、たくさんあるなかの）の一つでもある。翻訳者には、単なる言葉の辞書だけでなく、with a vengeance のような熟語の対照表や、at the end of the day（「要するに」という意味で、これも決まり文句である）のような決まり文句の一覧表さえ必要である。嬉しいことに、スペインの出版社は全面的に責任をとり、まったく新しい翻訳を依頼し、それが現在、刊行されている。

人間の機能の遂行をコンピューターに頼ることの危険性、ということで思い出すのが、オックスフォードの唯一の著作権代理人として名高い私の友人のフェリシティ・ブライアンから聞かされた、ちょっといい話である。彼女の顧客《クライアント》の一人が、デイヴィッドという名の人物を主人公にした小説を書いた。その本が最終的に編集を終え、印刷にまわされるという土壇場で、著者は主人公について考え直した。主人公の名はデイヴィッドをやめてケヴィンに変えるべき、と決断したのである。そこで彼女はコンピューターで全文検索にかけて、すべてのDavidをKevinに置換した。それでうまく行ったと思ったのだが、それもこの小説の筋書きが、フィレンツェのある美術館に移ってしまう（ダビデ像がケヴィン像になってしまった）までのことだった……

もう一つ短い翻訳話を。私は日本で進化に関する会議に出席しているとき、ヘッドフォンで同時通訳を聞いていた。講演者は初期人類の進化、アウストラロピテクス、ホモ・エレクトゥス、古代型ホモ・サピエンスといった事柄について語っていた。しかし、ヘッドフォンからは何が聞こえてきていただろう？　「日本人の初期進化」、「日本人の化石の歴史」、「日本人の進化的な歴史……」、いや、『人類の』だ」。

マイケル・ロジャーズは一九七九年にW・H・フリーマンに移籍し、その二年後に私の第二作、『延長された表現型』を出版する準備が整ったので、私はそれを彼のところへもっていった。すでに書いたように、出版界は流動的で、マイケルが再度、今度はロングマンに移籍したとき私はふたたび、一九八六年の『盲目の時計職人』をもって彼にしたがった。『盲目の時計職人』について、二つほど話がある。この本の冒頭に近いところで、「無神論者として知られている現代の著名な哲学者（中嶋・遠藤・遠藤・疋田訳）」との晩餐会の席での会話について詳しく述べた。私は、『種の起原』が出版された一八五九年より以前に無神論者として通すなどというのはまったく想像もつかないことだったと言った。その哲学者は、賛同しようとはしなかった。彼はヒュームを引き合いに出して、生物の複雑さについて特別な説明が必要だという理由が理解できないと言った。私はびっくり仰天し、この本の相当な部分を、この人物の名前については一切言及しなかったが、彼に反論するために充《あ》てた。私が彼の正体を明らかにしないという選択をした理由はよくわからない。それは実際はアルフレッド・「フレディ」・エイヤー、オックスフォード大学のウェイクハム論理学教授でニュー・カレッジのフェローであり、怖ろしいほど頭が切れる人物で、私は彼を畏怖していた。『盲目の時計職人』が出版されてから何年も経って、彼は私のところへ近寄って、ちょうどそれを読み終わったばかりだと言った。彼はもっと前に読まなかったことを詫び（その必要はまったくなかった）、この本から刺激を受けたことを喜んでいると言ってくれた――それゆえ、少なくとも彼はそれが自分であることを認めたのだ。私は彼に、二人の会話が正確に表現できているかどうか尋ねた。彼は、「完璧に正確だよ」と言ってくれた。

『盲目の時計職人』について以下に二つめの話をするわけは、それがけっこう笑えるから、という以外の何物でもない。まず、背景を少し。進化論懐疑論者の多くは、動物のカムフラージュが完璧なものに見えるという点に頭を悩ましてきた。そうした懐疑論者もこれはしぶしぶ認めるのだが、鳥の眼というのはじつに鋭敏なので、擬態が有効であるにはその類似が、たとえばナナフシが小枝を芽や葉の傷に至るまで真似るレベルの、複雑な細部まで完璧に仕上げられたものであることが必要である。あるいはもう一つ例を挙げれば、鳥の糞によく似た芋虫がいる。しかしそこで、懐疑論者は言う。一方で自然淘汰は小枝や鳥の糞といった、微に入り細に至るまでの擬態ももたらす底力があるのだ、という考え方を受け入れながら、もう一方で、同じ自然淘汰がそうした昆虫の祖先に対しては、類似に向かう最初のおぼつかない一歩を踏み出させるだけで終わったなどと、どうしたら信じることができるのか？　私は、「糞塊に五％だけ似て見えることにどんな強みがあるのだろうか？」という、鳥の糞への擬態についての、スティーヴン・ジェイ・グールドの言葉を引用した。ただし、私はグールドのこの問いに、グールドとは少し違ったやり方で答えた。まったく同じ眼に、きわめて多様な視覚条件下――薄暗がりか、あるいはまばゆい光のもとか、眼の片隅で捉えるか、あるいは真正面から見るか、遠くからか、あるいは間近で見るか――にある獲物が提示される。ほんのわずかしか鳥の糞に似ていなくとも、遠くから見られたり、あるいは薄明かりのなかで見られるのであれば、芋虫が生きながらえるのには十分であろう。しかし、間近で強い陽光のもとで見られるとするなら、芋虫が生きながらえるためには強い類似が必要になるだろう。そして、あまりよく見えないという条件とよく見えるという条件のあいだには連続的な勾配があり、それが、粗略なものから完璧なものまで、なめらかに擬態の改良がなされるような、あらゆる段階の淘汰圧を提供する。これと同じ「勾配」論を、あらゆる複雑な適応――眼、翼（翅）、創造論者の文献にでてくるあらゆる陳腐な代物――にあてはめることができ、進化の理論全体にとって、計り知れない重要性をもつのである。

これがこの話の背景である。さて、スティーヴン・グールドの名前は、『盲目の時計職人』に数回現れ、したがって索引にも出ている。本の巻末に組まれている見出し項目式の索引は、ジョークを潜ませる格好の場所である。多くの人は気づかないだろうが、索引を見る人は、秘密の共犯者の笑みを編纂者と共有することになる。今は亡き私の同僚、ジョン・バクストンとペンリー・ウィリアムズが編集した『ニュー・カレッジ、オックスフォード、一三七九－一九七九』というカレッジの正史には、三人めの同僚で、中世史家のエリック・クリスチャンセン（彼自身のニュー・カレッジ生活の回想録は、彼と彼の餌食となった人のすべてが死んでからでないと出版されないだろうし、どう考えてもすべきではないだろう）が編纂した索引が付いている。たとえば「フェロー（Fellows）」という見出し項目のもとに、「――の酩酊」、「――の演技」、「――の放逐」、「――間の派閥争い」、「――の曖昧さ」、「――の慰め」、「――の由来」、そして私のお気に入りの「――の俗物根性」というのがある。「――の俗物根性」が示している頁をめくると、その言葉そのものはどこにも述べられておらず、明らかにエリックの嗜好に反する三つの建築計画の記述しかない。二つは一九世紀のもので、とりわけ言語道断な一つが二〇世紀のものである。

いずれにせよ、先ほど言ったように、私は『盲目の時計職人』の索引でスティーヴ・グールドのために、ちょっとしたジョークを仕掛けた。英国版初版ではきちんとした形で表現されていた。しかし、アメリカの出版社の人間がそれを見て仰天した。彼らはそれが酷《ひど》い悪趣味だと考え、たぶんきっと（問いただすには私も、さすがに分別がありすぎたのだが）、スティーヴン・グールドが彼らにとってもっとも金になる著者の一人であることを意識していたのだろう。米国版の出版は、このジョーク

グールド，S. J.,	グールド，S. J.,
5％の眼，81	5％の眼，81
（41 に引用）	（41 に引用）
5％糞塊に似ている，82（41 に引用）	糞に擬態する昆虫について，82（41 に引用）
言及されている，275, 291	言及されている，275, 291
断続平衡説，229 - 52,（36）	断続平衡説，229 - 52,（36）
過ち（faux pas）を露呈，244,（36）	ダーウィンの漸進説について，244,（36）
欠陥を露呈，91,（34）	『パンダの親指』，91,（34）
総合説を見限る，251,（35）	総合説を見限る，251,（35）

図2

が削除されるまで止められた。それから、故意ではない単純な見落としの結果、校閲を受けた索引を含むマイクロフィルム版が、ロンドンのロングマン社の英国版のその後の版本およびペンギンのペイパーバック版に使われた。マイケル・ロジャーズは、このジョークを英国版には残しておくつもりだった。そうならなかったことによりおそらくは、一部の切手収集家が「無目打ち」切手を珍重するのと似た形で、英国版の初版本にはコレクター価値がついたかもしれない。図2に示すのが、問題の二つの版の索引項目である〔左が英国版の初版〕。違い（ただし違いは一つではない。というのも、アメリカの出版社に補足的な不快感を与えたいくつかの小さなジョークも含まれているからである）を見極めてほしい。

　そうこうするうち、オックスフォード大学出版局は、W・H・フリーマン社から『延長された表現型』のペイパーバック版の権利を買い取り、それ以来ずっと、この本を出版しつづけている。そういうわけで、私は他の出版社に移ったのだけれど、依然としてOUPとはいい関係を保っていた。そんなとき、彼らから一九八九年に、『利己的な遺伝子』の新版を出してほしいというアプローチがあった。それは自然なことに思えたが、そこには、『延長された表現型』のテーマを要約した一章を含めるべきだった。

新しい『利己的な遺伝子』を担当したOUPの編集者はヒラリー・マクグリンだった。彼女との仕事は楽しかったが、このプロジェクトの計画と作業のあいだもっとも決定的な影響を与えたのは、ヘレナ・クローニンだった。私が彼女の美しい本『性選択と利他行動――クジャクとアリの進化論』（原題 *The Ant and the Peacock*）を手伝うあいだ、彼女が私を手伝ってくれた。すべての関係者は最初から、『利己的な遺伝子』のもとのテキストはなにもかもそのままにして手を加えないという点で意見が一致していた。初版が保存されるべき一種の象徴的な地位を獲得してしまったというのが出版社の考えだった。A・J・エイヤーが自身の『言語・真理・論理』を評して用いた表現を引用して、アーサー・ケインは『利己的な遺伝子』を「青年の本」と呼んだが、出版社はそういう感じを保ちたいと望んでいたのである。修正、考え直し、修飾は巻末の厖大な注釈に限定されることになった。そして私は二つの新しい章を提案した。一つは「気のいい奴が一番になる」で、BBCの同じタイトルで放送された《ホライズン》というドキュメンタリー番組のテーマについてのものだった（二七九頁を参照）。もう一つは「遺伝子の長い腕」で、こちらは『延長された表現型』の圧縮版になるものだった。これらの増補分を併せて、もとの一九七六年版の一・五倍の厚さになる一九八九年の増補版『利己的な遺伝子』がつくられた。

マイケル・ロジャーズにしたがってロングマン社に版元を変えて、『盲目の時計職人』を出版したと述べた。そのころには、私は著作権代理人として、ロンドンのピーターズ・フレイザー・アンド・ダンロップ社のキャロライン・ドーネイを獲得していた。彼女は私の新しい出版社と厳しい売買契約をした（マイケルの回想録にかなり劇的に記述されている）。キャロラインは『利己的な遺伝子』が出たあとに私に接触してきて、オックスフォードのランドルフ・ホテルでのランチの席で、代理人をもつのはいいことで、自分はこの類《たぐい》の仕事のすぐれた代理人であると私を説得した。そして確かにそうであることがわかった。けれども、『盲目の時計職人』がでてから、ニューヨークの著作権代理人、ジョン・ブロックマンからますます執拗になる申し入れを受けることになった。

ジョンは、情け容赦のない手強い交渉人――ただし、それ以外の何かであるふりをけっしてしない正直な人物である――として出版界における伝説だったし、いまでもそうだ（かつてあるジャーナリストは、ブロックマンがサメのようにヒレを立てて獲物のまわりをまわっているのは遠くからでも見てとれると言った）。しかし私が彼に引きつけられたのは、彼の科学と、知的文化における科学の地位向上に寄せるひたむきな献身だった。この「布教活動」は膨らむ一方で、ついに彼の顧客《クライアント》たる科学者（あるいは科学的な問題について書いている哲学者あるいは人文学者）すべてが、彼自身が意識的にC・P・スノーを超えようとして「第三の文化」というレッテルを貼った友愛クラブのメンバーとなるに至った。現状は、このカテゴリーに属していて、ブロックマン株式会社の顧客でない著者はかなり少数しかいないという事態にまでなっている。彼のEdgeというウェブサイトは、科学者たちとそれに関連のある知識人のための「オンライン・サロン」といみじくも呼ばれるようになった。よそで一般に見られるブログ同様、このサイトも多くの著者を擁している。他のブログとの重要な違いは、ブロックマンのサイトに寄稿するのは依頼された人間だけで、慎重に選り抜かれたエリートだという点にある。彼の手にしているのはいわば、アメリカをカヴァーする選り抜きの住所録なのであって、たとえば年に一度刊行される《エッジ・クエスチョン》アンソロジーで、彼は科学と理性を後押しするために、情け容赦なくそれを使う。

毎年クリスマス近くになると、ジョンは自らの住所録を漁って、そこに載っている人間（彼の顧客である人間と、そうでない人間の両方）をなだめすかして、その年の疑問に対する個人的な答を出させる。たとえば典型的な質問は、「過去二千年間でもっとも重要な発明は何ですか？」といったものである。私の記憶に特に残っているのは、友人のニコラス・ハンフリーの答だ。「眼鏡だ。なぜなら、それがなければ、中年を超えた人間は誰も字を読むことができなくなり、したがって、われわれのような言語文化においては、まったく無力になってしまうからだ」。私自身の答は分光器だった。それが本当にもっとも重要だと考えたわけではなく、私が答を送ろうとしたのがかなり遅く、とりかかろうとする頃には、もっとめぼしい発明はすべて取り上げられてしまっていたからである。にもかかわらず、分光器はかなりいい候補であることがわかってきた。それはいまや、ニュートンが思い描いたものをはるかに超えた射程をもつに至っている。この機器によって、私たちは恒星の化学的な性質を知り、後退していく銀河の赤方偏移を介して、宇宙が膨張していること、それがビッグバンで始まったこと、それがいつ起こったかを知ることができるのである。

何年にもわたる、毎年のブロックマンの質問には以下のようなものがあった。「あなたにとっての『危険な思想』とは？」「何についてあなたは心変わりしたか、そしてその理由は？」「どのような疑問が解消したか？　そしてその理由は？」「インターネットはあなたの思考法をどのように変えつつあるか?」「あなたのお気に入りの、深い優雅な、あるいは美しい説明は何か?」「私たちは何について心配すべきか」「あなたが証明不可能だが真実であると考えるものには、どんなものがありますか?」(この最後の問いに対しては、〝宇宙のどこで発見されようとも、生命はダーウィン主義的な生命であることが判明するだろう〟というのが私の信念だ、と答えた。五六一頁を参照)。毎年、ジョンは答をまとめて一冊の本にする——一見、他の多くの年刊アンソロジー本とそれほど違わないように思えるかもしれないが、それも回答者リストに目を通し、ノーベル賞受賞者、全米科学アカデミーやロイヤル・ソサエティの会員、そして広く世間に知られる有名人(少なくともたくさんの蔵書をもち、まわりに知識人が集まるような著名人)の数を見るまでのことだ。

こうしたことの多くは、ジョンが初めて私にアプローチしたときにはまだ実現していなかったが、すでに彼は科学のための熱狂的な改革運動に乗り出していて、私はそれに感動した。キャロラインとの良好な付き合いを捨てることにためらいはあったが(そして私は、代理人から著者が離れたときのトラウマが離婚のように感じられることがありうるのを、世間知らずにも知らずにいた)、彼の売り込みを聞くことに同意した。私はすでに米国で講演旅行する計画を立てていたので、ブロックマンが週末にニューヨークを離れて過ごすコネチカットの農場への訪問を旅行計画に追加した。しかしたまたま、「私」が「私たち」に変わってしまった。事情はこうだ。

これは一九九二年のことで、この年、ダグラス・アダムズが四〇回めの誕生日を迎えたのだが、彼の誕生生パーティはある特別な理由によって忘れられないものとなった。彼が私に女優のララ・ウォードを紹介したのが、その場だったのである。彼はララを《ドクター・フー》がもっとも才気にあふれる番組であった頃から知っていた。というのも彼はこの番組のスクリプト・エディターをしていて、ララとトム・ベイカーの、二人組の主役としての独創的に皮肉な演技が、台本の機知の価値をさらに高めていたからである。この誕生生パーティで、ララがスティーヴン・フライと話をしているところへ、ダグラスが私を連れて行き、私たちは引き合わされた。ダグラスとスティーヴンのどちらも、ララと私よりはるかに背が高かったので、頭の上で高度な機知に溢れた言葉をやりとりするダグラスとスティーヴンがつくるゴシックアーチの下で、彼女と私が顔をつきあわせることになるのは自然だった。アーチのあいだで、私はおずおずと、ララにお酒のお代わりをお持ちしましょうと申し出て、私が戻ってくるとすぐに、パーティ会場が騒がしすぎて話ができないということで、二人の意見が一致した。「思うんだが、ひょっとして、外で軽く食事をして、それから――もちろん――あとで戻ってくるというのは、悪くない考えじゃないだろうか？」。私たちは慎重に抜け出して、メリルボーン・ロードの先にアフガン料理のレストランを見つけた。

ララが『利己的な遺伝子』を読んでいて、私のクリスマス講演を見たというのは嬉しいことだった。彼女が『延長された表現型』（およびダーウィン）も読んでいたというのは、あまりにも話がうますぎて、いても立ってもいられなくなってきた。さらに話すうちに、彼女がドクター・フーの相手役に加えて、BBCテレビの製作作品で、デレク・ジャコビのハムレットを相手に美しいオフィーリア役も演じたことがあり、才能ある多才な画家であり、本の著者であり、本のイラストレーターでもあるのもわかった。さっきも言ったとおり、話がうますぎて、もういても立ってもいられない。私たちは、パーティに戻らなかった。

私はララに、これからジョン・ブロックマンへの訪問を日程に追加して、アメリカ旅行に出発するところだという話をした。彼女もまた、演劇界の女友だちと一緒にバルバドス島へ休暇旅行に出かけるところだと言った。衝動的に彼女は、アメリカへ一緒に連れて行ってくれないかと私に尋ねた。そうすれば友だちをバルバドス島で置いてきぼりにすることになるのにもかかわらず。同じように衝動的に、私は同意した。

それから、ちょっとした厄介事が持ち上がった。私はまずボストンに向かって、ダニエル（ダン）とスーザンのデネット夫妻のところに滞在し、そのあとコネチカットのブロックマンのところに滞在することになっていた。どちらも宿泊客は一人の予定で、二人ではなかった。この問題をどう切り出せばいいのだろう？　ララと私は相手《ホスト》から、「知りあってどれくらいなのか？」と問われて――結局のところそれは、カップルに対する質問としてはまったくあたりまえのものである――、「一週間」と答えなければならなくなるのを怖れていた。実際には彼らから訊かれることはなく、ララがダンに真相を告白したのは、やっと何年か経ってからだった。たぶん知らないふりをしたのだろうが、ダンは「本当かい？」と言った。「ぼくは君たちが何年も前からの知り合いだと思っていたよ」。

デネット家を辞してから、私たちはノースカロライナへ飛んだ。ノースカロライナのデューク大学には、マダガスカル島以外で最大のキツネザルの個体群（群れ）を誇る施設がある。ララ（ずっと前から、キツネザル類のほとんどの種の細密な絵を描いていた）はキツネザルのそれぞれの種のラテン語の学名をすでに知っていて、これには私だけでなく、私たちを案内してくれたキツネザルの専門家も大きな感銘を受けていた（私はさらに、もっと深い秘密を探ろうとこちらに注目しながら、二頭のキツネザルが互いに心得顔に目配せを交わすのを捉えたように思った）。私たちの訪問のハイライトはアイアイ（*Daubentonia*）で、これは獲物の昆虫を探るのに適応した、極端に長く伸びた骨性の中指をもつ破格の、文字通り並外れたキツネザルである。最初は中身のまったくうかがえない、段ボールの箱が一つあるだけだった。やがて、一本の小枝のような長い指が突き出された。その後に穴のへりから外をうかがう、マンガの悪魔のような顔がつづいて見えた。ついで他のすべての指をかすませるその指が、昆虫を木の穴からひきずりだすためではなく、驚くべき慎重さをもって、鼻の真ん前に伸ばされた。オックスフォード大学の、あるいは他の大学の大部分の卒業生と同じく私も、講義で習ったことのほとんどを忘れてしまった。しかし、キツネザルについて諭すハロルド・ピュージーのことは記憶にこびりついている。それはひとえに、何度も繰り返されたフレーズのゆえである。キツネザル類についての一般化をするたびに、きまってかならず、ハロルドは低い声で繰り返し言ったものだ。「アイアイを除いて」。これこそ、私が文字通り並外れたと言った理由である。

ノースカロライナから、私たちはラガーディアに飛んだ。そこにはジョン・ブロックマンが、私たちを歓迎するために「車を送って」きていた。私たちが見たのは、とてつもなく長いリムジンだった。「あれが私たちのためのものじゃない？」と、ララは私に冗談で言った。しかし冗談ではなく、それがそうだった。あまりにも大きすぎて、哀れな運転手が駐車場から出るのに何度も前進＝後退を繰り返さなければならず、そうした操作のあいだに一度、実際に標柱にぶつけてしまったほどの大きさだったのだ。これが私の初めてのアメリカ式ストレッチ・リムジン体験で、コネチカットまでの車中では、ダブルベッド・サイズの革張りの座席、磨き上げられた木、製のカクテル・キャビネット、そしてクリスタルのデカンターが用意されていて、そのすべてが真っ暗闇な中で鮮やかな青色の室内照明の光を浴びているというシュールな体験をした。

コネチカットのブロックマン邸からそう遠くないところに、クレア・ブルームが住んでいた。彼女はララがオフィーリアを演じたときのガートルード〔ハムレットの母〕役だったので、ララはぜひとも再会したがった。私は彼女に会ったことがなかったし、ブロックマンもなかったので、彼女をランチに招待することになった。車を運転してやってきた彼女は、実際に会ってみると、スクリーンの外でもスクリーンに劣らず魅力的であった。ランチのあと、彼女とララはジョンの激しい売り込みを受けるよう私に働きかけ、最終的に私はブロックマン株式会社と、新しい著作権代理人契約を交わした。

川・山・虹——本筋から脱線した旅

この時点で、すでに以前の章で詳しく述べたように、私は王立研究所のクリスマス講演をおこなったばかりで、ジョンと契約した最初の本は講演と同じ仮題『宇宙のなかで成長する』にした。出版社は、英国はペンギン、アメリカはノートンということになった。本のタイトルはのちにより狭め、五回講演シリーズの三回めのタイトルを取って『不可能の山に登る』としたが、内容は、講演ではまったく扱わなかった多くの事柄を含めて拡充されていた。講演の別の部分は切り離して、もう一冊の本『虹の解体』とした。

ジョンが新しいアイデア、すなわち画期的な新企画をもって私に接触してきたのは、私がもう『不可能の山に登る』に着手していた頃のことだった。彼と彼の友人で著名な英国の出版人であるアンソニー・チータム（お互いに知らなかったのだが、ベリオール・カレッジで私と同世代だった）が、新しい計画——「ビジネス・モデルだ！」と言う人がいるかもしれない——を思いついた。すなわち〈サイエンス・マスターズ〉と呼ばれる一二冊の手軽な啓蒙書のシリーズをつくろうというのである。頁数の薄いそれぞれの本はさまざまな著者をもち、内容はその著者の科学についての個人的な話になる。ビジネス・モデルと違うところは、一二人の著者は財政的に一つの協同組合に統合され、共同体になるという点だった。これはつまり、ビジネスの視点から見れば、私たち一二人の著者は単一の著者――ジョン・ブロックマンの顧客《クライアント》――として扱われ、一二冊の本すべての印税は均等に配分されるということになる。これが意味するのは、結果として平均よりも多くの部数を売った本の著者は、あまり売れなかった本の著者を援助する形になるということである。私はこのアイデアが気に入ってくれていた。――正確な理由を思いだすことができないが、たぶん、私の脳の社会主義的な部分にアピールしたのだろう――、『遺伝子の川』となる短い本を書く契約書にサインした。この集団書籍農場の農民仲間には、以下の人々が含まれていた。リチャード・リーキー、コリン・ブレイクモア、ダニエル・ヒリス、ジャレド・ダイアモンド、ジョージ・スムート、ダニエル・デネット、マーヴィン・ミンスキー……そしてスティーヴン・ジェイ・グールド。共同体にとって残念なことに、グールドは実際には本をつくることがなかった。

〈サイエンス・マスターズ〉とのかかわりの結果得られた喜びの一つは、アンソニー・チータムを知ったことで、彼のアイデアはジョン・ブロックマンと一緒になってつくりあげたものだった。ララと私はチェルトナム文芸フェスティバルでのこのシリーズの発売記念パーティでアンソニーに会い、彼と彼の奥さんで、「楽しい」という形容にはおさまらない著作権代理人のジョージナ・カペルと私たちとは、今でもいい友人である。私たちは何度かの週末、コッツウォルズにある彼らの牧歌的な家でバラの花越しに沈む太陽を眺め、翌日はアンソニーが未来への信頼の証として植樹した森に感嘆した。金色に輝くジュラ紀の地層を見ながら過ごしたそうした週末の一つで、一緒にゲストとして泊まっていた、歯に衣《きぬ》を着せぬローマ・カトリックの代弁者、クリスティナ・オドーネが、夕食の席でわざわざ私に喧嘩を売ってきた。両方ともなごやかに論争したが決着はつかなかった――おそらく、死後の世界で彼女に有利な判定がくだるというありそうもない出来事でもないかぎり、けっして決着はつかないだろう。

たまたま一九九五年の夏、『遺伝子の川』が出版されたあとの週末に、ララと私はチータム夫妻のところに滞在していた。アンソニーはいつものように、朝食前に日曜日の新聞を買うために近くのマーケット・タウンまで出かけた。そして私たちは《サンデー・タイムズ》を開いて、私の本——いや、私たちの本だ。挿絵を描いたのがララで、アンソニーの出版社は協同組合の一三番めのメンバーだったから——がベストセラー・リストの第一位にいることを発見した。アンソニーが朝食の席でシャンパンを開けたかどうか覚えていないが、あふれんばかりの寛大さをもつ彼のことだから、そうしたのだろう。

『遺伝子の川』は、父の末弟で、父とよく似ていた叔父のコリアーが死んでまもなく世に出た。私はこの本を彼の思い出に捧げた。

オックスフォード大学、セント・ジョンズ・カレッジのフェロー、事物を解明する能力に秀でた、ヘンリー・コリアー・ドーキンス（一九二一－一九九二）を偲んで

衆目の一致するところ、彼はすばらしい教師であり、ユーモアに富む明晰かつ能弁な知識人であり、よき世代のオックスフォード生物学者たちに統計学の基本原理をどうにかわからせることに成功した——これは至難の業《わざ》である。カレッジの他のほとんどの生物学のフェローだけでなく私も、ニュー・カレッジの自分の学生への統計学の個人指導もよく頼んだ。一度その目的で林学教室の、当時王立森

林研究所と呼ばれていた彼の部屋に会いに行ったことがあるが、以下の話はそのときの出来事に関するものだ。私は彼にゆだねた自分の学生である著者の一人について、彼に説明していた（「とても頭がいいが、ちょっと怠惰なところがあるので、彼から目を放さないようにする必要がある……」と言った）。コリアーは私が話すのをノートに書き留めていたが、英語ではなかった（彼は語学のすぐれた達人だった）。「ああ、これはあなたにとっては高度な機密事項、というわけですね。スワヒリ語で書いているんですか」

「いやいや違うよ」と彼は諫《いさ》めた。「スワヒリ語だって？　違う違う、この教室の全員がスワヒリ語をしゃべれる。これはアチョリ語〔ナイル・サハラ語族に分類される言語で、ウガンダ北部および南スーダン南部に居住するアチョリ人が使う〕だよ」

彼の人柄を略述するもう一つの短い逸話を示そう。オックスフォードの鉄道駅では、駐車場はゲート・バーで守られており、運転者が支払いの受領証を挿入口に入れると、バーが上がって車は外へ出ることができる。ある晩、コリアーはロンドンからの最終列車でオックスフォードへ帰ってきた。ゲート・バーに何らかの不具合が起き、降りたままの位置で動かなかった。駅員はすべてもう帰ってしまっていて、閉じ込められた車の持ち主たちは、どうしたら駐車場から出られるのかと絶望的になっていた。コリアーは自転車を置いていたので、個人的な利害はなかった。にもかかわらず、模範的な利他的精神でバーを摑んで折り、それを駅長の部屋まで運んでドアの外に放り出し、自分の名前と住所と、そうした行為をした理由を書いたメモをそこに置いていったのだった。彼は勲章を与えられてしかるべきだった。ところがそうではなく、彼は裁判にかけられ、罰金を科された。公共精神の発露に対するなんたる怖ろしい報いであることか。現在の英国における、規則に取り憑かれた、お役所的形式主義の、意地の悪いダンドリッジ〔『好奇心の赴くままに』八七頁の注を参照〕の典型である。

そして、この物語にはちょっとした続篇がある。コリアーが死んでから何年も経ってのちに、私は偶然に著名なハンガリー人科学者、ニコラス・クルティ（物理学者だが、たまたまの成り行きで、肉に皮下注射針でブランデーを注入するとかいった類《たぐい》の、あらゆる手段を用いる科学的な料理法の開拓者ともなった）と会った。私が名乗ると、彼は眼を輝かせた。

「ドーキンス、君はいまドーキンスと言ったかね？　君は、オックスフォード駅で駐車場のゲート・バーを折ったドーキンスの親類かな？」

「はい。私は彼の甥です」

「さあ、握手をさせてくれ。君の叔父さんはヒーローだったよ」

もしコリアーに罰金を科した治安判事がたまたまこれを読むことがあれば、どうしようもなく恥ずかしいと思ってもらいたいものである。義務を果たして、法律を守っただけだって？　そうか、そりゃ結構だ。

『不可能の山に登る』（一九九六年）は、私のバイオモルフ（五四七〜五四九頁を参照）がカラーデビューした本であり、本物の動物を描いたララの美しい絵が挿絵になった本でもある。しかし彼女の貢献はそれで終わらなかった。これは、いまでは長い伝統となってしまった二人がかりの朗読のきっかけとなった――偶然にではあるが――本だった。私たちはオーストラリアとニュージーランドで、この本の宣伝活動をしていて……ここでちょっとお待ちあれ（すぐに共同朗読の話に戻るので）。またしても脱線した話をするに足るほどの思い出が、心地よく解きほぐされたもので。おまけに、脱線のなかにまた脱線が入っていたりさえするのだが。

人生とはいかなるものか、ストレスに満ち
脇道にそれる自由さえないとすれば？
だがもし、この見通しが君を怒らせるのなら
これからの数ページは飛ばすがいい
〔冒頭の二行はウィリアム・ヘンリー・デイヴィスのLeisureという詩のもじり〕

ララと私は、香港とシドニーを経由してクライストチャーチ〔愛しのクライストチャーチの、郷愁を誘うあの古い英国的雰囲気は、地震〔「カンタベリー地震」とも呼ばれた二〇一一年のもの〕を生き延びたのだろうか？〕に着いた。『不可能の山に登る』の宣伝をする講演のあいだに、私は車を雇ってララとサザンアルプスまでドライブし、フランツ・ジョゼフ氷河〔オーストリア皇帝・フランツ・ヨーゼフ一世にちなむ〕を経て、独特の木生シダ類が生える南島の西側の熱帯雨林まで行った。残念ながら、フィヨルドランド〔この場所についてダグラス・アダムズは、誰しもが最初に思わずするのは「ただ自然に拍手喝采をしてしまうことだ」と言っていた〕にまで行くことはできなかった。美しく起伏する「ヒツジが安全に草をはむことができそうな」牧草地と高い生け垣を通り抜けて島の東側に戻り、ダニーデンに到着した。そこで私はもう一回講演をし、そこでかつてのニュー・カレッジの同僚であったピーター・スケッグの世話になった。ピーターは法学の教授だが、著作もある鳥類学者で、彼のおかげで私たちはオタゴ半島にあるロイヤル・アルバトロス〔シロアホウドリ〕の保護センターへの専門家によるツアーを満喫できた。空港のボーイング航空機のように、大きな鳥が苦労して自分たちの滑

走路から離陸する光景は、ピーターには見慣れたものだったが、ララと私には目新しく、うっとりと見とれた。

ウェリントン（ここで哲学者のキム・ステレルニーと夕食をともにした）とオークランドでさらに何回か講演したあと、私たちは飛行機でオーストラリアへ戻った。メルボルンで、私たちはオーストラリア懐疑主義者協会のローランド・サイデルに会った。彼は左右色違いの靴下でピンクのスーツを着ていたが、これが彼のトレードマークのファッション哲学なのである――スティーヴン・ポッターの「ウーマンシップ（woomanship）」のやり口といっしょにしてはいけない。あちらが左右ちぐはぐな靴下を履くのは、母性本能を掻きたてるためのものである（「われわれのオッドソックス・ブランドを買ってください」というわけだ）。ローランドに連れられ、街の郊外にあるダンデノング丘陵のユーカリの森のなかにある彼の自宅へ行った。木造のベランダで、舞い降りてきたワライカワセミの不遜で獰猛な嘴《くちばし》に手から餌を与えることができて、ララは大喜びだった。

私たちはグレート・バリア・リーフのヘロン島（口絵写真を参照）で数日を過ごし、そこで研究ステーション管理者の奥さんにシュノーケリングに連れていってもらった。私が突然一尾のサメと真正面から顔をつき合わせることになったとき、彼女は「大丈夫、それはまったく危害をくわえないから」と言って、私のパニックを和らげてくれた。しかし彼女が続けて、「でも、どっかへいってほしい。ほかの場所でも危害を加えなければいいんだけど」と言ったものだから、彼女の気休めもだいぶ帳消しになってしまった。

キャンベラでは、オーストラリア国立大学が私に名誉博士号をくれた――おまけに式服《ローブ》まで授与してくれた。その色柄はオックスフォード大学の博士の礼服とほとんど同じで、ちょっとばかり無用の長物という気がするが、着やすそうである。名誉学位については、私はずいぶん前からスペインのものが欲しかった。なぜなら、房の付いたランプシェードのような帽子がもらえるからである。ピーター・メダワーが彼独特のジョークで言うの（「イェール Yale とジンバブエ Zimbabwe には不審に思えるほど先のばしにされていてね」）とはちがって、AからZまでアルファベット順に名誉学位を蒐集したいなどという大それた望みはないが、スペインのバレンシア大学から報せが届いたときは嬉しく、いまでは私は毎年、オックスフォードでの大学副総長主催の創立記念ガーデン・パーティには、羨ましがられるランプシェード型の帽子を着けていく。このパーティは多彩な大学人たちの驚くほど時代遅れの集団求愛《レッキング》セレモニーである。他のさまざまな名誉博士号のなかでも、とくに私にとって喜ばしいのはジュリエットの二つの出身校、セントアンドリュース大学とサセックス大学からのもので、後者はララの親しい友人である総長のリチャード・アッテンボローから授与された（カラー口絵写真を参照）。この写真を見た友人のポーラ・カービーからは、「とてもすてき、でもどうしてリコリス菓子の包装みたいな格好をしているの？」と言われた。

ここでようやく、このように何度も繰り返し脇道に脱線した話の入り口に戻るわけだが、オーストラリアをすませたララと私は、カリフォルニアに飛んで、『不可能の山に登る』のプロモーションツアーを続けた。しかし、地球の反対側でこなさねばならなかった講演の仕事が多すぎたことと、長い飛行機旅行のあとにお決まりのように引く風邪があいまって、私は喉頭炎になり、ほとんど声が出なくなった。そこでララに手伝ってもらうことになり、彼女がこの本から抜粋したいくつかの文を美しい声で（BBCがシェイクスピア劇で彼女に役を与えただけのことはある）読んだ。彼女の朗読が終わったあとはマイクを用いることにして、会場からの二、三の質問に私がしわがれ声で答えた。東に向かって帰りの旅をするうちに、私の声は徐々に戻ってきた。しかし、ララの朗読の評判が非常によかったので、その後もぜひ続けてやろうということになり、こうして一つの伝統が確立された――その後の著作の宣伝活動でも続けることになったもので、私たち二人が交互に朗読するのである。今では私の既刊書のほとんどについてコンビで朗読したものを、ストラットモア・オーディオブック出版社のニコラス・ジョーンズの博識に富んだ手引きのもとで、音声化し終えている。このやり方は効果的だったようだ。数行の文ごとに声が変わるのは、聴き手がうとうと居眠りするのを防ぐのに役立つし、特に有用なのは「引用文」という言葉を差し挟んで流れを遮ることなしに、まわりの地の文から引用文を区別することができる点である。

私は自分でダーウィンの『種の起原』を読んで録音し、また『好奇心の赴くままに』も、母親の日記から抜き出したものをララに読んでもらったところを除いて、自分で朗読した。『起原』の朗読は非常に興味深い体験だった。ヴィクトリア朝時代の家長たるダーウィンになりきろうなどというつもりは毛頭なかったが、本の最初から最後までを自分自身の声で読み上げた。私の目的は、単語とシラブルの両方に関して正しい強調を与えられるところまで、すべての文を完璧に理解することにつとめ、そうすることによって、聴き手の理解を助けることだった。ヴィクトリア朝時代の文章は、現代人の耳が聞き慣れているものよりしばしば長かったから、じつにむずかしい作業だった。この体験を終えたのち、私はダーウィンの聡明さと知性に対するさらに深い尊敬の念を抱くに至った――そして、そのことは非常に大きな意味をもっている。

私は、声に出して朗読する技術をなにがしかララから学んだと思うし、またそうすることで、私の詩に対する終生の愛が深まったかもしれない。科学の詩性について書かれるべき本があり、それを私が書くべきだと説得したのはララだった。キーツのニュートン科学に対するロマン主義的な敵意に対する返答と言うべき『虹の解体』は一九九八年、『不可能の山に登る』の二年後に出版され、私はそれをララに献じた。『不可能の山に登る』は、ロバート・ウィンストンに献じた。彼は人工受精によって赤ん坊をつくろうとした四度の試み——悲しいかな、成功しなかった——において、ララと私に惜しみない助力をしてくれた人物である。刊行の前にこの献辞（「よき意思にして、よき人物」）のことを、あるラビがロンドンで開いた宗教に関する討論会で告げることができたのは、喜びであった。この討論会で、ロバート（英国のユダヤ人社会でもっとも尊敬されているメンバーの一人）と私は、対立する側に座っていた。

『不可能の山に登る』は私の本のなかでもっとも過小評価されていると思うが、この本をもっと強く押しださなかったとして出版社を責めることはできない。出版社は印刷前の草稿を一連の著名な識者に送り、それらの人々が本のカヴァーに載せるすてきで温かい引用文を提供してくれた。たぶん、私をもっとも喜ばせた宣伝文句はデイヴィッド・アッテンボローのもので、そこには〝この本があまりにも面白かったので、いちばん気に入った一節を読み聞かせるために、隣りでぐっすり寝ているまったく見知らぬ人を起こさないでいるのがやっとのことだった〟という文言もあったのだ。しかし出版社はこれをカヴァーに掲載するのを拒み、彼の推薦の辞をたった一語「Dazzling（眼のくらむような）」に縮めてしまった。彼らはいったい何を怖れていたのだろう？　デイヴィッドはこの本を長距離夜間飛行の機内で読んでいたのだということを説明すればよかっただけなのに。

このすばらしい人物について、ちょっと脇道にそれさせてほしい。英国が遺伝的に継承された元首ではなく、選挙で選ばれた元首をもつ可能性がでてきたときにはいつでも、厄介な疑問がもちあがる。

すなわち、女王を追放するのは結構なことだが、代わりの王は誰になるのかちょっと考えてみてほしい。キング・トニー・ブレアか？　キング・ジャスティン・ビーバーか？　考えただけでも怖ろしいが、この人物のもとでなら誰もが団結することができる、潜在的な元首がいることを誰かが指摘すれば、そのような心配はたちまち消えてなくなる。キング・デイヴィッド・アッテンボローだ。

　彼がどれだけ魅力的でやさしい人物であるかを誰もが知っている。しかし、彼が物真似の才能をもつ、とても楽しい話上手であることはそれほど知られていない。兄のリチャードと同じように俳優になることもできたほどの才能の持ち主なのだ。彼を他のきわめて巧みな話し手《ストーリー・テラー》、たとえば彼の友人で骨董品蒐集仲間であるデズモンド・モリスと一緒にさせれば、じっくり腰をすえて、二人が繰り広げる余興《キャバレー》を楽しめる。デズモンドの魅惑的な奥さん、ラモーナがクラブハウスに姿を見せて彼らの視界を横切ったとき、デイヴィッドが動物学教室の古いフェローたちの真似をしたのも忘れられない。彼らは彼女が進んでいくのを眼で追いながら、椅子のなかでむずむずしながら、ゆっくりと旋回した。デイヴィッドは眼を丸くしたラモーナの讃美者をユーモラスに真似てみせ、手に持った想像上のコーヒーカップがゆっくりとひっくり返り、中身がズボンの上にこぼれるさまを身振り《パントマイム》で示したのである。

　あるとき、《ガーディアン》紙がデイヴィッドと私を一緒にインタヴューしたことがあった。名目が何だったか思い出せないのだが、たぶん、同時インタヴューを含む何かの定期的なスポット記事だったのだろう。インタヴューに入る前に、カメラマンは私たちが一緒のところを撮影するように言われていた。そのため私たちはデイヴィッドの家の庭に出て話をし、そのあいだにカメラマンがスナップ写真を撮った。すばらしい会話が繰り広げられた。控え目に見積もっても、その時間の九五％は二人とも笑い転げていて、カメラマンはゆうに一〇〇枚以上の写真を撮ったにちがいない。だというのに、掲載用の一枚を選びに来た写真担当の編集者は、いったいどういうイメージを求めていたのだろう？　これにしますと示されたのは、二人がプロボクサーのように睨みあい、霊長類の古典的な攻撃ディスプレイのように顎を突き出して、まさに殴り合いを始めそうな写真だった。私たちが微笑み、友好的に声を出して笑う少なくとも一〇〇枚以上の写真のなかからこんな険しい写真を見つけるのは、本当に根気《タフ》のいる仕事《な》だったにちがいない。まあ、それがジャーナリズムというものだ。ひょっとしたら、この時代には「刺々しいもの（edgy）」を求めるのが流行だったのかもしれない。

ララに言われて、自宅にインタヴューをしにやってきた《サンデー・タイムズ》のある記者（名前を書くつもりはない）のことも思い出した。このときララは二階で仕事をしていて、インタヴューのおこなわれていた下の部屋からはほとんど切れ目なくなごやかな笑い声が聞こえていた。しかし、このインタヴューが記事になったとき、最初の一行は「リチャード・ドーキンスの困った点は、ユーモアのセンスがないことだ」となっていた。彼は知っての通り無神論者なんだし、無神論者はユーモアのセンスがないことを誰もが知っている（おそらくかの記者も無神論者で、同じ新聞社の同僚の大部分もそうなのだろう。彼らはそう明言しないだけだ）。無神論の看板たる人間だって、微笑んだり笑ったりするのが許されるべきだという考えは捨てろ。ちがう。トレードマークの険悪な顔はどんなときにも崩してはならないのだ。

それだけでなく、無神論者はいかなる詩的感受性も持たないものと考えられている。ここで話を『虹の解体』に戻すが、この本で私が目論んだのは何より、科学の詩性を称揚することだ。すでに触れたように、これはララの影響がもっとも強く感じられる私の著作である。彼女から私は、新しく任命された科学的精神啓蒙のためのシモニー教授として、あなたは詩人や画家たちに働きかけるべきだと説得されたのである。この本にはクリスマス講演からとった文章も含まれてはいるが、本当の真髄は、一九九六年に私がおこなったリチャード・ディンブルビー講演で芽生えたものだった。この講演はララから示唆を受けた言葉で始まり、彼女のインスピレーションを最後まで突き詰めたものである。実際、このディンブルビー講演の演題がこの本の副題、「科学・妄想・驚異への欲求〔日本語版では「いかにして科学は驚異への扉を開いたか」〕となった。

毎年のリチャード・ディンブルビー講演は一人の偉大な放送人、かつての大組織の指導者を記念して、BBCでテレビ放送される。一九九六年にディンブルビー講演に招かれたことは名誉で、私はいつもの不安と怖れをもって受け入れた。最初につくった草稿は行き所がないように思え、それゆえに私の抱いていた不安を高めるだけのことだった。落ち込んでいた私を、ララがすばらしい着想の冒頭の辞をもって救い出してくれ、私はそれをそっくりそのまま採用し、それで、講演の残りの調子がただちに定まった。「あなたはそうしたければアリストテレスに個人指導をしてもいいのだし、彼を心の奥底から感動させることもできる」。

『虹の解体』の英国の出版社はペンギンだった。アメリカではジョン・ブロックマンが私をホートン・ミフリンに版元を換えさせ、私は本のプロモーションツアーに送り出された。ツアーの目玉は、サンフランシスコのハープスト劇場でのイベントだった。ジョン・クリーズ〔英国の有名なコメディアンで、〈モンティ・パイソン〉のメンバーの一人〕が舞台での公開インタヴューのインタヴュアーを引き受けてくれ、それをみごとにやってのけたのである。彼のもっている本には、黄色い附箋がいっぱい付いていた。彼は本当に宿題をやってきていたのだ。彼のように人を笑わせること、ジョン自身が典型をつくったあのスタイルで滑稽《ファニィ》であることは、よほど知性がなければできない。そして彼の知性は、その晩の舞台で輝きつづけていた。聴衆は彼の言葉がどれだけ真面目で、意図がどうだろうとおかまいなく、彼のしゃべることならなんでも笑えるという意味で、面白い人間であってほしいと思っているようだという印象を受けた。確かに聴衆にとっては、彼の声の調子はさして大きな手がかりとはならない。なぜなら、彼の真面目な声は真面目なコメディ、たとえば「討論教室」というコントで使っている声や、あるいは大望を抱くバカ歩き開発者のマイケル・ペイリンに対して返す、「それだけ？　あんまりたいしたバカ歩きじゃないよね？」という無表情な声と区別がつかないからである。私はサンフランシスコの聴衆の笑いを大いに楽しんだし、たぶん私もそれに加わっていた。しかし後になって、ジョンは人々が自分の発するあらゆる言葉に笑い、彼が本当に真面目な話をしているときにさえ笑うことに、少しばかりフラストレーションを感じているのではないかと思った。

彼と彼の奥さんが、ララと私を自宅に泊まるよう、休日に招待してくれたときに気づいたのだが、彼は実際、いついかなるときでも笑いを呼び寄せる存在であるように思える。次に示すのは、彼が語ってくれたたくさんのすばらしい話のうちのほんの一つである。彼はバスの二階席で、一人の女性が言っているこんな言葉を耳にした（どういう状況なのかは皆目見当がつかなかったそうだが）。

「彼女が生まれたとき、あの子のために、私がそれを洗ってやった。彼女が結婚したとき、あの子のために私がそれを洗ってやった。ウィンストン・チャーチルの葬式でも、あの子のために私がそれを洗ってやった。だから、もう二度とあの子のために、それを洗ってやるつもりはない」。

しごく滑稽な人々は実際に、滑稽なことがふつうの人の平均以上の頻度で身のまわりに起こるものなのだろうか？　物事の仕組みがなぜそうなるのかの理由を理解するのは難しいが、これはジョン・クリーズだけでなく、ダグラス・アダムズ、デズモンド・モリス、デイヴィッド・アッテンボロー、テリー・ジョーンズのような、私の知っているユーモアで人を引きつける他の人々にも尋ねてみたい質問である。ひょっとしたら彼らはユーモラスなことを感知するいい耳や眼をもっていて、ほかの私たちよりも頻繁に滑稽な事柄に気づくだけなのかもしれない。

『祖先の物語』と『悪魔に仕える牧師』

私がジョン・ブロックマンに提案した次の本は『神は妄想である』だったが、彼はあまり乗ってこなかった。アメリカで宗教を攻撃する本は売れないというのが彼の意見で、その当時（一九九〇年代）には、彼が正しかったのかもしれない。ジョージ・W・ブッシュがのちに、彼を心変わりさせることになる。しかし話をしばらく一九九七年に戻すと、牧歌的なコッツウォルズでのまた別の週末に、アンソニー・チータムが刺激的であると同時に興味深くもある提案を私にもってきた。大きなスケールでの、「生命全史」を書こうというのだ。彼の言《げん》によれば、それは進化論者による、エルンスト・ゴンブリッチの『美術の物語』に相当するものだという。

私はこの企画の壮大な野心に仰天した。これに取り組むには厖大な量の読書と、大学生時代以来ずっと休眠状態のままだった知識をふたたび燃え上がらせることが必要だった（そして私はうんざりする思いで、以前に引用したことのあるハロルド・ピュージーの、〝オックスフォードの最終試験のときほど濃縮された知識をもつことは他にないだろう〟という趣旨の言葉を思いだした）。そのうえ、大学時代の知識の多くはいまや時代遅れになっていて、とりわけ世界中の分子生物学の実験室から洪水のように溢れ出る大量の新しい情報に置き換えられてしまっている。アンソニーの期待に応えられるだけのスタミナが私にあるだろうか？　それは法外な注文のように思えた。一方では、私は科学的精神啓蒙のための教授職（これについては、のちの章でもっと詳しく説明する）に就《つ》いて二年めであり、これが個別指導教育の重荷から私を解放してくれていた。私は後援者であるチャールズ・シモニーに対して何か大きなもの、彼の寛大さによって毎日私に授けられる格別な時間に値するだけのもの、私の後継者にとって拠《よ》り所《どころ》となりうる、十分な大作をつくる義務を負っているのではないだろうか？

私は数日のあいだ、昼も夜も眠れないほどぐずぐずと悩んだ。日の光の明るい朝には、それができると考え、計画の大まかなメモをいくつかつくることさえした。暗い夜には、私を何年も抑えつけておきそうな石臼の幽霊が出た。ララは私が思いきって冒険するほうに賛成だった。本を章に分け、一《いち》時《どき》に一章ずつ、何年もかけて書けば、自分のペースを守ることだってできる。それが仕事を手なづけるやり方なのよ、と彼女は言うのだ。これが私の決意を固めさせ、一九九七年の三月に私はアンソニーと契約を交わした。同時にジョンはホートン・ミフリンとアメリカの出版社としての交渉をし、そちらではイーモン・ドーランが編集者となった。

私はかなり強い気概をもって、それから先の長く曲がりくねった道を見すえて勢いよく書きはじめたが、その行程の長さと、そこで背負わなければならない重荷を過小評価していたわけではない。けれども二年後、目の前に横たわる課題のあまりの大きさに、またしても絶望にうちひしがれてしまった。私を勇気づけようと、ララが尽力してくれた。彼女は私が壁じゅうにこの本の巨大な地図――生命の歴史の平面図――をピンで貼り付けることができるよう、自分の仕事部屋を明け渡してくれたのである。そこは彼女が自分のすてきな作品の製作用に造りつけた部屋だったのに。こうして環境が変わることで状況も好転し、萎《しお》れていた私の精神も生き返ったが、それもほんの一時だけで、契約の締め切り期限が重苦しく迫ってきた。私はたじろぎ、卑怯にも、計画を断念して前払い金を出版社に返却しようということしか考えられなくなった。私がまさにそうしようとしていたとき、ララは一人でコッツウォルズのアンソニーのところへ急いで会いに行ったのだが、この献身的な行動が、私を惨めな精神状態から救い出すことになる。この対策会議の結果、アンソニーが一九九九年の二月に、次のように書いてきたのだ（説明しておくが、『祖先の声』というのは、この段階におけるこの本の仮題だった。コールリッジの心を揺さぶるこの成句がすでにあまりにも頻繁に使われてきたという理由で、のちにこのタイトルは放棄した）。

親愛なるリチャード……
返信：『祖先の声』
　この計画のためにあなたが一睡もできなくなったり、後悔の念に苛まれたりするのは、私の望むところではありません。もし締め切り期限のためにあなたが苦しんでいるのなら、変更しましょう。この本は私にとってあまりにも重要なものであり、あなたにとってもそうであるに違いないと確信していますので、日曜の新聞に載せる記事と同じように扱うことはできません。私としては、これがあなたの次作になるという条件のもとで、刊行予定はわれわれ、あるいは契約書に示した日付けではなく、あなた次第にするという、個人的な了解を二人のあいだで交わすことを提案します。……
　今後ともよろしく。

アンソニー

さて、これが一人の偉大な出版人の手紙だった。私を絶望の底から引っ張り上げてくれた事柄がもう一つあった。すなわち、ジョン・ブロックマンの交渉で得られた寛大な前払い金で、この本のためにフルタイムで働いてくれるポスドク研究助手を雇えると気づいたのである。結局のところ、そもそも前払い金という制度がつくられたのは、こういう種類のことのためなのである。理想的な候補者がいる——しかも好都合なことにはすぐ目の前にいるというのも明らかで、私はすっかり嬉しくなってしまった。ヤン・ウォンは、マーク・リドレーとアラン・グラーフェンがいた栄光の日々以降、私のまさに最高の学生の一人であり、アランの指導のもとで（それゆえ私の学生だったヤンは、私の院生にもなったのだと思う）博士論文を書きあげたばかりだった。ヤンはこの仕事を熱烈に引き受けたがったが、そのわけは、そもそも私がこの本の着手をためらったのと同じような理由だった。これは厖大な量の仕事と、多くの事実の勉強が必要となるプロジェクトである、ということだ。私には怖じ気づかせるように見えたものが、三〇歳若いヤンには、挑戦に見えたわけだ。

ヤンは、一九九九年のはじめから私と仕事を始めた。私の教授職は、名目上はオックスフォード大学自然史博物館に籍があり、ヤンはあの壮麗な建物（その構造はその内部にある恐竜骨格のゴシック様式を私に思い起こさせる）のなかに小さな部屋を与えられ、そこで骨、化石、埃、そしてガラス戸のついたキャビネットに囲まれて仕事をした。私たちは頻繁に会って、本のあらゆる詳細について議論し、その組み立てを立案した。当初アンソニーは従来の、時間とともに前進する生命の歴史を考えていた。しかし幸いにして彼はヤンと私が推奨する、歴史を後ろ向きにたどるというやり方の利点を理解し、考えを変えてくれた。私たちが示した理由には説得力があった。進化的な歴史のあまりにも多くが人類を最後の到達点にしている。「思い上がりの歴史観」と題した『祖先の物語』の冒頭の章において、以下のように説明したとおりである。

二つ目の誘惑、後知恵（歴史の結果を知ったうえで意見を述べること）の思い上がり、過去は私たちが生きている、この現在を生みだすために仕組まれたものだという考え方についてはどうだろう。断崖から飛び降りて集団自殺するレミングについての神話が、明らかにまちがいであるにもかかわらず、世間に広く信じられている。それとほとんど同じような進化をめぐる神話の象徴《イコン》があることを、故スティーヴン・ジェイ・グールドは正しく指摘した。すなわち、猿の祖先から、直立歩行に向かって漸進的に順次、姿勢を伸ばし、大股で歩くようになり、ついには威厳に満ちたホモ・サピエンス・サピエンスに至る、荒唐無稽な隊列を描いた戯画である。それが示すのは、人類は、（しかも人類《マン》は、つねに女ではなく男として描かれる）進化の最終形であり、すべての営みがそこを目指すべきものであり、過去からの進化をその高みに向かって引きつける磁石であるという思い上がりだ。

私たちはこの人間の思い上がりを回避したかった。しかし同時に、読者は人間だけしかおらず、彼らが人類進化にもっとも興味をもつだろうということも無視できない。〝進化は人類という頂点に向かってひたすら行進をつづける〟という神話に迎合することなしに、どうすれば許容範囲の人間中心主義的な関心を満たすことができるだろう？　人類の歴史を後ろ向きにたどるなら、それが可能だ。

もし生命の起源から初めて前に進んでいくなら、あなたの歴史は最終的には、現在生き残っている数百万種の生物のどれへもたどりつきうるが、どの経路も等しく正当なものである。ヒト（*Homo sapiens*）が特別扱いされるべきではないし、ハイキンポウゲ（*Ranunculus repens*）もそうされるべきではないし、ライオン（*Panthera leo*）も、ショウジョウバエの一種（*Drosophila subobscura*）もそうであってはならない。しかし、後ろ向きに歴史をたどっていくのなら、どの現生種についてもまっとうなかたちで特権的な扱いをしながら、同じ特別な起源、すべてが共有する起源へと祖先をたどっていくことができる。このやり方をするなら、現代の出発点として私たちがもっとも関心をよせる種——私たち自身のヒトという種——を選ぶのも勝手、ということになるのだ。

ヤンと私はこの後ろ向きの旅を、チョーサーの言葉を借りて〝巡礼の旅〟、つまりすべての生命の起源にさかのぼる人類の巡礼と名づけ、物語仕立てにした。私たち人間の巡礼者には、特定の「ランデヴー地点」で順次、ごく近い親戚、もう少し遠い親戚、非常に遠い親戚が合流してくることになる。このやり方には、〝現生種は他の現生種の祖先ではなく親戚である〟ということを強調できるというおまけの利点もある。調査の結果、そうしたランデヴー地点はわずか三九にしかならなかった。これほど数が少ないのは、多くのランデヴー地点で厖大な数の親戚が合流してくるからである。たとえばランデヴー26では昆虫を含むほとんどの無脊椎動物が、巡礼者の集団に合流してくる——ロバート・メイ（物理学者から転向した著名な生物学者で、英国政府の首席科学顧問およびロイヤル・ソサエティの会長になった）がかつて皮肉ったように、第一近似によるなら、すべての種は昆虫になる。

ここで私たちには、順次現れるランデヴー地点を私たち現代の巡礼者と共有する、死んだ祖先を示す名称が必要になった。私は学校時代のギリシア語を掘り起こして「フィラルク（phylarch：種族の長という意味）」というのを提案したが、一般には受け入れられそうになかった。最終的にヤンの妻のニッキーが、共通祖先《コモン・アンセスター》の無理のない短縮形として、「コンセスター」という完璧な単語を思いついた。たとえばコンセスター15は、現生のすべての哺乳類の共通祖先である。

私たちは他のチョーサー風の趣向として、少数の巡礼者に、人間の旅に合流したときに「物語」を語らせるという工夫もこらした。こうした物語は率直に言えば脱線で、本の全体にかかわりがあり、その話をする特定の動物に限定されない興味深い生物学的な物語を語るための口実である。たとえば、「バッタの物語」は品種、とくに人間の品種すなわち人種という頭の痛い問題についての話であり、バッタがそれを語るのは、バッタの品種に関して格別に研究が進んでいるがゆえである。「カギムシの物語」はカンブリア大爆発についての話であり、「ビーバーの物語」は延長された表現型についてのものである。これらの物語は私の肉声で語られる。動物に一人称で語らせたりしていれば、あまりにも衒《てら》いすぎになっていただろう。

この本はヤン・ウォンなしにはきっと完成できなかった、と言っておくのが、まちがいなく公正である。彼はいくつかの章では共著者としての功績があり、私がブロックマン社を通じて、ヤンによる新しい資料で改訂した新版を出し、その際には共著者として彼の名前を本のカヴァーにしっかり印刷するよう、出版社と交渉しおえていると報告できるのは喜びである。

二〇〇二年に、私がやはり信頼を失う一歩手前まで追い詰められたときには、別の本――最終的に『悪魔に仕える牧師』と題されることになるもの――を差し出すことで、出版社をなだめ、締め切りの圧力を避けようとした。アンソニーは私がすでに発表したエッセイや雑誌や新聞に書いた記事を集めたものを出版したがっていたし、アメリカの出版社、ホートン・ミフリンのイーモン・ドーランもそうだった。この本を編集する手助けをしてくれるぴったりの人材を私は知っていた。もともとはインドの出身であったがオックスフォードに長らく滞在し、オックスフォード大学の卒業生で、マイクロソフト社が後援した百科事典『エンカルタ』の驚くほど博識な、臨機の才に富む編集者であった、レイサ・メノンである。私は数年間『エンカルタ』の編集委員会のメンバーで、著名な歴史家エイサ・ブリッグスが議長をつとめるサマーヴィル・カレッジでの年次会合に出席したが、この会議の細かな議論のほとんどはレイサが仕切っていた。私はいたく彼女に感銘を受け、『エンカルタ』の仕事が終わったときに彼女を、オックスフォード出版局で科学書編集にあたる人材としてうってつけであると推薦し、首尾よく受け入れられたのだった。彼女には私のアンソロジーの編集という副業もこなせないだろうか？　それがこなせたのだ。彼女は私がそれまで書いたもののほとんどすべてを熟知しており、作品のしかるべきリストをつくり、それらを七つの章に配列するという私の作業をすぐに手伝いはじめた。私は各章にもっぱら詩的な引喩で名前を付けた。たとえば、「光が投げかけられるであろう」（ダーウィン主義について）、「彼らは私に言った、ヘラクレイトスよ」（追悼や回想）、「トスカナの隊列でさえ」（スティーヴン・ジェイ・グールドに関連したさまざまな論文）、「私たちのなかに、アフリカとその驚異のすべてがある」（アフリカに関する事柄について）という感じである。最終章の「娘のための祈り」には一つの文章、娘のジュリエットが一〇歳のときに私が書いた公開書簡しか含まれていない。これがこの本のクライマックスで、彼女はこのときちょうど一八歳になっていたので、この本自体はその誕生日に彼女に献じられた。

娘のための祈り

私が一〇歳の娘に、「信じてもいい理由と信じてはいけない理由」という主題について長い手紙を書いたというのは、奇妙に思えるかもしれない。なぜ直接話をしなかったのか？　その理由は、お互いにそれほど頻繁に会うことができなかったという、悲しいが、珍しくもない話である。ジュリエットは自分の母親で、私の二人めの妻イヴと一緒に暮らしていた。イヴは魅力的で、一緒にいて楽しい人ではあるが、ジュリエット自身への愛情を別にすれば、私たちにはあまり共通点がなかった。別離は徐々に避けがたいものになっていき、ジュリエットが四歳のときに――もっと後に引き延ばすよりも、彼女にとってより動揺が小さいことを願って――離婚した。それから、ジュリエットと私は定期的に会いはしたが、私の希望よりもずっと短時間（こうした訪問は弁護士によって、「敵か味方か」という精神で設定されるから、とだけ言えば十分だろう）だったから、私たちがともに過ごせる時間はあまりにも貴重で、人生の意味についてというような重い議論をする余裕はなかった。彼女が幼い頃には、一緒にいられる私の限られた時間は、彼女の好きなゴリラの本や『わすれんぼうのねこモグ』や『ぞうのババール』を読んだり、あるいはピアノを一緒に弾いたり、彼女の大好きなホイペット種の子犬のぺぺと一緒に川沿いを散歩したりするあいだに、あっというまに過ぎてしまった。

それでも私はもっと深いことを伝えたいと思ってはいたのだが、お互いにめったに会わないという事実が、二人のあいだの障壁になっていた。私は彼女に対して、少し尻込みさえしていた。彼女が生まれた日以来、その気立てのやさしさと美しさに、畏怖さえ感じていたからだ。彼女の前では私は妙に口ごもってしまう。信心深い両親は、子どもを日曜学校に行かせたり、子どもに向かって自分たちの信仰を語ったりする。よくはわからないが、私はそうしたことに相当するようなことをしたかったのだと思う。彼女は知能が高く、学校では成績がよかったので、私は長い、じっくり考えさせるような手紙でも彼女が理解できるのではないかと考えた。大急ぎで付け加えておきたいが、自分自身の信念で彼女を洗脳するというのは、私がもっとも望んでいないことだった。私の手紙全体を貫く主旨は、彼女が自分で考え、自分自身の結論に到達するように後押しをすることだった。

読み終えて彼女は気に入ったと言ってくれたが、私たちは手紙について論じなかった。たまたま、ジョン・ブロックマンはその当時、彼の息子のマックスのバル・ミツバー〔ユダヤ教の成人式〕のプレゼントにするために、子供向けのエッセイ集を編集していた。私も彼から寄稿を頼まれた一人で、そして私にとって提出するにふさわしいのはどうみても、ジュリエットに宛てて書いた手紙だった。そこで、この手紙は公開書簡となった。公開された文章は世界中の両親から歓迎され、彼らはそれを子どもに与えるか、読んで聞かせるかした。そして先に説明したように、それはのちに『悪魔に仕える牧師』の最終章として再録されることになり、この本全体がジュリエットの一八歳の誕生日に献じられたのである。

私がララに会ったときジュリエットは七歳で、結婚したときは八歳だった。最初のときから、二人は非常にうまくやっているように見えた。私たちはジュリエットがわが家で、隔週の週末をララと私と過ごすよう取り決め、はるか西のアイルランドの、コネマラ国立公園のトゥエルヴベンズ連山を見晴らす砂丘のなかにある私の両親が修復した家で、ジュリエットとその友人のアレクサンドラと一緒に何日かすばらしい休日を楽しんだこともある。それは幸せな時間で、ララが私の両親のためにつくってプレゼントしたすてきな刺繍がその記念となっている。

しかし、ジュリエットが一二歳のとき、イヴは懸念すべき症状を呈しはじめ、副腎癌と診断された。彼女は大手術を受け、当面のあいだ命をとりとめたが、やがて転移が起き、重い副作用を伴う化学療法の繰り返しに入った。彼女は計り知れない不屈の精神と勇気で耐え、彼女独特のブラックユーモアで自らを元気づけたが、もともと私は彼女のそういうところにも惹かれたのだった。たとえばあるとき、ララがペペを獣医である私の従兄弟のピーター・ケトルウェルのところへ連れて行こうとしていたとき、イヴはこう言った。「そっちに行ったときに、ピーターに私を始末できるような何かいいイヌがいないか聞いてみてくれない？　私は中型のアルゼシアン（ドイツ・シェパード）がちょうどいいと思うんだけど」。そして、死に直面しながら勇ましく笑ったのだ。

このあいだにララとイヴは目覚ましい友情を築き、そしてそのことが、ララとジュリエットの絆を固めたのだと思う。ララはイヴが癌の専門医を訪れるときには欠かさず付き添い、毎週パブへランチに連れ出したが、思うにそれが、彼女の健康状態が悪化していくなかで気持ちを強くもたせたのだろう。ララと私は、イヴとジュリエットの世話にあてるため専門の介護士を——ニュージーランドとオーストラリアから来た親切で有能な若い女性たちだった——雇った。そして、病気の見通しが絶望的であるのはみなわかっていたので、私たちはイヴをジュリエットと一緒に、豪華な地中海クルージングでの休暇におくりだしたのだが、イヴは楽しんでくれたと思っている。

ジュリエットの医者になりたいという大志は、母親が衰弱していくこの怖ろしい二年のあいだに種を播かれたのではないかと、私は推測している。正しかったのかまちがっていたのかはともかく（実際には正しかったと私は確信している）、私たちは彼女には何一つ秘密にしないことに決めた。彼女は病院に見舞いに来るたびに、何が起こっているのかを正確に知っていた。これを書きながら、この愛らしい少女が、化学療法が延々と繰り返されるあいだ、実際の年齢よりもどれほど大きく成熟したかが思いだされ、私はほとんど涙が出そうになっている。母親の世話をし、子どもには到底望みえない気丈さで自分自身の予感や悲しみを押し隠し、残りの大人たちのほうがむしろみっともなく振る舞っていたときでも、穏やかで思慮深い態度を保ちつづけていたのだ。古いラドクリフ病院で母親の最期を看取ったとき、ジュリエットは——そうとしか呼びようがない——一四歳のヒーローだった。

葬儀のために、私は有名なオルガン奏者でニュー・カレッジの聖歌隊指揮者であるエドワード・ヒギンボトムに、シューベルトの『アヴェ・マリア』を歌ってくれる歌手を探してほしいと頼んだ。彼はすばらしいソプラノ歌手を見つけてくれ、その透き通った声は、この感極まる瞬間に私に涙を流させた。ジュリエットもこちらを振り返り、私に抱きついた。私はイヴの母親が最後に側廊に崩れ落ちようとするのを支え、通夜の後、私たちはみなわが家へ帰った。

ジュリエットはあれほど長いあいだ凛々しく振る舞っていたので、母親の悲劇的な死のあと、悲しみに打ちひしがれたのも無理はなかった。ララはこの苦難の年月のあいだ、人を気遣う天性の、そして比類なき共感能力をもって、私たちを団結させた——まあ、すべてをまとめあげたと言ってよかった。しかしジュリエットの学業には差し障りが生じ、容赦ないことで悪名高いオックスフォード高等学校のプレッシャーに直面して挫折した。私たちは彼女をそこから連れだし、ドーヴァーブルックス高校《カレッジ》に行かせた。そこは彼女にずっと向いていて、真の教育がなしえることを体験させたのだと、私は思う。一時的に彼女は医学への大志をくじかれ、人間科学を学ぶために、イングランド南岸にあるサセックス大学に入学した。人間科学というのは生物学と社会科学の混ざり合ったもので、私はオックスフォード大学の同じような学位課程の開設に周辺的にかかわり、ニュー・カレッジの人間科学者たちの管理者をつとめたことがあったので、よく知っていた。

ジュリエットはサセックス大学の科学が気に入った。その頃にはもうジョン・メイナード・スミスは引退していたがまだ学内に現れることがあり、ジュリエットの生物学の個人指導教官には、まだ真新しい遺産であるメイナード・スミスの精神で進化を教えていた優秀なオーストラリア人女性、リンデル・ブロマムがあたった。一方で、ジュリエットは社会科学が性に合わず、彼女自身の知的な科学的アプローチと折り合いをつけるのがむずかしいことに気づいた。彼女に踏ん切りをつけさせた最終的なきっかけは、講師の一人が言った言葉だった。「人類学の美しさは、二人の人類学者が同じデータを調べたときに、まったく正反対の結論に到達することだ」。ひょっとしたら、これは冗談半分の発言だったのかもしれないが、社会科学の講師の何人かの反ダーウィン主義的な精神とあいまってなおさら、熱心な若い科学者の精神を挫いたのだ！

彼女は医学に対する関心をやがて再燃させ、サセックス大学を一年で去ったあとでスコットランドのセントアンドリュース大学へ首尾よく転籍したとき、彼女の若い履歴における大きな転機が訪れた。ここでついに、彼女は医学を学ぶことができるようになったのだ。セントアンドリュースは英国でもっとも大きな大学の一つで（そしてオックスフォード、ケンブリッジについで三番めに古い大学でもある）、そこは彼女にとってすばらしい学び舎《や》だった。親ばかながら、セントアンドリュースにとっても彼女を得たのはよかったのではないかと思う。彼女は人気があり、そこで終生の友人をつくり、医学生の雑誌を編集し、舞踏会やパーティに出かけ、それでも最終的に首席で、最優秀学位をとった。セントアンドリュース大学には臨床医学の学部がなかったので、医学部の学生は卒業すると各地に散らばっていく。大部分はマンチェスター大学に行くが、ジュリエットはケンブリッジ大学に心を決め、二〇一〇年にそこで博士号を取得した。イヴがいれば私と同じように、彼女のことを心から誇りに思ったことだろう。

『神は妄想である』

二〇〇五年の春、『祖先の物語』が出版されてすぐにジョン・ブロックマンから、アメリカで『神は妄想である』を出版するという私の提案に対しての当初の異議は消えたと伝えてきた。ジョージ・W・ブッシュが神権政治に向かって歩み出した――彼は文字通り、神がイラクに侵攻せよと告げたと語った――ことが、この心変わりに関係していたのはまちがいないだろう。ジョンは、彼への手紙という形で提案書を書いてほしいと依頼してきた。それがあれば出版社に売り込んでまわれるというのだ。その手紙の冒頭の数節を再録してみる。

ニュー・カレッジ、オックスフォード、OX1 3BN
二〇〇五年三月二一日
ニューヨーク、ブロックマン社
ジョン・ブロックマン様

親愛なるジョン
『神は妄想である』
ご存じのように、私は宗教を攻撃した《諸悪の根源》（これは仮題で、変わるかもしれません）という大きなテレビ・ドキュメンタリーの執筆・製作に乗り出そうとしています。これはチャンネル4の宗教局（！）から依頼されたもので、彼らは最近ジョナサン・ミラーによって放送された無神論の歴史シリーズのような、バランスがとれ、中庸で、大人しい扱いよりはむしろ強烈なもの、一斉射撃をしながら宗教を追い詰めるようなものを望んでいるのです。プロデューサーと私の議論のなかで、抑えてという声を上げたのは私のほうでした。

チャンネル4は、これを二回の一時間番組として放送するか、あるいは（私とプロデューサーはこちらのほうが好ましい）二時間の大型番組として一挙放送するかのどちらかになるでしょう。撮影は二〇〇五年の五月か六月に始まり、このドキュメンタリーはたぶん二〇〇五年の暮れか、二〇〇六年の初めに放送されるはずです。チャンネル4が英国以外にも熱心に売り込もうとするのはまちがいありません。プロデューサーはアメリカ、ヨーロッパ、中東を含む世界のさまざまな地域でのロケーション設定のために奮闘しています。

ずっと構想を温めているのですが、この包括的なテーマに関する一冊の本を書くのは理に適《かな》っていると思えます。それで、私は『神は妄想である』を提案します。ただし、本をテレビと直接に提携させることは考えていません。

この手紙で私が列挙した章のリストは、最終的に書いたものとは、ほとんど似ていない——実際には、通常の提案におけるよりもズレはより大きかった。私はジョンにこの本をテレビのドキュメンタリー番組を使って提案したが、テレビに連係したものではなかった。まったく無関係だった。ドキュメンタリー番組とこの本はどちらも独立したものであり、重複はほんのわずかである。

アメリカでは、ジョンは『祖先の物語』と『悪魔に仕える牧師』の出版社であるホートン・ミフリンに権利を売った。しかし英国では新天地を開拓した。この本はランダムハウスの系列会社であるトランスワールド社に売られ、編集はサリー・ガミナラが担当することになったのである。この関係は申し分のないものであり、以後、すべての私の本は彼女が手がけている。最近になってサリーは、ジョンが上記の手紙を初めて彼女のところに送ってきたときの自分の反応について書いて寄こした。「私はそれを同僚にも読ませたのですが、二人して夢中になってしまい、英国の出版権を競うオークションに参加し、そして勝ちました」。彼女はつづけて、本そのもののタイプ原稿を受け取ったときの反応も書いてきた。それが彼女を笑わせたというのが、私はとりわけ嬉しい。

すばらしいユーモアが盛り込まれていたのも、意外なことの一つでした。ちょっとニヤッとするようなことはあるかもしれないと思ってはいても、大声を出して繰り返し何度も笑うなどとは、予想もしていなくて。それはとてもすばらしく、ゾクゾクするような体験でした。

彼女の反応は、のちにこの本に寄せられた、金切り声と野蛮な叫びだらけという評判――おそらく伝聞記事しか読んだことのない人々のあいだでの――とは対照的である。この点については、あとの章で立ち戻る。サリーの手紙はこうつづく。

……自分の趣味が他人と一致するかどうかは誰にもわからないものですから、出版への助走期間(二〇〇六年九月のことです)にイライラがまた始まりました。幅広い作家や思想家の面々に、出版前の宣伝用の引用文を依頼しました。多くの人がふつうでは考えられないような、とても楽しい「ほめそやし」を寄せてくれたので、私は最初にしたように、また興奮に身をゆだねることにしました。でも、パッツィー・アーウィンのお膳立てで、あなたがこの出版についてのはじめてのインタヴューをジェレミー・バックスマンから受けるのを《ニュースナイト》で観てようやく、もうすぐなにか「大きな」ことが起こるという兆候に気づいたのです。

その瞬間から以降、私たちはなんとか本を切らさないよう、刷りつづけることができました。本のパブリシティーが展開されるにつれ、ますます多くの人々が読みはじめ、書評がたくさんかつ急速にあふれでて、ほとんどすべてが大いに賞賛していました。ご自宅に電話したらあなたがいらっしゃらなかったので、ララ（まだお会いしたことはなかったのですが）と話をしたことを覚えています。なにか異例のことが起きていることを説明しようと、興奮のあまり早口になっていました。それは単に例外的な売れ行きだというだけでなく、大衆の決定的な琴線に触れたという意味で異例だったのです。この本は宗教とその社会的な地位についての、私たちの世代にとってまちがいなくまったく新しい論争に火を点け、議論の流れを《ゲーム・チェンジャーの》すっかり変えてしまう役割を果たしたといっても過言ではないと、私は思います。

流れを変えたって？　まあ、『神は妄想である』はこれまで三〇〇万部以上、英語版で二〇〇万部以上売れ、他にも二五万部を売ったドイツ語版を含めて、三五の言語で出版された。ひょっとしたら、この本が集めた「ノミ（flea）」の驚くべきコレクションが、もう一つの指標となるだろう。私のウェブサイトであるRichardDawkins.netでは、『ドーキンスの妄想』、『悪魔の妄想』、『神の解決』、『ドーキンスに惑わされて』、『リチャード・ドーキンスの妄想』、『神は妄想ではない』といったタイトルの本を蒐集しはじめている。「ノミ」というのは私たちがそれらについてつけた、当時私の頭の中をめぐっていたキーツの詩にもとづく呼び名である。

あなたは言う。私がたびたび口にしたように

他人のなした発言あるいは歌を讃えることには、

相手に同様のことをさせたいという思慮があると。

しかし、自分にたかるノミを讃えるイヌがいたか？

口絵写真に、そうしたノミのうちの一一冊を選んで載せておいた。

しかし、発売部数やノミの数などはどうでもいい。この本は、当時「流れを変えるもの」のように感じられたのだろうか？　そうだとも、そうでもないとも言える。「新しい無神論者」という言葉がどこで使われはじめたのか私は知らない。一説によれば、《ＷＩＲＥＤ》誌の寄稿編集者の一人、ゲイリー・ウルフの二〇〇六年の記事[1]だという。この題目のもとに彼は、サム・ハリス、ダン・デネットおよび私を列挙している。おそらく彼は、そのときまでに『神は偉大ではない』が出版されていれば、クリストファー・ヒッチェンズも付け加えていただろう。そしてたぶんヴィクター・ステンガーも。医師としての視点から書かれた彼の本はいまひとつ知られていないが、だからといって重要であることに変わりはない。ヴィクは、しばしば誤って私のものとされる記憶すべき名言、「科学は人を月まで飛ばすが、宗教はビルに飛び込ませる」をつくった。彼の死が報じられたとき、私は出版をひ

（１）http://archive.wired.com/wired/archive/14.11/atheism.html.

かえた『神は妄想である』を校閲中だった。彼の力強い言葉をもはや聞くことができないのは、とても淋しい。

どこから出たにせよ「新しい無神論者」という言葉は、クリストファーの本が出たときに以前の「三銃士」がどうやら「四騎士」に取って代わられたように、もはや定着したように思われる。私はこうした言葉のどれにも異議を唱えるつもりはない。けれども、「新しい」無神論が、たとえばバートランド・ラッセルやロバート・インガソルなどが信奉していたかつての無神論とは哲学的に異なっているとする論があるなら、たとえどんなものであろうと、それはまちがいだと示さねばならない。にもかかわらず、実際にはさして新しいものではないのに、ジャーナリスティックな「新しい無神論」という呼び名がそれなりの地位を占めてしまった。その理由は、私が思うに、二〇〇四年の『信仰の終焉』と二〇〇七年の『神は偉大ではない』のあいだに、私たちの文化に確かに何かが起こったのだ。『神は妄想である』は二〇〇六年に出版され、同じ年にダン・デネットの『解明される宗教(原題 *Breaking the Spell*)』とサム・ハリスの短いが強力な本『キリスト教国民への手紙』も出た。私たちの本は、少なくともラッセルの、その透徹ぶりで読む者を鼓舞した『私はなぜキリスト教徒ではないか』(この本を一九五〇年代にオーンドル校の図書館で読んだとき、私は大きな刺激を受けた)以降、今に至るまでの多くの素晴らしい本とはまったく違った形で、著名人たちの神経を逆なでしたように思われる。

私たちの本が特別に配慮を欠いて言いたい放題をしたということなのだろうか? ひょっとしたら、そういうこともいくらかあったのかもしれない。あるいは、今世紀の最初の一〇年間の雰囲気にあった何かがそうさせたのだろうか? 時代精神の翼は空中で停空飛行《ホバリング》をつづけながら、来たるべき四冊の本が上昇気流を巻き起こすのを待っていたのだろうか？　そうかもしれないし、イスラム教戦士の脅威とあいまって、ジョージ・ブッシュの神権政治への傾斜がものを言ったことも疑いない。

確実に言えるのは、私たち四人は、一緒に何かを計画するということはけっしてなかったということだ。私たちがお互いの本を、すなわち私たちのそれぞれが執筆に着手する前に利用できた他の三人の本を読んだのは確かだ。そして、避けがたいことだが、少なくともいくらかは影響を受けたにちがいない。そうした本のうち最初に世に出たものについてだけ触れると、私は『信仰の終焉』を開くまで、サム・ハリスの名前を聞いたことがなかった。おそろしいほどの完成度を誇るこの作品のまさに最初の一ページで、サムは一人の若い男による身の毛のよだつようなバスの自爆テロの場面を物語る。読者は最初から、これから何が起こるかを知っている。埃と釘、ボールベアリング、殺鼠剤が取り除かれたとき、この若者の家族は彼を失ったことを悲しんではいるが、自分たちの息子が殉教者の天国にいるのを確信して喜んでいる。また、彼の成し遂げたことを賞賛する隣人たちから食べ物とお金という物質的な慰めをえられることも、その喜びとなる。この話の聞かせ所は、逆説的に聞こえるかもしれないが、むしろしだいに破壊力を増すボディブローに似ている。なぜなら、積み重ねられたときにはじめてわかるからである。この若者について、私たちは何を知っているのか？　彼は豊かなのか貧しいのか、よく知られた人物なのかまったくの無名なのか、頭はいいのかそうでないのか、前途有望な学生なのか？　ひょっとしたら技術者なのか？　私たちは彼についてほとんど何も知らないに等しい。だが、落ちはこうなる。

それなら、この若者が奉じた宗教を推測するのがなぜそれほど、つまらないほど簡単なのか——

——ほとんど自分の命を賭けてもいいほどに簡単なのだ。

そしてもちろんのこと、サムはその宗教をわざわざ私たちに名指すことはない。その必要がなかったのであり、いまでも必要ない。

『信仰の終焉』におけるサムの洗練された大胆さが私の背中を押して、『神は妄想である』を書く決心をさせたのだと思う。このことに加えて、すでに述べたジョン・ブロックマンの心変わりとがそうさせたのだ。四騎士の本は全般的に『信仰の終焉』と同じくらいよく書けていて、この質の高さ——時代精神を変える追い風となったということ——が、「新しい無神論」が衝撃をもたらすのに成功した原因の一部だと考えたい。

クリストファー・ヒッチェンズの『神は偉大ではない』刊行もまた、出版における画期的な出来事だった。アメリカ版の副題「いかにして宗教はすべてのものを汚染するか」は強力で、それを「宗教への反論」に変えた英国の出版社の決定については、理解に苦しむとしか言いようがない。なんという身も蓋もない決定だろう。実際に、出版社も後になって元のほうがよかったと思い直したようだ。なぜなら、ペイパーバック版ではアメリカ版の副題に戻ったからである。私の頭にこびりついているおなじみの思いを吐露すれば、なぜ出版社は、大西洋を越えるときに本のタイトルを勝手にいじるのだろう?

二〇〇一年にクリストファー・ヒッチェンズが癌で亡くなると、無神論者の運動はもっとも雄弁なスポークスマンを、たぶんあらゆる分野を通じて、私がこれまで聞いたなかで最高の雄弁家を奪われた。うまい演説というのは単なる声の大きさ《デシベル》の問題ではない——これは扇動家《デマゴーグ》や伝道師《エヴァンゲリスト》に、そして不幸なことに騙されやすい聴衆にも、しばしば見逃されている点である。クリストファーはシェイクスピアを読むリチャード・バートンを思い起こさせる美しいバリトンの声をもち、しかもそれを完璧に操った。しかし、その巧みな言葉遣い《レトリック》が効を奏したのは、彼の知性、ウィット、当意即妙の受け答えによるところがより大きい。実際の知識、文学的引喩、世界でもっとも危険な場所での個人的な記憶――彼は知的な装備だけでなく、肉体的な勇気ももっていたので――といった、恐るべき蓄えあっての芸当なのである。

『神は偉大ではない』は『神は妄想である』と競合するというよりは、むしろ補完しあう作品だ。科学者としての私が、物事を説明するという役割において科学のライバルとなる宗教的信念にもっとも関心を寄せるのに対して、クリストファーの異議申し立ては、より政治的・道徳的である。人に全面的な服従と献身を要求し、言う通りにしなければ――あるいはその存在に疑問を抱いただけでも――いつでも罰を加える容易がある天の独裁者という、まさにその考え方が気にくわなかった。彼が北朝鮮の独裁政権について言っているように、少なくとも死ぬことによってそこから逃げることはできる。しかし、神の「親愛なる指導者」に関しては、死は苦しみの始まりでしかない。クリストファーについては、のちの章でもう少し述べるつもりである。

宗教の擁護者からの反論は予想できたことで、ノミと呼ぶべき本のことについてもすでに触れた。しかし、攻撃は無神論者の仲間からも浴びせられ、時には遠慮のない喧嘩腰の言葉が襲ってきた。一人の名高い書評子からは、〝『神は妄想である』は自分が無神論者であることを恥ずかしく思わせる〟とまで言われた。彼がそう言うわけはどうやら、私が「真面目な」神学者を真面目に扱っていないからであるようだ。私は、神の存在を支持しようとして主張するそうした神学者たちの論拠はあますところなく扱っている。しかし私が、神の存在を出発点と想定し、そこから先へ進もうとするような人間について一顧だにしないのは、いささかも不当ではない。

私は神学のなかに何か真面目に向き合うべきものを見つけ出そうと試みたが、つねに失敗に終わった。神学の教授たちが神学以外の、ほかのことをするのにその専門知識を使うときには、私が彼らを真面目に受けとめているのは確かである。たとえば、死海文書の断片をジグソーパズルのように嵌め合わせたり、聖書のヘブライ語テキストとギリシア語テキストを詳細に比較したり、四福音書や聖典に含まれなかったその他の福音書の失われた原典を追跡するといった仕事である。それらはすべて本物の学問であり、読めば魅了されるし、敬服に値する。歴史家は、たとえばイギリスの内乱（市民戦争）のように、ヨーロッパの歴史を汚した論争や戦争を理解するためには、神学的な理屈のこね回しを研究する必要がある。しかし、「否定神学」（カレン・アームストロングの反啓蒙主義的な煙幕）なる空疎な「深っぽさ《ディーピティ》」（ダン・デネットのすばらしい造語）（deepity：「深遠そうに見えるもの」の意味）、あるいは原罪、実体変化、無原罪懐胎、ないし三位一体の「謎（mystery）」（いやちがった、「神秘（Mystery）」が正しい）の、私たちにとっての厳密な「今日《こんにち》的意義」をめぐり他の神学者と議論して貴重な時間を浪費することなど、言葉のまっとうな意味においてどれ一つとして学問ではなく、私たちの宇宙においてはいかなる居場所もないのである。

実体変化のような過去のナンセンスな概念の「私たちにとっての今日的意義」をめぐって神学上の知的トレーニングにはげんだところで、笑いものになるだけなのに——好きこのんでそうしているのだ。最近、私はこの類《たぐい》の実例の、珠玉の逸品にお目にかかった。「もちろん、私たちは、ヨナと鯨の話を文字通りに信じているわけではない。むしろそれはイエスの死と復活の象徴なのです……」。これと同じ方式で科学が営まれるとしたらどうなるか、ちょっと考えてみよう。（もっともありえなさそうな例を仮にでっちあげるとして）未来の科学者たちが、ワトソンとクリックが完全にまちがっていて、遺伝分子は二重らせんなどではまったくないことをつきとめたと考えてみてほしい。するとこういう話になるのだ――まあもちろん、現在では私たちはもはや、二重らせんを文字通りには信じていません。しかし、今日の私たちにとって、二重らせんはどのような意義をもつのでしょうか？　それはまさに、二本のらせんが互いのまわりにねじれてぴったりと絡まりあっているあり方そのものです。粗略な唯物論的意味で文字通りの真実ではないにせよ、にもかかわらず私たちが相互に寄せあう愛を象徴しているとは思いませんか？　プリン塩基とピリミジン塩基の厳密な一対一の対合は、文字通りの真実ではない。これほど粗略なものもほかにありません。しかし、これは象徴なのです……あなたはワトソン＝クリックのモデルについて熟考するとき、圧倒的な感情に動かされないでしょうか――私は大いに動かされます――……云々。

ペイパーバック版のために私は新しい「序文」を書いたが、そのなかで、意義深くも再三口にされる「私は無神論者だが、しかし……」というステレオタイプな言い分を詳《つまび》らかにした。これまたよく用いられる「私はかつて無神論者だった」（C・S・ルイスによって広められた）という言い回しも同じだが、この言い回しを用いる人間は、「しかし」の後に来るものに、その前に述べたことが、何らかの形で信頼性を付与してくれることを期待してそうするのだ。私はその序文のなかで「私は無神論者だがコレクション」の代表的な七つにそれぞれ名前をつけ、各々への返答を示してみた（より最近では、テロリストの蛮行を弁護する西洋のリベラルという文脈でサルマン・ラシュディが命名した、「しかし旅団（but brigade）」というのがよく知られている）。ここでそれを繰り返しはしないが、紡いだ本の「糸をほどくこと」についてののちの章で、二、三の実例に話を戻すつもりである。

その後の本

『神は妄想である』の次の本は、実のところ私の本ではない。オックスフォード大学出版局は、「*Oxford Book of…*」という表題で、非常に評価の高いシリーズを出版している。当該の分野の学者が編者をつとめるのが通例だ。『悪魔に仕える牧師』の編集者としてすでに触れたレイサ・メノンが私に、『オックスフォード版現代の科学読み物（*Oxford Book of Modern Science Writing*）』という本の編者をつとめてくれと依頼してきて、これが二〇〇七年に出版された。「現代」は一世紀前までさかのぼるとみなされ、英国でこの期間に英語で書かれたもののなかから八三人の著者（唯一の例外はイタリア人のプリモ・レーヴィ）が選び出された。私はそれぞれの著者と次の著者のあいだをつなぐ文章を担当し、その人自身にまつわることを少しだけ書き、可能なところではその人の個性を付け加えた。たとえば、私は偉大な海洋生物学者であるアリスター・ハーディについて、言葉による情愛に満ちた細密画を描いたが、それができたのは、彼が私の大学生時代の教授だったからである。

著作『大海原』（ハーディによる）中に描かれた、ゆるやかな起伏をなす大きな「放牧地」、陽光に照らされた「緑の牧場」、あるいは波打つ「大平原」について、私の最初の教授だったアリスター・ハーディ以上に、その感触を知りつくす者はいない。彼がこの本のために描いた絵は、いまでもオックスフォード大学動物学教室の廊下を飾っていて、その絵に収められた数々の描像は、斜視ぎみの陽気なピーター・パンと老水夫の交雑種のごときこの老教師自身が講義室で少年のように踊りまわったように、熱狂的に踊っているように見える。なんと、ぬるぬるした海の上を、さらには色つきのチョークで描かれた絵となって黒板の上を、ぬるぬるしたものが脚で這っていく――そしてそれを、上下に揺れ、波に揺れながらこの老教師が追いかけていくではないか。

レイサからは、私自身の著作からどれかをこのアンソロジーに入れるよう説得されたが、私はそうする気にはなれなかった。

私が次に出した本は二〇〇九年の『進化の存在証明（原題 *The Greatest Show on Earth*）』である。私の著作の大部分は進化に関するものだったが、そのどれも暗黙のうちに進化を当然のこととしてきた。この本のように進化についての証拠を体系的に提示したものは一つもなかったのである。英国の出版人は今回も、トランスワールド社のサリー・ガミナラだった。アメリカではジョン・ブロックマンがサイモン・アンド・シュースター社傘下のフリー・プレスと新しい取引を交渉し、担当編集にはヒラリー・レドモンがあたった。この本はモノクロ図版とカラー写真の両方で図解されており、写真はトランスワールド社のシーラ・リーによって非常にうまく集められ、配列されている。英文タイトルは有名なアメリカのサーカスにちなむものだが、私がこの文言を初めて見たのは、匿名の寄贈者が親切に送ってきてくれたTシャツにあった「進化、地上最大のショー、考慮に値する唯一のもの」というものだった。このシャツは今でももっているが、何度も着て洗濯したために、文字は消えてしまっている。私はこのスローガン丸ごとをタイトルにしたかったが、出版社の人たちは満場一致で、長すぎると断を下した。私はどうにか「考慮に値する唯一のもの」という文言を、この本の最後の一文に持ち込むことができた。二人とも知らないことながら、ジェリー・コインと私は同じ目的の本を書いていて、それが同じ時に世に出たのである。二つの本は同じ市場を求めて競合したに違いないと推測されるのだが、しかし――ひょっとしたら「そして」と言うべきかもしれないが――私たちのどちらも、相手の本に対するきわめて好意的な書評を書いた。

　英国でもアメリカでも出版社は前と変わらず、二〇一一年に『ドーキンス博士が教える「世界の秘密」（原題 *The Magic of Reality*）』を出した。これは私の最初の、そして（これまでのところ）唯一の、とくに子どもに向けて書かれた本である。各章には子どもがしそうな質問が一つずつ提示されている。たとえば、「地震とは何だろう?」、「なぜ夜と昼があり、冬と夏があるのだろう?」、「最初の人間は誰だったのだろう?」、「太陽って何だろう?」といったものである。質問に対する本当の、科学的な答を示す前に、それぞれの章の初めに同じ質問に対する、世界中から集めてきた神話的な答が紹介されている（同僚の心理学者であるロビン・エリザベス・コーンウェルのすばらしいアイデアによった）。神話を使ったのは、それ自体、色とりどりに面白いだけでなく、私が対象とする幼い読者が、自分たち自身の文化の（聖書のもの、コーランのもの、ヒンドゥー教のもの、あるいはそれ以外の何でもいいのだが）特定の神話が他の文化の多種多様な神話よりも格別の、特権的な地位を占めるものではないことに気づけるようにと考えてのことである。もっとも、あからさまにそう説いて聞かせたわけではない。あくまで子どもたちが自発的に気づくにまかせた。ノアの方舟の神話の場合（「虹って何だろう?」の章で）、私はもとのバビロニア版を語ったわけだが、伝説の船大工がノアではなくウトナピシュティムであり、船をつくるようにという警告は多神教の神々の一人からなされたことを除けば、その他の詳細はノア伝説と同じである。この本には独創性に富んだ画家、デイヴ・マッキーンの挿絵がついているが、彼の強い印象を与える絵は、すでにコミック読者たちのあいだで大きな支《フ》持者《アン》を獲得している。彼の人目を引くスタイルは、世界の神話を扱うためだけでなく、科学を扱うのにも理想的な媒体である。

この本が出版されたあと、トランスワールド社のサリーと彼女のチームはソフトウェア会社、サムシングエルスに、iPadのためのアプリケーション版をつくるよう委託した。彼らは非常にみごとな仕事をしたと私は思う。それはアプリケーションというよりも電子ブックと呼んだほうがいいかもしれない。なぜなら、デイヴの挿絵のすべて（その多くは動画になっている）とともに、この本のすべての単語が収められているからである。どうやら、たとえ中身が文字通り（そして絵的にも）まったく同じでも、それを電子ブックではなくアプリケーションと呼んだほうがいいらしいのだが、それはなぜかという点については、マーケティング上の深遠な謎と関係した理由があるらしい。『ドーキンス博士が教える「世界の秘密」』のアプリケーションにはテキストと図版に加えて、各章に一つずつゲームがついている。たとえば、引力と惑星の公転軌道についての章には「ニュートンの大砲」についての記述があるが、アプリケーションには、実際にさまざまな速度で砲丸を発射できるゲームが付いている。あまり遅いと海にザブンと落ち、速すぎると宇宙空間へピューと飛んでいってしまう。ちょうどいい速度（ゴルディロックス速度）だと、周回軌道に入る。

私の次の本は『好奇心の赴くままに』（二〇一三年）で、私の回想録の第一巻として、本書に先行するものだ。ここでもまた私は、サリーとともにトランスワールド社に留まったが、アメリカのヒラリーはそのあいだにハーパーコリンズ社に誘われていったので、私も彼女の能力に免じて、そちらについていった。ちょうど若い頃に、出版社を移籍したマイケル・ロジャーズについていったのと同じだ。この本は私の幼年時代と少年時代、そして真理を探究する科学者として登りつめるまでの、私の前半生の履歴についてのものだったので、ララはトルストイの自伝の英語版タイトル『幼年時代・少年時代・青春（*Childhood, Boyhood, Youth*）』に基づいた巧みなリズム遊びとして、『幼年時代・少年時代・真理（*Childhood, Boyhood, Truth*）』というタイトルを提案した。サリーもヒラリーも気に入ったが、「マーケティング」上、トルストイの引喩だと受け取る人はそれほどはいないだろうという懸念が示された。そこで、ヒラリーが*An Appetite for Wonder*〔邦訳題は『好奇心の赴くままに』〕を提案した。これは『虹の解体』の副題から取ったものである。

記念出版

二〇〇六年に、オックスフォード大学出版局とヘレナ・クローニンの主催のもと、『利己的な遺伝子』の刊行三〇周年を祝賀する記念晩餐会がロンドンで開かれた。ヘレナとＯＵＰはロンドン大学経済学部で、メルヴィン・ブラッグを議長とするすばらしい会議も開催してくれた。そこで四人の同僚が「三〇年後の『利己的な遺伝子』[1]」という演題で話をしてくれた。哲学を代表してダン・デネットが、「ドーキンス山からの眺め」で口火を切った。そのあとに二人の生物学者がつづいた。ジョン・クレブスの「知的配管修理から軍拡競争まで」と、マット・リドレーの「利己的ＤＮＡとゲノムのジャンク」である。イアン・マキューアンは科学的な教養のある小説家として、「サイエンス・ライティング——文芸的伝統に向けて」について話した。私のこの日語られたことについての所感をもって、この会合のしめくくりとした。

ＯＵＰは『利己的な遺伝子』の三〇周年記念版も出版した。それにあたって、もとのロバート・トリヴァースの序文とデズモンド・モリスのカヴァー・デザインを再活用した。どちらもそれまでのあいだ、他のハードカヴァー版やペイパーバック版のほとんどに収められなかったものである。トリヴァースの序文はとくに重要だった。なぜならこの気まぐれな天才が、のちに（二〇一一年）『馬鹿の愚行』という大著へと拡張されることになる、彼の名高い「自己欺瞞」という概念を打ち出したのが、この文章だったからである。

おまけに――私にとって特別な喜びの源である――レイサ・メノンが担当し、アラン・グラーフェンとマット・リドレー編になる私を讃える記念論文集をOUPが出してくれた。表題は、『リチャード・ドーキンス：一人の科学者がいかにしてわれわれの考え方を変えたか――科学者、著作家、哲学者による省察』（ここで副題まで引き写すのは、非常に恥ずかしい気がする）である。この本は、同じロンドンの晩餐会で初めてお披露目されたのだが、そこではこの論文集に寄稿した多くの人を含めたゲストたちが私への贈呈用の本にサインをしてくれ、私の宝物になっている。

この記念論文集には、「生物学」、「利己的な遺伝子」、「論理」、「交唱の歌声」、「人類」、「論争」、「著作」の七部に分けられた二五章が含まれている。この本をもう一度読み直して、それぞれの章のほとんどが非常にうまく、かつ面白く書かれていることに心を打たれた。恥ずかしながら私は、友人や同僚たちが本当に私のために全力を尽くしてくれたのだという、温かい思いがこみあげてきた（おそらくはそういう願望のなせるわざか）ことを告白しなければならない。温かい思いの高まったのは本の中身のゆえでもあり、すべてがおしなべて興味深い。いくつか私の著作に批判的なもの（たとえば、当時オックスフォード主教だったリチャード・ハリスの心温まる章）もあるが、どれもが独

（1）http://edge.org/documents/archive/edge178.html.

創的で、示唆に富んだもの（たとえばフィリップ・プルマンによる私の文体についてのすばらしい章）である。こうした見事な章のそれぞれについて、詳細な応答を書きたいと思うのだが、それを公正におこなうためには、本をもう一冊書く必要がでてくるだろう。

テレビの裏側

Richard

Dawkins

《ホライズン》について

あちこちで受けた無数のインタヴューを別にすれば、私が初めてテレビカメラに長時間身をさらしたのは一九八六年で、このときはBBCの「旗艦番組《フラッグシップ》」（当時は正しくそう呼ばれていた）である《ホライズン》という科学ドキュメンタリー・シリーズの、常任プロデューサー兼ディレクターの一人であるジェレミー・テイラーからアプローチされた。当時のアメリカでは《ホライズン》シリーズの各番組は《ノヴァ》という番組名で広く知られていた。というのも、ボストンのWGBHテレビがこうした良質のドキュメンタリーの類似したシリーズを放送していて、じつはその多くが《ホライズン》の番組が名前を変えて、時にはそのままで再放送されたものだったからだが、まれにアメリカ英語のナレーションがつけられることがあった。

ナレーションを差し換えるのは、アメリカ人がイギリス英語を理解できない——あるいは少なくともそれを聴いて楽しめない——のではないかという危惧があるからだ、という噂があるが、真偽を確かめたことはない。《アップステアーズ・ダウンステアーズ》や時代錯誤のきらいがある《ダウントン・アビー》のようなドラマが人気を得ていることからして、それはありそうにない。一方で、憤慨したアメリカの友人、トッド・スティーフェルから、これまで映像化されたなかでもっとも野心的な野生生物のドキュメンタリー・シリーズで、ほかならぬデイヴィッド・アッテンボローその人がナレーションをしているBBCの《ライフ》〔日本では、NHKの「ワイルドライフ」シリーズとして放送された〕がアメリカの視聴者のために改変されて、アッテンボローの声がオプラ・ウィンフリー〔テレビ司会者〕のものに吹き替えられていると聞かされて、私はびっくり仰天した。幸いなことに、両方を比較したアマゾンの書評子たちの評決は、圧倒的多数で本物のほうに軍配をあげている。私はオプラ・ウィンフリーがなぜその仕事に同意したのか疑問を禁じ得ない。比類のないサー・デイヴィッドと比較されるのが避けがたいことが、彼女は心配ではなかったのだろうか?

ジェレミー・テイラーが私にアプローチしてきたとき、私は確かに心配だった――《ホライズン》／《ノヴァ》の恐るべき評判を聞いていたがゆえに、また自分がはたしてテレビでうまくやれるのかという疑念もあったがゆえに。私は一〇年前に、《ホライズン》のもう一人のプロデューサーであるピーター・ジョーンズから『利己的な遺伝子』についてのドキュメンタリー番組をつくらないかとアプローチされたことがあった。私はひとえに気後れから辞退し、代わりにジョン・メイナード・スミスを推薦した。彼はすばらしい仕事をした。

私の記憶では、『利己的な遺伝子』のドキュメンタリーを気後れから辞退したということなのだが、草稿でこの章を親切にも読んでくれた、ピーター・ジョーンズと親交のあったジェレミー・テイラーは、違ったふうに記憶しているということを述べておくべきだろう。

私の記憶では、《ホライズン》（かならずしもピーターとはかぎりません）は、ご自分の考えを信憑性をもって提示してもらうのには、あなたの見た目が若すぎると考えたのですよ！　どっちかといえば少年聖歌隊員がお説教をするみたいですから！　実際、私が［一〇年後に］、《気のいい奴》という番組をつくるためにあなたにアプローチしようとしたとき、そのときの《ホライズン》のエディターだったロビン・ブライトウェルは、その考えに絶対反対でした――またしても、あなたが「あまりにも若く」見えるという事実を引き合いに出し、視聴者はあなたを信頼するだろうかというのです。私も譲らず、ブライトウェルは、「いいだろう。ダメだとは言わない――だが、自分の責任でやれよ！」と言いました。ですから、もしあなたが番組づくりに少しでも不安を感じたなら、私があなたに隠していた（つもりなんですが）感情を想像してみてください。もちろん、《気のいい奴》［ジェレミーと私がつくりはじめたドキュメンタリー］は《ホライズン》、BBC2、そして管理職たちに大成功をもたらし、《盲目の時計職人》［ジェレミーが私に次に提案したドキュメンタリー企画］に対する対応は劇的に変わりました。

ジェレミーが《気のいい奴が一番になる（*Nice Guys Finish First*）》をつくろうと私にアプローチした頃には、私は一〇年歳をとり（たぶん見てくれも）、少しは信頼されそうになっていたが、私はまだ不安を感じていた。私の気持ちを変えさせたのは、彼の、提案してきたテーマに注ぐ熱意だった。彼はアメリカの社会学者、ロバート・アクセルロッドの『つきあい方の科学――バクテリアから国際関係まで』（原題は *The Evolution of Cooperation*〔協調の進化〕）という本を読んでいて、協調へのゲーム理論的なアプローチをもとにすれば《ホライズン》の名番組がつくれるだろうと考えていたのである。

私はアクセルロッドの仕事をよく知っていた。なぜなら、彼がその本を出版するずっと以前に、
私はロバート・アクセルロッドという、知らないアメリカの政治学者から突然に、タイプ原稿を受け取った。原稿には「繰り返し囚人のジレンマ」ゲームを競う「コンピューター試合」をとりおこなうと述べられていて、私にも参加を呼びかけていた。もっと正確に言うと――そしてコンピューター・プログラムは意識的な洞察力をもたないという理由によって、この区別は重要である――その原稿は、競技に出せるようなコンピューター・プログラムを投稿するよう、私に呼びかけるものだった。私は参加できるようなプログラムを書けなかったのではないかと思う。しかしこのアイデアには大いに興味を引かれたので、かなり受動的なものではあったが、その段階でこの企てに対する一つの貴重な貢献をした。私なりの党派心から、政治学の教授であるアクセルロッドには進化生物学者との協働が必要だろうと感じたので、私たちの世代ではもっとも傑出したダーウィン主義者であるW・D・ハミルトンへの紹介状を彼に書いたのである。アクセルロッドはすぐにハミルトンと連絡をとり、二人は共同研究をした。[1]
ハミルトンは実際にはアナーバーにあるミシガン大学の、アクセルロッドと同じ研究所の教授だったが、私が紹介するまで、二人は互いに面識がなかった。二人の共同研究は結果として「協調の進化」と題する論文となり、賞をもらったこの論文は、のちにアクセルロッドの同じタイトルの本の一章となった。したがって、この本の誕生における裏方としての自分の役割をちょっとばかり手柄にしたい思いである。いずれにせよ、私はそれが気に入った。その第二版に書いた序文から、さらに引用

することにしよう。

私はそれが出版されるとすぐに読んだが、しだいに興奮が高まり、出会ったほとんどすべての人に、福音伝道師のような熱意で推奨した。この本が出た翌年に私が個別指導した大学生は全員、アクセルロッドの本について小論文を書くことを要求されたが、それは、学生たちがもっとも楽しんで書いた小論文の一つといえる。

それゆえ当然のことだが、ジェレミー・テイラーから申し出を受け、彼がアクセルロッドの本に私と同じ熱狂を共有していることを聞かされたとき、私は引き受けずにはいられなかった。

私たちは会い、彼の熱狂を感じとって、私はすぐに彼が好きになった。実際に仕事をしてみた彼は、ニュー・カレッジの友人、明晰な哲学者のジョナサン・グローヴァーをかすかに思わせる人物であった。ジェレミーは事を急がずゆっくりと始め、うまくいっているかどうか見ていきますと言って、テレビに対する私の怖れを和らげてくれた。彼は私がカメラに向かってあらかじめつくった台本なしでしゃべるほうを好んだが、もし必要であることがわかれば、できるだけ台本に従う方式にするという留保を付けてくれた。幸いにして、そういうことはせずにすんだ。その代わり、最終的にとった方法は、私がしゃべる直前に、その話をめぐって二人で集中的に話しあうというものだった。それから、一つの話の撮影が無事に終わったあと、次の話について、私の頭のなかの整理がつくまで議論する。

（1）アクセルロッドの『つきあい方の科学』の第二版（London, Penguin, 2006）に寄せた私の序文から。

そしてそれを録画し、さらに次にというふうにしていった。

この番組は最終的に《気のいい奴が一番になる》というタイトルになったので、ここではそう呼ぶが、このタイトルは、撮影が終わるころにようやく私たちが思いついたものである。性的なほのめかしでゾクッとする感があるにもかかわらず、野球の世界でつくられたと言われる「気のいい奴はビリになる（Nice guys finish last）」という格言をもじったものだ。最初のシーンは、オックスフォードとアイシス川（テムズ川のこの区間だけがこう呼ばれる）の冠水草原であるポート・メドーで撮った。ポート・メドーは中世英国の土地台帳《ドゥームズデイ・ブック》以来、耕作されない共有地で、オックスフォード市の自由市民とウォルヴァーコートの入会権保有者《コモナー》に放牧が許可されていた。私がかつて最初の妻マリアンとすんでいたウォルヴァーコートの家からはその何エーカーもの広がりを見下ろすことができ、ヌーやシマウマのかわりにウシとウマの群れがさまよう、セレンゲティ平原の少し湿っぽい英国版という空想に浸るのはたやすかった。

共有地と《気のいい奴が一番になる》とのかかわりは「共有地《コモンズ》の悲劇」、すなわちアメリカの生態学者ギャレット・ハーディンの有名な論文のテーマ——およびタイトル——である。共有の土地は過剰放牧によって荒廃する。共有地のシステムは、全員が抑制を保つことで機能する。一人の入会《いりあい》権保有者が貪欲で、その土地にあまりにも多くのウシを放てば、全員が被害を被《こうむ》ることになる。しかし、利己的な個人は他のだれよりも被《こうむ》る被害が少なくてすみ、多くのウシをもつがゆえに、不釣り合いな利益を得る。したがって、利己的にふるまうことへの誘因《インセンティブ》は全員にある。ゆえに「共有地の悲劇」が起きるわけだ。

もっと身近な実例を一つ。一〇人のグループが、事前に費用は割り勘で、それぞれ一〇分の一ずつ払うと同意の上で、レストランに連れ立って行く。一人の人物が、ほかの誰よりも高価な料理を注文する。自分は増えた費用のわずか一〇％しか支払わなくていいうえに、より高価な料理の利益を一〇〇％受け取ることができることを、彼は承知しているのだ。そのため、個々人に注文にあたって抑制を実行させる誘因はほとんどなく、勘定は、全員がそれぞれ自前で注文した場合に考えられる総額をはるかに超えた高額になってしまう(1)。

ジェレミーは公有地の悲劇について、私がカメラに向かって話すのを撮影したがったので、背景に視覚的効果のある映像が必要だった。私の家の文字通りすぐ目の前にある、古く中世からの共有地であるポート・メドーは完璧だった。ここには穏やかなユーモアがかもしだされる好い条件があり、すぐれたテレビ・プロデューサーならそうするように、ジェレミーはそれに飛びついた。すべての動物の毎年の駆り集めの世話をするのは、オックスフォード市の古めかしい州長官事務所の所有者の責任である。駆り集めの正確な日時は秘密にされている。少なくとも、秘密になっていると思われている。だがジェレミーはどうやら秘密を嗅ぎつけたらしい。あるいはひょっとしたらそうではなく、幸運にたまたま巡り会って、偶然の好機を利用しただけかもしれない。

共有地の悲劇を防ぐ目的で、ポートメドーで家畜を不法に放牧した場合、家畜の所有者には罰金が科せられることになっていた。しかし近年になると、毎年の駆り集めは実効の伴わない儀式になってしまっており、家畜は一時的に囲いには入れられるものの、所有者や責任者を特定しない。これは理

（1）ボドミンのことは言うまでもない（Googleでbodminと'Douglas Adams'を一緒に検索のこと〔この言葉はダグラス・アダムズの *The Meaning of Liff* というパロディ言葉辞典に収載されている〕）。

屈のうえでは、自然の成り行きとして悲劇の出来を許すことになる。私が以上のような共有地の悲劇という原理についてカメラの前でしゃべる合い間に挿入する駆り集めの場面を、私たちは撮影した。

ジェレミーがカメラマンたちに指示を出すのを眺めながら、私は彼の意図の一部が喜劇風にすることだというのに気づかないわけにはいかなかった。彼は州長官事務所のスタッフと彼らのお気に入りの伝統をからかうつもりなのだ。私は少し気になって、そのことについて問いただした。彼はニヤリと笑い、彼らは気づいていないだろうし、もしかりに気づいたとしても、意に介さないだろうと言った。どんな理由であれ、人はテレビに映されることが好きなんですよ。私は最良のドキュメンタリー・ディレクターを特徴づける繊細なウィットについて教訓を得た。そういう特性は、長年にわたり折に触れおこなったテレビ出演で、さらに数回見ることになる。

ジェレミーは、テレビという媒体の慣習や常套手法を、自分でも現に用いていながら同時に笑いものにすることさえしてのけた。先に挙げたレストランの例は彼の指示で、車を運転しながら隣りのいもしない同乗者に向かって話す、という形式で説明した。のちに私がチャンネル4で《科学の壁を破る》(これについてはのちほど詳しく述べる)というドキュメンタリーを制作したサイモン・レイクスは、「同乗者」に向かって話している私から、車を外から撮ったショットに切り替えることで、この常套手段をあからさまな形でジョークにした。こうすると、話しかけられている同乗者などいない(もちろんカメラマンもいない)ことがはっきり示されるのである。そのことについて私が異議を申し立てたとき、サイモンは笑って、これはテレビの文法の一部、容認された慣習になっていますから、誰も気がつきませんよと言うのだった。

同じように、テレビのドキュメンタリー番組で容認されている慣習に、「カメラに向かって歩いて行くショット」というのがあって、そこでは後退しながら後ろ向きに歩くという、現実にはありえない行為をおこなっていると思われる実在しない人物に向かって、司会者が話しかける姿が撮られるのである。実際にはカメラマンが後ろ向きに歩いているのである（肩に手をかけて用心深く導いてやる音響効果係がいなければ、本人にとっても側を通る人間にとってもかなり危険を伴う）。私はつねにこのテレビの常套手段は敬して遠ざけてきた。私の拒絶は受け入れられてきたが、私が仕事をしたどのディレクターも時には渋った。さらにこれもテレビの慣習である、「雲が勢いよく流れていくショット」は、時間の経過を示すためにしばしば使われるが、実際にはかなり美しいものにできるので、これには私は異論を唱えない。動きを速くしたり遅くしたりすることで時間を表現するトリックは、デイヴィッド・アッテンボローがその素晴らしいドキュメンタリーでしばしば採用している。非常に効果的な手法だが、私としては、彼はそうした手法を自分が用いていることを、そうとわかりにくい形で用いているような場合だけでもいいから、もっとはっきり言えばいいのにと思うことがある。彼のみごとに人を楽しませる自伝『放送人としての生涯（*Life on Air*）』にはテレビ・ドキュメンタリーの草創期に交わされた、じつに興味深いやりとりが収められている。彼と同僚は、フェイドするとき、突然カットするとき、吹き替えを使うとき、話し手の顔を映すとき等々について何もないところから、ドキュメンタリー・テレビの慣例、「文法」を発明しなければならなかったのだ。

《気のいい奴が一番になる》の放送後、私の名前が利己性——多くの人が私の最初の著作をタイトルだけしか読んでいなかったから、ふつうはこっちだった——ではなく「気のよさ」に結びつけられるようになった頃、私は短いハネムーン期間を楽しんだ。三つの有名な会社が私にアプローチしてきた。マークス＆スペンサーの会長であるシーフ卿は、彼の娘ダニエラを通じて私に接触してきた。ダニエラはたまたまニュー・カレッジにおける私の学生で、ロンドンにある同社の役員室での昼食会に私を招待してくれた。ダニエラと私だけがゲストで、彼女の父親はマークス＆スペンサーが社員を手厚く遇している非常にいい会社であることを、十分に納得できるよう私たちに説明した。私には彼を疑う理由はなかったが、彼が《気のいい奴が一番になる》というドキュメンタリーの要点を本当に理解しているのかどうか確信がなかった。ダニエラが後で彼に説明してくれたかもしれないが。

　それから、マース社の広報部からきた、あまり信頼のおけなさそうな若い女性が私を昼食に連れ出し、わが社は金儲けのためではなく、人々の生活をより楽しい《スイートな》ものにするためにチョコレートバーを売っておりますという説明を繰り広げた。彼女自身は魅惑的《スイート》で、彼女と一緒のランチを私は楽しんだが、彼女の企業メッセージはそのチョコレートと同じように甘すぎてウンザリした。

　私たちのドキュメンタリーのメッセージを本当に理解している、ＩＢＭヨーロッパの上級管理職にあるイギリス人もやって来て、彼は私を飛行機でブリュッセルの会社本部まで連れていき、中間管理職のための訓練ゲームの監修をさせた。そういう立場の者たちの結束を強化し、それによって職場の雰囲気を改善するのが目的だという。そこでは元気のいい若者の一団が集められ、「繰り返し囚人のジレンマ」ゲーム（ここでは、この古典的ゲーム理論の詳細について論じるつもりはない。詳細はすべてアクセルロッドの本と、『利己的な遺伝子』の第二版に記されている）の変形版をするために、赤、青、緑という三つのチームに分けられた。各チームは別々の部屋に入れて遮断され、その動きは伝令によって伝えられた。長い午後の時間を通じて、アクセルロッドが予想したのとぴったり同じに、三チームすべてのあいだで良好な協調関係が築かれ、維持された。しかし悲しいかなこの理論が予測するとおり、もしゲームが定められた時間に終わることがわかっていると、繰り返し囚人のジレンマゲームでは背信（裏切り）への誘惑がたかまることになっている。なぜかといえば、最終ラウンドでは、もしそれが最終ラウンドであるとわかっている場合、ゲームは一回限りの囚人のジレンマゲームと同じことになる――そこでは合理的な戦略は背信である――からである。そしてもし、自分の合理的な相手が最終ラウンドでは裏切るだろうとわかっていれば、最後から二つめのラウンドで先制攻撃するのも合理的となる。そのようにして、さらにさかのぼっていける。アクセルロッドの命名になる、ゲームが終わると予測される時間を意味する「未来の影」という用語がある。この影が短ければ短いほど、背信への誘惑が大きくなるわけだ。

そして残念ながら、このIBMのゲームの場合、それが午後四時に終わることが周知されていた。破局的な結末に終わることが予測される以上、私たちはあらかじめ終了時間を公表するのでなく、ランダムな予測できない瞬間に笛を吹くべきだった。あとから考えてみればまったく驚くにあたらないのだが、実際のゲームでは、魔の刻となるお茶の時間の直前に赤チームによる大々的な青チームへの背信が起こり、午後のあいだを通じて苦労して築きあげてきた長きにわたる信頼関係を裏切ったのである。私たちがやったゲームは、彼ら管理職の結束を助けるどころか、ゲームは本物のお金ではなく代用貨幣《トークン》でおこなわれたのではあるが、青チームと赤チームのあいだに非常に大きな悪感情を引き起こし、IBMの重要な事業でふたたび一緒に働けるようになるには、彼らはカウンセリングを受けなければならなかった。今となっては非常に滑稽に思えるが、帰りの旅で、私はいい気持ちがしなかった。

《気のいい奴が一番になる》からそれほど時間がたたないうちに、もう一つの《ホライズン》ドキュメンタリーがつづいた。今度もジェレミー・テイラーがディレクターだった。今度はタイトルが先にできた。《盲目の時計職人》である。そこから表題をとった本——ちょうど出版されたばかりだった——と同じように、このドキュメンタリーは創造論への反論を目論んだものであり、多くの部分をテキサスで撮影すべき十分な理由があった（創造論の支持はアメリカ南部で強い）。ジェレミーと私はダラスに飛び、車を雇って、グレンローズという小さな活気のない町までドライブした。近くにはパラクシー川が、見るからに滑らかで、なかに恐竜の足跡がきれいに保存された平らな石灰岩の上を浅く流れている。さて、その足跡のいくつかは恐竜の特徴的な三本指を示す形で、きれいに保存されている。けれどもその他のものは保存状態が悪く、信念——これはまさに信仰という意味である——の目をもってすれば、人間の足跡に見える。一九三〇年代にパラクシー川は、世界は若く、人類が恐竜（「ヨブ記」で言及されている「ビヒモス」）と一緒に歩いていたと信じて疑わない創造論者たちの聖地《メッカ》となった。グレンローズにはセメントでできた、巨人の足跡と並んだ偽物の恐竜の足跡の市《いち》が立ち、この「証拠」が創造論者の伝承や文献の常用手段の一部になっていた。

ジェレミーは地元テキサスの映画スタッフを雇い、グレンローズからパラクシー川にいたる原野を歩きまわり、パラクシー川では心地よく滑らかな石灰岩の川底をもつ温かく浅い流れのなかを歩いたり船遊びしたりして、すばらしい一日を過ごした。地元の理科の教師であるロニー・ヘイスティングスとグレン・クバンが私たちに合流したが、この二人はパラクシー川の「人間の足跡」（本当は恐竜の足跡だが、かかとの跡なので三本指が示されていないだけ）の真相を暴く作業のほとんどをおこなった人たちである。これを書きながら、思いだすためにこの映像を今日もう一度眺めていて、私は自分のショーツ（短パン）の短さに少しばかり困惑している。実際、短いショーツはインターネット上で見かけるような下品なジョークの種になってきた。短いショーツは現在では流行していないが、私はいまでもだらだらと長いものより、たとえ格好悪くとも、バミューダパンツを見つけるのをやめられない。ついでに言えば、長いものならパラクシー川で水の中を歩いたときに濡れてしまっていただろう。

自身も経験豊富なテレビマンである友人のジェレミー・チャーファスが聞かせてくれた短い話で、これも著名なドキュメンタリーの出演者である有名な南アフリカの人類学者、グリン・アイザックについてのものがある。彼はかがんで化石を拾っているところを撮影されていた。その彼が、カメラに化石を見せるために振り返った。彼は自分のショーツが非常に短く、ペニスが見えてしまっていることに気づかなかった。ディレクターは律儀にも「カット」と叫んだが、チャーファスの言葉では、「カメラマンは偉いカメラマンだったので、そのままカメラを回しつづけた」のだそうだ。そのような困惑させられる事態は私の場合には起こらなかったが、非常に短いショーツは、このとき私がシェイクスピアを朗読させられる――ハムレットが表面的な類似でいかにたやすく人の眼を欺くことができるか（ハムレットの場合は雲と動物の、私の場合には恐竜のかかとの跡と人間の足跡の類似）を述べるくだり〔『ハムレット』三幕三場〕――際に、舞台衣装担当の当然の選択（ララの言葉を引けば）でなかったことは認めざるをえない。

「おれにはイタチのようにも見えるがな（Methinks it is like a weasel）」〔小田島雄志訳〕というのは雲を見比べながらハムレットが発する科白の一つで、私はそれを『盲目の時計職人』（こちらは本）で、累積的な淘汰と一回限りの淘汰の違いを明らかにするために用いたことがある。無限の時間をかけて、無数のサルがタイプライターをでたらめに叩きつづければ、シェイクスピアの完全な作品を書き上げることも、それどころか無数の言語で、数限りない詩や散文を書くこともできるだろう。しかしこれは、無限という概念そのものの捉えがたさを例証しているにすぎない。「おれにはイタチのようにも見えるがな」という短い文章でさえ書き上げるのには、サルの大群をもってしても、およそ人間が考えつく年数に加えてさらに何十億年という年月がかかるだろう。もし正しい長さの文字列をでたらめにタイプライターで打つ一匹のサルを模倣《シミュレート》するようなコンピューターのプログラムを書くとして、そしてこの英文で二八文字の連なりを打つのにわずか一秒しかかからないとしても、Methinks it is like a weaselという文章に行き当たる何らかの可能性に到達するには、これまで世界が存続してきた時間の一〇億×一〇億×一〇億倍は待たなければなるまい。

半分冗談ながら、私は『盲目の時計職人』で、自分にはサルの知り合いがいないけれども、幸い一カ月になる娘のジュリエットが「経験豊かなランダム発生装置として、このうえなく熱心にサルのタイピスト役をかってでてくれることがわかった」と書いた。熱心にというのは控え目な表現で、娘はオックスフォード運河を見下ろす屋上にある私の砦にやってきて、小さな拳でキーボードを叩き、終了まぎわの私の本が締め切りに間に合うよう忠実に助けようとしていた。私が続けてこの本に記したように、「娘は娘なりにやりたい大切なことが他にもあったので、私はでたらめにタイプする赤ん坊ないしサルをシミュレートするためのコンピューター・プログラムをつくらざるをえなかった」

(引用はともに中嶋・遠藤・遠藤・疋田訳)。

テレビという媒体をよく知っている人間なら誰でも、ジェレミーがこの場面を再現したがったことに驚かないだろう。母親であるイヴがジュリエットを、撮影をおこなっていたニュー・カレッジの私の部屋へ連れてきた。ひょっとしたらカメラとカメラマン、照明と巨大な銀の傘状の反射板の存在、そしてディレクターの「ターン・オーバー」や「カット」という叫び声に怯えたのかもしれないが、哀れなジュリエットは母親の膝に座っているときでさえ気後れして泣きだし、キーボードで名人芸を披露しようとはしなかった。そのため結局、コンピューターを正面から撮って、画面でシミュレートされたサルと累積的な淘汰を用いた「ダーウィン」アルゴリズムとを比較する映像を作った。部分的に完成した「ミュータント」綴りは、引き続く世代へと「繁殖」することが選択的に許され、Methinks it is like a weasel という文章を「育種」するのに、ほんの一分かそこらしかかからなかった。

もちろん、このイタチ・プログラムはダーウィン主義的な進化の、非常に限られた意味の模倣《シミュレーション》でしかない。これは一世代のランダム化と淘汰に対する累積淘汰の威力を例証するためだけに設計《デザイン》したものである。しかも、一つの遠い目標（あらかじめ定められた Methinks it is like a weasel という成句）に向かうものであるという意味で、実際の生物における進化の仕方とは非常に異なっている。実際の生物では、生き残るものが生き残るのである。実際の生物にも遠い目標があると、つい後知恵で想像したくなるかもしれないが、そんなものは存在しない。それこそが、私がはるかに興味深い、生物に似た一連の「バイオモルフ」プログラムについて書くことに進んだ理由である。バイオモルフについてはのちの章で論じるが、この番組映像でも際立った役割を果たしていた。

このドキュメンタリーの後のほうのシーンのために、私はベルリンへ行くことになった。その目的は、風車およびディーゼル・エンジンのデザインを完全なものにする方法としてダーウィン主義的淘汰を用いた先駆者であるドイツ人の技師、インゴ・レッヒェンベルクを映像に収めることだったが、私たちはこの機会を捉えてベルリンの壁を訪れ、シュタージ〔東ドイツの秘密警察〕によるジョージ・オーウェルが描く世界のような抑圧から逃れようとする人間は誰であろうと撃ち殺そうと待ち構えている、東ドイツの監視兵を観察した。この暗く気の滅入る光景に、ジェレミーのいつもの陽気さは消え失せ、特定の誰かに向けたものではなく、雨雲の垂れ込めた空に向かって無名の民として吼えた彼の悲痛な絶望の叫びを、私はけっして忘れることができない。

BBCの《ホライズン》でこうした二つの番組をつくれたことは嬉しいが、この章を書くためにもう一度見ると、私がカメラに向かって話をするときの気弱なためらいに強い印象を受けた――ちょっと困惑さえした。考えられる一つの理由は、私がどんなミスをしても、それが費用《コスト》に響くと気づいたことだろう。この当時の撮影は一六ミリフィルムでなされたが、これが高価で、再利用ができなかったのである。今日《こんにち》のデジタル記録媒体では費用はゼロである。ミスがもたらす出費は、もう一度撮り直すのに必要な時間だけだ。ジェレミーはその点に関して非常に寛大で、フィルムの費用やBBCから割り当てられた限られた予算のことはけっして口にしなかったのだが、これらの《ホライズン》の撮影でヘマをするたびに、私は謝らなければという気持ちになった。

たった今私が告白したばかりのもたもたした自信なさを、ジェレミーは実際には否定していて、私が自分の欠点を過剰に意識しすぎているのではないかと言う。いずれにせよ、ひょっとしたらデジタル媒体への移行のおかげでミスの金銭的な出費が減少したためか、あるいは私が一〇年歳をとったためか、私が一九九六年に作ったチャンネル４のドキュメンタリー番組《科学の壁を破る》を今見ても、同じようなためらいが気になることはないようである。

《科学の壁を破る》

チャンネル４は、独自の内部製作スタッフや設備をもっていない。その代わりに（BBCもしだいにこういうやり方になりつつある）、ロンドンおよび全国各地に出現してきたおびただしい数の独立した製作会社《プロダクション》に作業を発注するのである。したがって、《科学の壁を破る》について最初にアプローチしてきたのはチャンネル4ではなく、有限会社ジョン・ゴー・プロダクションだった。それほど時間が経たないうちに、私はジョン・ゴーが英国テレビ界でもっとも尊敬されている人物の一人であることを知った。自分の独立した会社を設立するために退社したBBCのベテランで、テレビの世界での経験と、数多くの依頼と賞を獲得したことによって広く崇められていたのである。彼の企画でチャンネル4に私の名前が売り込まれるのに、私はほとんどためらいなく同意した。企画は成功し、ジョンはこの番組のディレクターとしてフリーのサイモン・レイクスを雇ったが、製作はジョン自身がおこなうことになった。私はサイモンともジョンとも馬があい、番組のできに非常に満足することになった——最近になってもう一度見直しても、その印象は変わらない。

《科学の壁を破る》には、科学的方法とそれが解き明かす驚異への賛歌と、私たちの世界における科学の無知への哀歌とが、ほぼ等分に含まれている。後者の例として取り上げたのが、イギリスのトラック運転手ケヴィン・カランの物語だ。彼は殺人の罪で無期懲役を科せられたが、その後このあと述べる理由によって釈放された。頭部外傷の科学について無知な医師の専門家証言によって、陪審員は彼が四歳の継子マンディを揺すぶって死に至らしめたと信じ込まされたのである。

私たちが主張しようとしていたのは、判事や検察官の側だけでなく、ケヴィン自身の弁護団にもあった科学の無知が、誤った確信を招いたという点である。ケヴィンが自分の弁護士にいかなる専門家を弁護のために召喚するのかと思い切って尋ねたところ、弁護士は黙れと一喝した——そして誰も証人を呼ばなかった。その理由は、弁護側が呼ぼうと考えた医師たちは、検察側の専門家と同意見だったからである。ケヴィンは孤立無援で、自らの弁護をする唯一の証人は彼だけで、彼は一生刑務所に入れられることになった。

彼は孤立無援だったが、不屈の魂をもっていた。刑務所の規則で本を注文することが許されていて、神経病理学の難解な科目を体系的に独学することを始めた。釈放されてからずっと後に、ウェールズの沿岸にある小さな自宅で、刑務所にいるあいだに書き溜めたその科目に関する厖大な量の研究メモのファイルを、彼はテレビカメラの前で見せてくれた。それらのメモ類は、最終試験《ファイナル》――ケヴィンはもっとさし迫った「最終《ファイナル》」に直面していたのだが――のために猛勉強しているどの一流大学の大学生のものより完全かつ詳細であるように私には思えた。自分が無実であると知りながら、自分を待ち受ける生涯にわたる刑務所暮らしに思いを馳せるのがどれほど気が滅入ることか、想像できるだろうか?

最終的に彼は、ニュージーランドの神経病理学者、フィリップ・ライトソン教授の書いた本を見つけた。その本には、可愛そうなマンディとまったく同じ症状が記載されていた。ケヴィンはライトソンに手紙を書き、裁判記録の詳細をすべて送った。ライトソンは記録を熱心に調査研究し、マンディの障害は揺さぶりによって引き起こされた可能性はないと確信するようになった。むしろ、ケヴィンが終始言っていたように、墜落によって引きおこされたものだった。

ライトソンの新しい証言がものを言って再審が開かれ、ケヴィンは経歴に汚点を残すことなく、無罪放免となった。しかし私が番組中でコメントしたように、「一人の無実の男が牢獄で四年を費やした」のである。もしこの恐るべき事件がテキサスのような厳罰主義を旨とする司法制度のもとで起こっていたなら、ケヴィンはおそらく死刑になっていただろう。英国においてさえ、彼の驚異的な粘り強さと、ニュージーランドから駆け付けた善良な医師の誠意がなければ、彼はまだ牢獄で思い悩み、おそらくは他の在監者からのゾッとするような酷い仕打ちを受けていたことだろう。

私たちのドキュメンタリーでは、英国でもっとも傑出した法廷弁護士の一人であるマイケル・マンスフィールド勅撰弁護士によって、関係した判事およびすべての法律家の科学的な無知についての、言い逃れのできない告発もなされた。私はケヴィンの話に感動し、ひたすら意志の力と知能だけで、必要な科学知識と科学的な思考方法さえも独学で身につけた、この比較的学歴に乏しいトラック運転手に対する強烈な尊敬の念をもった。彼を裁いた法律家たちは、この英雄的な若者よりもはるかに高い教育を受けていたのだが、彼らが学んだのは見当ちがいの科目で、ケヴィンを落胆させたのだ。

私たちはまたこの番組で、大衆にひろく見られる迷信へのはまりやすさと騙されやすさ——このテーマには『虹の解体』、およびのちのチャンネル4でのドキュメンタリー《理性の敵》で戻ることになる——にも遺憾の意を表した。《科学の壁を破る》のために、私たちはイアン・ローランドの映像を撮った。彼はいかさま師が「超常」や「超自然」と称するスプーン曲げのようなトリックを実演し、しかも「もし他の誰かがそれを超自然的におこなうのなら、その人間はむずかしい方法でやっているだけだ」という言葉どおり、自分はトリックしか用いていないとあえて広言する、プロの奇術師である。アメリカでは、彼と同様の欺瞞退治の正直な奇術師という役割は、かの年季の入った懐疑主義者、ジェームズ・「ジ・アメイジング」・ランディが長らく占めていた。自分の本職から逸脱して、科学的理性を促進し、山師《やまし》の正体暴きをした他の華々しい手品師《イリュージョニスト》としては、ペン・アンド・テラー、そしてジェイミー・イアン・スイスがいるが、私は彼らを友人と呼べることを誇りに思っている。

私は、これまで手品を実演したことはない。しかし（ひょっとしたら「そして」のほうが適切な接続詞かもしれない）、舞台の奇術師がやってみせることには魅了される。そこにはほとんど哲学的な意味があるとさえ言えるかもしれない。アメリカのジェイミー・イアン・スイスやイギリスのダレン・ブラウンのような世界的な手品師を観ていると、奇跡を見たという感覚があまりに強くなりすぎて、本当は合理的な説明があるのだと自分に言い聞かせるのに意思の力をふりしぼらなければならなかった。見かけのあらゆる証拠に反して、自分が目にしているのは奇跡などではない。こうした驚くべき奇術師の芸当に比べれば、水をワインに変えたり、水面を歩いたりすることなど、児戯にしか思えない。私のあらゆる本能が「奇跡だ」、「超自然的だ」、「超常的だ」と声を上げるのにもかかわらず、私はそれが本当はトリックなのだと自分に言い聞かせつづけている。ジェームズ・ランディやイアン・ローランド、あるいはジェイミー・イアン・スイス、ダレン・ブラウン、ペン・アンド・テラーのような正直な呪縛破り《スペルブレイカー》たちには、自分が本当は何をしているかについて白状する義務はない。そうするのは、職業上の規範を破ることになる。それが本当はトリックであると保証してくれるだけで十分なのである。

恥ずかしい告白を一つ。もう子どもとは言えない年頃のとき、怪力男と称する人物による以下のような「超常的な」実演をテレビで見た。男の背中の皮膚には釣り針が突き刺さっていて、彼は釣り糸で、大きくて重い貨物車につながれているように見えた。裸の背中の針で引っ張られているところが外に異様に伸びるのもかまわず、何度も糸を引き寄せ、唸る芝居をした。ゆっくりと、しかしまちがいなく、貨物車は動いた。私が告白したい——私は恥を忍んで、私たちすべてがいかに騙されやすいかの一つの実例としてこのことを打ち明ける——のは、物理学の法則がこんなふうに破られるのは単純にありえないがゆえに、すぐにはそれをトリックとして片づけられなかったという点である。むしろ私の反応は、「ああ、何というすごい男なんだ。ホレーショよ、天地のあいだには、はるかに多くのものがあるのだよ。……〔ハムレットの科白〕」だった。やれやれ。こんな告白はさっさと脇に追いやって、ここに度しがたい愚か者がいると笑うがいい。しかし私は、この当時の私のように騙されやすいのは悲しいかな、私一人ではないことを知っている。

ついでながら、ペン・アンド・テラー、ジェームズ・ランディ、およびその他の奇術師が正直であることは、商売上の利益にはまったくつながらない。むしろ正反対である。同じ（ふつうはもっとお粗末な）トリックを使い、テレビで自分たちは超自然的な力の持ち主であるとうそぶき、自分たちの「パワー」についてのベストセラー本を書く詐欺師やペテン師たちは、儲かりすぎて笑いが止まらない（あるいは愚かな重役たちが、どこを掘れば石油や貴重な鉱物が出るかを「サイキック・パワー」で「占って」もらうために気前よく金を払ってくれる石油会社や鉱山会社のおかげで笑いが止まらない）にちがいない。

哲学的に興味深いので、この話をさらに続けよう。合理主義の側に立つ科学者はしばしば、そもそもどういったものごとを示せば、あなたは自然法則が破られたことを認め、超自然主義者に転向するのか、と詰問されることがある。何であれば、あなたに超自然的なものを信じさせることができるのか？　というわけだ。私はリップサービスで、誰かが何か説得力のある証拠を示したらすかさず、誰より先に超自然主義者になりましょうと、よく請け合った。そのような証拠を神ならば容易にさし出せるのは明らかなはずだと思っていたからだ。しかし今では、私のウェブサイト RichardDawkins.net の常連寄稿者であるスティーヴ・ザラの深い思索に富んだ議論に刺激を受けて、それほど確信がなくなった。超自然主義を支持する説得力のある証拠とは、どのようなものだろう？　どういう形をとりうるのだろうか？　ジェイミー・イアン・スイスによる「クローズアップマジック」のカード・

トリックは、私が思いつけるほとんどどんな奇跡にも劣らないほど、超自然的に見える。イエスが私の目の前に栄光の雲につつまれて現れたからといって、あるいは星が動いて、ゼウスやオリンポスのその他の神々すべての名を綴る新しい星座になったからといって、何ゆえ私は、自然の法則が「超自然的な出来事」によって覆されたという責任逃れの理論に屈しなくてはならないのだろう。自分が夢を見ている、あるいは幻覚を見ている、あるいはひょっとしたら、地球外の物理学者かエイリアンのデイヴィッド・コパフィールド〔ディケンズの小説の主人公〕風の奇術師がつくった巧妙な幻影の犠牲者だという仮説を退ける必要など少しもないではないか。超人類？　大いにけっこう。もし広大な宇宙が超人類的な知性のすみかでないとしたらむしろ驚きだ。しかし「超自然的」とは？　超自然的と言ったって、現在の、間に合わせの不完全な科学的理解の範囲から外れているというだけの意味でしかないだろう？

予言者的なサイエンス・フィクション作家として有名なアーサー・C・クラークがいわゆるクラークの「第三法則」で、「十分によく発達した科学は魔法と見分けがつかない」と言っているのがまさにこのことなのだ。もし私たちがボーイング747に乗って中世まで戻り、人々を招いてラップトップ・コンピューター、カラー・テレビあるいは携帯電話を見せることができれば、彼らのうちで最高の知識人でさえ、これら四つの装置はすべて超自然的で、私たちのことを神だと結論することだろう。しかしその場合でも、「超自然的」は「私たちの現在の理解を超えている」以上の何をいったい意味しえるのか？　熟達の奇術師による巧妙なトリックは私の現在の理解を超えているし、たぶんあなたにとってもそうだろう。それを超自然的と呼びたい誘惑に駆られるが、私たちはそうではないことを知っている――奇術師たち自身が保証してくれる――がゆえに、その誘惑に抗《あらが》えるのだ。デイヴィッド・ヒュームが勧めたように、奇跡と称されているあらゆる事柄に対して、同じ懐疑主義を働かすべきなのである。なぜなら、奇跡に対する代案は、たとえまだ説得力に乏しくとも、奇跡よりは信憑性があるのだから。

《科学の壁を破る》のメッセージのもう半分である、科学の驚異をひろく知らしめることについては、マンチェスター近郊のジョドレルバンクの巨大な電波望遠鏡という気持ちを高ぶらせる場所で、パルサーの発見者であるジョスリン・ベル・バーネル教授を撮影することで、ほかの何にもまさる成果を挙げることができた。それはなんと感動的な光景であることか。巨大な、サイクロプスのようなパラボラが、遙か彼方の宇宙空間のはるかに遠い時間をのぞき込んでいるのだ。デイヴィッド・アッテンボローと――さらなる快挙として――ダグラス・アダムズにもインタヴューできた。私が序章で引用した小説と科学書についての発言は、このダグラスへのインタヴューから採ったものだ。インタヴューを終えるにあたり、私は彼に、「科学について、本当にあなたの血をたぎらせるものは何ですか?」と尋ねた。次に示すのが彼が即興で言ったことで、こちらに乗り移ってきそうな彼の熱狂は、目の輝きによって弱められるどころか強められ、私たちはその輝きによって、いつでも自分を突きはなして見られるという彼の気概が好きになる。

世界はまったく度はずれた複雑さと豊かさと、とんでもなくすごい奇妙さをもつものです。私が言いたいのは、そのような複雑さが、そのような単純さから生じうるばかりか、たぶん、まったくの無からも生じうるという考えこそ、もっとも信じがたい、並外れたものだということです。そして一度あなたが、それがどのようにして起こったかについてうすうすでも何かがわかれば―

――これほどすばらしいことはありません。そして……そのような宇宙で七〇年か八〇年の一生を過ごすというのは、私に関するかぎり、時間の使い途《みち》としては悪くないと言えましょう。

ああ、なんたることか、彼――そして私たち――はたった四九年の時間しか得られなかったのだ。

私とダグラスの友情と、私がいかにして彼を知るようになったかについて触れるのに、ここほどうってつけの場所はあるまい。私が最初に読んだ彼の本は、『銀河ヒッチハイク・ガイド』ではなく、『ダーク・ジェントリー全体論的探偵社』だった。何を隠そう、これは私がカヴァーの表から裏まで読み通し、読んだあとただちに、カヴァー表からカヴァー裏までもう一度読んだ、唯一の本なのである。なんでそんなことをしたかといえば、最初に読んだときは、コールリッジからの引用に気づくまでしばらくかかり、もう一度、今度はコールリッジの引用に気をつけて読みたいと思ったからだった。

これはまた、著者にファンレターを書くように私を促した唯一の本でもあった。ファンレターと言っても初期の電子メールで、まだ電子メールがまれな時代に送った。アップルコンピューター社〔アップルの旧社名〕は当時、アップルリンクと呼ばれる独自の内部電子メールネットワークをもっていた。アップルリンク・サークルの他のメンバーに電子メールを送れるだけのもので、一九八〇年代の末に、メンバーは全世界でわずか数百人しかいなかった。ダグラスと私は、アラン・ケイを介してそのメンバーだったわけである。アランは最初ゼロックス社のパロアルト研究所にいて、そこでＷＩＭＰインターフェイス（ウィンドウ、アイコン、メニュー〔あるいはマウス〕、ポインター）を創設した天才たちの一人であった。このインターフェイスをアップルが、のちにはマイクロソフトが採用することになる。コンピューター界のアテナイの学堂にあたるパロアルト研究所からの大離散《ディアスポラ》に際し、アランはアップル・フェローとしてアップルに移り、教育用ソフトの開発ユニットを設立し、一つの非常に幸運なロサンゼルス小学校を試験台に採用した。アランはダグラスと私の著作双方のファンで、彼の教育ユニットの名誉アドヴァイザーに二人とも選ばれた。その特典の一つが、アップルリンクの初期メンバーになれたことだった。ネットワークにはそれほどわずかな数の人間しかいないことからすれば、ダグラスの名前を探してファンレターを送るのは簡単だった。

彼はすぐに返信をくれ、彼もまた私の本のファンだと言い、私が次にロンドンに行ったときに、家を訪ねるよう招かれた。私はイズリングトンにある彼の家に着き、ベルを鳴らした。ダグラスは扉を開けてくれたが、すでに笑っていた。私はすぐに、彼が私を笑っているのではなく、自分自身を笑っているのだという感じを受けた。あるいはたぶんもっと正確には、彼の見上げるほどの背の高さ(1)に対する予想される私の反応――彼はそれまでに何度も見てきたにちがいない――を笑っていたのだろう。あるいはひょっとしたら、人生の馬鹿馬鹿しい、私もきっと面白がるだろうと想像する何らかの事柄に対して、皮肉っぽく笑っていただけかもしれない。私は彼とともに中に入り、彼はギター類、Ｍｉｄｉ音響装置、奇抜なほど巨大なラウドスピーカー、および――そう見えたのだが――数十台の引退したマッキントッシュ・コンピューター（ムーアの法則に絡め取られ、最新式の後継者たちの影に隠れて衰退した）で一杯の屋内を見せてくれた。二人とも笑いのツボが一緒であるとわかり、同じ滑稽な馬鹿馬鹿しさに対する同志的な認識を大いに楽しんだ。たとえば彼は、こんなことに私がうれしがって笑うにちがいないと、推測していたことだろう。

（1）彼が子供の頃、学校の遠足では、時計の下でなく「アダムズの下に」集まるように告げられた。

私たちが、九〇〇〇マイルかなたの核の火の球のまわりを巡る気体に覆われた惑星の表面にある、深い重力井戸の底にすみ、それが正常だと考えているという事実は明らかに、私たちの視野がいかに歪んだものになりがちであるかを示す兆候である……。

「無限不可能性ドライブ」にも、買えば本人に代わってどんなことでも信じてくれる省力装置、エレクトリック・モンク（「ソルトレイクシティでは誰も信じないようなことを信じる」ことのできる装置の改良版）にも、そして自殺への食欲をそそり、道徳的に洗練された『宇宙の果てのレストラン』（先にクリスマス講演の章で紹介した）における「本日の料理」にも、私は大笑いした。

私がダグラスの四〇歳の誕生パーティで妻に出会ったことはすでに説明した。しかし四二というのは、アダムズの聖典《カノン》においてはもっと意味のある数字〔『銀河ヒッチハイク・ガイド』で、生命、宇宙、その他もろもろについての普遍的な疑問に対しコンピューターが弾き出した答〕で、彼は四二歳の誕生日を、数百人のゲストを招いた大晩餐会という、独特のスタイルで祝った。着席形式のディナーという約束だったが、その約束を全うすることはほとんどできなかった――その驚くべき座席プランのゆえに。それぞれのプレースマット〔一人分の食器用のテーブル敷き〕の上にゲストの名前を書いたカードを置くというのは、ダグラスにとってあまりにも単純すぎた。ダグラスのプレースカードには二人の名前があり、それはそこに座る人物ではなく、両側に座る人の名前である。「あなたの左に座るのはリチャード・ドーキンスなので、食前の祈りをするように彼に頼んでください。右に座るのはエド・ヴィクターです。彼のほうを向いて、疑うような声音で『一五？』と言ってください」（ダグラスの著作権代理人であるエド・ヴィクターは、その頃のロンドンで一五％という高い手数料を取る唯一の代理人だった）。カードによるこの席決めは、かくのごとくいわれのない複雑さをもつ離れ業《わざ》だったから、ダグラスは（私の推測では彼のもっているＭａｃコンピューター船団の二隻以上にけしかけられて）その夕方のほとんどをそれに忙殺され、私たちは真夜中近くになるまでディナーの席に座ることができなかった。世界一流のユーモアのセンスと――ずっと言われてきたように――世界一流の想像力をもつ彼を失って、私はどれほど悲しいか。

《科学の壁を破る》は、典型的なオックスフォードのシーンで終わる。私がチャーウェル川を上流に向かってロマンチックに小舟《パント》の棹を操るあいだ、ララは船のなかで身を横たえている（もちろんカメラマンという邪魔者も仕事をしているのだが、視聴者には知る由もない）。そこに私たち二人ともが高く評価する「科学が明らかにする真実」の美しさを称揚する、私のナレーションがかぶせられていく。

世界の七不思議

九〇年代の半ば、ＢＢＣのプロデューサー、クリストファー・サイクスが、科学者たちに世界の七不思議と思うものを挙げさせ、それぞれについて即興で話をさせるというテレビ・シリーズのアイデアを思いついた。選ばれたものを示すための映像は、クリストファーがおそらくはＢＢＣの厖大なライブラリーからもってきたものでまかなった。私の選んだ世界の七不思議は、クモの網、コウモリの耳、胚、デジタル暗号、パラボラ反射鏡、ピアニストの指、そしてサー・デイヴィッド・アッテンボロー（非常に嬉しく楽しい気分になったと、この偉大な人物から手書きの手紙が来た）である。この三〇分間の濃縮されたテレビ番組は、どうやら私がした仕事のうちで、敵を誰もつくらなかった（多くの友人をつくった）数少ないものの一つだった。だからいい番組になったと言えるのか？　ウィンストン・チャーチルの「敵をつくった？　結構だ。それはおまえがなにか正しいことをした証だ」という言《げん》とは相容れないが、悪いものにはならなかったとは言える。私はわざわざ敵を探しに道を逸れたりしたことはないが、まっすぐな道路の先の暗闇から、敵がヌーッと現れてくることは時々あるようだ。

「世界の七不思議」というフォーマットに従い、すばらしい候補者リストが多数寄せられた。たとえばスティーヴン・ピンカーは、自転車、〔言語の〕組み合わせシステム、言語本能、カメラ、眼、立体視、および意識の謎を選んだ。「タクシー運転手の海馬」を挙げた人がいるとは聞かないが、これは挙げられてしかるべきだろう。ロンドンの黒塗りタクシーの運転手になるには、あらゆる小さな路地を含む、この世界最大の都市のあらゆる道路についての知識（それは、ザ・ナレッジと呼ばれてさえいる）をテストする試験にパスしなければならない。そして、こうした運転手の脳は海馬と呼ばれる部分が大きくなっていることも確かめられている。この「知識《ナレッジ》」がまもなくGPSナビによって無用なものになってしまうのではないかと思うと、いささかの悲しみに襲われる。けれども、GPSシステムが裏通りの近道や、最善のルートが交通事情によってどう変わるかといった「知識」に対抗できるようになるのは、もう少し先のことである。

このシリーズに登場した他の科学者としては、私の個人的なヒーローであるジョン・メイナード・スミス、スティーヴン・ジェイ・グールド、ダニー・ヒリス（並列処理スーパーコンピューターの発明者）、ジェームズ・ラヴロック（ガイアの導師）、ミリアム・ロスチャイルドがいた。この非凡な老婦人が挙げた七不思議は、耳ダニ、オオカバマダラ、ノミのジャンプ、ユングフラウ山上での夜明け、寄生虫の異様に複雑な生活史、カロテノイド色素（これによって私たちは色を見ることができる）だった。これらのものに対する彼女の面白がりようは伝染力があり――八七歳の老人があふれ出さんばかりの子供の熱狂を抱いているのだ――、彼女が出演した回は、クリストファー・サイクスが考えたコンセプトのタイプ標本のようなお手本だった。

デイム・ミリアム

私はミリアムのことをよく知っていたわけではないが、これほど非凡な人格については、少し脱線して語らずばなるまい。ララと私はよく彼女から、私がかつて寄宿学校で暮らしたオーンドルに近いアシュトンにある別荘での毎年恒例のトンボ・パーティ（ゲストは彼女の湖のまわりにあるトンボ保護施設を見るように勧められたからこう呼ばれる）に招かれた。彼女の別荘の庭は注目に値するものである。『新しい英国女性の庭園』という大判のビジュアルブックがあり、見開きページが、だれか高貴な生まれの、あるいはいい縁故をもつ婦人の庭園に割り当てられている。各ページでは汚れ一つない完璧な芝生が光り輝いており、そこへ大昔からのヒマラヤスギが影を落とす。風情があって控え目な花壇、多年生植物の縁取り、木陰に覆われた東屋《あずまや》、古くからの、鬱蒼たるイチイの小道――すべてはあるべくしてそこにある。ただしそれはミリアム・ロスチャイルド閣下《オナラブル》（閣下という称号を外してＦＲＳに置き換えることもできたはずだが、それはこの本の性格を逸脱することになるのだろう）[1]の庭が出ているページをめくるまでのことだ。彼女の庭はしゃれていて、独特のものだった。植物は、すべてほかのレディたちが雑草と呼ぶようなものだった。どれも英国の野生の牧草地の花で、刈り取られていない草だった。花で飾られた丈の高い草が家の壁面に打ちつけられ、窓に当たり、窓の内側に置かれた植木箱まで入り込んでいたので、庭が屋内までつながっているように見えた。大きな邸宅そのものは蔓植物によって覆い尽くされてしまっていて、ほとんど魔法にかけられた森の中のおとぎ話の城のようで、見つけるのに鉈《なた》が必要なほどだった。色あせた家族写真（そのなかの一人は山高帽で、満面に髭を生やし、四頭のシマウマに引かせた馬車でロンドンを駆け抜けた、第二代ロスチャイルド男爵だった）の下には、名高いロスチャイルドの昆虫コレクションを入れたいくつもの箱があった。

昼食そのものは、豪華な立食だった。こうした毎年恒例の「トンボ・パーティ」の一つで、彼女は自分のテーブルから私を手招きし、「こっちに来て、私のそばに座りなさい、あなた。でもその前にまず、鹿肉を一切れ切ってきてちょうだい、本当に薄うくね、念のために言っておくと、私は厳格なベジタリアンなのよ」。公正のために言うと、このシカは食べるために殺したのではなく事故で死んだもので、彼女のベジタリアン主義はその精神——その肉ではないとしても——において維持されていた。……ミリアムは稀少種であるシフゾウの群れを所有しているが、これは彼女の父親がこの種の保護という観点で中国から連れてきたものである（野生のものは絶滅した）。そのシカの一頭が不幸にもフェンスに絡まって死んでしまったのである。そういうわけで、倫理的に正しい立食パーティのテーブルに鹿肉があったのだ。

ミリアムは一度オックスフォード大学から招かれて、有名な年一回のハーバート・スペンサー講演をしたことがあった。副総長とお偉方は全員、クリストファー・レンの壮大なシェルドン劇場の最前列に座っていた。彼らはおそらくガウンを着せられ、角帽を被り、杖をもつ典礼係に先導されて、列をなして歩いて入ってきたのだろうが、私はその詳細をしっかりとは覚えておらず、潤色してしまっているかもしれない。ミリアムの講演そのものはよく覚えている。動物の権利を求める心からの嘆願と、肉食に対する情熱的な弾劾、という内容のものだった。私は副総長のすぐ後ろに座っていたので、講演が進むにつれて、彼が気がかりなことでもあるのか、椅子の中で目に見えてもぞもぞと動きはじめたのに気づいた。それから一枚のメモがその列にそって慎重に受け渡され、一人の補佐官が大急ぎで出ていくのが見えた。まちがいなく、副総長がホストを務める、ミリアムを讃える講演後の晩餐会の準備に忙しい大学の調理場に大急ぎで走っていったにちがいない。彼女が前もって彼に注意しておけばよかったと思う人がいるかもしれないが、思うに、彼女のいたずら心がそれを控えさせたのではないだろうか。

これはまた別の機会の話になる。ララは、引退した俳優たち向けの行き届いて快適な養護ホームであるデンヴィル・ホールの評議会の議長を務めているが、このホールのための資金集めに腐心していた。この頃、絹地に美しい動物の図案を描くのが、ララが好んで手がけた芸術作品だった。彼女はネクタイ（王室御用達のシールをもらいそこねたイボイノシシのネクタイのようなやつ）だけでなく、本当に美しい、すべて動物の図案——チョウ、ハト、ニワトリ、クジラ、魚、貝、アヒル、アルマジロ（マット・リドレーはこれを一枚、テキサス人の奥さんのために買った。アルマジロはテキサス州のマスコットだから）——の絹のスカーフも描いていて、それらを提供して、お気に入りの慈善組織

（1）英国以外の読者には、英国では「オナラブル」は貴族の子孫に与えられる称号であり、ＦＲＳ（ロイヤル・ソサエティ会員）は科学者に与えられる本物の栄誉であることを説明するだけで、この小さな棘を含んだ言葉の意味が筋の通ったものになるだろう。

のために売ることにした。私はミリアムがいつもヘッドスカーフをしていることを知っていたので、大きな寄付をしてもらえるかもしれないという期待を込めて、この裕福で慈悲深い老婦人のために一枚ヘッドスカーフを描くようララに勧めた。ミリアムのかのアクロバティックな吸血者についての比類のない専門知識を考えれば、たとえ奇抜であっても、描くべき対象はノミだった——巨大に拡大された、異なる九種のノミの図柄だ。ララはこのスカーフをすばらしく仕上げ、私がララに代わって十分な理由を説明して、彼女に送った。やがて、ミリアムから返事が来た。「あなたの奥さんにお礼を言って、このハンカチーフ［この「ハンカチ」は少なくとも一メートル四方あった］を大事にすると伝えて。でも、彼女は残念ながら、ノミのペニスを過小評価しています。あなたもきっとご存じのはずですが、ノミのペニスは、体の大きさとの比率では、動物界で最大なのです」。ミリアムの手紙には、デンヴィル・ホールへの気前のいい小切手が添えられ、一緒に贈られてきたノミの微細解剖学についての彼女の本はララに献呈されていて、「モグラノミの雌の生殖器について一一二頁を参照」というメモがあった。

あまり幸運ではなかったテレビとの出会い

自分が進行役を務めた科学ドキュメンタリーに加えて、私は何度か、あれやこれやで、テレビカメラのなかで嫌われ役にされた経験がある。ここではそのすべてを細かく列挙するつもりはない。私が意図的に人を騙す編集の犠牲になったたった二度の機会（それについてはすぐに話題にする）を別にすれば、思いだしてもっとも愛着が乏しいシリーズは、《ザ・ブレーンズ・トラスト》だ。これはタイトルと形式を戦争中のラジオシリーズからそのままそっくり受け継いだもので、視聴者から送られてきたのを司会者が読み上げる質問に対して、三人の解答者《パネリスト》がその場で答えるというものだった。解答者は毎週変わったが、有名な常連としては、ジュリアン・ハクスリー、A・B・キャンベル中佐〔海軍士官でラジオ司会者〕、およびC・E・M・ジョード〔哲学者〕がいた。もとの放送がおこなわれていたころ、私はよちよち歩きの子供だったが、友達どうしを互いに姓で呼びあった過ぎ去った時代を偲んで、録音された番組をよく聴いた。出演者の声は話しあっているというよりむしろ熱弁をふるいあっているように聞こえたものだ（「ありがとう、キャンベルさん、それでハクスリーさん、あなたの率直なご意見は？」）。テレビ版のほうはラジオのオリジナル版ほど成功しなかった。いまでは自分がなぜ出演を承諾したのか想像もできないが、理由があってそうしたのだ。三つのエピソードを語ることにするが、どれも気に入らないものばかりである。司会の女性が、私が科学者であるということに驚き呆れたような表情を見せて、私に挨拶した。彼女はどうやらそれまで科学者に一度も会ったことがないようだった。「私たちはオックスフォード大学で彼らのことを、〝灰色男たち《グレイ・メン》〟と呼んでいました。彼らは私たちがまだベッドで寝ている午前九時に講義に出かけていきました」。ある質問に対する答の一つとして私がワトソンとクリックの名を挙げたところ、彼女は、「視聴者のために、ワトソンとクリックがどういう人か、簡単に説明してもらえませんか」と続けた。私がワーズワースやコールリッジ、あるいはアリストテレスやプラトンの名を挙げても、あるいはそれがギルバートとサリヴァンであっても、彼女は同じような要請をしたのだろうか？

有名人コンビの名前をいくつか挙げたところで、私はフランシス・クリック自身から聞いたちょっといい話を思いだした。彼はワトソンをケンブリッジ大学の誰かに紹介したところ、「ワトソン？でも私は、あなたの名前がワトソン＝クリックなのだとばかり思っていました」と言われたという。

ついでにもう一つ脱線しよう。私はこの二人のどちらとも知り合いであることを特権だと感じている。限られたデータを引き延ばして、ほとんど無限の意義をもつ結論を導き出した彼らの賛嘆すべき達成には、二人双方の才能が不可欠だったから、どこにでもある二つの名前を組み合わせる場合、どちらが先に来てしかるべきかは必ずしも自明ではない。ワトソンの『二重らせん』の冒頭の一節（「私は謙虚なフランシス・クリックを見たことがない」）は、彼の年上のパートナーとの私のずっと限られた経験と一致しないが、それを成し遂げるのには、二人ともが大きな自信を必要としたのは事実である。クリックの自伝『熱き探究の日々（原題 *What Mad Pursuit*）』のカヴァー・ジャケットの推薦文で私は、

> 哲学的なでまかせ《クラップトラップ》を切り捨て、眠らせ、そして生命の未解決の問題の多くをてきぱきと解決することによって、そのように振る舞う権利を勝ち取ったクリックの、一つの学問分野を打ち立てるだけのことはあると思わせられる、ほとんど傲慢ともいえる自尊心

について書いた。彼はＤＮＡの構造を解明するだけにとどまらず、はるかに多くのことをなした。シドニー・ブレンナーその他と共同でおこなった、遺伝暗号が三文字暗号であるという彼の証明は、およそ考えられるかぎりでもっとも巧妙な実証の一つであるに違いない。

ジム・ワトソンもまた、もし彼が傲慢であるとすれば、そうしてもいい権利を勝ち取った人物なのだ。彼の権威を笠に着た宣告は思慮の欠けたものになりがちで、彼のユーモアの感覚はときに残酷なものになることがある。しかし、彼はある種の他意のない無邪気さのゆえにそれに気づいていないの

だという感じを受ける。彼のユーモアもまた不可解なものになることもある。たとえば彼が私に向かって、もし自分が映画に描かれるようなことがあれば、俳優はジョン・マッケンローのようなテニスプレーヤーにしてほしいと言ったときのように。あれはどういう意味だったのだろう？　私がどんな反応をすると思っていたのだろう？　しかしながら、古いケンブリッジのクレア・カレッジの庭で彼をインタヴューした（グレゴール・メンデルについてのBBCの番組のためだったが、この番組で、最後にかの偉大な科学者であった修道士が先駆的な研究をおこなった修道院を訪れた）ときの、私の質問に対する彼の答はしっかりと心に刻まれている。私はジムに、多くの信心深い人々が訊きたがるのは、「私たちは何のために存在するのか？」という問いに無神論者がどう答えるのか、ということなんです、というような訊き方をしたのだった。

そうね。ぼくは自分たちが何かのために存在するなどとは考えない。われわれは、進化の産物にすぎないんだ。「ふーん。目的があると考えないとすれば、君の人生はかなり寒々としたものに違いないね」と言ったっていいんだよ。でもぼくは、うまい昼飯を楽しみにしているだけさ。

さあ、これが最良のジムだ――そして昼食はたしかにおいしく、彼といることでさらによかった。彼と奥さんのリズがオックスフォードに家を買い、私たちの本拠であるこの街で何度か夏を過ごすようになってから、ララと私は二人のことをさらによく知ることになった。

《ザ・ブレーンズ・トラスト》で私と一緒になる解答者は毎週変わった。ふつう少なくとも一人は哲学者で、時には歴史家、一度は詩的小説を書く作家だった。私は唯一の科学者だったと思う。この番組の売り物の一つとして、私たちが質問についての事前通知をいっさい与えられていなかった、ということがあった。司会者はそのことについてずるいジョークを言って、私たちを秘密厳守で悩ますふりをしたり、私たちに咄嗟《とっさ》のウィットのなけなしの貯えを吐き出させようとした。質問は次のようなものである。「いい人生とはどんなものですか?」、あるいは、「幸福とは何でしょう?」。「幸福というものは渓流のようなもので……」というのが、私と一緒になった不運な解答者の答の出だしだった。それほどもったいぶったものではなかったにせよ、私の答がどっちもどっちというものだったのは確かだ。そして、その答を忘れてしまったのは私にとって、いくらかは幸福なことである。

テレビの映像をあからさまに不正直に編集することによって騙された機会が二度あったと述べた。実際には、二回しかそういう実例を指摘できなかったことを喜んでいる。なぜなら、勝ち目のない政治課題《アジェンダ》をもつ人々にとって、その誘惑は大きいに違いないからである。不名誉な形で議論に破れた創造論者にしてみれば欺くことが最後の頼みの綱であり、私が騙された二回とも創造論者の組織の手でなされたのも、驚くにあたらない。一九九七年の一〇月に、オーストラリアのある会社からアプローチを受けた。彼らは進化を巡る「論争」についての映画をつくるために、ヨーロッパへチームを送ることになっていると言った。次章で説明するように、スティーヴン・ジェイ・グールドとの会話に影響を受けて、私は創造論者とけっして論争しないという理に適《かな》った方針をそれまで採ってきた。しかしこの連中《クルー》の売り込みを聞くかぎり、議論を偏見なくドキュメントする本物の試みのように思えたので、私は彼らと話すことに同意した。

この連中がいざ家に来てみると、素人同然に未熟なことがわかった。カメラを操作している女性が質問もしてきた。彼女がそもそも番組をつくれるのかという疑いが増大してきたにもかかわらず、私は質問に答えたが、彼女が家に入るのを許したことへの後悔の念も大きくなっていった。しかし、さらに彼女は、このいわゆる「論争」に巻き込まれた誰もが動かぬ証拠として知っている、定番の問いかけをしてきた。骨の髄まで染まった創造論者しかこんなことを口にはしない。「ドーキンス教授、ゲノムの情報を増やしているのがわかるような遺伝子突然変異、あるいは進化過程の実例をあげてくださいい」。いまや、彼女が虚偽の口実で私の家に入り込んだのは明らかだった。彼女が原理主義的な創造論者であるのは見誤りようもなく明らかであり、私は騙されて、この手の輩《やから》が自分に注目を集め、自己の政治上の目的を達するために私の言葉をねじ曲げる機会を、与えてしまったのである。

私はどうするべきだったのだろう？　即座に彼女を追い出すべきか、それとも彼女の正体に気づかないふりをして、質問に率直に答えるべきか、あるいは、そのあいだを取るべきか？　どうするかを決断するために私は一瞬沈黙した。一一秒で心を決め、最初のアプローチが正直でなかったという理由で彼女を追い出すことにした。彼女にカメラを止めるように言い、書斎に行って、私の助手がいるところで、私はあなたの偽りを見つけたので、ただちに帰ってもらわねばならないと告げたのである。彼女は私に、私に会うために（明らかな嘘だったが、それはそのままにした）はるばるオーストラリアから来たのだと言って懇願した。彼女が何度も詫びたあと、私は折れて、撮影を再開することを認めた。私の心づもりは、彼女の愚かしい質問に答える代わりに、彼女が明らかにまったく無知である進化論のいくつかの側面について簡単な個人指導をしようというものだった——理解のおぼつかない人間に情報理論を説明しようとするよりまちがいなくましである。もし彼女の実際の質問への正式な回答がどんなものかを知りたいなら、『悪魔に仕える牧師』の「情報への問題提起」という章を見られたい。そこにはオーストラリアの《スケプティック》誌に掲載された、バリー・ウィリアムズによることの馬鹿げた出来事全体についての文献情報も挙げてある。

　最終的に彼女は去り、一年ほど経ってから誰かがそのころ放送されたこの番組について教えてくれるまで、私はこの出会いのことは思い出したことがなかった。番組を見て、彼女を放り出すことを決断するまでの私の一一秒間の沈黙は、質問に私が「途方に暮れて」いる姿として映し出されていることがわかった。彼女はこの沈黙が、まったく別のことについて私に話しかけているカット（インタヴューの違う部分からとった）に続くよう編集を施していて、まるで「途方に暮れた」あと捨て鉢になった私が勝手に話題を変えたように見えるようになっていた。面白い結末として、彼女はじつはこの番組の改訂版をつくっていて、そちらでは、「情報」の質問は彼女からではなく、私が撮影された部屋とはまったく異なった、がらんとした何の家具もない部屋（おそらくオーストラリアの）にいる共犯の男が発していた。これはおそらく、彼女の最初の質問の音質が悪かった（彼女はカメラの後ろ側にいた）ためだろう。これで不正な編集であることがさらに明白になっているが、どうやらある種の創造論者の知性にも染み入るような、十分なレベルの明白さというものは存在しないようで、彼らはそれ以来ずっと、私がどのように「途方にくれた」かを、勝ち誇って言いふらしている。

　私が騙された二度めは、プロの製作会社という評価をもつちゃんとした映像プロダクションの犯行であるがゆえにより深刻だった——そしてオーストラリアの素人と同じレベルの明らかな不正をともなっていた。こちらも二〇〇七年の最初のアプローチでは、創造論的弁証学の世界を客観的に考察するという約束がなされ、創造論の宣伝目的である気配はまったく感じさせなかった。実際、私は映像製作者の意図に納得するあまり、ロンドンでの撮影場所探しをわざわざ手伝うことさえした。マイケル・ルースやP・Z・マイヤーズを含む他の進化論者も同じ手口で騙された。インタヴューが終わってもなお、私はこの番組が政治目的であることにまだ感づいていなかった。インタヴュアーは、地球上の生命が知的にデザインされたかもしれないような何らかの状況を思い浮かべることができるかどうかと、私に訊いてきた。正直な答として、どういう状況ならありうるかを私は一生懸命に想像しようと試みた。そして、自分で信じているわけではないが、私に想像できる唯一の方法は宇宙空間からやってきたエイリアンが生命の種《たね》を播くというものくらいしかないと答えた。つまりこれは、私は地球上の生命が知的にデザインされたとは信じていないということの、私流の言い方だったのである。後から考えてみると、それがどれほどたやすくねじ曲げられるかを推測しておくべきだった！　私はいまでも「ドーキンス、神を信じないが宇宙人を信じている人間」というようなことを言っているツイッターやブログをしばしば見かける。けれども、私の発言がねじ曲げられたことなど、番組の他の部分に比べれば、実際には取るに足らないものである。私の同僚であるマイケル・ルースは同じようなやり方で騙され、彼の正直な教育者としての誠実さが不正な目的のために利用され、ねじ曲げられた。この番組は、ヒトラーの罪をダーウィンに負わせるところまでしてさえいるのだ！（ヒトラーがダーウィンを読んだというのは疑わしい。『わが闘争』にダーウィンの名は一度も出てこない）

実際には、私が彼らの問いに真摯に答えたのは、インタヴュアーやその二枚舌のプロデューサーが認識している以上に寛大な振る舞いだったのである。「知的設計《インテリジェント・デザイン》」の擁護者たちは、信者に語りかけているときに、誰が「設計者」であるかについて明言しない。それはもちろん、ユダヤ教／キリスト教の聖書の神である。けれども彼らは、自分たちの主張は純粋に科学的なものであり、設計者が宇宙空間からのエイリアンであっても同様に通用するというふりをしようとする場合がある。アメリカでは、「知的設計」が理科の授業で教えられるべきだという主張を掲げたければ、合衆国憲法の教会と国家の分離に抵触しないような形で表明しなければならない。インタヴュアーが私に、この惑星上で生命が知的にデザインされるようななんらかの状況が想像できるかと質問したとき、私がエイリアンについて言及したのは、それを支持している信奉者たち——そういう人を私はほとんど知らないのだが——にできるだけ公平であろうとして、意識して懸命に考えた配慮であった。

こういった、あからさまに不正な出来事を二回しか経験していない点では、私はたぶん幸運だったのだろう。結局のところ、何年にもわたっての文字通り何百回ものインタヴューのなかのまれな出来事でしかないものに、あまり過剰に反応したくはない。とはいえこうした不正は、人を信じたいという自然の衝動が弱められるという点で、はなはだしく悪い影響をもたらす。良き衝動の喪失は、人生を貧しいものにする。同じ種類のことではあるが、非常に異なった一つの例として、ララと私は一人の若い女性（私の個別指導の生徒）に騙されて、彼女が癌で死に至る病に罹《かか》っていると信じさせられた。最終的にわかったのだが、彼女の唯一悪いところは、ミュンヒハウゼン症候群（仮病に苦しめられるという奇妙な精神疾患）の一種に罹っていたことだった。しかし、そのことが判明するまで、ララは何時間も病院で彼女の側に座り、痛い検査を受けるあいだ、手を握って過ごしたのである。医師たちが真相を見抜いたとたん、彼女は二度とララに会おうとしなかった。おそらく気まずかったためであろう。彼女の他の話のうちのどれほど多くがやはり偽りだったのか——たとえば彼女は自分がプロのトランペット奏者だと主張していた——私たちにはわからずじまいになった。私たちは二人とも、この出来事の最悪の側面は、不運な境遇の人を助けたいという私たちの自然な人間の親切心と欲求を挫《くじ》くところにある、ということで意見が一致した。幸い、この意気阻喪はごく一時的で、ララは今日に至るまでたえず、目覚めている時間のかなり大きな部分を無償の、高度の技能を擁する、慈善的な仕事に捧げている。

チャンネル4ふたたび

一九九六年の《科学の壁を破る》以降、私は長篇テレビ・ドキュメンタリーに出演しなかったが、一〇年後、独立プロデューサー兼ディレクターであるラッセル・バーンズとの長く実り多いつきあいが始まった。ラッセルと私はさしあたり、チャンネル4の五つの異なる番組に分散しながら、一一時間のテレビ・ドキュメンタリーを一緒につくってきた。最初のものは、二〇〇六年に《諸悪の根源?》というタイトルで放送された。疑問符がついているのは、このタイトルを嫌がった私に対するチャンネル4唯一の譲歩の結果である。単一の何かがすべての悪の根源であることはありえないが、ただし宗教は、本領を発揮すれば、かなりのことができる。

この番組の予算はかなり気前がよかったに違いない。なぜなら、私たちスタッフ全員がアメリカに旅行し、またエルサレムおよびルルドにも行ったからである。ルルドは人間の騙されやすさを穏やかに笑いものにするモニュメントであり、騙されやすさはたぶん、体調がすぐれない人々が抱く絶望から生まれるのだろう。ララは、何年も前に俳優のマルコム・マクダウェル（『ifもしも』や『時計仕掛けのオレンジ』などに出ている映画スター）と一緒にはじめて訪問したときのことについて語ってくれた。彼らはルルドの丘の頂《いただき》で車を停め、マルコムが一番高い声で「私は歩ける！」、「私は歩ける！」、「私は歩ける！」と叫びながら荒々しく下まで走っておりた。巡礼者たちは、自分たちの信仰や願いが期待するように導いたまたもう一つの奇蹟として、それを苦もなく受け入れたのだろうか？

ルルドの巡礼者たちにインタヴューしているとき、ラッセルは私に、自分の懐疑主義は隠して彼らに話をさせることを勧めた。私は当地のカトリック神父にもインタヴューした。彼は奇蹟による治癒を自分では信じているように見えなかった——そしてこれは信仰をもつ人に非常に典型的なのだが、それが真実であるかどうかを気にしているようにも思えなかった。巡礼者たちは病気が治るかもしれないと信じており、そのことが彼らに心の安らぎを与えるということだけで十分だったのである。彼にとって、真の奇蹟は巡礼者の信仰だった。私にとって、真の奇蹟は治癒（たとえ切断された手脚がふたたび生えてくるのではなくとも）が含まれていなければならず、私が指摘したように——それに対して、彼はまったく驚きを示さなかった——、ルルドにおける統計的な治癒率は、偶然に治癒がなされる場合の予測値と変わらないのである。

この撮影全体を通して私はラッセルから、創造論者やその類《たぐい》にインタヴューするとき、大人しく丁重なままでいるように言われた。そうすれば、彼らに自分の首を吊るロープを与えるのも同じだから、というわけだ。私はこの方法を、ラッセルとのちにつくった番組《チャールズ・ダーウィンの天才》で、影響力のある創造論者として、〈アメリカを気遣う女性たち〉の会長であるウェンディ・ライトにインタヴューするときに試してみたが、ほとんど相手を破滅させる効果があった。明白で圧倒的な証拠が目の前にあるのにもかかわらず、「証拠を見せなさい、証拠を見せなさい、証拠を見せなさい」と彼女が同じ科白を繰り返すさまはインターネット上で伝説的なものとなっており、そして、彼女の（偽りの笑みを浮かべた）面前でじっと耐えた私もまた伝説的になったと、言っておかなければならない。それは私の手柄ではまったくない。私はただディレクターの指示に従い、私の自然な——紳士らしくない——衝動を抑えつけていただけである。

《諸悪の根源？》のためのインタヴューのいくつかでは、自分を抑えるのがずっとむずかしかった。私は「積極的に不愉快な」とでも言うべき人物に立ち向かわされたのだ。たとえば、歯を剥くような笑みをもらすテッド・ハガードだ。私たちはアメリカでの撮影のほとんどをもっぱら、コロラドスプリングスでおこなった。なぜならそこはキリスト教信仰復活運動の温床となっているのに加え、町のすぐ郊外のロッキー山脈の麓《ふもと》には「神々の園」公園があり、フィルムの一コマ、たとえば「不可能の山」（五八七頁を参照）のメタファーとして恰好の、壮大な背景を提供してくれるからである。コロラドスプリングスの新しい（そしてアメリカにしては驚くほど活気のない）住宅地全体が、事実上貧しい原理主義者たちの居住区《ゲットー》になっていて、私たちはそのうちの一軒に、「テッド牧師《パスター》の」広大な集会の忠実な常連である、まともだが世間知らずの若い一家を撮影するために出かけた。

テッド・ハガードは、言ってみれば「大きな教会の小さな男」だった〔「だった」というのは、のちに彼は神の恩寵を失い、教会から追放されてしまったからだが、私には他人の不幸を喜ぶという趣味がないので、その経緯は詳しく書かない〕。私たちは聖書や祈禱書をたずさえた彼の子ヒツジの群れがセダンやピックアップトラックで巨大な駐車場に集まるのを、驚きあきれながら眺めていた。巨大なアンプが神のロックを轟かせているのには、一層驚き、あきれる思いがした。会場で人々は両腕を突き上げ、信仰に陶酔した顔に至福の表情を浮かべながら、ピョンピョン跳びはねていた。最後にテッド牧師その人がステージにもったいぶって登場し、オオカミのように歯を剥きながら、一万四〇〇〇人もの会衆に対し、従順に声を揃えて「服従《オベディエンス》」という言葉を唱えるように促した。「服従」。礼拝が終わったあと、インタヴューを始めるにあたって、彼は私の肩に腕をまわして挨拶した。私が彼の礼拝を「ゲッベルスの誇りだったであろう〔ナチスの〕ニュルンベルク党大会」に引き比べたときちょっと喜んだが、公正のために言うと、彼はことによると、ニュルンベルクあるいは、ヨーゼフ・ゲッベルスの名前すら聞いたこともなかったのかもしれない。私が進化に関する彼の理解について質問するまで、事態が険悪になることはなかった。しかし、どれだけ険悪になっても、牙を剝くような笑みが途絶えることはなかった。

のちに私たちの有能なカメラマン、ティム・クラッグが駐車場でいくつか最後のショットを撮ったあと、ティムと私が器具一式を荷造りしていたとき、一台のピックアップ・トラックが猛スピードでやってきて、危うく私たちにぶつかる寸前で急停車した。運転していたテッド牧師は怒り狂っていて、その怒りの激しさはインタヴューのあいだの比ではなかった。後から考えてみたが、彼はおそらくインタヴューのあとすぐにGoogleで私の名前を検索して、私が何者であるかを知ったのだろう。いずれにせよ、彼は私たちにミルク入りの紅茶を出した寛大さにことさら注意を喚起して、自分の親切心を悪用したと私たちを非難した。ミルクのことを二度も口にして。それからなにより奇妙なことに、彼は非難がましい口調で、「おまえは私の子供《チルドレン》たちのことを動物と呼んだのだ」と言った。私は当惑のあまり答えられなかった。後になってからスタッフと、どういうつもりだったのだろうかと議論した。私は動物にもハガードの子供についてもはっきりと言及したわけではないが、進化論者はだれであれすべての人類を動物とみなしているというのが、創造論者の精神には暗黙の了解なのだろうということで、みなの意見が一致した。たまたまそのとおりだったのだが、テッド牧師がなぜ人類全体ではなく、自分自身の崇拝者をもちだしたのかは、彼が紅茶のミルクにこだわったのとともに謎である。ひょっとすれば彼は、自分自身の生物学的な子供のことではなく、自分の教会に集まる子供じみた「服従」に酔いしれた崇拝者《チルドレン》の群れのことを言っていたのかもしれない。誰にわかるというのだ？

自分の土地から出て行けと命じながら、ハガードはフィルムを没収するぞと脅した。この脅迫をスタッフは真剣に受けとめた——その夜、夕食に出かけるとき、それをホテルのティムの部屋に残さず、持って出たほどである。今では被害妄想じみて聞こえるが、コロラドスプリングスはそうまでしたくなるほどの原理主義的宗教の温床であり、テッド牧師に「忠順な」会衆は厖大な数がいたから、危険があると考えるのはたぶん、まったく非現実的なことではなかった。

コロラドではまた、私はもう一人別の聖職者（clergyman）というのが米国でどれほどの地位を意味するのか私には確信がないが、「師（Reverend）」という肩書きは最小限の努力で獲得できるようで、税の優遇と労せずして得られる信望が備わっているのに、神学上の資格もその他の何も必要としない[(1)]マイケル・ブレイにもインタヴューした。ブレイは中絶をおこなった医師たちへの暴行の罪で投獄されたことがあったので、私は彼に、彼の考え方と、フロリダで中絶医を殺したことで処刑された彼の友人で、もう一人の「師」であるポール・ヒルの考え方について質問した。私は二人とも真面目で、自分が正当な理由でそうしたと本心から信じているという印象を受けた。実際に、ヒルの最後の言葉は「天国における大いなる褒美」を期待するものだった。スティーヴン・ワインバーグのたびたび引用される金言、「宗教があってもなくても、いい人間は正しく振るまい、悪い人間は悪をなす。しかし、いい人間が悪をなすには——宗教を必要とする」のゾッとするような実例である。そして実

（1）私自身はユニヴァーサル・ライフ教会のMinister（聖職者）である。私の受任の証明書は階下の洗面所にぶら下がっているのだが、私の誕生日プレゼントにヤン・ウォンがジョークで買ってくれたものである。ローレンス・クラウスも同じ教会のMinisterで、彼は実際にそれを結婚式を執りおこなう資格として用いるが、彼の行為もそうしておこなわれる結婚式も、ともに合法的なものである。

際に、もし本当に胎児を「赤ん坊」だと考える（こうした人々は心底からそう考えているように思える）立場からは、法に代わって制裁を加えることに対する道徳的な弁護を組み立てることも可能だろうと思う。いずれにせよ私は、テッド・ハガードを嫌悪するのと同じようには、マイケル・ブレイを嫌う気持ちにはなれなかった。彼に道理をわからせる方法が見つけられればいいと願っていたが、時間がなかった。奇妙なことに、彼は私と一緒に写った写真を欲しがった。どう使うつもりかがわからない以上、申し訳ないが断った。

同じように相手の立場に立った弁護は、コロラドでのもう一人の私のインタヴュー相手であるキーナン・ロバーツ「牧師《パスター》」についてもする余地がある。もっとも彼はずっと魅力に乏しい人物ではあるが。彼は「ヘル・ハウス」と呼ばれる組織を運営しており、永遠に焼き焦がされるという恐怖によって子供たちを心の底から怖がらせるための寸劇を上演することに献身している。私たちは、こうした寸劇のうちの二つのリハーサルの様子をフィルムに収めた。両方とも主役はサディスティックに吼える悪魔《サタン》で、ヴィクトリア朝時代の準男爵が発しそうな「ハッハッハッ」という騒々しい笑い声をあげながら、さまざまな罪人――一つの劇では中絶した女性、もう一方の劇ではレズビアンの恋人どうし――のために用意された永遠の罰をさも嬉しそうに眺めている。終わったあと、私はロバーツ牧師にインタヴューした。彼は、ターゲットにしているのは一二歳の聴衆であると私に言った。私はそれを聞いて怒りが込みあげ、子供たちを永遠に続く苦痛で脅かすことが道徳的かどうかと疑問を呈した。彼の理論武装は強固なものだった。地獄がそれほど怖ろしい場所だからこそ、たとえ子供でも、あるいは子供だからこそ特に、人が地獄に行くのを押しとどめるのは、どんな手段であれ正当化できるというのだ。子供を地獄へ送るような神をあなたはどうして崇めることができるのか、なぜあなたはそもそも地獄を信じるのかという私の質問に、彼は答をもっていなかった。それは単純に彼の信仰であり、彼の信仰に疑問を提出する資格は私にもなかった。

マイケル・ブレイの場合と同じように、彼がどうしてこういうことをするのかは想像できる。もしあなたが文字通りに地獄を信じているなら、もし中絶が殺人だと本当に思っているのなら、そしてもし、自分と同性の人間と恋に落ちたなら地獄で永遠に焼かれると本当に考えているのなら、それを阻止する方策は、どれほど不法でどれほど残酷であろうともまだましなのだと言うことだってあるだろう。実際にこういう視点からすれば、誠実な信仰者であれば、人々を怖ろしい運命から救うように努めよと伝道するしかないのだろう。崖から落ちそうになっている人間を引き戻すのと同じだ、とも言える。たとえ、少し乱暴なことになるとしてもそうする義務があると、あなたは感じるのではないだろうか。ワインバーグの金言のもう一つの実例である。

けれども、ジョセフ・コーエン、別名ユセフ・アル・ハッターブについては、私はそのように正当化できる――部分的にでもいいのだが――理由をみつけることができなかった。ラッセルと私とスタッフはエルサレムにいて、この古都を悩ませている宗教的対立という問題に取り組もうとしていた。私たちは上品で愛想のいいユダヤ人から話を聞き、地元の「フィクサー」を通訳として使う、エルサレムのイスラム教法学者にも話を聞いた。中道の立場の人物、つまり対立する両方の視点から見ることができる誰かを探すうえで、イスラム教に改宗したユダヤ人入植者より自然な選択はあるまい。ニューヨークからやってきたかつてジョセフ・コーエンであったユセフ・アル・ハッターブはどうだろう？　彼こそ、両陣営を理解する最善の立場にあるのでは？　私たちは大間違いをした。私たちはエルサレムの裏通りにある小さな、香料を売る店で彼を見つけた。彼は十分に心を込めて私に挨拶をしたが、カメラが動きだしたとたん、改宗者の模範とも言うべき熱情にもとづく痛烈な罵倒を始めた。もともとユダヤ人であったゆえ、もっとも情熱的な憎悪はユダヤ人にとっておかれた。彼はおおっぴらにヒトラーへの讃美を表明した。彼は勝利を得たアラーの兵士たちによって護られる、イスラム教が統《す》べる世界を熱望していた。彼は九・一一の奇襲攻撃を非難することはなかった。「おまえたちが女性を着飾らせる方法」に対する格別の嫌悪感こそ口にしなかったが、西洋のデカダンスに責任があるとして、からめ手から私を攻撃した。私は瞬間的に怒りを露わにして、はっきり反論した。「私は女性を着飾らせたりしない。彼女たちは自分の意思で着飾るのだ」。

ラッセル・バーンズとつくったテレビ番組のほとんどでは、カメラマンのティム・クラッグ、音声係のアダム・プレスコッドと一緒に仕事をした。ティムとアダムは、しばしばラッセルと組んで世界各地で他にも多くの撮影をしてきたチームである。私はこの三人との友情を大切にするようになり、毎日毎日一緒に仕事をし、一緒に旅をし、一緒に食事をし、同じ馬鹿馬鹿しさを一緒に笑い、さらには同じ巨大な教会の駐車場から一緒に放り出されることから生じる一種の仲間意識も育《はぐく》まれた。ハンサムなティムはいつもニコニコしているヤツで、仕事に身を捧げるあまり、面白くて満足の得られるカメラ・アングルを想像上のファインダーあるいは本物のファインダーを通してたえず探しながら、世界を眺めることをけっして本気で止めることがない。ラッセルは使える背景映像を撮ってきてもらうために、安心してティムを送り出す。彼にはディレクターの指示など必要ないことがわかっているのだ。アダムも同じように音声録音という仕事に身を捧げ、同じように腕がいい。彼とティムは一流のチームで、テニスのダブルスの選手のように、お互いにパートナーのやり方を知っている。私たちがインタヴューした誰かは、アダムのドレッドヘアと黒い肌をちらと見ただけで、彼にレゲエ音楽について尋ねはじめた。アダム自身が楽しそうに私に述べたように、カヴァーから本の中身を判断する古典的なケースである（彼が一人でハミングしているのを私が耳にしたときはたいがい、J・S・バッハの無伴奏チェロ組曲だった）。ラッセル自身について言えば、私が最初にジェレミー・テイラーに認めたのと同じ、ドキュメンタリー番組のディレクターとしての美点をもっている。ジェレミーやラッセルのような最良のディレクターはある意味学者のようなもので、その時点で撮っているドキュメンタリーのテーマについて原典の研究文献を読み、専門家を訪ねて話をすることで、本当の専門家になってしまう。それからどういう番組をつくるか計画を立て、撮影して編集し、すぐに別のテーマに切り換えて、また最初から研究を始める。このカメレオンのような切り換えが、表面的に似ている学者の生活よりも、より満足度の高い変化に富んだ人生にしてくれるのだろうか？ 私はたやすくそう想像できる。

それより後の番組では、私はラッセルの共同経営者で、ディレクター仲間のモリー・ミルトンとの仕事も楽しんだ。彼女はありえないほど元気で親切で、その魅力でどんな障壁も乗り越えて進み、どんなお役所仕事がたちふさがっていても、スタッフ全員をやすやすと通過させてしまう。彼女の超楽観的なやり方は、私までその気にさせられたが、時には複雑な想いがともなった。《性・死・人生の意味》という番組で、彼女は電話で私に、インドへ行ってダライラマにインタヴューしてほしいと頼んできた。私は、この偉大な霊的指導者は非常に多忙なので私と話をする時間などないに違いないと思ったので（あとでそのとおりだとわかった）、モリーに事実上のノーを返すときの常套手段に訴え、「ハッハッハ、いいでしょう。もしあなたがダライラマから面会の約束をとれたら、ハッハッハ、あなたと一緒にインドへ行きましょう。ハッハッハ」。こうして笑い声まじりで返答してすっかり断ったつもりになっていた私は、電話を置いたきりこのことは忘れていた。

およそ三週間後に、モリーが興奮して電話してきた。「彼は受けたわ、彼は受けたわ、受けてくれたのよ。私たちはインドへ行けるわ。もしダライラマから約束をとりつけたら行くと、あなたは約束したでしょう。彼はイエスと言った、たしかに言った、イエスと言ったのよ。私たちはインドへ発つの、ダライラマに会いに発つのよ」。

まあ私は、以前した約束を遂行するほかなかった。私たちはインドに行くことになった——しかし実際に着いてみると、まさに私が最初から推測していた通り、ダライラマは忙しすぎて私たちに会えないとわかった。やがて、話の全容が明らかになってきた。彼の事務所はこう言ったのだ。「ええ、もしそちら様が、これこれしかじかの日にお見えになられたら、ひょっとすればお目にかかることが可能かもしれません。しかし、私どもでは保証はできません」。モリーは持ち前の超楽天的な耳で自分が乗り越えられない障害はないと確信し、文字通りには「まあ、ひょっとすれば」が「いいですよ、まちがいなく」と聞こえたのだろうと、私は信じている。私は彼女を許した。これほど愛嬌があって魅力的な人物をいつまでも許さずにいられるものか。そして私たちは結局、インドにいるあいだにいくつか、すばらしいシーンを撮影した。

モリーと私は一つの気まずい秘密を共有しているのだが（気まずいのは私であって彼女ではない）、ここでそれを白状しよう。これも《性・死・人生の意味》にまつわるものだ。私たちはイングランドの南岸にあるビーチー岬の断崖の上で撮影していた。そこは高さ一六〇メートルほどもある目もくらむような断崖で、そのゆえに自殺の名所になってきた。膝丈ほどの低い十字架の列が、絶望のうちに虚空に身を投げた哀れな苦悩する魂を偲ぶために、崖の道沿いに並んでいる。私は道に沿って心を痛めながら歩くところを撮られることになっていた。カメラは私の足が順番に悲しげに小さな十字架を過ぎるたびに、足に焦点を合わせてクローズアップした。やがて、理由は思いあたるものがなかったが、両足の具合が悪くなり、何ショットか撮るあいだ、負けずに頑張った。最終的に十分な長さの撮影をし終えて草の上に座ることができ、私は靴を脱いだ――あーあ助かった。モリーがやってきて、次のシーンの計画を立てるために私の隣りに座った。私が自分の足が具合悪く感じられた理由に気づいたのは、そのときだった。どういうわけか右と左の靴を取り違えて履いていたのだ。モリーは嬉しそうにクックと笑い、ラッセルと残りのスタッフには言わないと約束してくれた。しかし私の faux pas〔直訳すれば「誤った歩み」を意味するフランス語で、不作法や失敗を意味する〕は後世の人のために、クローズアップで保存されている。私たちが崖の縁近くにいたことを考えれば、私の歩み(pas)がさらに大きな誤り(faux)とならなかったことに感謝すべきなのだろう。

私はラッセルと彼のクルーと一緒につくったすべての番組を誇りに思っている。《諸悪の根源?》(最初の作品)と《性・死・人生の意味》(もっとも最近の作品)のあいだに、私たちは《理性の敵》(占星術、ホメオパシー、ダウジング、天使などの、宗教を除いた迷信によるナンセンスについて)、《チャールズ・ダーウィンの天才》および《信仰学校の脅威》をつくった。《信仰学校の脅威》では、その地における部族戦争の教育的根源を確かめるためにベルファストを訪れたのが忘れがたい。銃を持つ覆面の男たちを描いた巨大な、まったく写実的な壁面をはじめとする不穏な光景とならんで、オレンジ行進〔プロテスタント側の戦勝記念パレードで、暴動の発端となった〕の場面も撮った。《理性の敵》はロンドン大学の心理学者、クリス・フレンチ博士と提携したもので、ダウジングについて多くを明かすシークェンスを含んでいた。自らの能力に確信を持つプロとアマチュアの水脈占い師たちが、長年にわたって思い通りの結果を出してきたそれぞれの力を見せるために、あちこちから集まってきた。悲しいかな、彼らはそれまで二重盲検テストを受けたことが一度もなかったのだ。大きなテントのなかで、クリス・フレンチはバケツを正方形になるように並べた。そのうちのあるものには水が入っており、別のものには砂が入っていた。予備的な試験では蓋はすべて取り外されていて、ダウザー（占い師）たちは、誰も苦もなくやってのけた。彼らの占い棒はハシバミの小枝か曲げた針金で、すべて水が見えたときにはピクッと動き、見えないときには動かない。しかし本番のときには、バケツの上に蓋がされていた。二重盲検テストなので、ダウザーもフレンチ博士（成績をつけていた）も、どのバケツに水が入っているかはわからない。外から見えないようテントを閉じた中でバケツを準備した人間も、どんな些細な手がかりによってであれ秘密をばらしてしまうことがないよう、退場させられていた。このような二重盲検の条件下で、まぐれあたりのレベル以上の成績をとる者は一人もいなかった。彼らは仰天し、絶望のあまり――一人は涙を流して――落胆したが、その反応は明らかに本心からのものだった。そのような失敗を彼らはそれまで一度もしたことがなかったのだ。ただ、以前に二重盲検テストを一度も受けたことがなかったのである。

誰が二重盲検テストを発明したか知らないが。それはみごとなほど効果的で、しかも単純な技法である。ジョン・ダイアモンドが癌で死にかけていて、善意のいかさま治療師たちに取り囲まれているときに書いた『スネーク・オイル』という勇気ある本には、印象的な話が一つある。それは、懐疑主義者のレイ・ハイマンがかつて、応用キネシオロジーと呼ばれる「代替」診断技法の二重盲検テストをしたことについての話だ。たまたま私は、自分でキネシオロジーの体験をしたことがある。首の筋を違えてしまい、痛くなった。それが週末だったので、かかりつけの医者のところに行けなかった。

そこで私は心をひろくもち、「代替」施術師を試すことにした。彼女は指圧を始める前に診断テストをおこなったが、それは仰向けになった私の腕を押して、腕の力の強さを調べるというものだった――これがキネシオロジーなのだ。ビタミンCの小瓶を胸の上に置いておけば腕の力が強くなりますよと、彼女は得意げに説明した。小瓶は密封されていて、そのビタミンは私の体内に入るはずもない。したがって明らかに、彼女が実際は――ただしおそらく無意識に――小瓶が置かれていないときには、置かれているときよりも強く私の腕を押していたのだ。私が懐疑の念を表明すると、彼女は情熱的にまくしたてた。「そうなんです。Cは驚くべきビタミンなんです。そうでしょう?」。

まさにこの種の自己欺瞞を解消するためにこそ、二重盲検という技法は発明されたのである。どんな医療であれ、その有効性の検証においては、プラセボ(偽薬)という対照群と比較しなければならないだけでなく、患者はもとより、被験者も薬を投与する看護師もどちらが実験群でどちらが対照群であるかを知っていてはいけないというのが、決定的に重要である。レイ・ハイマンは、私のインチキ医師が使ったよりはもっともらしさの点ではまだましなキネシオロジーの主張を、二重盲検テストにかけた。それは舌の上に果糖を一滴垂らすと患者の腕が強くなるというものだった。二重盲検の状況下では、強さになんの違いもでなかった。するとそのキネシオロジー治療家の大将は、不滅の憤慨の言葉を発したのである。

「ほらね? だから私は二重盲検テストなんか決してやらないんです。それはけっしてうまくいかないんですよ!」。

費用のかかるフィルム・ストックがデジタル録画に置き換えられたことに加えて、私がジェレミー・テイラーと一緒につくった初期の番組以降、その他の事柄も変わった。一九八〇年代、撮影クルーは労働組合の規制に強く縛られていた。法令に定められたお茶休憩《ティーブレイク》、昼食休憩、および一日の仕事の終わりの暢気《のんき》な「お疲れ様」の瞬間があった。もしジェレミーが、撮影が順調で光の具合もとてもいいから、カメラ・クルーに夕方もうちょっと遅くまで仕事を続けてほしいときには、彼は特別な好意としてお願いしなければならなかった。二〇〇〇年代になると事態は変わった。どういうわけかクルーから総じて、番組に対して個人としてかかわっているという雰囲気がむしろ感じられるように思えてきたのである。一九八〇年代にはある程度の人員過剰が存在したのではないかとも、私は思っている。当時のクルーを振り返ってみれば、一人のカメラマンだけでなく、アシスタント・カメラマン（あるいは「ピント合わせ役」）もおり、そして少なくとも一人、照明を扱う「スパークス」（電気係）がいた。当時、ダンカン・ダラスが製作しているITV〔BBCのライバルとも言うべき、イギリスの民間テレビ局〕のテレビ・ショーのためにリーズ〔ヨークシャー西部の工業都市〕に行ったときのことを思いだす。ダンカンと私はたまたまオックスフォード大学ベリオール・カレッジのまったくの同学年生だったが、接点は何もなく、お互いのことはほとんど知らなかった。ダンカンと私だけがスタジオに残り（クルーはお茶を飲みに出て行ってしまった）、私たちが仕事で用いようとしていたちょうどそのスペースを占拠する、邪魔になる大きな箱があった。少しは手伝いになるかもしれないと考えて、私がそれをもちあげようとした瞬間に、ダンカンがパニックになって、「それに触らないで！」と叫んだ。私はそいつは爆弾だと言われたかのように後ずさりした。そこで彼は説明してくれた。箱を動かすのは大道具の仕事であるという厳格な決まりがあって、もし私が持ち上げているところを見られたら、その結果起こる事態に責任がもてないというのだ。ダンカンはしばらくためらっていたが、神経質に肩越しに見ながら、「くそーっ、やっちゃおう」とささやいた。そして私たちは、クルーがお茶休憩から戻ってくる前に大急ぎで箱を動かしたのである。(1)

マンチェスターのテレビ会議

二〇〇六年一一月に、私はマンチェスターでの科学ドキュメンタリー製作者たちの会議で来賓講演をするよう招待された。彼らが私に与えた演題は、「テレビは不合理の時代における科学を救えるか?」だった。私の講演には、サイモン・ベルトンの協力で寄せ集めた最近のテレビ・ドキュメンタリー映像の一部が実例として挿入されていた。サイモンはまた、講演の中身についても助言をくれた。私は専門家たちに向かってずうずうしくも彼らの仕事の仕方について講演することを詫びることから始めた。と言っても、そうするよう招かれたので、としか言い訳できなかったが。私は講演を一〇の困難な選択――あるいは番組製作上留意すべき一〇のスライディング・スケール――を巡って組み立てた。科学ドキュメンタリーをつくる誰もが直面する選択についてである。

一〇のうちの最初は「やさしく嚙み砕く」という問題である。

(1) 本書の執筆中に新聞でダンカン・ダラスが亡くなったことを読み、悲しかった。彼は、テレビの仕事をしていただけでなく、科学を広汎な大衆に届ける草の根組織であるサイエンス・カフェ・ネットワーク(Cafés Scientifiques)の創設者であり、これは彼の本拠地であるリーズから英国中に、そしてさらに遠くまでひろがっている。

テレビのプロデューサーはまさしく、たえずリモコンに怯えて生活しています。彼の貴重な放送時間のどの一秒のあいだにも、文字通り何千人もの視聴者が、何の目的もなく漫然と別のチャンネルに変えたいという誘惑にかられるかもしれないのです。「面白さ」を積み重ねたい、仕掛けで飾り付けしたい（たとえば、チャーリー・チャップリンのように実験室での手順を早送りする）、科学をポップコーンのバケットのように、その本当の科学的内容がすかすかになるキャッチフレーズにまで縮小したいという強力な誘惑があるわけです。

視聴率を追いかける必要性に同情しながらも、私は時代遅れなエリート主義を主張した——聴衆を見下し、〝彼らの手に負えるようにするには科学をやさしく嚙み砕く必要がある〟という実に無礼な思い込みをするのではなく、彼らを尊重する印としてのエリート主義である。大衆の科学理解についての別の会議で、一人の出席者がこの大衆を見下した態度の最悪の例を示しているのに、私は出会ったことがある。彼は、科学を「少数民族や女性に」もたらすためにはやさしく嚙み砕くことが必要だと示唆した。これは彼が大真面目に言っていたことだ。それは間違いなく、リベラルな彼の恩着せがましい小さな胸に、温かく、ほのぼのとした満足感をもたらしたことだろう。マンチェスターの講演で、私はこう言った。

エリート主義が禁句になってしまったのは残念なことです。しかし、エリート主義は俗物主義的で排他的なときにだけ、非難されるべきです。最良のエリート主義は、ますます多くの人にエリートたるべく促すことで、エリート層を拡大しようとします。……科学は本質的に面白いものであり、その面白さは、キャッチフレーズにしたり、仕掛けをつかったり、やさしく嚙み砕く必要なしに伝わってくるものなのです。

私が挙げた一〇の選択のもう一つは、「バランス」をとる必要があるという思い込みに関するもので、ＢＢＣがその性格上、とくに悩まされているものだった。私はお気に入りの公理《マキシム》を一つ引用したが、これを初めて聞いたのは、アラン・グラーフェンからだったと思う。『二つの対立する見解が同じ強さで主張されるとき、真理はかならずしも、その中間点にあるとはかぎらない。一方が単純にまちがっていることがありうる』。

この誤りを極端な形で示すきらいのあるのが放送関係者で、彼らは時に、正統的な潮流に反逆するという以外のことは何もしていない異端者を擁護しようとすることがある。私の知っているとんでもなく酷《ひど》い実例に、新三種混合ワクチン〔麻疹、おたふく風邪、風疹のためのもの〕が自閉症を引き起こすと主張した医学研究者を聖人として祭り上げたテレビ番組があった。この研究者の示した証拠は薄弱で、専門的医学者のあいだではひろく無視されている。しかしこの聖人伝は不幸なことに、ジャーナリストたちが勢い《レッグ》と呼ぶものをもっていて、一人のハンサムで品のある俳優によって演じられた、頑迷な保守派と闘う男らしい反逆児という安易な修辞的表現に堕してしまったのである。

「翼竜のテリー」〔コンピューター・ゲーム『バンジョーとカズイの大冒険２』に出てくるキャラクター〕というのが、私が挙げた「一〇の選択」のさらなる一つである。『ジュラシック・パーク』によって最初に注目を引いたすばらしいコンピューター・グラフィック技術はすぐに、ドキュメンタリー市場で利用されるようになった。しかし、ドキュメンタリーは復元されたものの驚異をそれ自体に語らせることをしなかったがために駄目になった『ジュラシック・パーク』が屈したのと同じ誘惑、すなわち人間的興味を盛り込む必要があるという思い込みに屈してしまった。翼竜とその考えられる生活様式のコンピューター動画による議論に満足せず、私たちは特別な、個別に名前を付けた翼竜についての（私はこの翼竜が実際にテリーと呼ばれたとは思わないが、この論点は有効である）、はぐれた家族を見つけようと努めるとか、あるいはその種のセンチメンタルな馬鹿話をする、お涙頂戴式の物語を聞かされるのである。擬人化されたドラマは、単に余計なだけではない。それが持ち込まれることによって、何が憶測で何が真の証拠であるかがわからなくなるという、致命的な結果をもたらす。

翼竜、剣歯虎、あるいはアウストラロピテクスの習性や社会生活について憶測するのは、まったく問題ありません。しかしそれは、あくまで憶測として提示される必要があります。剣歯虎はライオンと同じような社会生活と性生活をもっていたかもしれません。あるいはトラに似ていたかもしれません。「ハーフ・トゥース」とか「ザ・ブラザーズ」と呼ばれる個々の剣歯虎について作り話をすることで、観る者が一方の説、たとえば他の説ではなくライオン説の支持者になることを強いられる、とのことが問題なのです。

私は、科学的真理を損なっても劇的な「人間的興味」を優先するという同じ傾向を例証するために、もう一つの番組を引用した。BBCは、西インド諸島の三人の特定の個人のミトコンドリアとY染色体のDNAをたどってアフリカまたはヨーロッパのルーツまでさかのぼるという興味深いアイデアを思いついた。ミトコンドリアとY染色体に特に注目するのは、他のすべての染色体と違ってこの二つが、残りのゲノムのなかでの染色体の交叉によって引き起こされる遺伝的歴史の包括的なかき混ぜを被《こうむ》らないからである。歴史の任意のどの瞬間までさかのぼろうとも、たとえば紀元前三万年一月一四日にさかのぼっても、あなたのミトコンドリアＤＮＡをもたらすことになった一個人の女性を、理論的には特定することができる。あなたのミトコンドリアはその女性だけから由来したのであり、その時点で存在した彼女の娘（孫娘……）のうちのただ一人、さらには彼女の母親、さらに母方の祖母……以外の誰に由来したものでもなかった。もしあなたが男なら、あなたのＹ染色体は紀元前三万年に生きていたたった一人の男性（あるいは彼の父親、父方の祖父……および彼の息子、孫……のうちのただ一人）にのみ由来したものである。あなたの他のＤＮＡのすべては無数の個体、おそらくは世界中にちらばる個人に由来している。

したがって、三人の人間を取り上げ、彼らのゲノムのうちで二つだけかき混ぜられることのない部分、すなわちミトコンドリアとＹ染色体の起源をたどるというのは、すばらしい考えである。しかし、プロデューサーたちはこの探求の科学的な魅力だけでは満足しなかった。それじゃだめだ、もっと大袈裟に誇張しなければ。そうするなかで彼らは、この三人が「故郷」に連れていかれたときの、いわれのないお涙頂戴を持ち込むという誤りを犯すことになった。

のちにカイガマという部族名をもらって、マークがニジェールのカヌリ族を訪ねたとき、彼は「自分の民族の」土地へ「帰ってきた」と信じていました。ビューラはギニア海岸沖の島にすむブビ族の八人の女性たちから、長いあいだ行方の知れなかった娘として受け入れられました。彼女らのミトコンドリアがビューラのものと一致したのです。彼女は「それは、血が血に触れているようでした……それは家族のようでした。……私はただ泣いていました。眼は涙で溢れ、心臓はドキドキしていました……」と言いました。

彼女は、騙されてこう考えるようになったのではけっしてなかったはずです。彼女、あるいはマークが実際に訪問していたのは——少なくとも、彼らが根拠をもとに考えられるかぎりでは——同じミトコンドリアをもつ個人でした。事実の問題として、マークは彼のY染色体がヨーロッパ人由来であることをすでに聞かされていたのです（このことで彼は動転しましたが、のちにミトコンドリアに関して立派なアフリカ人のルーツが発見されて明らかにほっとしていました）。

彼らの遺伝子の残りのすべては広範囲の場所から、おそらくは世界中からやってきたものだ。

この点に関して、Y染色体に関する個人的なエピソードがある。二〇一三年に私は、ロンドン大学のユニヴァーシティ・カレッジで博士研究をおこなっている若い歴史学徒であるジェームズ・ドーキンスから電子メールを受け取って喜んだ。彼の父親の家族はジャマイカの出身だった。彼の博士論文は、イングランドおよびジャマイカで土地を所有する紳士階級の特定の一族の地所に関するものである。関心の対象とされた一族はドーキンス家で、一七世紀および一八世紀のジャマイカのサトウキビ農園主で、申し訳ないことに奴隷所有者だった。私の一族の悲しむべき歴史が意味するのは、ドーキンスがジャマイカでありふれた名前になったのは、単に初夜権のせいだけでなく、この家族がジャマイカの「われらが」所有地にあるさまざまな場所に、その名前を付けたからだった。ボズウェルの『サミュエル・ジョンソン伝』で知ったのだが、私の六代前の大叔父であるジェームズ・ドーキンスは実際に、「ジャマイカ・ドーキンス」という渾名をもっていた。

非常に大きな財産家が、幸福をもたらすような何か特別なものごとを享受しているのを私は見たことがない（と彼は言った）。ベッドフォード公爵は何をもっているだろう？　デヴォンシャー公爵は何をもっているだろう？　私が知っている限り、〝金にものを言わせた〟と言って思いつく唯一の偉大な享楽の実例は、ジャマイカ・ドーキンスのものだ。彼はパルミラへ行き、街道に泥棒が横行していることを聞いて、トルコ人騎兵部隊を個人的に雇ったのだ。

ジェームズ叔父さんが築いた一族の資産は、偏執狂のウィリアム・ドーキンス大佐（一八二五－一九一四）の無益な訴訟のためにとうの昔に消えてしまい、彼は最後には破産して貧窮のうちに死に、かつて大きかった家族の領地は縮小し、いまではオックスフォードシャーの小さな耕作農地だけになってしまっている。現代のジェームズ・ドーキンスはその土地へ何度か訪れ、私の妹の家族の歓待を受けてお客として滞在しながら、私の母親の屋根裏部屋にある埃まみれの文書類の詰まった箱を研究したことがあった。私たちはみな、彼が遠い昔に離ればなれになった親戚であることがわかるのではないかという希望を抱いていたが、それを判別する明らかな方法は、私たちのY染色体を調べることだった。『イヴの七人の娘たち』[1]の著者で、オックスフォードの遺伝学者であるブライアン・サイクスがこの分析にあたることに快く同意してくれ、ジェームズと私は、頬から綿棒でこすり取った分泌物を彼の会社、〈オックスフォード・アンセスター〉に送った。私の結果が到着すると、私は生物学者として、歴史家としてのジェームズに手紙を書き、彼が受け取るはずの結果に何を探すべきかを述べた。

私たちはそれぞれ、自分の父親および兄弟とほとんど同じY染色体をもっています。しかし世代が進むうちに、まれに突然変異が生じます。したがって、あなたのY染色体はあなたの父方の祖父とほとんど同じですが、あなたの父親の場合に比べて違っている可能性が、わずかですがより大きくなります。もし私たちがどちらも一六世紀のジャマイカのドーキンスを父方の祖先としてもつのであれば、私たちのY染色体は、完全にではないにせよ、ほとんど同じということになるでしょう……。

もし十分に遠くまで過去にさかのぼれば、世界中のすべての人類のY染色体は、気まぐれにY染色体のアダムと名づけられるたった一人の祖先に由来するというのが、論理的な必然です。彼はおそらく一〇万年～二〇万年前に、まず間違いなくアフリカにすんでいたはずです。もし世界中のY染色体を調べてみれば、すべてY＝アダムの子孫ですが、地理的隔離や移動、その他の理由で、一二ほどの主要な「クラン」に分類することができます。これらのクランのそれぞれは、特定の場所にすんでいた一人の特定の男性である仮想の祖先まで跡をたどることができます。ブライアン・サイクスは、そのすべてに凝った名前をつけています。たとえば私のY染色体は、西ユーラシアにすんでいたオイシンに由来します。これはほとんどの英国人にあてはまりますが、私たちすべてが近い親戚だということを意味しません。けれども、もしあなたのY染色体が同じくオイシンに由来することがわかれば、それは非常に興味深いことです。もちろんそれは、西ヨーロッパ人に由来することを意味するだけなのですが、しかしそのときには、姓の一致が効いてきます。そしてそのことは、私たちのY染色体が任意の二人の西ヨーロッパ人よりも近いかどうかを、よりくわしく調べる価値があることを意味します。一方、もしあなたのY染色体が、このかなり可愛いらしい樹形図で赤に塗られた三人の始祖のうちの一人に由来するものであれば、これ以上私たちが遺伝的血縁関係を追求するのは意味がないことになります。そうなればとても残念です！

ジェームズの結果が戻ってきたとき、私たちが同じドーキンス家の祖先に由来する親戚でないことが明らかになった。実に残念だ。ジェームズのY染色体はブライアン・サイクスによってオイシンという名札を付けられた男性に由来するのではなく、アフリカにすんでいたエシューに由来するものだった。

口絵写真として、ブライアンによるすべてのヒトY染色体の家系図を再録しておいた。ジェームズと私の顔を、それぞれの祖先である（アフリカ人の）「エシュー」と（西ヨーロッパ人の）「オイシン」の側に重ねてある。名前はブライアン・サイクスが付けたものである。私たちの血縁関係が実際には、かなり遠いものであることがおわかりになるだろう。さて、厳密な言い方をすれば、わかるの

（1）ヨーロッパ人はすべて、七つあるうちのただ一つのタイプのミトコンドリアを有する。私たちのどの一人をとってもミトコンドリアに関する七人の女始祖の、同じ一人の末裔なのだ（その七人の女始祖は、はるか昔のアフリカにいたたった一人の「ミトコンドリア・イヴ」を祖先にもつ）。この七人の女始祖の一人一人に名を与え、彼女たちに関する架空の短い小説を各々書くことで、サイクスはこの本のストーリーを劇的なものにした。良書である。一読を薦める。サイクスは同じことを、「Y染色体のアダム」と呼ばれるべき一人の始祖の末裔である、たった一七人のY染色体に関する男始祖についてもおこなっている。

は私たちのY染色体が近縁ではないということだけである。女性の系譜をたどっていけば、私たち二人がもっと新しい祖先を共有している、ということがわかるかもしれないのである。しかしこのことからだけでも確かに言えるのは、私たちが共通の姓をもっているという事実は、J・B・S・ホールデンが、「私は歴史的な標識をもつY染色体をもって生まれた」――「古い歴史をもつ姓」だ、という意味――と言ったときに指していたような種類の、直接的な遺伝上のことがらを語りはしないということだ。男の系譜を何世紀にもさかのぼってたどることができる貴族や王族の家系が、単に男の系譜の親戚と称される人々のY染色体を調べるだけで、その連鎖の個々の環《リンク》の正当性に疑問が投げかけられる状況にある、というのは、考えてみれば面白いことだ。やがて法廷は、長く忘れ去られていた遠い親戚から、王家や公爵家を詐称する人間に異議申し立てをするためのDNA検査を求められることになるだろう。

科学ドキュメンタリー製作者たちに対する私の僭越な講義に話を戻そう。私は「詩としての科学か、役に立つ科学か」というタイトルのもとでも少ししゃべった。科学の有用性は誰も否定できない――しばしば、宇宙計画は副産物として焦げ付かないフライパンができたことで正当化されたという神話に関して引用される。しかし私はどうしても、科学のスペクトラムの「焦げ付かないフライパン」という一端よりも、カール・セーガンの「幻想的」あるいは「詩的な」もう一端のほうを擁護したかった。以前にも述べる機会があったが、「科学の有用性のみに力を注ぐのは、ヴァイオリニストの右腕のいい運動になるからという理由だけで音楽を褒め称えるのと少しばかり似ている」のだ。

私は一〇の論点のさらなる一つとして、「人々は画面に登場する話し手を見たいとは思わない」という、テレビ専門家たちのあいだで一般に見られる通念は疑わしい、というものも挙げた。自分の疑念を裏づけるようなデータの持ち合わせはなかった。しかし、BBCテレビのジョン・フリーマンの《フェイス・トゥ・フェイス》というシリーズが大成功したことは覚えている。この番組では、インタヴュアーはその顔さえ見えない——後ろから撮られた後頭部と背中しか見えなかった。すべての注意は、インタヴューされている側の人物の顔——および、もちろんその言葉——に集中されていた。このシリーズは伝説的な成功を収めている。登場したゲストは、バートランド・ラッセル、イーディス・シットウェル、アドレー・スティーヴンソン、C・G・ユング、トニー・ハンコック、ヘンリー・ムーア、イヴリン・ウォー、オットー・クレンペラー、オーガスタス・ジョン、シモーヌ・シニョレ、ジョモ・ケニヤッタといった面々である。私は最近復活したこの番組で、機知に富んだ農業社会学者、ローリー・テイラーのインタヴューを受けた。もう少し小さなスケールでは、私の「相互指導」ビデオ（三七一〜三八一頁参照）は好評だったが、これは画面に話し手が登場する映像以外の何ものでもない。

実際には、このマンチェスターでの会議がおこなわれるほぼ一〇年前、私はちょうど幸運にも、話し手が画面に顔を出すという方式を最大限の効果をもつ形で使ったプロジェクトに参加したことがあった。一九九七年の春に、BBCの科学部門の責任者を務めたことがあり、BBC《ホライズン》の元プロデューサーでもあったグレアム・マッシーからアプローチを受けた。彼は、友人であるクリストファー・サイクスによる偉大な物理学者リチャード・ファインマンへの有名なインタヴューに啓示を受けて、一つのすてきなアイデアを思いついた。著名な科学者が自らの経歴について詳しく語る映像アーカイヴをつくりたい、というものである。その方式《フォーマット》は、学者個人ごとに、その人物の話を引き出すことができるほどその分野に精通した若い学者がインタヴューする、というものだった。彼の目論見は、すぐに放送するような番組をつくることでなく、未来のための記録を編纂することにあった。ひょっとしたら非常に長い時間を生き延びることができ、のちの世代の科学史家が興味をもつようなものである。私はこのアイデアがとても気に入り、その結果、ジョン・メイナード・スミスのインタヴュアーとして招かれたことを、非常に名誉だと感じた。

このインタヴューは、サセックスのルイスにあるジョンの自宅で、二日間にわたっておこなわれた。ジョンと彼の奥さんのシーラは私に夜は泊まっていくように勧め、グレアムとクルーを含めて全員が、二日とも地元のパブで昼食をとった。二日間の会話はそれぞれが数分ずつ続く、一〇二の「物語」に分けられた[1]。それぞれの物語は独自の表題をもち、切り離して見ることができる。個別の独立した映像のまとまり《シークエンス》になってはいるが、順序通りに見てみると、偉大な人物の科学的な人生についての興味津々たるすばらしい映像になっている。そこには彼の幼年期、イートン校における教育、航空機を設計するエンジニアとしての戦時徴用、ケンブリッジ大学におけるマルクス主義者としての政治活動、そして戦後に成熟した研究者として大学に戻り生物学を講じたという、自伝的な内容も含まれている。

後のほうの「物語」のいくつかで、ビル・ハミルトンとの時に緊張をはらんだ関係が明らかにされていた。ジョンは人なつこい率直さで、この物語を語った。彼も、彼の師で変わり者として有名なJ・B・S・ホールデンも、彼らの大学のもう一つ別の教室で研究していたこの内気な若者がとてつもない天才だとは認識していなかった。ジョンはこの「物語」の締めくくりとして、ハクスリーが『種の起原』について述べた言葉を引用してこう言っている。「そのことに思いいたらなかった私はなんという馬鹿者なんだ」。ハミルトンが必要としていたときに、この若者に支援を与えなかったことで、彼は自分を責めていた。それに引き続く物語で彼は、ビル・ハミルトンの「包括適応度」（生物個体が最大化すると期待されるものの目安）と、ビルが他の論文で採用した「遺伝子の視点」と比較した。この見方はジョンだけでなく私も好むもので（四五六頁参照）、これは結局のところは、包括適応度というアプローチと同じ答に到達することになる。
ジョンがJ・B・S・ホールデンの配下になるのは、戦後のロンドン大学ユニヴァーシティ・カレッジにおいてだった。このインタヴューには、かのおそるべき異端者のすばらしい物語が香味として振りかけられている。その味わいを伝えるために、一つだけ引用してみよう。

彼と、彼の奥さんのヘレンには、私たち全員が最終試験を終えたときの夜におこなう、かなりすてきな習慣があった。最終試験を終えたクラス全員を……ザ・マールボロという、道路のちょうど反対側にあるパブに連れて行き、閉店まで酒をおごってくれるんだ。じつに楽しかったね。私も試験を受けた夜に、そこへ行った。そしてパブが閉まったとき、彼は私と、おなじく大学院の、実際には古生物学の院生になることになっていたパメラ・ロビンソンに、家《フラット》に戻って呑みつづけようと言った。なぜなら、明らかに話したりなかったからだ。そしてかなり愚かにも、私たちはそうしましょうと言った。そこで私たちは教授の家に戻って、呑みかつ話しつづけ、朝の二時頃になってパメラが言った。「あの、教授、ジョンと私は本当にもう家に帰らないと。でも地下鉄はもう動いてないので、私たちを家まで送ってもらわなければならなくなりそうです」。

（1）これらは、Web of Stories というウェブサイト（http://www.webofstories.com/play/john.maynard.smith/1）で見ることができる。

そこでホールデンは「いいよ、君たちを家まで送っていこう」と言ったんだ。それで、私たちは一斉に教授の車に乗り込んだ。……それは典型的なホールデンの持ち物だった。とんでもなく古く、ガタガタで、よれよれだった。そして車は丘［パーラメント・ヒル］を登りはじめた。丘を半分ほど登ったところで、車に煙が立ちこめはじめた。だが私は何か言おうとは思わなかった。いつものことなのだと思ったのでね。しかし、パメラはこう言った。「教授、車が火事だと思うんですが」。

「おお、まあしょうがないか」。私たちは車を止めたんだ。……そしてエンジニアとして、どこが悪いか見つけろと、私は言われた。どこか非常に重要なものが悪くないのは明らかだった。何が起こったかといえば、敷物が変速装置《トランスミッション》の上に落ちて、前部座席の下で燃えていたんだな。私たちはしばらくその状態を見ていた。そしてホールデンは言ったのさ。「お嬢さんたちは、あそこの街灯のところまで行って、柱の後ろに立っていなさい」。私は思った。次はどうする？　それから彼は私のほうに向きを変えて、「スミス、パンタグリュエルの方法だ。君はおれよりたくさんビールを飲んだだろう。火を消すんだ」。さてこの部分はもちろん、ご承知のとおり古典からの引用だ。知ってのとおり、パンタグリュエルはおしっこをしてパリの火事を消したわけだからね。私は言われたとおりにした。だが、君は知っているかもしれないが、私は知らなかった。大量のビールを飲むと、いったんおしっこをしはじめると、止めるのはちょっとばかりむずかしいんだ。彼は言った。「もう十分だ。君、もう十分だよ」。

しかし、私が言いたい要点は、もし君がホールデンと一緒に働き、生活するということになったらこんな、ちょっと予測不能な状況で暮らす心の準備をしなければいけないということだ。そして私は……そうだな……ホールデンに関することとしてはもう一つ、もし彼が君に同意できないようなことを言ったら、君は、黙っていてください、そんなクソじじいみたいな馬鹿な言い草はやめてくれませんかと彼に言っていい、ということだ。彼は気にしないよ。だから、君は彼にそんなふうに対処しなければいけない。大人しくしているのはけっしてよくない。もし彼が君が同意できないことを言ったら、反撃しなければいけないよ。

この書き起こしはよくできているが、しかし本当は、ジョンの肉声を聞かなければいけない。彼はそれほどすばらしい話上手なのである。

この「物語」は、ジョンを涙にくれさせた物語のすぐ後にくる。彼が泣いたのは、ホールデンがインドでの暮らしを切り上げて出発しようとしていたときに、ジョンの妻シーラに対する親愛の情を告白し、自分ではできないので、ジョンから彼女に伝えてほしいと頼んだ瞬間を思いだしたときだった。現実味をともなって回想されたこの感情は力強く、感動的である。そしてこれらはすべて、「話し手が顔を出す」という方法ゆえになしとげられたものなのだ。

ディベートと出会い

Richard
Dawkins

私はディベートという形式が好きではない。きっちりと組み立てられ、時間が決められ、最後は投票になるようなディベートは、まちがいなく好きではない。大学生のときには、私は木曜の夜にオックスフォード・ユニオンでおこなわれるディベートに定期的に参加し、来賓講演を聞いた。いくつかは、指導的な政治家やマイケル・フット、ヒュー・ゲイツケル、ロバート・ケネディ、エドワード・ヒース、ジェレミー・ソープ、ハロルド・マクミラン、オーソン・ウェルズ、ブライアン・ウォルデンといった当代の雄弁家たちによる、非常にいいものだった——オズワルド・モーズリーでさえ、彼の政治がどれだけ不愉快であろうと、人を魅了する演説家であることがわかった。学生のなかにも、たとえばのちに徹底した調査報道で知られるジャーナリストとなった、マイケルの甥であるポール・フットのように、極度に熟達した弁士がいた。しかし私は、正式なディベートで用いられる弁護士スタイルの敵対をあおる形式に幻滅するようになっていた。各大学は対立するディベート・チームに参加し、そこで弁士はコイントスで、どちら側を擁護するかを言われる。弁護士になるためのいい訓練であるのはまちがいないが、恣意的に割り当てられた、自分が信じていない——ひょっとしたら、実は自分の信じているのとは逆の主張をしているのかもしれない――理念のために修辞的な技量を磨くことを若者に教えるという点で、魂の売春に近いものであることに気づいたのである。もし私が雄弁に心を動かされるとすれば、私は、それが誠実に言われた通りの意味で述べられたものであってほしい。いや、ちょっと待った。熟練の俳優による舞台上の演説は、私が非難するような嘘を語るのではないか？　突破口で兵を鼓舞するヘンリー五世、あるいはマーク・アントニーの「私が来たのはシーザーを葬るためだ」〔シェイクスピアの『ジュリアス・シーザー』三幕二場〕が私たちを説得できないとすれば、それは私たちが実在のこととしてではなく、俳優の言葉を聞いているからではないのか？　私はそうは考えたくない。偉大なポーシャは〔『ヴェニスの商人』〕、その役柄を皮膚にまで深く染みこませていたがゆえに、あの「慈悲について」の演説が、信じていない弁護をする弁護士にはできない――実際にはするべきではない――形で、本当に誠実に感じられるのである。ララは、本当に役柄になりきってその情念《パトス》を受け入れれば、舞台で泣き叫ぶことは簡単にできると、私に教えてくれた。

英国法（そして、スコットランドとアメリカの法もそうだと思うが）は、「綱引き」の原理に基づいている。どんな意見の不一致においても、誰かに金を払って、ある主張に関してその人間がそれを信じる、あるいは信じないかについて可能なかぎり強力な弁論をおこなわせ、ほかのもう一人に金を払ってそれに対するもっとも強力な反論をおこなわせ、この綱引きがどちらの方向に動くかを見るのである。これは西ヨーロッパの法により特徴的な「査問会議」原理とは正反対である。全員を一緒に座らせ、証拠を調べ、ここで実際に何が起こったかを明らかにしようと努める。こちらのやり方のほうが私には、たぶん私の無邪気な単純さのせいだろうが、より正直で、人間的に思えるのだ。英国とアメリカの弁護士たちは、過去の、やり手であるために罪を免れさせることさえできた（明らかに犯人である人間の代理として）伝説的な弁護士たちを臆面もなく賞賛する。どんな愚か者が見ても有罪が明らかな依頼人でも、それを偉大な弁護士が裁判で勝たせたということになれば、弁護士の評判にとってはそのほうが好都合なのである。

　私は、若い一人の聡明な法廷弁護士と話をして深い衝撃を受けた。自分が雇った私立探偵が、クライアントの疑問の余地ない無実の証拠を見つけたということで、彼女は狂喜していた。「おめでとう」と私は言った。「もしあなたの探偵が、クライアントの有罪を決定的に証明するような証拠を見つけていたら、あなたはどうしたでしょう?」。

「それを無視するでしょうね」というのが、彼女の臆面もない答だった。自分たちの証拠を見つけるのは検察の責任です。私がお金をもらっているのは、あっち側（傍点ドーキンス）を助けるためではありません。

　これは殺人事件だったのだが、彼女は、「あっち側の」検察側弁護士に「綱引き」で負けるくらいなら証拠を握りつぶすことを選び、そうすることで殺人者を放免し、たぶん、また人殺しをさせることになっても、無邪気にいい気持ちになれるのだ。まっとうな人間なら、誰がこの話を聞いてショックを受けずにいられようか？　だが私はそれを咎める覚悟のある弁護士にまだ一人も会ったことがない。彼らは、「こっち側」対「あっち側」という煙をあまりにも深く吸い込んでしまっていて、そのことに気づくことさえしないのだ。私は憤りで息がつまりそうになる。

　ついでながら、真理を得るための綱引きアプローチの変形がテレビ・インタヴュアーの一派によって採用されているが、始めたのは（少なくとも英国では）ロビン・デイである。これを書いている時点の前日のことであるが、私はＢＢＣのテレビ・スタジオで針のむしろに座る感じで出番を待っていた。やがて、自分がそういう扱いにされないことがわかったが、私がインタヴューを待つ数分間、一連の政治家、三つの主要な政党の代表たちが、目下の話題について責め立てられていた。彼の質問のスタイルは、冒頭から辛辣だった。三人ともが嘘をついているか、せいぜいよくて無能であると想定されているように思われた。ひょっとすれば彼はそうだと信じていたのかもしれない。しかし私は本当のところ、〝誰かをインタヴューするときに真実を聞き出す最善の方法は、綱引きの端がどこに落ち着くかを見るために、できるかぎり厳しく苛立たせるというものだ〟という、件《くだん》のジャーナリストたち一派の流儀で彼が訓練を積みすぎたからではないかと疑っている。ひょっとしたら、それは実際に最良の方法かもしれないが、明らかにそうだというわけではないので、根拠が必要である。

いずれにせよ、私はオックスフォード・ユニオンとケンブリッジ・ユニオンの両方から招きを受けたことが何度かあるのだが、私はディベートの対立的なスタイルが好きではない。私の初めての体験は一九八六年、オックスフォード・ユニオンにおいてだった。このときはジョン・メイナード・スミスと私が、二人の創造論者、エドガー・アンドリュースとワイルダー＝スミスを相手にした。論題《モーション》は、「創造の教義は、進化論よりも妥当性があるか」だった。現在ならまちがいなく私はそうした論題でディベートすることに同意しないだろうし、一九八六年においてさえ、科学側に立って学生として最初の弁士になることに同意した、ニュー・カレッジの大切な学生であるダニエラ・シーフを支援するためだけに引き受けたのだ。反対陣営の二人のゲスト弁士はどちらも、生物学のいかなる資格ももっていなかった。ワイルダー＝スミスは化学者で、無害で温和な道化師であることがわかった。アンドリュースは物理学者で（それほど温和ではなかった）、原理主義的な創造論（「洪水地質学」を含む。そう、あのノアの洪水だ！）を唱道するかなりの数の本――私は用心のためにディベートの前に読んでおいた――を書いていた。もちろん、素朴な創造論では、オックスフォード・ユニオンではただちに負けるだろう。そこでアンドリュースはより洗練された、科学哲学的アプローチであるようにみせかけた。彼――物理学の教授――が実のところ素朴な創造論者であるなどとは、だれも想像できなかっただろう……私が彼の本からの数節を読み上げはじめるまでは。彼は哀れっぽく、繰り返し立ち上がって、アンドリュースその人の著作から私が読み上げるのを止めさせるよう、ユニオンの会長を説得した。会長がしかるべく彼の言い分を却下したため、私が重要な数節を読み上げ、彼の哲学的な見せかけが嘘であると非難するあいだ、彼は両手で頭を抱えて座っていた。ディベートの後のお酒の席で、彼はジョン・メイナード・スミスと口論をしたが、それは、この人に愛される善人が顔を真っ赤にして怒った顔を私が見た唯一の機会だった。

現在、私が創造論者との公式なディベートに参加することを拒むのにはもっと明確な理由があるが、それは、科学者がそういうディベートに同意するたびに、科学者と創造論者が対等の立場にあるという幻想を生みだしてしまうことである。聴衆は、演壇上で二つの椅子が横に並べて置かれることで、「両陣営」に同じ時間が配分されることによって騙されてしまうのである。つまり、本当に二つの「陣営」があると、本当にディベートすべき実質的な問題があると考えるように騙されるのである。この「二脚の椅子効果」に初めて私の目を開かせてくれたのは、スティーヴン・ジェイ・グールドだった。アメリカで創造論者とのディベートに招かれたとき、私はスティーヴに電話して意見を聞いた。「するべきじゃない」というのが、彼の友人としての助言だった。本当の科学者がそのようなディベートに同意したその瞬間、創造論者は、ディベートそのもので実際に何が起ころうとも、その主たる目的を勝ち取っているのである。「彼らは宣伝が必要なんだ」とスティーヴは私に指摘した。ロバート・メイは、同じ内容を独特のぶっきらぼうなオーストラリア人のウィットで述べた。そのようなディベートに参加するように招待されたとき、彼がもっぱら返す答は、「それはあなたの履歴書では立派に見えるかもしれないが、私の履歴書にとってはあまりいいものではない」なのだそうだ。私はこの話をたびたびしてきたので、かなり多くの人がこの名台詞が私のものだと思っている。それが本当ならよかったのに！

「二脚の椅子効果」はあまりにも強力なので、逆手をとり、私に対してけちな悪意を伴って用いられることが実際にあった。私はかつてオックスフォードでの、クレイグという名のアメリカのキリスト教擁護者とのディベートに招かれたことがある。彼はもう何年も私に二度めのディベートをするようにせがんでいた（一度めはメキシコにおける大イベントで、このとき彼はあちらの陣営の三人の弁士のなかでいちばん印象が薄かった）。たまたま私は、彼が提案し、私がすぐ先ほど述べた理由で断ることになっていたオックスフォードでのディベートの夜に、ロンドンで講演の仕事があった。そこで彼の支援者たちは、オックスフォードの舞台に誰も座っていない椅子を一つ置き、私が臆病風に吹かれるあまり顔を出せないのだというふりをした。

この場合には、私はすでに《ガーディアン》誌に、この人物とは二度と再び同じ壇上に登りたくないという明確な理由を公表してあった。彼が聖書に書かれたカナンの民の大虐殺を正当化したことに、吐き気を催すからだった。私は言われている虐殺そのもの（『旧約聖書』の「歴史」のほとんどがそうであるように、実際にはそんなことは起きなかった）に文句を言っているのではない。私の論点は、それが実際に起こったと信じていながら、カナンの民はすべて罪人《つみびと》であり、その報いを受けて当然だったと、グロテスクで非倫理的な根拠でそれを正当化したことにある。そのうえクレイグは、カナンの民がしなければならなかったのは、彼らの土地を侵略してきた「イスラエル人〔Israelis：原文ママ〕」に明け渡すことだけで、そうしていれば、彼らの命は救われただろうとまで言うのである。

聖書のテキストをより綿密に読んだ結果として、私は、神のイスラエル人への命令は、もともとカナンの民を抹殺することではなく、彼らをその地から追い出せというものだったと知った。そこは古代の近東の民の心のなかでは最重要な土地だった。この地を占拠していたカナン民族の王国は、民族国家として破滅させられる運命にあったのであって、個々の民が殺されなければならないわけではなかったのである。その当時に信じられないほど堕落してしまっていた、こうした民族グループに下された神の判断は、彼らからその土地を剝奪すべきだというものだった。カナンはイスラエル人に託され、いまや神は、彼らをエジプトの外へ連れ出された。もしカナン民族がイスラエル人の軍隊を見て、ただ逃げ去るという道を選んでいれば、そもそも誰も殺されることはなかっただろう[1]。

だから、それはカナンの民の誤りだったのだ。彼らにとっては当然の報いなのだ。なぜなら、神が彼らの土地を自らが愛でる部族の生存圏〔Lebensraum：ナチス・ドイツが使った用語で、外国侵略の根拠とされた〕としてそれを望んだところ、先住民たちが立ち上がり、自発的に故郷を捨てることを拒んだだ

（1）私はこの一節を《ガーディアン》誌の記事に引用した。クレイグ自身の「正当化」については、http://www.reasonablefaith.org/the-slaughter-of-the-canaanites-re-visited を参照。

けなのである。クレイグは、いずれにせよ天国へ行くのだからと言って、子供の虐殺を正当化しさえした。
ついでながら、私の《ガーディアン》の記事は、「人の座っていない椅子」作戦についても触れていた（うまいことに彼らの目論見は事前に暴露されていたわけだ）。

虐めを狙う思惑の一つの典型として、クレイグはいま、来週オックスフォードで私の欠席を象徴するために、舞台の上に人の座っていない椅子を置くことを提案している。彼と同じ舞台に立っているかのように企むことで、相手の名前を利用するというアイデアは、いまに始まったことではない。しかし、私が出演しないことを自己宣伝の人気取りに使うというこの試みには、いったいどう対処するのがいいのだろう？　透明性のために、クレイグが不在の私とディベートすると提案している夜に私の姿が見られないのは、オックスフォードだけでないことを指摘しておくべきだろう。ケンブリッジ、リヴァプール、バーミンガム、マンチェスター、エディンバラ、グラスゴー、そして時間が許せばブリストルでも、私が姿を現さないのを見ることができる(1)。

クレイグが抱くのを差し控えた同情は、すべてのカナンの女子供を殺戮するという不愉快な義務を実行するように強制された哀れな「イスラエル人」兵士のために用いられたのだった。ついでながら、人の座っていない椅子という策略はその後、「イーストウッディング」と呼ばれるようになった。というのは、二〇一二年の大統領選挙キャンペーンで、この手法を俳優で映画監督でもあるクリント・イーストウッドが、オバマ大統領を狙った不適切な見せ物として使ったからである。

私がディベートを拒むのに用いる「二脚の椅子の論理」は、本当の資格をもつ学問的な神学者には適用されない。そういう人たちとなら喜んでディベートをするし(むしろ公開討論会と呼びたい)、実際に二人のカンタベリー大主教、一人のヨーク大主教、数人の主教、一人の枢機卿、そして二代にわたるイギリス首席ラビとおこなったことがある。ほとんどの場合友好的で、礼儀正しい出会いであった。たとえば一九九三年のいつだったか、ロイヤル・ソサエティで私は著名な宇宙論学者、サー・ハーマン・ボンディと組んで、元バーミンガム主教のヒュー・モンテフィオーリと、キリスト教徒の物理学者で、子供向けに現代物理学を説明したすばらしい「アルバートおじさん」本の筆者であるラッセル・スタナードの二人と議論した。スタナードはこの会合について自分自身で記事を書いている。

主催者の一人によってお互いが紹介されたとき、ドーキンスはいきなり、私のアルバートおじさん本でどれほど楽しんだことかと私に語った。彼は本当に楽しんだのだ! 私は即座に考えた。アルバートおじさんを楽しんだのなら、そんなに悪い人間のはずはありえない、そんなはずはない。

だがちょっと待て。これは私を油断させる策略かもしれなかった。……やがてわかったが、心配する必要はなかったのだ。ディベートは建設的で、礼儀正しいやり方でおこなわれた。……これはディベートが緊張を欠いていたという意味ではない。それとはまるで違った。激しい活発なやりとりがあり、さまざまな問題に関する全面的な意見の対立もあった。しかしそこに刺々しさ

(1) この記事の全文を bit.ly/1fXPAGS で読むことができる。

はなく、安っぽい得点稼ぎもなかった。
このディベートがどれほど気持ち良くおこなわれたかを強調しておけば、終わったあと参加者はレストランに席を移し、一緒に愉快な夕食を楽しんだのだ！　私はドーキンスの隣りに座ったが、彼と一緒に、本当に楽しく過ごすことができた[1]。

最近カンタベリー大主教を退いたローワン・ウィリアムズとは四度会合したことがあるが、これまで私が会ったなかで最高にすばらしい人物の一人であることがわかった。言い争うのはほとんど不可能だった。彼はあまりにも感じがよかった。あまりにも思いやりのある知性（intellego〔私は理解する〕という文字通りの意味で）の持ち主で、彼は実際に、相手の側に立って、相手の話を終える。たとえその言葉が彼の立場にとって破滅的なもの――そうした言葉についての私の理解では――であるにちがいなく、それに対して彼に反論がないはずはないと思える場合でさえそうなのだ！　この人を引きつける習慣に私が気づいたのは、私のチャンネル4でのドキュメンタリーの一つで彼をインタヴューしたときのことである。彼はのちにララと私をランベス宮殿〔カンタベリー大主教の公邸〕での楽しいパーティに招待してくれた（私が思うに、ララがそこでは主賓だったのではないかと思う。なぜなら、彼の息子のピップは《ドクター・フー》で彼女が演じたキャラクターのファンだったからである）。それから二、三年後に、彼と私はシェルドニアン大講堂で、かなり過大報道された「ディベート」をおこなった。私はこれを司会者なしの友好的な会話にしたいと願っていた。なぜなら私は（以下に見るように）、司会者がしばしば議論の途中に割り込んでくるのが気に入らなかったからである。この場合もそういうことになったが。終わったあと、大主教と私は夕食で席が一緒になり、このときも彼といることに魅了された。

私たちのもっとも新しい顔合わせは、ケンブリッジ・ユニオンにおけるディベートの、相対峙する陣営の講演者としてだった。これはウィリアムズ博士が大主教の座を降りモードリン・カレッジの学長になったあとのことで、彼は夕食の席で、毎朝目覚めて「私はもうカンタベリー大主教ではないんだ」と思いだすことの純粋な喜びについて私に語った。ディベートそのものになると彼の側が勝利し、その勝利も彼によるところが大きかった。彼は実際にしっかりとした演説をおこなった。しかし真の勝者は、聴衆の反応からも明らかなように、非常に人間味を感じさせるジャーナリスト、ダグラス・マレーだった。マレーは無神論者であることを自ら宣言していたが、宗教は人々にとっていいものだと――これがじつは、彼の唯一の論点だった――考えていた。宗教がなければ、人々は不幸になるだろうというのだ。私には、ローワン・ウィリアムズがそれほど庇護者気取りでへりくだっている姿が想像できないが、しかし――驚くべきことに(2)――ケンブリッジの聴衆は、それを受け入れたのである。

私が神学者とこれまでおこなったなかでもっとも啓発的な会話は、かつてヴァチカン天文台の館長を務めたイエズス会神父ジョージ・コインとの、映像インタヴューだったと思う。私たちはそれを、ウィリアムズ大主教をインタヴューしたのと同じチャンネル4のテレビ・ドキュメンタリー番組のために撮影した。残念ながらディレクターは両方のインタヴューを入れる時間がないと感じて、コイン神父とのほうを外してしまったが。

(1) R. Stannard, *Doing Away with God* (London, Pickering, 1993).
(2) それが驚きなのも、CICCU、すなわちケンブリッジ・インター・カリジェット・クリスチャン・ユニオンの悪名高い強力なロビー活動の影響力を思いだすまでのことである。

この天文学の専門家は指の先まで科学者で、インタヴューの大半で知的な無神論者のように語った。彼は言った。「神は説明ではありません。もし私が説明の神を探し求めていたなら……私は、たぶん無神論者になっていたでしょう」。それに対しての私の必然的な答は、それこそが私が無神論者である理由ですというものだった。もし全能の神が実際に存在するのなら、どうして、物事についての説明でないということがありえるのか？　あるいは、もし神が何かについての説明でないのなら、いったい神は時間を使って、崇拝に値するどんなことをしているというのだ？

コイン神父はまた、彼のカトリック信仰が、カトリックの家系に生まれたという偶然の状況から出てきたものであることににこやかに同意し、もしイスラム教徒の家系に生まれたとしたら、同じように忠実なイスラム教徒になっていただろうということも認めた。私は彼の人間としての正直さに心を打たれたが、同時に、カトリック聖職者としての身分が彼に課す職業的な不正直さに驚嘆した。彼はまっとうで、人間的で、知的な人物として私に感銘を与えた。

イギリス首席ラビのジョナサン・サックスも同じで、彼はララと私を、何人かのロンドンの指導的なユダヤ人とともに晩餐会に招いてくれた。世界の総人口の一％以下しかいないユダヤ人がすべてのノーベル賞の二〇％以上を勝ち取っているという、驚くような事実を教わったのは、この晩餐会においてだった。これはイスラム教徒の、スズメの涙ほどに低い成功率と痛烈な対照をなしている。彼らの世界人口はユダヤ人の何桁も多いのである。私は、この比較が意味深いと考えた――いまもそう考えている。ユダヤ教とイスラム教を宗教と考えるのであれ、文化システムと考えるのであれ（広く流布されている誤解にもかかわらず、どちらも「人種」ではない）、ノーベルによって讃えられる知的営みの分野において、そのうちの一方が他方に比べて一人当たりにして文字通り何万倍も成功しているというのが、どうして意味深くないことがありえよう。イスラム学者は、中世およびキリスト教国の暗黒の時代を通じてギリシアの学問の灯火を守り続けたことで重要な役割を果たした。何が悪かったのか？　ついでながら、サー・ハリー・クロトーは手紙で、ユダヤ人として名を挙げられているノーベル賞受賞者（彼自身もそのなかに含まれる）の大多数は、実際には無信仰者であるという彼の見解を書き送ってきた。

サックス卿との、マンチェスターのテレビ局におけるのちの出会いでは、彼はかなり奇妙な形で、私を反ユダヤ主義だとして公然と非難した。その理由が、私が『神は妄想である』において『旧約聖書』の神を、「ほぼまちがいなく、あらゆるフィクションのなかでもっとも不愉快な人物である」と性格づけたことであるのがわかった。私は本書の別の箇所で（五九九頁参照）この文章の残りを引用して、それが若干論争的に聞こえることは認めたが、しかし聖書の記述から文句なく正当化できるのである。しかし私の意図は、論争よりはむしろ喜劇を志向していた。私の内心では、イヴリン・ウォーのまれに見る手の込んだ仕掛けの見せ場（rare purple set-pieces）のことを考えていた（私は同じ一節においてウォーがランドルフ・チャーチル〔ウィンストン・チャーチルの息子〕について語った物語を詳しく述べることで、言わんとするところをさりげなく伝えた）。もちろん、私の文章が反＝神であることは否定できない。だが反ユダヤとは？　そんなことはない。ところで、同じような根拠で私が反ユダヤ主義だと非難されたのはこれが最初ではなかった。私はガラパゴス諸島を巡るクルーズ船で講演をしたことがあったが、そこで仲間の乗客から異論が出た。その人の唯一の理由は、私が神に反対していることだったが、彼はどうやら神を自らのユダヤ人性と同一視していたようだ。その結果として、個人的に攻撃されているように感じたのだ。

首席ラビは数日後に気持ちよく丁重なお詫びの手紙を送ってきたので、スタジオにおける彼の意見は一時的な気の迷いだと私は受け取った。まっとうな紳士にしては異例の過ちだった。これは控え目に言うのだが、私はディベートの相手だったローマ・カトリック教会の最長老の広報担当者であるシドニー大司教のジョージ・ペル枢機卿にはあまり感銘を受けなかった。私たちはオーストラリア放送協会のテレビ・スタジオで顔を合わせた。私は前もって、彼がいじめっ子の「喧嘩《ブル》っ早い大男《ーザー》」だ——より寛容な原則のうえに築かれるべきだとされる教会の長老メンバーにとってあまり嬉しくなさそうな評判だと思われるのではないだろうか——と警告されていた。

ペルは聴衆の安っぽい笑いを得るために策を弄したが、そのやり方は、ウィリアムズ大主教、首席ラビのサックスやジョージ・コイン神父のような地位にある聖職者の紳士がけっしてしないような流儀のものだった。スタジオの聴衆のかなりの部分が明らかに彼の味方をするために選び抜かれた徒党だったのは、彼にとって幸いだった。なぜなら彼は、へまなことを言って自ら窮地に陥る、ほとんど愛すべきといえるほどの天賦の才をもっていたからである。たとえば彼は、その他の点では敬服に値する進化の受容をしながら、人類は「ネアンデルタール人」の子孫だという余計な間違いを付け加えることで台なしにしてしまったりした。あるいは、彼がある逸話を語っていて、「何人かのイギリス人の子供たちに準備をさせていたんですよ……」とまで口にしたところで一息入れたら、この一息が長すぎて気まずい雰囲気になってしまい、「……最初の聖体拝受のためのね」と続けはしたものの、そうしてとぎれた言葉のあいまに聴衆の少数派が思わせぶりに発した笑い声が挟み込まれてしまったことがあった。これほど可愛げのない失策としては、ユダヤ人の知能に対しあからさまな疑念を発してしまったのと、神がなぜユダヤ人を選ばれし民としたのか困惑しているという失言もしてしまった。

司会者のトニー・ジョーンズはただちにこれに飛びつき、枢機卿は必死になって言い訳をしなければならなかった。私は彼が弁明を並べるのを聞きながら、W・N・ユーアー〔英国の詩人、ジャーナリスト〕とセシル・ブラウン〔アフリカ系米国人の作家〕のあいだで交わされた押韻詩のやりとりを引用したい誘惑に耐えていた。

How odd
Of God
To choose
The Jews.
But not so odd
As those who choose
A Jewish God
Yet spurn the Jews.

なんたる不思議
神は
選ばれたのだ
ユダヤの民を。
いや、さほど不思議でもない
人々はユダヤ人の神を
選んだのに
いまだにユダヤ人を拒んでいる。

彼がダーウィンが晩年に有神論者だった証拠を彼の自伝から引用してみせて得点を稼いだように思えたときには、多数派の徒党から喜びの拍手喝采を得た。しかしこれははっきりとしたまちがいで、私はそう言った。けれどもペルはメモしたノートをもっていて、ダーウィンの自伝の「九二頁を」引用しているのだと反論をよこした。

余談にはなるが、テレビ中継のさなかでカトリックの枢機卿ともあろう人物がダーウィンの信心についての誤解を口にしているとあれば捨て置けまい。件《くだん》の自伝を今になって見返してみると、ベルが「九二頁」と勝ち誇って引用したのは、故意に虚偽を働いたのではなさそうだ。おそらくきっと助手が、ページ数まで付けてその引用文を彼に提供したのだろうが、そのあとにどういう文章が続くかを、その助手は伝えそこなったのだ。やはり自分で確かめなければだめである。以下に示すのは、ダーウィンの「宗教上の信仰」についての章からペルが引用したもので、ペルが強調したところを太字でぬきだしてある。

神の存在を確信させるもう一つの根拠は、感情とではなく、理性と結びついたもので、はるかに大きな重みをもつように思われる。この〝根拠〟は、はるかに遠い過去をふりかえったり、はるかに遠い未来をのぞきこんだりできる人間というものを含めた、この広大で驚異に満ちた宇宙が、盲目的な偶然あるいは必要の結果生じたものと考えるのが極度に困難であると、あるいはむしろ不可能であるということから生じている。このように思案する**とき**（**When**）、ある程度人間のそれとよく似た知的精神をもつ第一原因に目を向けざるをえないような気がする。その意味で、私は有神論者と呼ばれてもおかしくない。

この「When」は、私には条件を示す意味の言葉のように思えるが、ペルはそうはとらず、絶対的な陳述だとした。しかしながら、ペルが読み上げなかったそのあとにつづく文節は、ダーウィンがこの章を書いたとき実際にどう考えていたのかについて、疑問の余地を残さない。ここでもまた、ダーウィンの言わんとする意味を解釈する鍵になる単語を太字で強調しておく。

この結論は、思い出せるかぎりでは私が『種の起原』を書いた頃に、私の心に強く残って**いた**(**was**)。そして、それ以来、何度も揺れ動きながら、しだいに弱くなっていった。……万物の始まりという謎は、われわれには解きえない。そして私一個人としては、不可知論者にとどまるしかない。

私は、ペル枢機卿を不正直の罪で非難するのは思いとどまらねばいけないと思う。彼（あるいは彼の助手）が二つめの文節を単に読まずに、最初の文節を許容できる範囲で誤解したことは許すとしよう。しかし、彼が勝ち誇って「それは九二頁にありますよ」と言ったときに喝采をした、あのオーストラリアの聴衆のうちの誰かがもし本書を読んでいたら、ダーウィンの自伝の「宗教上の信仰」についての章全体をも、労を惜しまずに読んでくれると期待したい。ダーウィンが甘んじて不可知論者にとどまると結論した、先に私が引用した文節を含む、この章のほとんどはキリスト教信仰への強い批判で構成されているが、若い頃ダーウィンは敬虔な信者で、教会に職を求めるべき運命であった。そこには、ダーウィンが次のように述べている有名な文章がある。

私には、なぜ人がキリスト教が真理であれと願うのか、ほとんど理解できない。というのは、もしそうであるならば、聖書の言葉を文字通りにとれば、信じない人々は永遠に罰せられることになり、それには私の父、兄、そして私の最良の友人たちのほとんどすべてが含まれることになるからだ。こんな教義は忌々しいとしか言えない。

ダーウィンは、地元の地区教会に対して好意的な態度を守りつづけ、財政的に支援し、そこに葬られることを願った（この願いは、友人たちがその栄誉を称えてダーウィンを首尾よくウェストミンスター大聖堂に葬ったとき、退けられたことになる）。そして彼は、エドワード・エーヴリング（一八四九〜九八年）や、そのドイツ人の仲間であるルートヴィヒ・ビューヒナー（一八二四〜九九年）のような、彼が戦闘的な無神論者とみなした者に疑問を投じている。一八八一年に持たれた、ダーウィン家の昼食の席での会合についてのエーヴリングの記事は、訪問者たちがいかにして「これまで私をのぞきこんだなかでもっとも率直で、もっとも好意に満ちた瞳の」とりこになったかについての感動的な記述から始まっている。それから、宗教についての議論に移る。ダーウィンは、「あなたたちはなぜ自分を無神論者と呼び、神が存在しないというのですか?」と問うた。エーヴリングとビューヒーナーは次のように説明した。

私たちは、神が存在する証拠がないから無神論者になったのです。……私たちは神を否定するという愚行にかかわったりはしなかったのですが、同等の配慮をもって。神の存在を断言するという愚行を避けました。神は証明されていないのだから、私たちに神はない（ἄθεοι）ことになり、その結果、私たちは現世に、この世界だけに希望をもったのです。こうしているあいだにも、私たちの眼につねにこれほど率直に見えてくる眼のなかの光の変化によって。彼［ダーウィン］の心の中に新しい考えが芽生えつつあるのは明らかでした。彼はそのときまで、私たちが神の否定者だと想像してきたのですが、考えの組み立て方に関しては、私たちのものと彼のものが本質的に異なっていないことに彼は気づきました。というのも、私たちの主張を成す数々の論点について、彼はいちいち同意を示したからです。次から次への発言に彼は支持を与えて、最後にこう言いました。「考えはあなたたちと同じですが、私は、無神論者（Atheist）よりは不可知論者（Agnostic）という言葉のほうが好きです[1]」。

今日に至っても、「無神論者」という言葉をめぐる混乱が存在する。神が存在しないと積極的に確信している人間（エーヴリングが「神を否定する愚行」と呼んだ無神論者）を意味すると受け取る者もいれば、いかなる神を信じる理由も見あたらないので、神とは無関係なやり方で生活を送る人間（すなわち、ダーウィンが自分のことを不可知論者だと言ったときに想定し、エーヴリングが「神はない」という言葉で意味したもの）だと受け取る人間もいる。おそらく、最初の意味を採用している科学者はかなり少数だろうが、彼らも、神に残された隙間は、レプラコーン〔アイルランドの伝説に出てくる妖精〕や軌道を巡るティーポット〔哲学者バートランド・ラッセルが神の不在の証明の不可能性を言うためにもちだした喩え〕、あるいはイースター・バニー〔復活祭の卵を届けるウサギ〕が通り抜けられる幅よりもほとんど大きくはないだろうと付け加えるかもしれない。二つの立場のあいだには連続的なスペクトラムがあり、晩年のアーガイル公爵との会話から推測できるように、ダーウィンは明らかに、軌道を巡るティーポットに対するほどには神に対しては懐疑的ではなかっただろう。公爵の言《げん》によれば、

（1）記事の全文については、bit.ly/1rY74rY を参照。

私はダーウィン氏に、彼自身の『ランの受精』や、『ミミズ』についてのすばらしい著作のいくつか、およびその他の自然における特定の目的のための驚嘆すべき工夫について彼がおこなったさまざまな観察に言及しながら言った——それらのものを眺めながら、これらはみな心の作用なのだとみなさずにいるのは不可能だと。私はダーウィン氏の答をけっして忘れることがないだろう。彼は私をひたと見すえて、「ええ、そういう考えは、しばしば圧倒的な力でやってきます。しかしほかのときには」と言うと、頭をかすかに振ってこう付け加えた。「どこかへ消えてしまうように思えるのです」(1)。

私もまたぎりぎり、太陽のまわりの軌道をめぐるティーポットに対する以上に神に懐疑的ではない。それは、神であると認められそうな、思いつく限りの事物の集合のほうが、ティーポットであると認められる軌道投射物の集合よりも大きい、というだけの理由からだとしても。しかし私は、ダーウィンは立証責任は有神論者の側にあるという、エーヴリング（および私）に同意するだろうと考えている。

私としては、ペル枢機卿についての私の評価が不公正なものでないことを願う。私の言葉をそのまま真に受けるよりも、ディベートそのものに耳を傾けることができるので、そうしたほうがいい(2)。もう一人の高位聖職者、当時ヨークの大主教だったジョン・ハブグッドとの、一九九二年のエディンバラ科学フェスティバルにおけるディベートの録音はおそらく、もう残ってはいまい。ひょっとしたら、それでいいのかもしれない。というのも、《オブザーバー》紙の記者の裁定（後出を参照）にもかかわらず、私がとくに自慢できるほどうまくやりおおせたわけではないからである。もしペル枢機卿がいじめっ子で「喧嘩っ早い大男」とみなされてきたのなら、私（肉体的には、ふつう喧嘩っ早い大男と言われることのない華奢な体つきをしているが）はハブグッド博士の扱いに関して、その言葉が自分に降りかかってくるのではないかと怖れた。今なら私は、同じやり方で相手に立ち向かうことはしないだろう──ひょっとしたら、私が昔より情け深くなったのかもしれないが、今では倒れた人間を殴ることにたえられないと思う。けれども、どうやら私の記憶では、二〇年前には私は彼を〝パックスマンした〟ようである。そしてあまりにも容赦なく、処女懐胎のことを本心では（職業上求められる見解ではなく）どう考えているのかについて、繰り返し質問した。そして聴衆も加わって、彼に「質問に答えろ！　質問に答えろ！」とやじり立てたのではないかと怖れている。この夕べのことについての《無信仰者（*The Nullifidian*）》誌の記事は、私が記憶していた懸念を裏づけているように思われる。

進化に関する著作で有名なリチャード・ドーキンスが、先のイースターにおけるエディンバラ科学フェスティバルで、神の存在について、ヨーク大主教、ジョン・ハブグッド博士とのディベートに参加した。《オブザーバー》誌の特派員は、「『手厳しい』リチャード・ドーキンスは明らかに、『神は、サンタクロースや歯の妖精と同じように語られるべきものだ』と信じていた」と記した。彼［特派員］の耳にはこのディベートについての沈鬱なある聖職者の感想が聞こえて

（1）http://www.electricscotland.com/history/glasgow/anec305.htm を参照。
（2）https://www.youtube.com/watch?v=tD1QHO_AVZA.

きた。「総括は簡単だ。ライオンズ〔ドーキンスのこと〕一〇対キリスト教徒《クリスチャンズ》〇だ」[1]。

英国以外の読者の便宜のために記すと、「パックスマンする」という動詞は手強きジェレミー・パックスマン、すなわち英国でもっとも怖れられたテレビ・キャスターによる、当時の内相マイケル・ハワードに対する悪名高いインタヴューに由来するものである。パックスマンは同じ質問を容赦なく、一二回以上質問しつづけ、そのあいだこの哀れな男も根気よくじっと耐えて、答を避けつづけた。私はこのインタヴューを聞き直したばかりだが[2]、私はいまならそれほど無慈悲ではいることはできないだろうと思った。それでもハブグッド博士に関しては、処女懐胎についての厄介な質問を三度繰り返したのが私の限界だった。ついでながら、私はBBCテレビでジェレミー・パックスマンから二度インタヴューを受けたことがあり、また彼はオックスフォード主教のリチャード・ハリス博士と私の舞台上での論戦の司会をしたこともある。その三回とも彼は人当たりがよくて温かく、社交上で顔を合わせたときも印象に違いはなかった――たとえば彼の庭での夏の晩餐会、あるいは私がこれを書いているヘイ・オン・ワイ・フェスティバル〔毎年開かれる文学祭〕の期間中や、私が一人でホテルの朝食を食べているときに同席してきたときとか。ひょっとしたら、彼を怖れる理由があるのは政治家だけかもしれない。自分の本を英国で宣伝しようとしていた悪名高いアメリカの政治宣伝家に彼がインタヴューしたときの、冒頭の言葉を私は心に銘記している。「あなたの出版社は私たちに第一章を送ってくれましたよ、アン・コールター。私はそれを読みました。あれはもうちょっとましなものになるんですか?」。前に私は、ロビン・デイに端を発する好戦的なテレビ・ジャーナリストの一派について触れたことがあった。ジェレミー・パックスマンは、それよりさらにいっそうな非情なジャーナリストの代表である。私はそれよりも、自分で「相互指導」と名づけた、インタヴューないしは公開討論の手法が好きである。

相互指導

ディベートよりも受け入れやすいのは、勝利を得ること（ネット世代ならowningあるいはpwning[3]と言うような）ではなく相互の啓蒙を目的とする壇上の討論会である。「相互指導（mutual tutorial）」という言葉をはじめて思いついたのは、一九九九年二月にウェストミンスターのセントラル・ホールで、心理学者で言語学者のスティーヴン・ピンカーと同じ壇上にいたときだった。《ガーディアン》後援の「ディベート」という触れ込みで、司会を同紙の科学編集者、ティム・ラドフォードがつとめた。この催しは二三〇〇人の聴衆を引きつけ、入場できなかった人間も少なくなかったそうだ。じつはおこなわれたのはディベートではなかった。そこには「論題《モーション》」はなく、投票する事柄もなかったからだ。そして、私たちはいずれにせよ、ほとんどの事柄について意見が一致した。さっき

（1）http://bit.ly/1AUT0GJ.
（2）bit.ly/1iGJRVQ.
（3）この綴りは、偶然のミスプリントから生まれたものの、のちに人気が出た突然変異のミームであるように思われる。ジリアン・サマースケールズは私に、これは書かれた文字という形でしか現れたことがなく、発音した人間は誰もいないとのではないかとほのめかした。彼女は、「〝語られない〟形の言語が出現するということがあると思いますか」と質問してきた。もしそうなら、LOL〔Laughing Out Loud の略語で、「笑い」を意味する英語のネット・スラング〕も、テキストのみの辞書に載るもう一つの候補になるかもしれない。

言ったように、これがのちに私が「相互指導」と呼ぶことになるもの――インタヴューおよびディベートに替わるすぐれた代替案として、私がますます強く推奨するようになっている壇上の会話の一ジャンル――への道ならしをした。たまたまティム・ラドフォードは出しゃばらず、良い仕事をした。しかし、司会者あるいは「ホスト」なしの相互指導というアイデアを思いつかせたのは、この機会の経験だったのである。

「司会者の干渉効果」は前に述べた、オックスフォード大学のシェルドニアン大講堂におけるカンタベリー大主教、ローワン・ウィリアムズとの対論にとりわけ顕著であった。ウィリアムズ博士と私はどちらも礼儀正しい会話をする準備が整っていて、私はそうなることを大いに楽しみにしていた。しかし残念なことに、著名な哲学者で非常な好人物でもある司会者によってたえず、脱線させられた。哲学的な業界用語《ジャーゴン》をさしはさむことで問題を「明確に」しようとする彼の苦心の努力は――哲学者がからむとしばしばそういうことが起こるように思えるのだが――まさに、逆効果でしかなかった。

ロンドンにおける私とスティーヴ・ピンカーとの「相互指導」(「相互」というにもかかわらず、彼が私から学んだものより、私のほうが多くのことを彼から学んだと言わなければならない)に多数の聴衆が参加したことは、BBCの関心を引きつけた。今夜のBBCの《ニュースナイト》に出演して、もっと幅広い聴衆の前でお二人の議論を再現する気はありませんか、と。そうしてもよかった。少ししてから、BBCのプロデューサーから私に電話がかかってきて、どういう成りゆきになりそうか概要を知りたがった。

「ピンカー博士とあなたの意見の不一致がどういう性質のものか、要約していただけないでしょうか?」

「ええ、まあ、実際には、どういう不一致かという点では、あまり多くを申し上げられる自信はありません。私たちはほとんどの事柄について意見が一致すると思います。それが問題でしょうか？」

電話の向こうで長い沈黙があった。「不一致がないですって？　不一致がないですって？　あらまあ」

そしてすぐに、彼女は依頼をキャンセルした。相互に情報を与えあう会話は、「いいテレビ番組」には思えない。意見の不一致がなくてはならず、火花が飛ばなくてはならなかった。もし「いいテレビ番組」というのが、視聴率がいいということを意味するのなら、がっかりだ。私としては彼女がまちがっていて、意見の不一致が視聴率にいいというのが真実ではないと期待したいが、それほど大きな確信を奮い起こすことはできない。いずれにせよ、前章で述べたように私自身の価値判断では、「いいテレビ番組」ということばのもつ意味の尺度のなかで、視聴率はかなり低い地位を占める。とりわけ、ＢＢＣは受信料を通じて中央政府から費用を賄《まかな》われている以上、広告収入の心配をしなくてもいいのだから。

ピンカーとの「ディベートでなかったディベート」がきっかけとなり、私の慈善団体、〈理性と科学のためのリチャード・ドーキンス財団（ＲＤＦＲＳ）〉の後援のもとで新しいシリーズのフォーマットを推進するよう、私を衝き動かした。最初におこなったのは二〇〇八年三月の、スタンフォード大学の大聴衆の前で繰り広げた、理論物理学者ローレンス・クラウスとの会話である。「さて、私たち二人のあいだに司会者が座っていないという事実について、いくらかの責を負うべきは、思うに私であります。私は、公開の話し合いをおこなう新しい方法のパイオニアになろうと試みています……」。さらに私はつづけて「相互指導」について詳しく説明し、このような催しにおける司会者の存在についての異議申し立てをした。それゆえに私たちには会話をしつづけなければならないという重荷が投げかけられるであろうことを認め、それから、まず口火を切るようにローレンスに頼むことで、その重荷を彼にパスした。

彼は、なぜかあまり友好的なものではなかった、私たち二人の最初の出会いについての回想から話を始めた。二〇〇六年の『神は妄想である』の刊行直後、ニューヨーク州でおこなわれた会議においてのことである。私は話をしたあとで、質問に答えていた。こういう類《たぐい》のことは非常にたくさんしてきて、興味がそそられるような質問はめったになかったのだが、このときは違った。とくに背は高くないが、頭の天辺《てっぺん》からつま先まで自信に満ちた一人の質問者が聴衆の真ん中当たりで立ち上がって、最初の一言から正確で流暢な言葉で持論を述べ立てたが、当然のことながら、それはこのような公開の場では珍しいことだった。彼は威勢よく——ほとんど攻撃的に——、敬虔な信者と議論する際、あなたはあまりにも攻撃的で融和的な姿勢が足りないと、私を非難した。それに対して私がどう応じたのか思い出せないが、終わったあと一緒に飲み、ローレンスがここではずっと友好的なトーンの言葉で、二人はこの議論を文章で継続したほうがいいのではないかと提案したのである。それで、私たちはそれを実行した。彼が冒頭にスタンフォード大学の聴衆に語ったように、このやりとりは《サイエンティフィック・アメリカン》誌に掲載されることになった。(1) それ以来、ローレンスと私が公開討論をさらに数回おこなうにつれ、最初の意見の不一致は弱まり、私たちは友人になって、お互いのものの見方がより近づいた。そして、二人がお互いから学んでいくにつれて、私たちの相互指導はますますその名にふさわしいものになっていった。そうした会話のいくつかがベースとなり、ガスとルーク・ホールワーダ製作のもと、ドキュメンタリー映画『不信心者たち（*The Unbelievers*）』がつくられた。このフィルムは、世界中のさまざまな討論開催地におけるローレンスと私を映しているが、特筆すべきは、シドニー・オペラ劇場におけるものである。

ローレンスは、風変わりで、愉快で楽しい。私はこれまで、「笑いのタイミング」ということの意味をまったく知らなかったが、彼はそれをもっているのではないだろうか。もし彼が内省的な陰鬱さをレパートリーに加えれば、物理学のウッディ・アレンと呼べるかもしれない（実際に一度、そう呼んだことがある）。そして彼は最良の、そしてもっとも建設的な意味で、挑発的である。「君の体のなかのすべての原子は、爆発した恒星からやってきたものであり、しかも君の左手の原子はおそらく、右手の原子とは違う恒星からきたものだろう。……イエスのことは気にするな。恒星が死んだから、今日君がここにいられるのだ」。

湿気が高く暑い日のロンドンで、『不信心者たち』のクルーが借りた一台のリムジンのなかで撮影していたことがあった。この車は、あなたが想像できるほとんどあらゆる故障をかかえていた。そしてレンタカー会社に電話をしたローレンスの剣幕は私にとってかけがえのない思い出となっている（「内省的」とはかけ離れていて、彼の長広舌には「陰鬱さ」は気配すらなかった、というのが正当な評価になるだろう）ほどだが、彼は最後には、このおかしな車の長々しい車体の全体を物理的に損傷させるぞという脅しまでやってのけた。それは毒舌ショーと呼ぶべき名人芸で、エアコンも窓の開閉装置も壊れた息の詰まるような車のなかで私たちが笑い声をあげていられたのは、ひとえにこのショーのおかげである。

（1）http://www.scientificamerican.com/article/should-science-speak-to-faith-extended/; e-appendix も参照。

ピンカーおよびクラウスとのあいだで先駆けをつくった「相互指導」のモデルは、他の公開での話し合いにおいても、同じ司会者抜きという形式《フォーマット》を使ってうまくいくことがわかった。そうした対論の私のパートナーとしては、オーブリー・マニング教授およびリチャード・ホロウェイ主教（たぶんスコットランドで最高にすばらしい二人）がいた。オーブリーと私がニコ・ティンバーゲンの学生として共通の遺産を有している（オーブリーのほうが私より一〇年先輩だが）ので、私たちの会話はエソロジーのアテナイの学堂だったティンバーゲン・グループについてのたくさんの笑いを伴う多少の回顧を含んでいたが、科学そのものについても話しあった。ホロウェイ主教は自らのことを、「回復中のキリスト教徒」だと述べた。彼はたぶん、主教がぎりぎり許されるところまで無神論者に近づこうとしていたのだろう。私たちは二度以上顔を合わせており、そのうちの一度はエディンバラでの演壇での対話で、これはグラスゴーのジャーナリスト、ミュリエル・グレイに次のように書かせることになった。

周知のごとく、ホロウェイは自らの信仰に疑問を投じ、それに欠けているところがあると気づいた教会指導者であり、ドーキンスはもちろん単に多くの賞を得た先駆的な科学的著作についてだけでなく、組織宗教に対する攻撃的な考え方でも、世界的に有名である。セッションが始まる前に、〝二人が喧嘩を始めるか、あるいは原理主義的な聴衆がドーキンスに攻撃的な言葉の攻撃を浴びせかけるのではないかと気が気でない〟と語る聴衆も、わずかながらいた。だがそういうことはなく、五分のように思えた一時間は、それぞれが人間性に満ちあふれた、目を見張るほど知的な二人の人物が、実存というものがいかに畏怖すべき、神秘的ですばらしいものであるかについて個人的なイメージを描いていくことに費やされた。まだ完全には手放すつもりのない宗教からなお詩と意味を引き出そうとホロウェイが試み、ドーキンスが熱心にそれに耳を傾け、ホロウェイの願望を無知として片づけてしまうことなしに救いを差し伸べようとするのをただ聞いているだけで、息を呑むほどに刺激的だった。そしてこうした対話のすべては、宇宙の誕生、ブラックホール、および私たちが傷つきやすい肉に代わってシリコンと合金で自らを形成しはじめたときのヒトという種の未来についてのドーキンスの考えによって、前後をしっかり挟まれていた。いや、これこそエンターテインメントと呼ぶべきものだ……けれども、この夕べに関してもっともいまいましく、実際まったく耐えがたかったのは、それが一時間で終わってしまったことだった。[1]

これならば、相互指導と呼んでも何の問題もなかろうと、私は思う。たまたまその後、二回の実りある壇上での話し合いをやはりエディンバラで、ミュリエル・グレイ自身ともつことができた。もう一つのすばらしい対論は、ニューヨークのヘイデン・プラネタリウムの館長、ニール・ドグラース・タイソンとのものだった。私たちの会話[2]は二〇一〇年に、「歴史的に黒人」大学と評されたワシントンのハワード大学のキャンパスで、ドーキンス財団によって組織されたある会議でおこなわれた。元気のいい大学生の聴衆（のちに知ったのだが、宗教的な指導者が参加を「思いとどまらせよう

(1) *Glasgow Sunday Herald*. 5 Sept. 2004.
(2) https://www.youtube.com/watch?v=eUMI3_QLmoM.

と」したために、聴衆の数はニールと私がいつも相手にしているよりも少なかった）の前で、ニールと私は「科学の詩情」について語った。この成句はただちにカール・セーガンのことを連想させるものだが、この場でニール・タイソンは堂々と、しかししかるべき謙遜の意を表しながら、自分が『コスモス』のリメイクをつくって、空席になったセーガンの役回りを引き受けるという難事にのり出そうと思うと述べた。彼はなんというすばらしい、科学のスポークスマンであることか。この温かく、親切で、ウィットに富み、頭のいい人物の偉大な知識には、それを詳しく説明する能力がしかるべく配されている。カール・セーガンの代役がこれほどうまくつとまりそうな人間として、ほかに唯一思い浮かぶのは、キャロライン・ポルコ（彼女については次章でもっとくわしく述べる）だけである。ひょっとしたら、すべての科学分野のなかで天文学がきら星のごとき使節に恵まれているのは、さほど驚くべきことではないのかもしれない。

これは、私がニール・タイソンに会った最初ではなかった。私たちの最初の出会いは二〇〇六年のサンディエゴで、私がローレンス・クラウスについて紹介したときの初対面の状況と、ほとんどそっくり同じだった。私はちょうど講演をし終わったばかりで、そのなかで宗教に傾斜した生態学者ジョアン・ラフガーデンを批判した。質問時間になって、ニールが穏やかだが真剣に——そして非の打ち所のない言い回しで——私のスタイルを攻撃したのである。

　私はあなたがお話しになっているとき後ろのほうの席にいました……。それで私は、いつものようにあなたの口から言葉が流麗につむぎ出され、いつものように明瞭に発言されるにつれ、会場全体がなんとなく一つになっていくのがわかりました。ただ一言だけ言わせていただくと、あなたの発言には、私があなたにイメージとして重ね合わせたこともないほどの、舌鋒の鋭さがあります。……あなたは科学的精神を大衆に啓蒙するための教授であって、大衆に真実を伝える教授ではないはずですが、この二つは異なる課題です。そのうちの一つでは、あなたはただ真実をさし出し、そして読者が——あなたがおっしゃったように——あなたの本を買うか、それとも買わないかのどちらかです。さて、これは教育者であるということとは違います。ただものをそこにさし出しているだけですから。しかし教育者である以上、真実を正しく理解させるだけでなく、人を説得できなければなりません。説得というのは、必ずしも「ここに事実があります。あなたは愚か者か、そうでないかのどちらかです」ですむものではないのです。すなわち、「ここに事実があります。そしてここにはあなたの感受性に響くものがありますよ」というやり方なんです。そして、事実と感受性がからみあって一体となってはじめて、影響力が生まれるのです。ですが私は、あなたの方法では、あなたがどれほど明瞭に辛辣になったとしても、なんら効果を現すことなく終わるのでないかと怖れるのです。現在あなたが、ご自分の作品に反映されているよりもはるかに大きな影響力をおもちであるのにもかかわらず。

私は、司会のロジャー・ビンガムがこのセッションを早く終えたがっているのに気づいていたので、手短に答えた。

お叱りはありがたくお受けします。この点で私よりもっと酷い人間がいることを示すために一つだけ逸話を紹介させてください。《ニュー・サイエンティスト》誌の非常に成功した元編集者

——実際に彼はこの雑誌を新たな高みへと引き上げたのです——は、「《ニュー・サイエンティスト》におけるあなたの哲学は何ですか?」と質問されました。彼は「《ニュー・サイエンティスト》におけるわれわれの哲学は、科学は面白い。もし賛成できなければ、さっさと失せろというものだ」と答えたのです。

ワッハッハというニール・タイソンの陽気な笑い声を聞いて、ロジャー・ビンガムはセッションを終わらせた。[1] ニールの批判は適切なもので——それはローレンス・クラウスの批判とほとんど同じだが、ただしより穏やかな表現だった——、私が重く受けとめるべきものだった。この問いについては、のちに『神は妄想である』について論じるとき、立ち戻ることにする。

私の「相互指導」のいくつかでは、「相互」という単語を外したほうがいいくらい、私は自分が与えるよりもはるかに多くのことを対話の相手から学んだ。私がもっとも圧倒された相手はおそるべき知性をもつ、ノーベル賞受賞の物理学者で教養ある博識家のスティーヴン・ワインバーグだった。映像に残された私たちの会話と、彼が私をオースティン——テキサスの知的オアシスと言われているのを耳にしたことがある——の彼のクラブに招いてくれた非常に楽しい晩餐会の両方を通じて、私の緊張感がうまく隠しおおされていることを願うのみである。アメリカ流の慣用句《イディオム》とちょっとしたイギリス流の控え目表現とを組み合わせて述べれば、ノーベル賞受賞者のなかには単に「ツイていた《ゴット・ラッキー》」だけという人物——それは会えば「感じ」でわかってしまうものなのである——もいる。しかしワインバーグ教授に会っても、そんな「感じ」がすることはない——そしてこの控え目なイギリス表現をもってしてもなお、私の真意は明瞭に伝わっていることと思う。世界第一級の天才にふさわしい役回り《キャスティング》だ。

司会者なしという形式は、三人以上の討論者が含まれる場合にはうまくいかないように思われるかもしれないが、本がびっしり並んだクリストファー・ヒッチェンズのマンションの部屋で二〇〇八年にドーキンス財団が撮影した、いわゆる「四騎士」の会合で、私たち四人はそれをうまく機能させることができた。(2) ダン・デネットとサム・ハリスがクリストファーと私に合流し、私たちは司会者なしで、とてもうまくやれた。アヤーン・ヒルシ・アリ〔ソマリア生まれの元オランダ下院議員〕も呼んでいて五人になるはずだったのだが、残念ながら突然、彼女はオランダを緊急訪問しなければならなくなって大急ぎで帰ってしまった。そのため結局四人になり、「四騎士」というタイトルがつくことになった。テーブルを囲んでの議論は時間が驚くほど素早く過ぎ去り、誰か一人が場を支配するということもなく、この場合、司会者がいればまちがいなく雰囲気を台なしにしてしまったのではないかと、強い疑念をもっている。

クリストファー

私の心のヒーローであるクリストファー・ヒッチェンズについて、ここで一言述べておく必要がある。私は彼のことをよく知らなかった。彼の若い頃からの取り巻き友人グループの一人ではなかったが、『神は偉大ではない』が出版されたときに、私は彼を知るようになった。そして、それが自然な成り行きとして『神は妄想である』と一括りにされたことから、私たちはさまざまな種類の演壇で共

(1) この出会いのビデオは https://www.youtube.com/watch?v=_2xGIwQfik にある。これは二〇〇万回以上再生されている。
(2) https://www.youtube.com/watch?v=n7IHU28aR2E.

演することになった。私が初めて彼に会ったのは二〇〇七年三月のロンドンで、ウェストミンスター寺院のセントラル・ホールでのディベートにおいてだった。ここは二〇〇〇人以上を収容できる大きな会場で、すでに述べたスティーヴン・ピンカーと私が対論したのと同じ会場である。クリストファーと私は私のお気に入りの哲学者の一人であるA・C・グレイリングと組んで、「私たちは宗教なしのほうがうまくやっていけるだろう」という論題を提起した。型通りのディベートに対して私がいつももっている異論を和らげ、私をその気にさせたのは、この二人の尊敬すべき仲間が参加を約束してくれていればこそである。相手側は人類学者のナイジェル・スパイヴィ、哲学者のロジャー・スクルートン、およびすでに触れたラビ・ジュリア・ニューバーガーだった。このディベートで、私が主として思い出せるのは、クリストファーの名文句、「よくもそんなことが言えるなあ？　よくもそんなことが」だった。しかし、それは私が抱いた過誤記憶で、そのことを私がこうして記録しなければいけないのは、過誤記憶症候群がもっと知られる必要があるからであるし、クリストファーの死後に彼を讃えるためにメルボルンでおこなった公開の講演で、この誤った記憶を詳しく語ってしまったからである。

ラビ・ニューバーガーが話しているのに割り込んでクリストファーが「よくそんなことが言えるなあ？」と言ったのをはっきり憶えていると、私は確信していた。だがそうではなかった。それは聴衆のなかの質問者が、自分は神を信じてないが宗教的であると主張した（なぜなら彼は善良な人間であろうと努めていたから）のに対する反論であったことを、ビデオははっきりと示している。クリストファーはたしかにジュリア・ニューバーガーの話に割って入ってはいたが、口にした文言はまったく違うものだった（彼のマイクのスイッチが入っていなかったために、ビデオでははっきり聞き取れないが、明らかに「よくそんなことが言えるなあ」ではなかった)。過誤記憶症候群というのは実在する診断名で、興味深く、憂慮すべきものである。私はこれが本当であるという証拠が法学生、および目撃証言というものを扱うすべての人に教えられることを希望するが、そうはならないのだろうと危惧する。陪審員を含めて多くの人が考えているよりも、目撃証言ははるかに信頼できないものである。法廷で目撃者が嘘をつくだけではない。彼らは正直に自分を欺くことがある。私がこのことを初めて確信したのは、エリザベス・ロフタスに会う喜びを得たときだった。彼女は勇敢で感じのいいアメリカの心理学者で、たとえば幼児虐待などのかどで、無実であるにもかかわらず告発された人々のために、たびたび証言してきた。彼女が扱ったいくつかの事件では、意図的に誤った記憶を目撃者に埋め込む――とくに子供では、そうしたことをおこなうのが不安になるほど簡単なことであると、エリザベスは私を納得させてくれた――不誠実な施療家によって問題が悪化していた。クリストファーの割り込みについての私の誤った記憶を、わざわざ植え付けようとした人は誰もいない。私の脳がすべて自分だけで、無意識のうちに、二つの本物の記憶を合成することで、そうしてしまったのだ。(1)

この件について私は謝罪するべきだが、しかし、少なくとも私にはいい仲間がいる。一九八二年にノーベル賞を受賞した分子生物学者であるフランソワ・ジャコブは、『可能世界と現実世界』というすばらしい本を書いた。私は英訳本の出た頃にそれを読んで、奇妙に見覚えのある一節に出会った。調べてみて、理由がわかった。ジャコブは『利己的な遺伝子』をたぶんフランス語訳で読んだにちがいなかった。ひょっとしたら、彼は写真的記憶の持ち主なのか、あるいはひょっとしたら、一節が抜き書きされていて、それをのちに見つけて、自分で書いたものと誤って記憶したのかしれない。二つの文節を図3に再録しておいた。

The Selfish Gene
by Richard Dawkins
1st edition OUP 1976, p. 49

Another branch. now known as animals, "discovered" how to exploit the chemical labours of the plants, either by eating them or by eating other animals. Both main branches of survival machines evolved more and more ingenious tricks to increase their efficiency in their various ways of life, and new ways of life were continually being opened up. Sub-branches and sub-sub-branches evolved, each one excelling in a particular specialized way of making a living, in the sea, on the ground, in the air, underground, up trees, inside other living bodies. This sub-branching has given rise to the immense diversity of animals and plants which so impresses us today.

The Possible and the Actual
by Francois Jacob
1st edition, Pantheon Books, 1982, p. 20

Another branch called animals became able to use the biochemical capacity of the plants, either directly by eating them or indirectly by eating other animals that eat plants. Both branches found ever new ways of living under ever diversified environmental conditions. Subbranches appeared and sub-subbranches, each one becoming able to live in a particular environment, in the sea, on the land, in the air, in the polar regions, in hot springs, inside other organisms, etc. This progressive ramification over billions of years has generated the tremendous diversity and adaptation that baffle us in the living world of today.

図3 『利己的な遺伝子』（左）と『可能世界と現実世界』（右）の似かより

	前	後
いける	826	1205
いけない	681	778
わからない	364	数えていない
総計	1871	1983
いけるといけないの差分	145	427

表2

私は一瞬たりとも、これが不当な剽窃だとは考えなかった。著名なノーベル賞受賞者がなぜ、そんなことをする必要があるだろう？　私はこれこそ、本物の記憶間違いの事例だと考えた――あるいは、この文章そのものについての記憶が強すぎて、その出所を思い出せなかったのかもしれない。

ロンドンでのディベートに話を戻せば、それは、〈インテリジェント・スクエアード〉と呼ばれる集団によって主催された。彼らはディベートの前と後の両方で投票をおこない、演説がだれかを心変わりさせたかどうかを見るのを慣例としている。「私たちは宗教なしのほうがうまくやっていけるだろう」という論題でおこなった私たちのディベートについては、表2に示す数字が、投票の動向を示している。ディベートの後で数えられた投票総数が始めに登録された数より一一二票多いという事実をどう判断すればいいのか、私には確かなことはまったくわからないが、ディベートの後では「わからない」が数えられていないので、増分はたぶん、さらに大きくなるだろう。けれども、私たちの陣営がディベートに絶対的に勝ち、割合も増やしたことは喜ばしい。

（1）本書が印刷中に、たまたま昼食の席で、私と一緒にディベートに参加していたA・C・グレイリング教授と会った。過誤記憶の話が出て、私はこの話を彼に詳しく説明した。私たち二人が驚いたことに、彼もまったく同じ過誤記憶をもっていると告白したのである。私が本当の話を語ったとき、彼は信じられないようすだった。しかし、映像の記録はまぎれもないものだった。こういうことがどれだけ頻繁に起こるのだろうかと思った。私にとってそれは、私が考えていた以上に深刻に、目撃証言の根拠を突き崩すものであるように思われる。明快に証言されたことが、ディベートをさえぎることではなく、重大な犯罪だったらと想像してみてほしい。どちらも大学教授である二人の目撃者の、まったく同じだと確認された独立した証拠について、弁護士が〝どちらの目撃者も過誤記憶症候群に罹っていたのだ〟と主張しようと試みたとしても、どの陪審員がこういう証拠を退けるだろうか？

ディベートの後の晩餐会で、私はロジャー・スクルートンの正面に座った。彼にはそれまで会ったことはなかったが、物静かで魅力的であることに気づいた。マーティン・エイミス（彼だけではなかったが）が加わり、マーティンとクリストファーが繰り広げた、どちらが《ドクター・フー》でララ（二人のあいだに座っていた）が演じたキャラクターの熱烈なファンであるかをめぐるウィットに富んだ模擬論争を見るのは楽しかった。

私がおそらく、クリストファー・ヒッチェンズに正式なインタヴューをした最後の人間ではないかと思う。私は《ニュー・ステーツマン》誌の二〇一一年度クリスマス合併号の客員編集者として招かれていたが、私が収載した作品のなかに、私自身の長いクリストファーへのインタヴューを要約して書き起こしたものがあった。インタヴューは二〇一一年の一〇月七日に、テキサス州ヒューストンでおこなわれた。そこで彼はガンの先端的治療を受けていたのだ。彼と彼の奥さんは、家主が外国にいて留守のあいだ大きな美しい家を借りていて、そこで彼らは私を、カリスマ的な作家で映画監督の（たまたまダーウィンの曾孫でもある）マシュー・チャップマンと一緒に夕食に呼んでもてなしてくれた。食卓でのクリストファーはすばらしいホストで、体調が悪くて食べられなかったけれど、ウィットに富み、魅力的で、細かいところまで配慮が行き届いていた。

夕食の前に、クリストファーと私は庭のテーブルに座り、《ニュー・ステーツマン》誌のために話をした。私は彼の言うことを一つでも聞き逃すことを怖れるあまり、録音装置を三台も使った。どれもうまく録音できていて、このインタヴューについての私の記事は e-appendix で読める。ここでは一つの短いやりとりだけを取り上げるが、これは私にとって非常に大きな価値をもち、今でも、私が時に窮地に立たされていると感じたときに元気づけてくれる。

ドーキンス：宗教に関する私の最大の不満は、人々が子供に「カトリックの子供」とか「イスラム教徒の子供」というレッテルを貼ることです。これについて、とやかく言われることに、私は少しばかり、うんざりしてきました。

ヒッチェンズ：そういう非難をけっして怖れてはいけません。ただの耳障りな雑音でしかありません。

ドーキンス：覚えておきます。

ヒッチェンズ：もし私が耳障りだったなら、そんなことはどうでもいい——私は臨時雇いの老いぼれ馬で、自分の太鼓を叩いただけだ。君は、自分が非常に抜きんでた専門分野をもっている。君はたくさんの人々を教育してきた。誰もそれを否定できない、君の最悪の敵でさえね。君は自分の専門分野が攻撃され、中傷されているのを見て、それを追い払おうと試みている。耳障りな非難は君が力を注ぐ必要が一番ないものです。……もし君の同僚たちが、隊列を組んで、「みんな聞け、われわれはわが同僚をあの最低で、人を迷わせるような要因から守りに行くぞ」と言わないとすれば。それは彼らの恥だ。

彼はこの点について、死後に刊行された《フリー・インクワイアリー》誌に寄せた、「リチャード・ドーキンスを擁護する」と題する最後のコラムでも触れてくれた。[1]

（1）http://www.secularhumanism.org/index.php/articles/3136.

《ニュー・ステーツマン》のインタヴューの翌日、クリストファーと私はともにテキサス州自由思想大会に出席し、夜の宴会で私が彼に、アメリカ無神論者同盟のリチャード・ドーキンス賞を授与することになっていた。この年次賞は今までに一二回授与されていて、(1)二〇〇三年のジェームズ・ランディが最初で、その後、順に、アン・ドルーヤン、ペン・アンド・テラー（共同受賞）、ジュリア・スウィーニー、ダニエル・デネット、アヤーン・ヒルシ・アリ、ビル・マヘル、スーザン・ジャコビー、クリストファー・ヒッチェンズ、ユージェニー・スコット、スティーヴン・ピンカー、そしてもっとも最近ではレベッカ・ゴールドスタインが受賞した。クリストファーは体調が悪くて夕食は食べられず、最後に登場してスタンディング・オヴェーションで迎えられ、私は涙がこみ上げてきそうな気持ちになった。それから私がスピーチをしたあと、クリストファーは壇上に登って、ふたたびスタンディング・オヴェーションを受け、私が賞を授与した。彼の受賞挨拶は力作で、彼の命とともに彼の素晴らしい声も消えていくのだという心痛む事実によって、その力強さがいっそう増して感じられた。それは即興だったが、私のスピーチは書かれたものだった。ここに彼の思い出のために、冒頭と結びの数節を再録しておく。(2)

本日私は、バートランド・ラッセル、ロバート・インガソル、トマス・ペイン、デイヴィッド・ヒュームと並べて、一人の人物の名前を私たちの運動の歴史に加えるという栄誉のために呼ばれました。

彼は著作家であり、私の知る誰よりもはるかに幅広い語彙、多様な文献、歴史的な引喩を駆使する比類なき文体をもつ雄弁家であります。

彼は読書家で、その幅広い読書は深いと同時に包括的であり、いささか堅苦しい言葉ですが、「学識ある（learned）」というにふさわしいものです――ただしクリストファーほど堅苦しさから遠く、かつ学識のある人間には、今後決してお目にかかれないでしょう。

彼は論争家《ディベーター》で、不運な犠牲者をこてんぱんにやっつけてしまいますが、その場合も敵の怒りをやわらげると同時に、骨抜きにしてしまう優雅さをもってするのです。彼は、ディベートの勝者はいちばん大きな声でわめく人間だと考える一派（よくありがちですが）では断固としてありません。彼の敵はわめきたて、金切り声をあげるかもしれません。実際にそうもします。しかし、ヒッチェンズはわめく必要がないのです。……

科学者ではなく、そういう方面で知ったかぶりをすることもありませんが、彼は私たちヒトという種の進歩と、宗教と迷信の打倒における科学の重要性を理解しています。「率直にこう言う必要がある。宗教は、誰一人として――万物は原子からできていると結論した偉大なデモクリトスでさえ――事の次第について最小限の考えさえもっていなかった人類の先史時代に起源を有するものである。それはヒトという種の泣き叫び、恐れおののく幼年期に端を発するものであり、知識への人間の避けがたい欲求（慰め、安心、およびその他の幼児的な要求も合わせて）を満たそうとする幼児的な試みである。今日では、私の子どもたちのなかでもっとも教育を受けていいな

（1）二〇一一年以前は国際無神論者同盟によって授与されていた。
（2）私のスピーチの全文は、e-appendix を参照。ここ（https://www.youtube.com/watch?v=8UmdzqLE6wM）で、私と彼の両方の挨拶と、引き続く質問を読むことができる。

い者でも、宗教の創始者の誰よりも、自然の秩序についてはるかに多くのことを知っているのだ。……」。

彼は私たちにインスピレーションとエネルギーを与え、勇気づけてくれました。彼にはいま、ほとんど毎日のように彼を元気づける私たちがいます。彼は新しい単語――hitchslap〔言葉の攻撃で誰かを侮辱し、排斥すること〕――をこしらえさえしました。私たちは単に彼の知性を讃えただけでなく、彼の喧嘩っ早さ、彼の精神、恥ずべき妥協を黙認するのを良しとしない態度、彼の率直さ、彼の不屈の魂、彼の容赦ない正直さを讃えたのです。

まったく同じ流儀で、彼は自分の病気を直視しています。彼は宗教に反対する弁論の一部を体現しているのです。死の恐怖のなかで、想像上の神の足下で弱々しく泣き、すすり泣くのは信心深い人に任せればいい。現実を否定しながら人生を過ごすのは彼らに任せておけばいい。ヒッチェンズは、それを自分の眼で真っ正面から見ています。それを否定するのではなく、それに屈するのではなく、真っ正面から正直に立ち向かい、その勇気によって、私たちすべてを鼓舞しているのです。

彼が病気になる前、この勇猛な騎士は宗教の愚かさと嘘に対する攻撃に、一人の博識の作家、エッセイスト、華々しく辛辣な弁士として立ち向かいました。彼が病気になって以来、彼はもう一つの武器――たぶん、すべてのなかでもっとも怖ろしく強力な武器――を彼の装備に、そして私たちの装備に付け加えました。すなわちほかならぬ彼の人格で、今やそれが無神論の正直さと尊厳のずば抜けた、まちがえようのない象徴となったのです。それだけでなく、宗教の幼児的な喃語《なんご》によって堕落させられていない人間の価値および尊厳の象徴ともなったのです。

彼は毎日、キリスト教徒の嘘のなかでもっともさもしいものの偽りを例証しています。つまり、「塹壕のなかに無神論者はいない」という嘘です。ヒッチェンズは塹壕のなかにいて、私たちの誰でも習得できることを誇れるはずの、そして誇るべき勇気、正直さ、尊厳をもってそれに対処しています。そしてその過程で、彼自身が私たちの賞賛、尊敬そして愛を捧げるにますますふさわしいことを示しているのです。

私は本日、クリストファー・ヒッチェンズに賞を授けるように依頼されました。私の名前のついたこの賞を受け取るよりもはるかに大きな栄誉を彼が私に授けていることは、ほとんど言う必要もないことです。淑女、紳士、同志たちよ、私はあなたがたにクリストファー・ヒッチェンズを差し上げます。

シモニー教授職

Richard Dawkins

私は若い頃、個別指導を楽しんでいたし、自分がそれに十分に適していたと思っている。私がいた時代のニュー・カレッジのシニア・チューターは、大学全体の生物学の学生よりもニュー・カレッジの生物学科の学生が優等学位をとる確率が有意に高い（ニュー・カレッジの数学科の学生についても同じことが言えるが、他の学科では明瞭な結果は示されなかった）という事実を、独創的な統計学的調査によって明るみに出した。私の教え方にその功績のいくばくかを帰することはできるだろうか？私には断定できないが、そう考えること以上に私に喜びを与えてくれるものはあまりないだろう。

その頃には私はまだ若者の情熱をもち、自分の学生に理解を授けることを本当に気に掛けていた。単なる知識ではなく、理解である。私は物事を説明するのが楽しかったし、個別指導——能力の劣る学生だけでなく能力のある学生に対しても——の経験がひょっとしたら、私の説明技術のある種のスキルを磨いたのかもしれないが、それがのちに、私が本を書くときに役に立った。しかし、私が五〇代に達し、一対一の個別指導を六〇〇回以上も記録するようになった頃には、すこしばかり飽きを感じはじめていたのは否定できない。たぶん、私は本来あるべき状態よりはうまくやれていなかった。

たぶん以前よりは、うまくやれていなかった。私は全力を尽くしていたのだが、引退する歳になるまであと一五年ほどまだ残っていて、私はしだいに、ニュー・カレッジの生物学の個別指導は、新しい血を入れることで益するところがあるのではないかと思い悩みはじめた。同時に、もし残りの人生をオックスフォード大学の壁の外にいるより広い大衆に向かって物事を説明することに捧げれば、私は世界をよりよい場所にして去れるかもしれない、という前向きな気持ちもあった。どうすれば、それが実現できるだろう？　私は次に述べるような筋道に沿って考えはじめた。

　私の本はベストセラーになっていた。オックスフォード大学の学生に対する講師として、私が役に立っているかどうかは別にして、世界中で講師としての私に対する需要はあった。私はテレビおよびジャーナリズムの世界で多少の経験があった。私に進取の気性に富んだ企業家の――そう、金持ちだ――読者がいて、そのなかにはファンと呼んでもいいほど熱狂的な人もいるということを、さまざまな人が気づかせてくれた。あらゆる大学と同じように、オックスフォード大学はその当時、基金集め《ファンドレイジング》に大きな関心を寄せており、ニューヨークに開発室の支局を開設していた。オックスフォード大学の専門的な基金集め担当者、たぶんとくにアメリカの支局では、私を適任者として新しい科学的精神啓蒙のための教授職に資金を出してくれる後援者を探しに出かけるのがいいのではないかという話が提案された。同じ動物学のリナカー教授であったために知っていた、オックスフォード大学の副総長であるサー・リチャード・サウスウッドの支援を受けて、私はオックスフォード大学開発室の職員たちと可能性を論じるためのさまざまな企画会議に出席した。彼らがその任務をニューヨーク支局に委ねたので、私は一時的にそのことを忘れてしまい、自分の義務を果たしつづけた。

　主導権はいまやニューヨーク支局のマイケル・カニンガムにあった。私は彼に、自分の著作権代理人であるジョン・ブロックマンのコネチカットの農場に一緒に呼ばれたゲストとして、私がネイサン・ミアヴォルド（のちに彼とオックスフォードで会ったことについては四一頁を参照）に会ったことがあり、その後、彼がマイクロソフト社の最高技術責任者になったことを話した。マイケルはネイサンに連絡を取り、ニューヨークで私たち三人で会う手筈を整えた。ネイサンはオックスフォード大学が提案した科学的精神啓蒙のための教授職の後援者を探すというアイデアを理解し、マイクロソフト社の何人かの友人とそれについて議論しにいってくれた。そのなかに、チャールズ・シモニーがいたのだ。

チャールズ

チャールズ・シモニーは、ハンガリー生まれのアメリカ人ソフトウェア開発者である。卓抜なソフトウェア設計者で、ＷＩＭＰインターフェイスをもつ現代型のパソコンを生んだゼロックスのパロアルト研究所に集結したエリート・グループの一員だった。彼は早くも一九八一年にマイクロソフト社に登用され、そこでパロアルト研究所で開発したオブジェクト指向のプログラミングを提唱したが、プログラマーのためにつくった彼独自の「ハンガリアン記法」は、私自身は使ったことがないが、その巧妙さは私の好奇心をそそる。彼は、最初のマイクロソフト・オフィスのアプリケーションスイートの管理者であった。マイクロソフトの初期の投資家であったために、長期にわたる彼の持ち分の増大から、彼は金持ちになった。ネイサンは、チャールズがオックスフォードの案に一応の興味を示し、私に会って議論することを望んでいると、マイケルに報告してきた。

そこで、一九九五年の春にララと私はシアトルに飛び、シアトルでニューヨークからやってきたマイケル・カニンガムが合流した。チャールズはすてきな海岸通りのホテルに私たちを宿泊させてくれ、私たちはその夜の試練のための準備をした。シアトルのあるレストランでの、チャールズが五〇人ほどのゲストを呼んだ晩餐会だ——私が「試練」と言ったのは、明らかにそれは、私が「役柄にふさわしいかどうかを」見る「オーディション」(ララの役者らしい喩えを引用すれば)としておこなわれていたからである。チャールズは晩餐会の席順に非常に気を配り、宴の半ばをすぎたところで、同じように慎重に考えられた二度めの席順に移動するということまでした(オックスフォード大学の同僚もまれに同じことをするが、食事が終わったあとの正式なデザートにおいてだけである)。私は同じ場所に座ったままで、ほかのすべてのゲストが動いたのである。前半には、私はビル・ゲイツの隣りに座った。彼がきわめて知的で、非常に興味深い人物であることがわかったのは驚くに当たらない——しかし、他のゲストのほとんどについても同じことが言えるように思われた。そのことは、チャールズが私に話をして、そのあと会場にいる人からの質問に答えてほしいと言われたときに、驚くほど歴然となった。私はケンブリッジ、オックスフォード、ハーヴァード、イェール、プリンストン、バークレー、およびスタンフォードを含めて世界中の大学の聴衆からの質問をさばいてきたが、主としてシアトルとシリコンヴァレーからやってきた、このごく若い聴衆(ハイテク知識人、起業家、ヴェンチャー資本家、コンピューター開発者、および生物工学者)からほど、鋭い質問攻めにあったことはなかった、なんとか私はすべての質問に——茶々を入れたところから見て批判的だった一人のゲストからの質問にさえ——答えることができ、私はまずまずうまくやれたのではないかという気持ちで、その夜を終えた。

翌日、お互いを知るために、私たちはチャールズと一緒に過ごすことになった。ララと私は彼と友人のアンジェラ・シッダールに会い、チャールズの運転でシアトルの飛行場の一つまで私たちは車で運ばれ、そこで彼のヘリコプターに、プロの操縦士と一緒に乗り込み、操縦士がチャールズの指示に従って、ピュージェット湾を北上してカナダ方向に向かった（だがカナダには入らなかった）。私たちは昼食のためにある島に着陸し、レストランの窓越しに一羽のハクトウワシを見るという眼福を得た。帰りの旅も、シアトルのダウンタウンの超高層ビルのあいだをひらりと身をかわし揺れ動きながら、夢を見ているような雰囲気はつづいた。飛行場からホテルまでチャールズは車で送ってくれ、そこで彼は、マイケル・カニンガムと一〇分間個室で打ち合わせをした。それからチャールズとアンジェラは帰り、マイケルが部屋から出てきて、ララと私に契約が完了したと告げた。オックスフォード大学と解決すべき細かな点での調整はあるにせよ、科学的精神啓蒙のためのシモニー教授職が本当に実現しようとしていた。

　細かな点の一つとして、チャールズ・シモニーは常勤の教授職を寄付するが、私は最初、私がすでに就いていた地位、すなわち講師《リーダー》として任命されなければならなかった。これはオックスフォード大学が、特定の個人のために昇進を金で買うような寄付を防ぐための厳格なルールをもっていたからである（金持ちの叔父さんが昇進を金で買うこと――のちにチャールズ自身が自分の名をもじって「シモニー」〔教会の聖職売買〕と呼んだ行為――を防ぐ、用心深く、理に適《かな》った防御策である）。そのため私は最初、昇進しなかった。リーダーの地位にとどまったままで、給料も実質的にわずかにカットされたほどである。一年後に私は、貢献によって教授に昇格した。私の資格は、ほかのすべての人と同じ客観的な基盤に基づいて審査された。それゆえ実際には、私は最初にシモニー講師として任命されてから一年後にシモニー教授になったのである。私の後任者はすべて、最初からシモニー教授に任命されることになるが。

「後任者?」そうなのだ。チャールズは畏《おそ》れおおいことに、恒久的な教授職を寄付したのである。それは言ってみれば、私が定年になるまで続けられるのに十分なだけの金を提供する(それが最初の提案で思い切ってもちだした条件のすべてだった)かわりに彼が、オックスフォード大学が運用すればそこからの年間収入で私の給料と経費を支払えるだけでなく、無限の将来にわたって一連の後継者たちの給料と経費を支払えるだけの支払い保険金総額を寄付しようというものだった。これだけでもすばらしく気前のいい振る舞いだったが、チャールズは、その寛大さに一つの想像力豊かな、あえて言えば巨額の寄付をしてくれる人にしてはきわめて異例な、一つのヴィジョンを付け加えた。彼は彼の贈り物に添えるべき、先見性のある宣言に等しいものを書いた。その骨子は、彼は遠い未来を見ているのであり、したがって、彼の慈善の協約がこれから先何世紀にわたってどう解釈されるべきかを正確に特定しようとすることは、あからさまには試みなかった。彼は法的なお役所仕事をはっきりと避けて、実質的にこう述べている。「未来の世紀は必然的に異ならざるをえないが、われわれにはどう異なるか予測はできない。私はあなたがた、オックスフォード大学の未来の世代が、私が『科学的精神啓蒙(Public Understanding of Science)』において達成しようと試みているものの精神《スピリッツ》を、あなたがた自身がおかれた時代の光に照らして解釈されるものと、信頼しています」。チャールズ自身の言葉では、「これは一九九五年にわれわれがいる場所であり、私と、大学と、この教授職の初代就任者であるリチャード・ドーキンス教授とのあいだの合意の核心である。もしあなたがたがこの地点から逸脱しなければならないのであれば、それを自覚しておこなうこと。できるならば、ここに戻ってくること」。

以下にシモニー博士の、私たちを信頼し、幸いにも弁護士を要求することのない、未来に向けての信書の全文を掲載しておく。もしオックスフォード大学の未来の世代が彼の信頼を裏切れば、私の亡霊が戻ってきて、彼らにつきまとうかもしれない。あるいは、同じ考えをもっと実践的な言い方にすれば、彼の宣言を恒久的な（私がそうなることを願い、目指すこと）本のなかに印刷することで、誰であれ、これを裏切ることが非常に難しくなることを期待する。

かの地では、あるものすべてが秩序と美
豪奢、静謐、そして悦び

〔ボードレール「旅への誘い」〕

私はコンピューター科学者なので、オックスフォード大学に「科学的精神啓蒙（Public Understanding of Science）」の教授職を創設するという私の意図についての現在の説明を「プログラム」と呼ぶことにするのは、適切だと思われる！　コンピューター・プログラムが、避けられない未来の進路についての処理機構を用意するのと同じように、このプログラムが、これから先の世代の教授任命委員会を導いてはいけないだろうか？　きわめて自明なことに、この比喩《メタファー》は弱いものだ。それが管理運営上の業務であるから、私としては高名な委員会メンバーに、新しい任命を決定する前に私の所感を肝に銘じておいてほしいとむなしく期待することしかできない。それでも私は、大学が適応し、進化し、繁栄できるようにするために任用過程に組み込まれた不確実さと柔軟性を、けっして厭うわけではない。

この柔軟性は、新しい組み合わせ《アレンジ》の実験や探索に利用することができるが、時間が経つうちに、気づかれることとさえなしに、変形や一定方向への漂流を累積するという結果を生じることもある。したがって、このプログラムの目的は、可能性の海における固定航行ポイントになることである。プログラムはこう述べる。これは一九九五年にわれわれがいる場所であり、私と、大学と、この教授職の初代就任者であるリチャード・ドーキンス教授とのあいだの合意の核心である。もしあなたがたがこの地点から逸脱しなければならないのであれば、それを自覚しておこなうこと。できるならば、ここに戻ってくること。

この教授職は「科学的精神啓蒙」のためのものであり、すなわち、この肩書きをもつ人間はなんらかの科学分野について、公衆にどう認知されているかを研究するよりもむしろ、公衆のその分野の理解に重要な貢献をすることが期待される。ここで「公衆（public）」というのは、可能なかぎり最大の聴衆を意味するが、ただし、その考えをひろめるあるいは反対する力と能力をもつ人々（とくに他の科学分野や人文科学の学者、技術者、実業家、ジャーナリスト、政治家、プロ選手、芸術家たち）が、この過程で消えてしまうわけではない。ここで、学者と啓蒙家の区別をしておくのは有益である。大学の教授職は、自分の分野において独創的な貢献をなし、必要なときには高いレベルの抽象で、問題を把握することができる熟達の学者のために用意されるものである。これに対して啓蒙家は、もっぱら聴衆の多さに焦点を合わせるもので、しばしば学問の世界から切り離されている。啓蒙家はしばしば間近の関心事、あるいは一時的な流行についてさえ書く。いくつかの場合、彼らはもったいぶった過剰な単純化、あるいは最新技術や科学的過程そのものについての誇張した考えによって、あまり教育を受けていない聴衆をたぶらかす。このことは、昨年の「巨大頭脳」コンピューターに関する本のことが思いだされるように、後から振り返ってみればよくわかるが、私は最近の科学書の多くも、時間が経てばこの類《たぐい》のものと認識されるのではないかと疑っている。それでも啓蒙家の役割は価値があるのだが、にもかかわらず、それはこの教授職によって支援されるものではない。学者に対する公衆の期待は高く、そして、われわれが公衆に対して高い期待をもつのも当然のことでしかない。

この場合の「理解」は、文字通りだけでなく、少し詩的なものとして受け取るべきである。公衆にとっての目標は、抽象的な世界および自然の世界において、その何層にも折り重なった下に隠されている秩序と美を正しく評価することである。最大の難題に直面したときに科学者が感じる興奮と畏怖の念を共有することである。それらすべての気高さに謙虚にひれ伏す科学者に共感することである。聴衆のなかで、科学における秩序と美を明らかにするほどの十分な理解に達した人々は、科学と日常生活のつながりについてのより高い洞察も獲得するだろう。

最後に、ここでの「科学」は自然科学と数理的科学だけでなく、科学史、科学哲学をも意味している。しかしながら優先順序は、その結果が主として素粒子物理学、分子生物学、宇宙論、遺伝学、コンピューター科学、言語学、脳研究、そしてもちろん数学といった、記号処理によって表現ないし達成されるような専門分野に与えられるべきである。その理由は、個人的な好み以上のものである。記号操作はもっとも高度の抽象を可能にし、そこから、強力な数学的データ処理ツールの利用によって、とてつもない進歩を請けあうのである。同時に、成功をもたらしたその手段がまさに、科学者を一般の聴衆から孤立させ、そうした結果の伝達を妨げる傾向がある。社会全体と科学の世界のあいだの著しく重大な相互依存性を考えると、効率的な情報の流れの不足は、確実に危険である。

上記のような目標を達成するために、この教授職に任命される人々は、伝統的な大学の設定を超えた教育学的な領域を受けもたなければならない。彼らはあらゆる種類の聴衆と、さまざまに異なる媒体で、効率よく情報伝達ができてしかるべきである。そして何よりも、彼らは最大の率直さをもって公衆に近づかなければならない。当然ながら、彼らは政治的、宗教的その他の社会勢力とも相互作用しなければならない。しかしいかなる状況下でもそうした勢力の者たちに、彼らの主張に科学的妥当性があるふりをさせてはならない。逆に彼らは、いかなる任意の時点においても科学的知識には限界があることにも率直であり、不確かさ、欲求不満、科学的に理解困難な現象、さらには自身の専門分野における失敗についてさえ、話しあうべきである。

科学的推論は、そうレッテルを貼られたとき、そして推論という概念と科学的方法におけるその位置を聴衆に向かって明確にできたとき、非常に面白いことになりうる。それは非常に有効なコミュニケーションの道具であり、それによってもちろん落胆することにはならない。

こうした資質をあわせもつ人物がまれであることを、われわれは認識している。したがって、上に列挙した優先順位の、特定の科学分野における専門性は、任命される人の教育的能力やコミュニケーション能力より二次的であると受け取るべきである。

任命された人は、自分の科学的な研究を継続する機会を与えられるべきである。これは、もし自分の分野にもっとも近い学科で教授に任命された人が生涯教育学科と兼任になれば、もっともうまく達成される。しかしオックスフォード大学は確固たる基盤をもっているので、旅行や、客員教授になることについては、大学からあらゆる可能な支援を受けられるはずである。これに呼応して、オックスフォード大学内部における教育と管理上の責任は最小限にされるべきで、一義的には、非専門家の教育に向けられるべきである。彼らは一般の聴衆だけでなく科学的な聴衆に向けて、本やあらゆる媒体の雑誌記事を書き、大学主催の、あるいは他の公開講演に参加し、「公衆による科学の理解」にかかわる表出全般に参画することが期待されるだろう。

寄付講座にはつねに、最初の受任者が以前の地位《ポスト》を退いたあとの空席が満たされない場合には逆効果になってしまうということが起こりうる、潜在的な危険性がある。私は、動物学教室におけるリチャード・ドーキンスの現在の地位が、彼が退いて空席になったとき、通例に従って同じような分野の人間によって満たされることを想定して、この贈与をおこなうものである。

ここに示したプログラムの枠組みを提供してくれたドーキンス博士の貢献に大いなる感謝を捧げる。

チャールズ・シモニー

ベルヴューにて、一九九五年五月一五日

明らかに、将来のシモニー教授についての任命委員会のメンバーはすべて、この手紙の全文を読むべきであり、この手紙は委員会のテーブルのまわりの委員一人一人の前に置かれるべきである。しかし、私はとくにいくつかの点に注意を喚起しておきたい。彼は科学の啓蒙家と、啓蒙もする科学者（自分の業績として独創的な科学的業績をもつ）とを区別した。彼は科学の「理解」を「すこしばかり詩的に」解釈する。彼はこの手紙を私が『虹の解体』を出版する三年前に書いたので、この本が最終的に世に出たとき、そこに彼の願いと共鳴するところがあると気づいてくれたものと考えたい。この本の序文には、彼に対する「科学およびそれをどう伝えるべきかについて想像力に溢れた見通し《ヴィジョン》をもつ」ルネサンス人という賛辞が含まれている。私たちが友人となって以来、こうした問題についてどのように語りあってきたかについても説明し、そして私は『虹の解体』をこの会話への私の書いた捧げ物、ならびにシモニー教授「着任に際しての施政方針発表」（福岡伸一訳）として差し出した。

彼の宣言のとりわけ意義深いくだりにおいてチャールズは、将来のシモニー教授は科学に限界があることについても率直であるべきであり、一方で、宗教的ないし政治的勢力に対して彼らの言っていることに科学的妥当性があるふりをけっして許してはならないと主張している。

最後に、より短期的ではあるが一つの重要な論点として、私が単に横すべりしただけで動物学の講義という私の地位が失われたりすれば、彼の贈与が逆効果になるかもしれないことをチャールズは認識していた。私が異動を模索していた動機の一つはとくに、私が、新たにかきたてた自らの情熱を外の世界にもっていくと同時に、自分の地位がオックスフォードの動物学に新鮮な情熱をもたらす新しい血に置き換えられるようにしたいがゆえのことだった。私は実際にとってかわられ、若い一連の優秀な動物学者たちによってその地位が継承されていった。デイヴィッド・ゴールドスタイン、エディ・ホームズ、オリヴァー・パイバス——それぞれすぐに著名な教授職へと栄転していった——そして現在はすばらしいアシュリー・グリフィンである（私は彼女にも同じことが起きるまで、長く私たちと一緒にいてくれることを期待している）。

シモニー講演

シモニー教授として私が最初におこなったことの一つは、はるかに小さな規模ではあるが自分の印税から、オックスフォード大学で毎年一回のチャールズ・シモニー講演を寄付することだった。チャールズの宣言に従って、私が招待した講演者はすべて、その人自身として著名な学者であり、すべて公衆の科学的精神の理解を深めることに成功してきた人々である。それがかなり絢爛たるリストであると言えることを私は誇りに思う。ここに彼らの名を、その演題とともに掲げておく。

一九九九年	ダニエル・デネット	文化の進化
二〇〇〇年	リチャード・グレゴリー	宇宙と握手する
二〇〇一年	ジャレド・ダイアモンド	なぜ人間の歴史は異なる大陸で異なる展開を遂げたのか
二〇〇二年	スティーヴン・ピンカー	空白の石版
二〇〇三年	マーティン・リース	わが複雑な宇宙の謎
二〇〇四年	リチャード・リーキー	なぜ人類の起源が問題か
二〇〇五年	キャロライン・ポルコ	軌道に乗った！　カッシーニ土星系を探査する
二〇〇六年	ハリー・クロトー	インターネットは啓蒙主義を救えるか？
二〇〇七年	ポール・ナース	生物学の偉大な概念

そして最後の二〇〇八年、私の引退の年に第一〇回のシモニー講演を私白身がおこない、「目的の目的」と題して、お別れの辞（白鳥の歌）を述べた。

同じ年の最高の瞬間はたまたま、副総長のジョン・フッドが私のために人学博物館で手配してくれたすばらしい退官晩餐会であり、三年後の私の七〇歳の誕生晩餐会のそれと同じように、あらゆる点で傑出したゲストの顔ぶれが揃った。

動物学教室でおこなわれた最初の二回を除いて、すべてのシモニー講演はオックスフォード劇場の快適で、洗練された雰囲気のなかでおこなわれた。劇場の教養ある管理者たちは、演劇だけでなく科学を振興させることにも熱心だった。彼らがマイケル・フレインの重要な戯曲『コペンハーゲン』を上演したことはすでに述べた。これは戦時中のヴェルナー・ハイゼンベルクのニールス・ボーア訪問の謎についてのものであり、そのあとオックスフォード大学の物理学者を招いて、マイケル・フレイン自身との質疑応答の会がもたれた。終わったあとでマイケルはララと私に、それが緊張を強いられた体験であったと語ったが、私は彼が非常にうまく対処していたと思った。そして、私が話した著名な物理学者たち、たとえばサー・ロジャー・ペンローズやサー・ロジャー・エリオットも同意見だった。

ここでまた脇道にそれさせてもらえば、ハイゼンベルク＝ボーア会見は、ドイツが原子爆弾の開発に失敗した謎が絡んでいるゆえに、歴史的な重要性がある。もし、誰かがそのようなプロジェクトを主導することができたとすれば、それはハイゼンベルクだったであろう。彼が原爆開発は現実的に遂行できないと計算間違いをしたとき、それは意図的なまちがいだったのであろうか？　そう考えるのは、彼の記憶に栄誉を加えることになるだろうが、残念ながら、答はたぶんノーである。そのことを私は、ニュー・カレッジにおける私より年長の同僚で、ロジャー・エリオットの前任者として、ウィカム物理学教授であったサー・ルドルフ・パイエルスから最初に教わった。パイエルスは原子超爆弾が可能であることを初めて正しく計算した二人の英国人物理学者（二人ともヒトラーから逃れたユダヤ人亡命者だった）のうちの一人で、連合国にその事実を警告した（「フリッシュ＝パイエルスの覚書」）。年老いてやもめ暮らしをしていたサー・ルドルフは、ララと私を彼のオックスフォードの住居《フラット》での、大晩餐会に招待してくれた。そのための料理のすべてを彼自身がした。ほかのゲストがすべて帰ったあと、私たちは残って後片づけを手伝ったが、そこで彼から、ヒロシマのニュースを最初に知ったときのハイゼンベルクの嘘偽りのないように見える（秘かに録音されていた）驚きについての話を聞かされた。また皿を洗いながら私たちは、サー・ルドルフがドイツは原子爆弾プロジェクトにそれほど真剣な努力を投入しないだろうと早くから推測した知恵に聞き惚れた。ドイツ物理学の世界を身近に知っているので、彼は大学の講義リストを調べ、これ教授、フォン・それ教授、誰それ博士がすべてまだ、それぞれの大学で講義を続けていることに気づき、当時もしマンハッタン計画に相当するものが存在していれば、彼らはまちがいなく参加を命じられていただろうと推論した。なんとみごとな探偵仕事であることか！　そして彼はすばらしい人物で、オッペンハイマーと同じように、戦後に彼らがその製造に手を貸した恐るべき武器の危険を減らすために奮闘し、世界平和のためのパグウォッシュ運動の著名なメンバーの一人となった。私は一九九五年の彼の葬儀に参列し、彼にシモニー講演をしてもらうことにならなかったのを悔やんだ。なぜなら、彼は公衆による科学の理解に大きな関心をもっていて、彼が私に署名入りでプレゼントしてくれた『自然の諸法則』という本にしても、私のような人間に物理学を説明するものだった。

シモニー講演は毎回、終わった後に一六人ほどの晩餐会が続いたが、ふつうはニュー・カレッジでおこなうところ、二回はオックスフォード大学のすぐ近くの、時代を超越して美しいワイタム大修道院で、所有者であるマイケルとマルチーヌのスチュアート夫妻の好意によっておこなわれた。夫妻もまた自分のすてきな仲間とともに食卓に花を添えた。チャールズ（シモニー）本人も、講演のうちの数回は飛行機で駆けつけた（自分のジェット機を操縦して、オックスフォード大学の小さな飛行場に着陸した）。チャールズが私のもっとも大切にしている宝物である『種の起原』の初版本、わずか一二五〇部しか刷られなかったうちの一冊を私にプレゼントしてくれたのも、こうした講演後の夕食会の一つにおいてだった。彼が立ち上がって、それを私に贈呈しながら優雅なスピーチをしたとき、私は込みあげる想いでろくに口がきけなかった。

「私の」シモニー講演者九人のすべてと知りあえたことは一つの特権である。私がダン・デネットを最初に意識したのは、彼が同僚のダグラス・ホフスタッターと一緒に思考を触発するアンソロジーである『マインズ・アイ』を編むにあたり、私の『利己的な遺伝子』の一章（ミームについての章）を収録したいと言ってきたときである。このアンソロジーにはダン自身の「私はどこにいるのか？」という文章も含まれているが、これは大傑作というべき講演で、このなかで彼は、自分の脳（「ヨリック」）が水槽のなかの生命維持システムで守られており、自分の体と無線で連絡を取り、コンピューターにダウンロードした正確なコピー（「ヒュバート」）と完璧に同調して働いているのだという思考実験を繰り広げた。この二つの「脳」のどちらが彼の体をコントロールしても違いは起きない。彼は二つが入れ替え可能であることを強く確信しているので、講演のクライマックスになったところで、一方から他方へスイッチを切り替えた――結果は衝撃的なものだった。講演が終わったときにはスタンディングオベーションを受けたにちがいないが、それも当然と思わせられる結末である。

「私はどこにいるのか？」講演は、私（および多くの科学者もそうだと思うが）が、哲学者は何の役に立つのかを「了解《ゲット》」させてくれる哲学的著作の一つである――実際、ダンはそうした力のある哲学者（A・C・グレイリング、ジョナサン・グローヴァー、およびレベッカ・ゴールドスタインとならんで）の一人である。彼の思索は非常に深いだけでなく、威勢が良く、からかうような性質があるが、科学についての知識をもつダンは、一流の科学者とその専門分野について同じ言葉で話をすることができる新しい型の科学哲学者の一人である。彼は温かい共感のもてる友人であり、誰であれ彼が話をしている相手の「腕前を上げる（raise one's game）」類《たぐい》の座談の名手である。私がダンと会話をしているとき、私はほとんど、自分の知能指数が彼と肩を並べるほどに高まっていく（けっしてそこまで届かないのだが）ように感じる。

この「腕前を上げる」というのは不思議な能力で、まれではあるが、他の人で知られていないわけではなく（シモニー講演者の私のリストからさらに一人を拾い上げれば、たとえばスティーヴン・ピンカーもそうだ）、教育理論家による調査に値するかもしれない。今は亡きバーナード・ウィリアムズ（その愛妻のパトリシアともども友人になったもう一人の著名な哲学者だ）も同じような影響力をもっていたが、彼の場合は一緒にいる相手をより洒落っぽく、より面白くさせるように思えた。英文学者兼伝記作家で、もう一人のニュー・カレッジの同僚で、現在はオックスフォード大学、ウォルフソン・カレッジの学寮長であるハーマイオニー・リーもそうで、彼女とはいまではあまり頻繁に会うことはないが、まだいい友達である。「腕前を上げる」という成句の出所はわからないが、こうした人々のすべてにあてはまる表現である。

次章の「ミーム」の項で触れるように、ダン・デネットはミームという概念を受けとめ、それを発展させてくれた人々（もう一人は『ミーム・マシーンとしての私』の著者で、きびきびとした知的な心理学者のスーザン・ブラックモア）のうちの一人である。ミームはダンの数冊の著作、なかでも

『ダーウィンの危険な思想』、『解明される意識』、『解明される宗教』において重要な役割を果たしている。彼は喚起力抜群の成句をつくる名人で、直観ポンプ（これも彼の本のタイトルから引いた表現で、これ自体が一つの直観ポンプである）を膨れあがるほどどっさり（bulging quiverful）[1]もっている。「クレーン」と「スカイフック」は私のお気に入りの造語である。彼はまた、反啓蒙主義やもったいぶった「深っぽい話《ディーピティ》」（彼の抜群の造語であるが、なんなら、「ディーパック・チョプラ、カレン・アームストロング、テイヤール・ド・シャルダンによって述べられたことのほとんどすべて」と具体的に定義してもいい）を破壊的にへこませるのもうまい。

ダンのシモニー講演の数年後、私がニューヨークでジョン・ブロックマンと一緒だったとき、ジョンが私たち一同に向かって、ダンが突然重篤な病気に罹《かか》ったと打ち明けた。見通しは絶望的で、彼の友人である私たちがすでに哀悼の準備をはじめていたときに、病状がわずかに改善されているという報せが入りはじめた。ダンは英雄的なアメリカ医学と最高水準の心臓外科手術によって命を救われた。病院で回復中に、彼は、「ありがとう（Thank goodness）」と題する深く感動的な記事を書いた。型通りの「神様感謝します（Thank God）」と対比された表現は計算ずくのものだった。彼が感謝していたのはあくまで、外科医のチームと医師団、看護師、彼の診断と治療を可能にした最新の科学機器の発明者、彼の血まみれのシーツを洗濯してくれた人物までもの、親切さや厚意（goodness）に対してである。彼はおだやかなあてこすりで、彼のために祈っていたと書いてきた人々を愚弄した。「そしてあなたがたも、ヤギを犠牲にしたのですか？」。彼の書いたものを読んでほしい。それは、本当に感謝を捧げるにふさわしい（そして実際に存在する）受け手に対する、心からの感謝の流露である。[2]

リチャード・グレゴリーは二〇一〇年に亡くなり、公衆の科学知識を向上させるという、私たちの共通のプロジェクトは大きな損失をこうむった。心の働きを照らし出す一条の光の射し込み口としての錯視を専門とする心理学者だったが、彼はその心理学を発明の才ある技術者としての技量と直観に結びつけて用い、また科学の歴史について深い知識ももっていた。彼は「体験式」科学博物館の先駆者で、これは彼自身のブリストルのエクスプロラトリやサンフランシスコのエクスプロラトリアムを通じて、広く知られるようになった。

彼の個人的な流儀は、熱狂のあまり陽気に跳びまわる、というふうなものだった。自分の好きな科学上の事柄について説明しているとき、彼は、クリスマスに新しい玩具の包装を解きながら、興奮ではじけとぶ大きな学童のように、ほとんどその地点で踊っているように見えた。彼は自分がロイヤル・ソサエティの会員に選ばれたことを大いに重んじていて、私自身がずっとのちに同じ栄誉を受けたときに、やさしく賞賛する手紙を書いて寄こして、そのことを強調した。「〝外〟にいるより〝内〟にいるほうがはるかに楽しいのだよ！」。

私がはじめてリチャードに会ったのは、私が大学生のときにオックスフォード大学に彼が話をしにきたときだった。彼の心理学の講義を後になってから考えてみると、彼はある質問に対する答として、自分の天体望遠鏡に取り付けるひどく巧妙な装置の発明について説明した。そのアイデアは（現在では同じトリックをコンピューターでおこなうようになっている）、上層の大気の干渉によるランダム

（1）私はこれが混喩であることがわかっているが、どうしても嫌いになれない。
（2）http://edge.org/conversation/thank-goodness.

ニックだった。

な「ノイズ」を平均化するために、前に露光させた写真のネガを通して写真を撮るという巧妙なテクニックだった。

次に私が彼に会ったのは、彼がふたたびオックスフォードを訪れていたときで、ララと私は彼をわが家での夕食会に、フランシス・クリックと奥さんのオディール（口絵にある写真は彼女が撮ってくれた）ともども招待した。この二人の知の巨人をわが家のテーブルに迎え、互いに火花を散らす――のちに私が相互指導と呼ぶことになるものの先駆けだった――のを聞くというのは、ララと私にとって大きな特権であった。

スー・ブラックモアのことは触れたばかりだが、彼女による愛情のこもったリチャード・グレゴリーの死亡記事のことが思いだされる。この人物を美しく捉えたものだ。彼女は一九七八年に彼のブリストルの研究室で彼にはじめて会ったときのことを書いており、こんなふうに思い出を語っている。

石膏とごく一部木でつくられた初期のフライト・シミュレータ、金属の腕と関節をもつ3D製図機械、そしてある種の反射望遠鏡として使われることが期待されている回転する水銀球（今日、認可されているものを想像してほしい）を駆け足で巡るツアー。

「これは面白くない？」と、グレゴリーは一つの突飛で興味深い質問からまた別のへ移るときに、喘ぎながら言う。グレゴリーのように奇抜で、創意にあふれ、多方面にわたり、頭が切れて、あるいは人を引きつける人は、これからけっして出ないだろう。しかし、彼の遊び心のある好奇心、彼の科学への喜びをもつ科学者がもっとたくさん出てくれる――そして彼らの熱情が、目標、計測、および有用性にとりつかれた今日の文化を生き延びられる――ことを、私は願う。

彼のシモニー講演の標題である「宇宙と握手する」はもちろん、彼の「体験」アプローチに言及したものだが、彼の講演は生き生きとした実例の祝祭だった。

私は一九八七年にロサンゼルスで、初めてジャレド・ダイアモンドに会った。私はそこで二週間を過ごし、アップルコンピューター社のアラン・ケイの研究部門施設のゲストとして集中的に作業をし、私の盲目の時計職人である「バイオモルフ」のカラー版のプログラム（五四六〜五四八頁参照）を書いていた。職場の雰囲気は理想的だった。私は間仕切りのない一つの事務所を頭のいい若いプログラマーたちと共有し、Ｍａｃのツールボックスの難解な内部の仕組みについていつでも、彼らに向かって助言を求めることができた、さらにありがたいのは、愉快なグウェン・ロバーツ——数学の教師で、並外れたパズルの名人——の客人としての私の生活環境で、私はごた混ぜだが興味深い彼女の渡り滞在者集団（migrant visitors）の一人として泊まっていた。彼女は風変わりな形で楽しませてくれる仲間で、もし作家であれば、きわめてエキゾチックな pulverbatch(1) をもてることだろう。毎朝私はグウェンの家からバスで事務所まで通勤し、ふつうはギーク〔コンピューターおたく〕たちと一緒に昼食を食べる——サンドイッチで、近所のデリまで買いに行く。けれどもそうした日々のある一日、生物学の分野では有名な、だがそれまで私が会ったことのなかったＵＣＬＡ〔カリフォルニア大学ロサンゼルス校〕のある教授から昼食を一緒に食べに出てこないかというお誘いを受けた。それがジャレド・ダ

（1）ダグラス・アダムズの造語〔本のカバーの有名な作家たちが寄せる推薦文の冒頭の一節のことで、若い頃に苦労したとかいうようなことが書かれている〕。

イアモンドだった。

　アップルの事務所の外で、彼が車で私を拾ってくれるということで話がついた。彼の本はベストセラーになっていたので、私は街角に立って、派手ではなくとも金のかかっていそうな、ごく贅沢な感じをかもしだすような車を探していた。遠くからまっすぐな道路に沿って、ダダっと音を立て、傾きながらゆっくり、よたよたと私に向かってくる古めかしいフォルクスワーゲンのカブトムシには眼もくれなかった――それがキーキー音を立てて止まるまでは。そこに微笑むダイアモンド博士がいた。私は剝がれて天井からだらしなくぶら下がっている内装のカーテンをかわしながら、それに乗り込んだ。どんな種類のレストランに連れて行ってくれるのか、皆目見当がつかなかった。たぶん、すてきなフォルクスワーゲンが手がかりを与えてくれているのだろう。私たちは、カブトムシをＵＣＬＡのキャンパスに駐車させ、小川のそばの、優しい木陰のある涼しい、草の生えた土手まで歩いた。そこで私たちは草の上に座り、ジャレドは大きな布に包まれたランチを取りだした。一塊《ひとかたまり》のチーズと堅焼きパンで、彼はそれをスイスアーミーナイフで切った。完璧だ！　ウェイターが遠慮がちに「私はジェイソンと申します。本日のお世話をさせていただきます」と言い、おすすめ料理のリストをよどみなく並べ、そのあとも会話をさえぎって、「お味はいかがでしたでしょうか」と聞いてくるような騒がしいレストランよりも、こちらのほうが興味深い会話にはるかにつながりやすい。そしてジャレドのパンとチーズは、そうした田園風の環境の中で、本当に美味しかった。

　ついでながら、イギリスのパブでは、パンとチーズは「農夫のランチ（Ploughman's Lunch）」と呼ばれている。けっして古い言葉ではなく、おそらくは、マーケティング業界の若い遣り手の誰かがつくったものだろう。この言葉は《アーチャー家の人々（*The Archers*）》[1]の中でも、ユーモラスに時代錯誤を描くために用いられていた。このシーンでは年老いた農場労働者が、村の宿で出された「農夫のランチ」は自分の若い頃の、古き良き時代の〝百姓の昼飯（Plewman's Lunches）〟と比べものにならないと、懐古的に不満を洩らすのだった。

ジャレドとの次の出会いは一九九〇年で、ロング・アイランドのコールド・スプリング・ハーバー研究所の所長だったジム・ワトソンがこの誉れ高い研究所の一〇〇周年を記念する会議を組織するよう、ジャレドと私を招いたときである。この会議は「進化――分子から文化まで」と題されていたが、私がもっとも鮮明に覚えているのは、かなりズケズケとものを言うロシアからの言語学者の一団の存在だった。ジャレドが彼らを招待するイニシアティヴを取っていて、私は、言語学者と進化生物学者には多くの共通点があるはずだと、浅はかにも想像していたに違いない。言語は歴史的な時間の経過とともに生物が地質学的な時間の経過とともに変わっていくのと、たとえ表面的にせよ非常によく似た形で、漸進的に変化していく。言語学者は、インド・ヨーロッパ祖語のような死滅した古い言語をその派生言語の慎重な比較分析によって復元する手法を完成させてきた――これらの手法は進化生物学者、ことに（このポスト・ワトソン＝クリック時代に）分子テキストと呼ぶことができるものを扱う分子分類学者にとっては嬉しくなるほどおなじみのものに見える。そのうえ、われらがヒト族の祖先における言語能力の最初の胎動は、生物学者にとって大きな好奇心を掻きたてられる話題である。ただし、一部の言語学者はそれを禁じられた（手に負えないがゆえに）話題として扱っている。悪名

（1）英国以外の読者のために。BBCラジオのメロドラマで、田舎の架空の村での農民の生活と争いごとを綴ったもの。

高いことに一八六六年にパリの言語学会は、永久に回答不能であるという理由で、この問いについて議論することを禁じたのだ。

このテーマを禁断の領域とすることには、私にはまったくマイナスの効果しかないように思える。復元がどれほど困難であれ、言語は明らかに一つの起源――あるいは複数の起源――をもっていたに違いない。私たちの祖先が言語をもたない状態から言語が進化してきた移行期が存在したはずだ。この移行は実在の現象であり、パリ学会が好むと好まざるとにかかわりなく、そういうことがあったのは事実なのだから、少なくともそれについて推論をめぐらしても何の害もないのは確かである。私たちの祖先は、チンパンジーの身振り言語《サイン・ランゲージ》――大量の語彙はあるが、現在の人類にのみ固有に見られるような種類の階層的に入れ子になった構文《シンタックス》はない――の段階を通過したのだろうか？　階層的に入り組んだ文法構造をつくる能力は、一人の天才的な個人に突然に生じたのだろうか？　もしそうなら、誰に向かって話しかけたのか？　それが内心での、声に出さない思索のためのソフトウェア・ツールとして生じ、あとになってから耳で聞くことのできる言語として外面化するということはありえただろうか？　私たちのさまざまな祖先がどれほどの幅の音声を発することができたかについて、化石はなにがしかのことを語ってくれるのだろうか？　これらはすべて、たとえ実際には手の届かないところにあるにしても、はっきりした答があるはずの問いであり、この問題については次章で（五三九～五四二頁参照）もう一度立ち戻る。

ジャレドと私は楽しい手紙のやりとりをしてこの会議への招待状をまとめ、専門的な助言のほとんどは彼のほうから出たことを言っておかなければならない。会議そのものは、最終的に実現したときには、私にとってはある種の困惑の場であった。言語学者たちがインド・ヨーロッパ祖語（およそ紀元前三五〇〇年）のような比較的最近の祖型言語を復元したと主張する際の確信に、私は強い印象を受けた。ウラル祖語やアルタイ祖語のような他の祖語の同じような復元はなんとか受け容れることができた。もう少しこじつけた類推をすれば、原理的に、そうした祖語を同じ復元機械《ミル》に放り込んでやれば、すべての原言語がたどりつく（むしろ〝原言語の始まりである〟と言うべきか）原言語――「ノストラティック祖語」――が出てくるだろうと私は考えた。もっとも多くの言語学者自身は、それはちょっと飛躍しすぎだと言うだろうなと、私は推測していた。

ここまでのところは、まあ面白かった。しかし私がかなり明白な意見のように思えたこと、俗にいう〝考えなくてもわかること〟を思い切って言ったとき、失敗してしまった。一人の進化生物学者として何か貢献したいと思って、私は言語の進化と遺伝的進化の際立った違いだと考えていることを説明した。ひとたび一つの生物の種が二つに分かれる――たぶん地理的な偶然の出来事によって隔離されて――と、いったん分岐が交雑を妨げるに十分なほどに進んでしまえば、それは永久的である。二つの遺伝子プールは、それまでは有性生殖によって混ぜ合わせられたが、いまやたとえ出会っても、けっしてふたたび混じりあうことはない。(1) 実際、これは私たちが種の分離を定義するやり方である。これに対して、言語ははるか遠くまで分岐していても、しばしば一緒になってすばらしく豊かな雑種をつくる。そうであれば、生物学者がすべての現生の哺乳類の祖先からさかのぼって、たとえばおよそ一億八〇〇〇万年前に生きて死んだ単一の母系の個体まで無事にたどりつくことができるのに対して、すべてのインド・ヨーロッパ語からさかのぼって、およそ三五〇〇年前の東ヨーロッパのどこかにい

（1）極端にまれな例外はあるかもしれない――あまりにもまれなので、ここで話を止めることはしない。

た特定の種族がしゃべっていた特定の、単一の祖先語にまでたどりつくことはできない、ということになるだろう。

ロシアの言語学者たちは、怒りのあまりほとんど脳卒中を起こしそうだった。言語はけっして混じりあわない。いや、しかし、しかしです――私は言葉につかえながら、英語はどうなんですか？ と言った。ナンセンスと、すぐに反撃が来た。英語は純粋なゲルマン語だよ。「英語の単語の何％がロマンス語起源なのですか？」と私は尋ねた。「あー、およそ八〇％だね」というのが彼らの憶面もない答で、人を小馬鹿にしているように思えた。私はうちひしがれ、しかしもやもやしたものを抱えたままで、自分の生物学者の殻に閉じこもった。

私はこの会議は成功だったと思う。そしてジャレドと私は、そのことを喜んだ。のちに彼はシモニー講演をするためにオックスフォード大学へやって来たが、彼ほど気前のいいゲストはいなかったと言っていい。彼はララと私に、ボトルに慎重に〝これは二〇〇五年から二〇一七年のあいだに飲んでほしい〟と書かれた、ヴィンテージ・ワインのナパ・ヴァレー・カベルネ・ソーヴィニヨンをプレゼントしてくれたが、これはいつぞやのパンとチーズのランチを裏切る――いやちがう。むしろ〝見合って〟だろう――ような、彼の世の一流品に対する見識を物語る振る舞いだった。私たちは二〇一五年の本書の刊行を祝って、これを開ける予定である。傑出した心理学者、鳥類学者、生態学者であるうえに彼は幅広い教養をもつ人物で、多数の言語に通じて人類学および世界史に深い造詣をもっており、私たちはシモニー講演においてそのことから恩恵を受けた。講演は彼の著書『銃・病原菌・鉄』をめぐるものだった。この本は大傑作で、なぜ彼より以前に誰一人としてこういうものを書く機会がなかったのか、驚きを抑えることができない。その魅惑的な歴史的命題を考えつくのに、なぜ科学者が必要だったのか？　同じことは、私の次回のシモニー講演者であるスティーヴン・ピンカーによる『暴力の人類史（原題 *The Better Angels of Our Nature*）』についても、ひょっとしたらもっと強くあてはまるかもしれない。

チョムスキー自身の本と、一、二冊の他の本を読んだ（文法を作り出すコンピューター・プログラムを書くために勉強していたときに――『好奇心の赴くままに』と後出の五三九～五四二頁を参照）のを別にすれば、言語学について私の知っていることのほとんどは、スティーヴン・ピンカーに由来する。同じことは、現代の認知心理学にかかわる知識にも当てはまる。人間の暴力の歴史についてもそうだ。

スティーヴ・ピンカーと私は（ジム・ワトソンとクレイグ・ヴェンターとともに）、ゲノムの全塩基配列を解読された一握りの科学者のうちに入る。スティーヴの遺伝子は、高い知能をもっている（そこは驚くに当たらない）だけでなく、面白いことに（インターネットで彼のどの写真でも見ればいい）、彼の頭が禿げることを示唆している。これは学ぶべき重要な教訓である。多くの場合、遺伝子の既知の効果は、特定の結果が生じる統計学的な確率をわずかに変えるだけである。ハンチントン病のような際立った例外はあるが、遺伝子が高い確率で一つの結果を決定することはなく、他の無数の遺伝子を含む数多い他の要因と相互作用するのである。病気の「ための」遺伝子を扱うときには、それがとりわけ重要である。人々はときに、自分がいつどのようにして死ぬかをゲノムが正確に告げる――一種の死刑宣告――のではないかという怖れで、自分のゲノムを調べるのを怖がる。それが本当に怖がらなければならないことであるなら、一卵性双生児は同時期に死ぬだろう。

心理学者にありがちなことに、スティーヴはわずかに生得論者の陣営に傾いているという評判をもらっているが、それが本当に意味しているのは、二〇世紀全般を通じて心理学と社会科学のいくつかの学派を特徴づけていた、極端な環境決定論者の側にはいないというだけのことである。そのことは、彼の本『人間の本性を考える（原題 *The Blank Slate*）』で一貫してうかがえる。この原題（「空白の石版」）は、二〇〇二年の彼のシモニー講演の演題でもあった。彼は、成長いちじるしいがいまだに周囲からの攻撃にさらされている進化心理学派のリーダーである。この立場ゆえに彼は一部の心理学者や哲学者たちのあいだで妙に毛嫌いされているのだが、さらに奇妙なことに、そのなかにはその他の点ではきわめて理性的な故バーナード・ウィリアムズもいたのだ。

前章で触れたように、国際無神論者同盟は二〇〇三年、無神論に対する公衆の意識を高めた個人に対して毎年与えるリチャード・ドーキンス賞を創設することで、私を讃えた。国際無神論者同盟が二つの娘協会を派生させた二〇一一年以降、この賞はアメリカ無神論者同盟から授与されている。受賞者は私がまったくかかわっていない委員会で選ばれるが、私はふつう、同盟の年次総会の会場に赴いて賞を手渡すという努力をしている。会場に足を運べないときには、スピーチをビデオに録画して送った。二〇一三年の受賞者であるスティーヴ・ピンカーのための私のスピーチの全文は e-appendix にある。ここでは、冒頭と締めくくりの数節を再録するにとどめよう。

新聞や雑誌にはしばしば、世界中の社会的影響力のある知識人の番付リストが発表されます。スティーヴン・ピンカーはそうしたリストでいつもトップ近くにいますが、まさしくその通りなのです。私の世界リストではたぶんトップになるだろうと考えています。そして、彼に私の名前を冠した賞が与えられようとしているのを、本当に誇らしく思います。

彼は驚くほど読みやすい言葉で、自分の専門的な分野を専門家でない読者に紹介しています。そうするのは彼しかいないというわけではありませんが、彼はそれを、このうえなくうまくやってのけるのです。しかし本当にすごいのは、守備範囲がいくつもの異なる分野にまたがっていることで、そして科学ジャーナリストとは違って、彼は自分の書いている分野のすべてにおいて、本当の世界一流の専門家なのです。彼の学識は、その文体が人の心をつかむのと同じほど深いのです。

つづけて私は、彼のさまざまな著書について簡単に述べたあと、こう結んだ。

これほど多くのことを成し遂げたあとでは、その大きな栄光の上に胡座《あぐら》をかいているのだろうと予測される方がおられるかもしれません。そして、考えてみますと栄光の月桂冠は、かの有名な髪型に非常に似つかわしく見えてくるでしょう。けれども、栄光の上に胡座をかくというのは、まさに彼がしなかったことなのです。彼は大傑作としか表現しようのないものを上梓しましたが、この偉業をまったく新しい分野、すなわち歴史学に参入することによってなしとげたのです。『暴力の人類史』は歴史学にそびえ立つ著作ですが、まぎれもなく一人の科学者の著作なのです。それも絶頂期にある一人の科学者です。

『暴力の人類史』は、単に学問的な傑作というだけではありません。それは希望と楽観論のドキュメントなのです。希望と楽観論は今日《こんにち》大いに必要とされるものですが、必要とされているというまさにその事実が、誰であれそれをあえて提示する人間に疑心を抱かせることにもなっています。しかし私たちの疑心は、本書が備えた学識の重みだけで打ち砕かれ、ねじ伏せられることでしょう。そしてもし「学識の重み」が読み進むのに苦労するというふうに受け取られるなら、それはまるっきり間違いです。この本は軽やかで、やすやすと読めます。その著者と同じように、つきあって楽しく、機知に富み、面白いのです。

私は無神論者同盟がこれほど輝かしい学者、そして私の個人的なヒーローを、私の名を冠した賞の受賞者に選んだことに、恐縮するとともに、光栄に思います。

こと英国科学に関する限り、マーティン・リースが重要人物でないところはほとんどない。王室天文官、ロイヤル・ソサエティ会長に加え、ケンブリッジ大学やオックスフォード大学のすべてのカレッジのなかでもっとも大きく豊かで、おそらくもっとも有名な（科学においてはまちがいなくもっとも有名な）カレッジの学寮長であり、ナイトに叙され、貴族に列せられている。そして……テンプルトン賞〔宗教におけるノーベル賞とも言われる〕の受賞者である。ああ、それが厄介なのだ〔『ハムレット』からの引用〕。なぜなら、真の科学がどう身をもち崩せば、かの「霊的次元」の夢に登場できるのか？

テンプルトン賞はその初期には素朴な慈善家の創設者によって、金額においてだけは（もちろん、他の点ではそうではない）ノーベル賞を上回るように設定され、マザー・テレサやビリー・グラハムのようにあからさまに宗教的な人物に与えられていた。時がたつにつれてしだいに、それほど大した業績はないがたまたま信心深いことを公《おおやけ》にしている科学者にスポットが当てられるようになっていった。その内訳はいつか逆転し、もっと最近の受賞者には、本物の大きな業績をあげた科学者が含まれるようになってきた。彼らは本当に宗教的などではけっしてないが、ときどき「霊的な」深っぽい《ディーピティ》話《イ》を進んで述べ、したがって真の科学のいくばくかの黄金の埃を宗教の上に振りまくのである。フリーマン・ダイソンやマーティン・リースはその最上の例である。次のファウスト的進展は何だろう。悪名高き無神論者たちがダマスカスの回心の舞台に登る準備をしているのだろうか？　「深っぽい《ディーピテ》話《イ》」というすばらしい造語の父であるダン・デネットが、有力候補の一人に思えるかもしれない。あるいは彼自身が私にこう言ったように、「リチャード、もし君が本当に困ったときには……」。

科学者として偉大であればあるほど、テンプルトン賞によって利用される危険性は大きくなる。マーティン・リースは本当に偉大な科学者であるとともに善人で、例外的に素晴らしい人物であり、ここでの、あるいは過去におけるテンプルトン賞に対する私の否定的発言のどこかが彼を個人的に標的にしていると思われたら、謝りたいと思う。彼に対して私は非常に高い尊敬の念をもっており、テンプルトン賞がそのみすぼらしいイメージを消すためにかくも輝かしいスターを募ろうとしたわけが、手にとるようにわかる。

マーティン・リースは単に偉大な科学者であるだけではない。偉大な科学の伝達者でもある――宇宙論に関して言えば、これは簡単な仕事ではない。宇宙論学者はどんな科学者が直面するよりも深い疑問のいくつかに取り組まなければならないが、マーティンはレベルを下げてかみ砕くことなく明快に、大衆迎合主義に身を売ることなく魅力的にそれをなしとげた。彼のシモニー講演は、存在にかかわる深い問題を単純に、しかし過度に単純化することなく扱うやり方のお手本だった。「わが複雑な宇宙の謎」という演題を掲げた彼の講演は、星の数は厖大であるが、「一つの星は一匹のチョウよりはるかに単純である」という素敵なイメージを複雑性の例示として用い、さらに解明してみせたものだ。彼は思弁的な問いを発する資格が形而上学ではなく科学にあることを、正しくも確信していた。

これはたとえば、宇宙において生命に友好的な惑星が見つかる可能性、さらには何十億の宇宙からなる多元宇宙のなかの生命に友好的な宇宙が見つかる可能性（この考えは『宇宙を支配する六つの数』において鮮やかに探求されている）はあるかといった問いも含んだ話である。彼の講義から引用すれば、「これは思弁的な科学だとしても、形而上学ではなく科学なのです」。

　私がリチャード・リーキーに初めて会ったのは、彼が私にいささか異例な手紙を送ってきたときだった。彼は自分が評議員である、とあるロンドンのカレッジとのかかわりにおいて、アメリカから来たある金持ちに巨額の寄付をさせようと説得を試みていた。その慈善をしてくれる予定の人物が私の本を読んでいて、私に会いたいという願望を表明していた。リチャードは私に、オックスフォードのあるレストランで自分たちに会ってもらえないだろうかと書いてきたのだ。私は伺いましょうと言った。主として、私がリチャード・リーキーに会いたいという理由からだった。相手の二人はそれぞれ違った形で、並外れた人物だった。私たちのホストは博識で、よくしゃべり、強く決然とした意志をもっていて、彼自身がお気に入りの「哲人王（通常プラトンの『国家』に出てくる人物だが、フリードリヒ二世の異名でもある）」というニックネームに相応《ふさわ》しいと言えるレベルに肉迫しているようなのがわかった。食事を注文するにあたり、彼はワイン・リストをリチャードに渡し、何の疑いもなしに、彼にワインを選ぶよう勧めた。リチャードの唇にいたずらっぽい笑みが浮かび、リストを眺めていき、ソムリエと一言静かに言葉を交わすと、それを戻した——のだろうか？　もしそうしたのだとしても、私は気づかなかった。食事は楽しく、ワインはすばらしかった。実際、すばらしいのも当然だった——そして、それにはまだ面白い話がある。私は何も知らなかったのだが、給仕が「哲人王」に勘定書を渡したときに気づいたのだ。彼は真っ青になり、がっくり顎を落としたが、一言も発さずに支払った。

その時点では私は何が問題なのかわからなかったが、後でリチャードが得意げに語ってくれた。リチャードがワイン係の給仕に囁いた指示は、二〇〇ポンド以上の値段がするものをもってきてというものだったのである。大口の慈善的な寄付をさせたい相手に気に入られるのに最良の方法ではないと、あなたは思うかもしれない。こういうリチャードを形容するズバリの言葉がフッパー（chutzpah）〔ヘブライ語由来で、良きにつけ悪しきにつけ豪放磊落なことを指す〕で、おいおい納得させられたのだが、リチャードはすべてがこれなのだ。私の知る限り、それでもなんとか切り抜けてきたようである。

次に私が彼に会ったのは、また別の昼食の席だった。今度はジョン・ブロックマンとアンソニー・チータムが始めたサイエンス・マスターズ・シリーズ（二三〇頁を参照）の発足祝賀パーティのときで、このシリーズで彼も私も薄手の本を書いていた――私のは『遺伝子の川』、彼のはすばらしい『ヒトはいつから人間になったのか（原題 *The Origin of Humankind*）』だった。昼食の席でララはたまたま彼の隣りに座っていて、二人は非常に意気投合したので、彼は彼女（そしてついでに私も）を、クリスマスには家族と一緒にインド洋に面した海岸の家で過ごすのだが、ご一緒にどうですと招待した。訪れた私たちは、彼のブラックユーモア的な不屈の精神を思い出させられるようなことがらを知ることとなった。ここに示すのはクリスマスに訪問したあと、彼について《サンデー・タイムズ》紙に書いたものである（『悪魔に仕える牧師』の「ヒーローたちと祖先」という章に再録されている）。

リチャード・リーキーは、「言葉のあらゆる意味において偉大な男」という常套句にふさわしい生き方を実際にしている、頑強な英雄的人物である。他の偉大な人間と同じように、多くの人に愛され、一部の人間からは怖れられているが、いかなる判断においても、過度の先入観をもつことはない。一九九三年に、密猟者に対する数年にわたる撲滅運動に華々しい成功を収めたあとに、ほとんど死にかけるほどの航空機事故に遭い、両脚を失った。ケニヤ野生生物保護局の長官として、彼は、それまで志気の上がらなかったレンジャーたちを、密猟者に対抗できる近代的な武器の配備によって、訓練された闘う軍隊に変身させ、さらに重要なことに、彼らに団結心と敵に反撃する意思をもたせた。一九八九年に、彼はモイ大統領を説得し、押収した二〇〇〇本以上の象牙を積み上げて燃やした。これはリーキー独特の巧妙な宣伝活動で、象牙取引を壊滅させ、ゾウを守る上で、大きな貢献をした。しかし彼の世界的な名声が彼の部局の資金集めにだけ役立ち、金を欲しがっていた他の役人たちに回ってこないことに対して、嫉妬が巻き起こった。なによりも許しがたいのは、彼が、ケニヤで巨大な研究部門を効率よく、しかも汚職なしに運営できると、はっきり立証してしまったことだ。リーキーは排除されねばならず、実際にそうされた。偶然にも、彼の飛行機は原因不明のエンジン故障に見舞われ、いまや彼は、二本の義足（泳ぐため用に特別につくらせた足ヒレ付きのスペアの義足ももっている）でぶらついている。彼は奥さんと娘さんたちをクルーにして、ヨットレースも再開している。彼は、間髪をおかずにパイロットのライセンスを再取得しており、彼の精神が押しつぶされることはないだろう。

この「偶然にも」には？マークを付けておくべきだっただろうか？　けっして知りえないと思っているが、ほとんど死につながるようなエンジン故障が、彼の飛行機が配備されてからまさに最初の飛行の離陸直後に起こったというのは、奇妙に思える。

リチャードはその両脚についてのエピソードを、こう言うとちょっとばかりゾッとするかもしれないが、楽しげに話す。ケンブリッジで切断された両脚を、彼は感傷的な理由から、自分の愛するケニヤに埋葬することを望んだ。彼は脚の輸送許可を取らなければならなかったが、役所は死亡診断書が得られなければダメだと言い張った。彼はきわめて理性的に、自分は死んでいないと主張し、ダンドリッジたちも最終的に彼の主張が正当であることを理解し、同意した。けれども彼らは、それを手荷物としてもっていくなら、という条件を付けた。両脚は搭乗手続きをパスしないかもしれない。脚を入れたバッグがX線スクリーンを通過するのを、それまで退屈そうだった係員が二度見をし、すぐ見に来てほしいと必死になって同僚を手招きしたときの表情を、リチャードは面白おかしく描写する。

リチャードをシモニー講演者に選んだのはごく自然なことで、彼は非常にすばらしい講演をしてくれた。例によって即興で、ノートなしだった。ヒッチェンズ流の調子での流れるような話しぶりには強い印象を受けた。オランダからやってきた別の慈善主候補との、これまた大事な昼食会――「哲人王」に振る舞わせたまさにそのレストランでの（そして、私の知るかぎり同じように上等のワインがついた）――から舞台へ直行したばかりだったから、なおさらである。

キャロライン・ポルコには、一九九八年にロサンゼルスで初めて会った。このとき私たち二人は、アルフレッド・P・スローン財団から招待され、もっと理解あるかたちで科学を描くようハリウッドを説得する試みのための、科学者と映画製作者の会合に出席したのである。思い起こせば、フランケンシュタイン博士からストレンジラブ博士まで、映画の中で科学者は、無情な奇人、グラドグラインド〔ディケンズの『困難な時代』の登場人物の名に由来する、冷酷無比な人のこと〕、精神病質者として、あるいはもっとひどいやり方で描かれていたものだった。マリー・キュリーについての一九四三年のある映画は、彼女が夫の死に無関心だったように描いているが、実際は一人の代理人が言ったように、「人々が夫の遺体を運んできたとき、彼女がその上に身を投げ出し、口づけをして泣き叫んだことを、私たちは一通の手紙から知っている」。このハリウッド会議にいた映画監督のなかに苛立ったへそ曲がりが一人含まれていて、会議の目的を含む一切合財をぶちこわそうとしているようだった。彼は押しが強く影響力があり、テレビの世界では名前がよく知られている人物だったから、これは残念なことだった。ジム・ワトソンは堪忍袋の緒が切れて、みごとなワトソン流で非難の言葉を発した。「君は本気か？　イェール大学英文学科の落ちこぼれみたいな言い草だな」。しかし私は同じように強い印象を、同じ討論席のこの男の隣りに座っていた人物が彼に対して示した、臆することのない蔑みの表情からも受けたのだった。この歯に衣着せぬ、勇敢な、美しい天文学者がキャロライン・ポルコだった。そのうちポルコが彼に何かを囁き、それを大声で全聴衆に告げるように促した。「えー、いま彼女は私のことを、くそったれって呼びました」。

科学者を共感をもって描くような、人間的興味のある科学メロドラマを始めるための試みについて、たくさんの話が出たが、キャロラインはそのようなドラマのヒロインの、理想的な役割モデルになっただろう。実際に、カール・セーガンの空想科学小説『コンタクト』のヒロイン、エリーのモデルをめぐる二つの噂のうちの一つによれば、それはキャロラインなのだそうだ（もう一人の候補者は地球外知的生命体探査協会、ＳＥＴＩの称賛に値する所長、ジル・ターターである）。この会議における私の貢献は、科学はそれ自体として面白いのだから、メロドラマが提供するような種類の人間的興味は必要ないという、いくぶん異端の意見を述べたことである。《ニューヨークタイムズ》紙は、『ジュラシック・パーク』にはなぜ、恐竜がすでに登場しているのに、人間まで出さなければいけないのかと疑問を呈する私の発言を引用しながら、この会合について報じた。私はこの映画を飛行機の小さなスクリーンでとはいえ見返したばかりだったが、以前と同じように恐竜には魅了された。しかし、その「人間的興味」のメッセージがいかに反科学的なものであるか、のほうはすっかり忘れてしまっていた。科学者である登場人物の、有無を言わさぬ否定的な描き方は、あまりにも実態とかけ離れている。ティラノサウルスに弁護士が丸ごと呑み込まれるのを眺めていなければならないということも含めて、彼らの体験がどれほどゾッとするようなものであろうと、琥珀に閉じ込められた力の最後の食事である血から活性のある恐竜のDNAを回収するというアイデアそのものに魅了されない科学者が、そもそもどこにいるというのだ？　「カオス理論」を無理矢理押し込むという愚はおそらく、この映画が製作された頃の俗流《ポップ》科学の流行におもねったものだろう。近頃ではそれと同じような、一五分間だけ脚光を浴びる〔ウッディ・アレンの「誰もが一五分だけは有名人になれる」のもじり〕俗流科学の一時的流行として、「エピジェネティクス」というのがあると言えよう（じつはそうでもない。これについては詳しく説明しないほうがいい内輪の冗談がいくつかある）。

パネル・ディスカッションが終わったあと、巨大なスタジオを見学するためにハリウッドに向かうバスで、いささか恥知らずな策を労して、キャロラインの隣りに座った。スターたちの集まるこの伝説の街で、私は一人のカリスマ的な科学者——これこそ煎じ詰めればこの会議の眼目だったと言えよう——に、スターに会ったように感激させられた。思い返してみると、バーバラ・キングソルヴァーの『飛翔行動』は、この会議の目的にまさにぴったりの小説だった。共感に満ちた人間としての科学者たちを扱った、彼らがどのように研究し考えるかについての、美しい物語である。ハリウッドの人々よ、どうか注目あれ。きっとすてきな映画ができるだろう。

キャロラインはオックスフォードの私たちのところを訪ねてくれ（口絵写真を参照）、それ以来ずっと、ララと私の友人である、彼女は惑星科学者で、ＮＡＳＡのカッシーニ画像チーム――土星とその多数の月の驚くほど美しい写真をもたらしてくれている――の責任者である。しかし彼女は単にすぐれた科学者であるというだけではない。彼女は科学の詩情、とりわけわが太陽を共有する天体のロマンスからインスピレーションを受けている。彼女は私の知るかぎり、女性版カール・セーガンにもっとも近い存在で、惑星の詩人、星々の歌い手である。小説『コンタクト』のヒロインが実際に彼女をモデルにしたものであるかどうかはともかく、映画版のときに、カール・セーガンが役作りのコンサルタントとして彼女を招いたのは事実である。エリーが遠い宇宙空間からの、聞きちがえようのないコミュニケーション音を初めて聞くシーンのことを思い出すと、私はいまでも鳥肌が立つ。ほっそりした、聡明な若い女性が心を打ち砕くような信号音で起こされ、跳ね起きて、自分のオープンカーで基地に向かい、うとうとしている助手に向かってインターコムで、天文座標を大喜びしながら叫ぶ。数字、数字、そうした数字の背筋がゾクゾクするような詩情と、秒角単位の精妙さ〔一秒角は三六〇〇分の一度〕。この数字のヒーローが女性でなければならないということのなんという詩的な正しさ。キャロラインそっくり、まさに役割モデルだ。

キャロラインが有する詩情を示す一つの逸話があって、彼女がシモニー講演をするときの紹介にあたって、私はその話をオックスフォード劇場で述べた。彼女がカリフォルニア工科大学にいたころから敬愛した一人の教授が地質学者のユージン・シューメーカーで、彼と彼の奥さんとデイヴィッド・レヴィは、有名なシューメーカー＝レヴィ彗星の共同発見者である。惑星地質学の先駆者として、シューメーカーはアポロ宇宙計画に参画した。彼は月面に立つ最初の地質学者になる可能性があったが、残念なことに健康上の理由で脱落し、宇宙飛行士になる代わりに、彼らを訓練する役に転向した。一九九七年にシューメーカーはオーストラリアで交通事故に遭って死亡した。キャロラインは悲しみにくれながら、行動を開始した。彼女はNASAが無人宇宙船を打ち上げようとしているのを知っていたが、これはミッション完了後に月面に胴体着陸するようプログラムされていた。彼女はこの探査ミッションの責任者およびNASAの惑星探査計画の責任者をどうにか説得して、自分の先生の遺灰を宇宙船の積荷に加えてもらうことができた。宇宙飛行士になるというユージン・シューメーカーの野望は、生きているときには退けられたが、その遺灰はいまや月の表面にあり、そこでは風でかき乱されることもなく（ニール・アームストロングの足跡はほとんど確実に、まだそのまま残っている）、キャロラインが選んだ『ロミオとジュリエット』の次のような言葉が刻まれたフォトエッチングが添えられている。

……そして、彼が死んだときには
連れていって、切り刻んで、小さな星々にしてちょうだい
そしたら、彼が夜空いっぱいにちりばめられ、
世界中の人は、美しい夜が大好きになって
ぎらつく太陽など見向きもしなくなるでしょう
〔三幕二場〕

私は晩餐会に呼ばれたときに折に触れてこのことを話して聞かせるのだが、いつもこのシェイクスピ

アの朗読がうまくできず、ララに助けを頼むことになる。彼女が美しい声でこの数行を暗唱するとき、テーブルのまわりで胸を詰まらせているのは、私一人だけではないと思う。

キャロラインのシモニー講演は、読者の想像どおり盛大に図や写真が使われ、映像の美しさは彼女の言葉の詩情とよくマッチしていた。オックスフォードの聴衆が彼女に与えた拍手喝采を聞いて、このシリーズを始めた私も誇らしい気持ちになったし、それがチャールズ自身の出席できる機会であったことは嬉しかった。私は晩餐会でキャロラインを彼の隣りの席に座らせ、それ以来、二人は連絡を保っているものと私は信じている。ついでながら、小惑星八三三一、一九八二年五月二七日にシューメーカーとバスによって発見された主小惑星ベルトがドーキンスと名づけられたのは、キャロラインのおかげである。

私はシモニー講演の終盤に二人のノーベル賞受賞者を、二〇〇六年にはサー・ハリー（ハロルド）・クロトーを、二〇〇七年にはサー・ポール・ナースをもってくることで、格調を高くした。彼らはとてつもなく傑出した人物だが――そしてポール・ナースが現在ロイヤル・ソサエティの会長であるという事実にもかかわらず――、どちらも「大物」の権力者というモデルには適合しない。ハリー・クロトーはとくに、一匹狼と呼ばれることさえ、たぶん気にしないだろう。彼は他の二人の化学者とともに、六〇個の炭素原子（分子式C_{60}）からなるバックミンスターフラーレン（バッキーボール）という驚くべき分子の発見によってノーベル賞を勝ち取った。二〇の六角形と一二の五角形で、優雅な球状の構造ができることは古くから知られていた（それは古典幾何学における切頂二十面体であり、サッカーボールもしばしばこういう形状である）。また、炭素原子が互いに「ティンカートイ（組み立て式の玩具）」のような形で結合して、黒鉛やダイアモンドの結晶でいちばんよく知られているような、大きさ不定の構造をつくることもよく知られている。したがって、六〇個の炭素原子が腕を結びあって「サッカーボール」、すなわち切頂二十面体をつくれるという理論的可能性は存在した。この可能性がハリー・クロトーと共同研究者によって実験室で実現されたというのは、うますぎて信じられない話ではある。ハリーはこの分子を「バックミンスターフラーレン」と名づけたが、それは、先見の明ある考案者バックミンスター・フラー（ついでながら、私はフランスでの奇妙な国際会議で講演者同士として、九〇歳代の彼に会ったことがある。そこで彼は三時間にわたって聴衆を魅了した）にちなむものだった。「バッキー」がC_{60}に似た安定した構造をもつジオデシック・ドームを考案し、そのC_{60}を見つけたのがハリー・クロトーだったのだ。驚くべきことに、バッキーボールは隕石のなかに見つかっている。もっと驚くべきことは、バッキーボールは量子に比べれば巨大だが、粒子と波動の二重性を調べる直観に反する有名な実験で、量子のような振る舞いを見せる（おそらく、あの実験をゴルフ・ボールで試みるほど空想的な人は誰もいなかったのではないか？——しかし、そっちに脱線するのは確かに、あまりに馬鹿馬鹿しく横道にそれすぎるというものだ）。

ハリー・クロトーのシモニー講演は、啓蒙主義を助け、合理的な思考を救いだそうという情熱的な訴えであり、予想外にも彼は、テンプルトン財団に対する激烈な批判をした。私にとってこれほど耳に快いものもなかった——私もこれまで思い切ってしてきたが、それを上回って厳しい弾劾だったのである。彼は、講演に彼の一連のすばらしい教育用教材、つまり理科の教師が使える短篇映画からの実例を使って説明した。私は第二回のスタームス会議（一七〇頁参照）で彼にふたたび会ったが、彼はいつも通り刺激的で、スタンディング・オヴェーションを受けたのはまったく当然だった（この会議でそれほどの喝采を得たのは彼一人だけだったと思う）。

ついでながら、ハリーのスタームス講演はシモニー講演と同様、パワーポイントの名人芸による大傑作で、そのテクニックはその気なら誰にも真似られるものだろう。大部分の講演者と同じように、私も自分の講演で、演題ごとにモジュール は変えるけれども、しばしば同じモジュラー群からスライドを抜き出していることに気づいた。プレゼンテーション用に集めるのに、毎回同じスライドを複製するのは浪費である。懸命な戦略は、どんなコンピューター・プログラマーでも思い浮かぶもので、それぞれのスライドを一枚だけもつ、つまりスライドのモジュラー群をもつことで、ことなる講演で必要なときにそれを「呼び出す」のである。これを実際にやっているのは、私の知る限りではハリーだけで、しかも彼はこれを適切にやるので、それぞれの講演が単純に、彼のハードディスクの別の場所に貯えられているユニットへのポインタの集合となる。困ったことに、これはパワーポイントのその他の点ではすぐれたライヴァルであるアップル製のキーノートではできない。私は何度もアップルに、絶対ジャンプ・サブルーチンの代わりに、「サブルーチン・ジャンプ」ハイパーリンクを実装するように説得を試みてきた。サブルーチン・ジャンプの要点は、出所を記憶していて、そこへ戻すところにある。これがクロトーのやり方には不可欠なのだ。すでにある絶対ジャンプよりもサブルーチン・ジャンプを実装するほうがなぜ難しいのか、私には理解できない（そしてそんなはずはない。絶対ジャンプはいずれにせよ、悪名高いプログラミング慣行である）。

私はポール・ナースがまだオックスフォード大学にいて、たとえばポート・メドウを走っているときに二度ほど会ったことがあったが、二〇〇七年の四月に私がニューヨークのロックフェラー大学からルイス・トマス賞をもらうまで、長い話はしたことがなかった。ポールはこの大学の学長だったので、私が受賞のために渡米した際、私を迎えるホスト役をしてくれた。ルイス・トマスは生物学者のなかで私がいたく感服していた叙情的な文体の持ち主で、散文の詩人と言うべき人物だったので、この受賞はとりわけ嬉しかった。ポールは、愉快で形式張らない親切な学長で、たちまち好きになり、好きでいつづけないではいられないような種類の人物である。彼は自分の出自についての不思議な物語を私に聞かせてくれた。この話はいまではよく知られるようになったが、彼がそのとき初めて人に洩らしたものだった。彼が自分の母親だと考えていた女性は、実際には祖母だった。そして、自分の姉だと思っていた女性が実の母親だったのである。二人はそう偽ったままで亡くなった。ポールは自分の本当の出生を最近になって発見して、ショックをうけるよりもむしろ面白がっているように思えた。ただし、慣れるまでちょっとばかり時間がかかったとは言っていた。いかなる不思議な運命のめぐり合わせが、予想もしない発端から隠れた天才を明るみに出したのだろうと、私は思った。どれだけ多くの天才が、機会がなかったために、発見されないままで埋もれているのだろう？　何人のラマヌジャン〔インドの下層階級出身の天才的な数学者〕が認められないままに死んでいったのだろう？　どれだけ多くの才能ある女性がイスラムの神権政治のもとで教育のない奴隷の身に貶められているのだろう？

ハリー・クロトーと同じように、ポール・ナースも「権力者」像からかけ離れた人物で、私は彼に、あなたはきっとマーティン・リースの跡をつぐ理想的なロイヤル・ソサエティの会長になるに違いないと言った。それは一つの可能性かもしれないと、彼はひそかにほのめかした。二〇一〇年にそれが本当に実現したときには嬉しかったものだ。その三年前、二〇〇七年に彼がおこなったシモニー講演、「生物学の偉大な概念」はすでにロイヤル・ソサエティの会長が与えるものとして望みうるような種類の威厳に満ちた概説であり、一九六三年の英国学術振興協会でのピーター・メダワーの会長演説を思いださせる好ましいものである(もちろん、現代生物学には大きな違いがあるので、時代に合わせて修正する必要があるが)。

魅力あふれる驚くべき(一人の陸軍元帥〔アーチボルド・パーシヴァル・ウェーヴェル〕の手になるにしては)詩のアンソロジー『他人の花(*Other Men's Flowers*)』は、ほとんどの詩がいずれのときかの彼を記念して収められたものだが、ウェーヴェル卿は自作の「サクランボの聖母のためのソネット」を巻末に、自らの「小さな路傍のタンポポ」として挿入している。この詩の最後の韻を踏んだ二行連句は、三つの繊細な四行連句のあとにつづくのだが、そのキリスト教徒的な趣意にもかかわらず、私の心を強く揺り動かす。

その愛らしさ、その温かさ、その輝きのすべてにかけて
聖母様、私は戦いに戻ります

ここで私がウェーヴェル陸軍元帥を引用するのは、そのような名詩のなかに自作の詩をもぐり込ませたのを謝罪した彼のひそみにならって、自分も相応の謙虚さを示したいがためにほかならない。在任中の最終シモニー講演を自分自身でおこなうべきだと判断したとき、私も同じ気後れを感じた。新しい教授がするものとされている就任講演をしなかったことは気にかかっていた。これは前に説明したように形式上の問題で、なぜなら、私は最初シモニー講師《リーダー》として任命され、あとになってからシモニー教授になったからである。実践的にはディンブルビー講演(二四二頁参照)が就任講演の役割を果たしていると考えていたが、しかしそれはオックスフォード大学のホールではなく、国営テレビで

なされたものだった。そこで私はこの手抜かりを、オックスフォード劇場でお別れ講演をすることで補うことに決めた。そしてそれが私の運営する最後のシモニー講演、傑出した九つの花が咲く庭の外に咲く私の「路傍のタンポポ」となるのだ。私の講演の一部として、私はシモニー講演者全員の写真を、それぞれの講演のタイトルとともに示した。

「目的のための目的」と題する私自身の講演で、私は目的（purpose）という言葉がもつ二つの意味を区別した。創造的デザインにおけるような真の、意図的な、人間的な目的を私は「新＝目的」と定義した。目標および大望という意味の目的である。そして「原＝目的」をその古い先行形態、すなわちダーウィン主義的な自然淘汰によって模倣された偽＝目的であると定義した。私の主張は、新＝目的それ自体が、自分の原＝目的をもつダーウィン主義的適応であるということであった。他のダーウィン主義的適応と同じように、それは限界をもっている――そして私はその暗い側面の例証もおこなった――が、同時に大きな長所と、目を見張らせるような可能性ももっている。

チャールズ・シモニーの栄誉を称えて私が始めたこの講演シリーズをチャールズ自身は評価してくれたことだろうと思うし、私の後任であるマーカス・デュ・ソートイがこの伝統を続けていてくれることが嬉しい。私はチャールズが、一九九九年にダン・デネットがこのシリーズの最初の講演者をつとめたときを含めて毎年、飛行機を飛ばして出席するべくあらゆる努力を尽くしてくれたことに満足している。

そのとき、講演後の晩餐会で、私はダンとチャールズの健康を祝して乾杯の発議をした。私がそこでしゃべったことの全文は e-appendix で見ることができるが、私のスピーチが終わりに近づいたところを引用して、この章を閉じたいと思う。

いま私が、シモニー教授になって四年めになるということを考えると、信じられない思いです。この地位にあることを私がどれほど幸せに感じているか、したがって、チャールズの寛大さにどれほど感謝しているか、うまく言い表すことができません。私自身にとってだけでなく、この大学にとってもそうなのです。念を押すまでもないことですが、チャールズはそれまでなんのつながりもなかった大学に、永久的な寄贈をしてくれたのです。永久的というのは、あと一〇年、私に我慢するだけで、大学は新しいシモニー教授を迎えることができるという意味です。

しかし、チャールズはこのあいだを通じて、ララと私にとっての本当にすばらしい個人的な友人にもなりました。そして、よき同志でもあります。というのも私たちは、科学と精神の世界について多くのことを語りあってきて、たえず私は彼から学んでおり、彼と議論をすることを通じて自分の主張を研ぎ澄ませていることに気づくからです。

私はチャールズのことを、知的なジェームズ・ボンドのようなものだと考えています。彼は全力で生きていて、あなたは人生を駆け足で生きていると言っても気にとめません。新しい電子機器《ガジェット》と速い車が大好きで、自家用のヘリコプターとジェット機を、超音速機でも通常型機でも操縦します。けれどもヘリコプターや快速艇のなかで彼とすることになる会話は、ジェームズ・ボンドの名にふさわしいものではまったくありません。それはむしろ、〝意識の本性〟あるいは〝時間の単一の始まり〟、〝言論の自由の原理〟あるいは〝万物の大統一理論〟についてのものになることがはるかに多いのです。

チャールズはこれまで四、五回、私たちの家に滞在したことがありますが、彼といるのはつねに大いなる喜びです。私たちもシアトルを訪ねたことがあるのですが、私たちにはチャールズと比較してリアジェットやファルコン〔いずれもビジネス用ジェット機〕が欠けているというのが主たる理由で、回数はやや少なくなってしまいます。けれども彼の、いまだかつて経験のないほどに忘れがたい邸宅における記念すべき新築祝いのパーティに、私たちは出席しました。シモニー大邸宅《ヴィラ》は私がこれまで見たなかでもっとも豊かな想像力で設計された建物で、ガラス壁どうしが信じられないような角度で隣接しており、その超現代的な建築様式が、ヴァザレリーの絵の完璧な背景となり、床一面にコンピューター・スクリーンが内蔵されています(1)。

残念ながら、昨年にあった彼の五〇歳の誕生日パーティに私たちは出られなかったのですが、それがどんなふうなものだったかは想像できました。そして、その機会を讃えて私がつくった小さな詩という形で、気持ちだけでも参加させていただきました。これがたまたま、私の『虹の解体』という本の出版と時期が一致したことを説明しておくべきでしょう。これは、キーツとニュートン、科学と詩についての本なのです。

（1）私はこのパーティについて、チャールズのパジャマ・パーティのために書いた詩で触れる機会があったが、残念ながら、それを紛失してしまい、次の二行連句だけしか思い出せない。

極上のシャンパンと、デリから取り寄せた最上のつまみがある。
（壁はガラスだ、ヴァザレリーが架かっていないときは）

ジョン・キーツのことは気にしなくていい。
あるいはニュートンの科学的な偉業についても。
忘れてしまえ、君のウィリアム・バトラー・イエーツを、
ウィリアム・ワーズワース、ウィリアム（ビル）・ゲイツも。
解体してしまうことを気にしなくていい。
ここには、信じられないような男がいる。
ここには、とても賢くて、すばやい男がいる。
五〇にして、マッハ二に突入し、
そして、それは彼が突入することのすべてではない。
（ウィンドウズ９８でさえ
彼の理解を超えるものではない）
幸せな離陸、幸せな着陸。
見よ、彼の超音速機が行くのを——
虹を突き抜けて消えていくのを！

編まれた本の糸を解きほぐす

Richard Dawkins

私の一二冊の本は、それぞれに私の数十年にわたる人生の節目となったもので、その調査、構成立て、修正が私の目覚めているときの思考を支配してきた。しかし、それらはすべて手に入れて読むことができるので、自伝で一冊一冊をこつこつとたどって、それぞれを要約して、次に移っていくというのは無意味に思われる。おのおののタイトルについては、多少とも年代に沿う形ですでに、著作権代理人および出版社との関係で触れた。私の著作を通じて繰り返し現れるさまざまなテーマを、いまここで私が見つけだすとしても、そうしたテーマを、少なくとも首尾一貫したものにしたいという熱望をもって寄せ集めれば、一種の生物学者の世界観になるのではないかと期待してはいるが、かと言って、それが大層なことのように言うつもりはない。これからいくつかの著作を通してそれぞれのテーマが逐次発展していくのをたどり、私の人生にそのテーマが最初に入ってきたところを振り返ろうと試みるので、年代的な経緯はごく漠然としか現れないだろう。

進化のタクシー理論

『好奇心の赴くままに』で、私は日本のテレビ取材班のオックスフォード訪問について回想した。彼らはロンドンのタクシーに乗って、三脚を窓から突き出し、照明器具、アンブレラ反射板、カメラ一式を積み込んでやってきたが、ディレクターは走っている車のなかでインタヴューをしたがった。正式な通訳の英語が私には理解できなかったことも一つの理由で、それがむずかしいとわかったので、「インタヴュー」は「即興の独演会」としておこなわれ、不運な通訳はそのあいだ一時間も街を歩くという罰を受けた。もう一つの理由は、ロンドンから来た運転手がオックスフォードを知らなかったことである。そのため私は頻繁に話を中断して、「そこを左に曲がって」とか「右に曲がって」とか、肩越しに叫ばなければならなかった。ニュー・カレッジに戻ったとき、私はなぜすべてタクシーのなかで収録しなければならなかったのか好奇心にかられたので、ディレクターに質問したところ、「エーッ！　あなたは進化のタクシー理論の著者じゃないんですか？」という困惑した返事が返ってきた。今度は私が困惑するほうだった。のちになってやっと、この言葉の依《よ》ってきたるところに思い当たった。私は著作の中で、体のことを「生存機械」、あるいは遺伝子が「その中に乗る」ための「ヴィークル」と言ってきた。私の憶測は――ただしまだ調べたことはないのだが――、私の著作の一つの日本人翻訳者が、「ヴィークル」をちょっとした詩的放埒《ほうらつ》で「タクシー」と翻訳したにちがいないというものだ〔訳者の知るかぎりこういう事実はない〕。テレビはテレビだから、走っているタクシー内でインタヴューするには、それで十分な理由だったのであろう。しかし、タクシーについては、とくに気にしなくていい。むしろ私としては、「ヴィークル」の理論的重要性について説明する必要がある。『利己的な遺伝子』に対するもっとも執拗で――うっとうしい――批判の一つは、自然淘汰が作用するレベルを誤解しているというものである。この誤りは案の定、スティーヴン・ジェイ・グールドによってもっとも明瞭に表明されている。彼の批判における雄弁ぶりは大したものだが、彼の思い違いをする天才のほうも、それに見あった大したものだ。

ところが、このようにダーウィンが個体に焦点を合わせたことに対して、過去約一五年の間に進化学者たちから疑問が投げられ、活発な議論が燃えあがった。こうした疑いは、上からも下からもしかけられた。上からは、一五年前にスコットランドの生物学者V・C・ウィン＝エドワーズが、少なくとも社会行動の進化では、個体ではなく集団《グループ》が淘汰の単位であると主張して、正統派の人びとをいらだたせた。下からは、近年にイングランドの生物学者リチャード・ドーキンスが、遺伝子そのものが淘汰の単位であり、個体はただ一時的な容れ物にすぎないという議論を展開した。これで、私の頭髪は逆立った。[1]（櫻町翠軒訳）

ダーウィンが自然淘汰の単位として、生物個体に焦点を会わせたという点でグールドは正しいし、ウィン＝エドワーズが代案として、群《グループ》淘汰を主張したというのも正しい。私が個体を遺伝子の一時的な容れ物とみなしたのも正しい。しかしそれを、個体に焦点を合わせたダーウィンへの異議申し立てと解するのは、間違いも間違い、大間違いだ。「上からも下からも」いう修辞法全体が、魅惑的ではあるが見当違いである。遺伝子、個体、集団は同じ梯子の段ではない。もし梯子という言葉を使わ

（1）S・J・グールド、『パンダの親指』（New York, Norton, 1980）の8章「利他的な集団と利己的な遺伝子」。

なければならないとすれば、遺伝子は梯子から外れた、それだけで単独の一つの段である。遺伝子と個体はどちらも自然淘汰の単位であるが、しかし異なった二つの意味での「単位」、すなわち、自己複製子とヴィークルとしてなのだ。自己複製子（この地球上ではふつう一定の長さのDNAの、まれにRNAの遺伝暗号である）は、実際に生き残る——潜在的な可能性としては何百万年も——か生き残れないかの単位である。世界は成功する自己複製子に満ちあふれ、失敗するものはいなくなる。ここで「成功する」というのは文字通り、コピーとしてきわめて長い世代を通じて、はるかな過去の地質時代からさえ、うまく生き延びてきたことを意味する。

自己複製子の成功をもたらすのは、自らの生き残りを促進するように世界に影響を与える能力である（その正確な方法は種ごとに大きく異なるが、ふつう、うまく繁殖できるようにヴィークルの個体発生に影響を与えることが含まれる）。そして、もしそれが生き延びることに成功すれば、それはまた生き延び、次も、その次もまたと……無限に生き延びる可能性が出てくる。したがって、成功と失敗の違いが死活問題なのである。自己複製子にとっては、これこそが本当に問題なのだ。ヴィークルについては同じことは当てはまらない。生物個体はどれだけ成功しようが成功しなかろうが、一世代しか存続しない。一つの個体にとっての成功とは何かと言えば、比較的近い将来に避けることのできない死が訪れる前に、遠い未来に向けて遺伝子を伝えることにほかならない。無性生殖をするアブラムシやナナフシのような動物でさえ、脚を一本引き抜いてみればおわかりのように（そんな残酷なことをする必要はない。結果がどうなるかわかっているのだから）、自己複製子ではない。そういった種類の「突然変異」は遺伝しない。けれどもDNAをほんの少し取り除いたり変えたりすれば、その変化——真の突然変異——は一〇〇万世代も生き延びることができるかもしれない。

「表現型」という言葉は、自己複製子が自らの生き残りを促進するために用いる外向きの物理的な梃子《てこ》を意味する。実際上は、表現型はふつう、生物個体の特徴（形質）を構成している。そして、個体はその体内に乗っている自己複製子の影響を受けた胚発生の過程を通じてつくられる。生物個体、とくに動物（植物はそれほどではない）は、全体として生き残るか死ぬしかない、緊密に結びついて一体化された体をもっている。そして動物が死ぬと、そのすべての自己複製子は、それ以前に繁殖という過程を通じて別の個体に渡されたものを除いて死滅する。「ヴィークル」という言葉がいかに相応《ふさわ》しいかがわかりはじめたのではないだろうか？　あるいは「使い捨ての生存機械」（日高・岸・羽田・垂水訳）という言い方の相応しさが？

ほとんどの動物は有性生殖をする。それは、彼らの体内の自己複製子がたえず組む相手を変え、新しい体に自己複製子の新しい組み合わせを分配していることを意味する――これもまた、個々の「生存機械」、不滅の遺伝子を乗せるための死すべきヴィークルが一時的な性質のものであることを強調する事実だ。このような考え方は、二、三〇年前のほとんどの生物学者に思いつくものではなかった。遺伝子は個体によって使われる道具であって、今日《こんにち》の私たちが見ているようにその逆ではないとみなされてきたことだろう。

遺伝子（自己複製子）と個体（ヴィークル）の両方がどちらも単位としての性質をもつ――ただし非常に異なったやり方においてであるが――というのがどれほど説得力があるかも、おわかりだろうか？　そしてどちらも自然淘汰の単位であるが、二つの異なった意味の自然淘汰におけるものであることが、おわかりだろうか？　一九八〇年代の終わりに、オックスフォード大学のシェルドニアン大講堂でおこなったスティーヴ・グールドとの広く喧伝された論争において、私はこのことを彼に説明しようと試みたが、はなはだしく失敗した。この催しはグールドの本の出版社であるW・W・ノートンの主催で、司会は当時のオックスフォード大学、生涯教育学部にいたジョン・デュラントだった。ジョンは前もって、スティーヴが滞在していたランドルフ・ホテルで、私たち三人のための晩餐会を主催してくれた。私の記憶ではかなり冷ややかな会で、それはひょっとしたらスティーヴがとりわけ友好的ではなかったからかもしれないし、ひょっとしたら私が、リハーサルをし、当時のもっとも親密な友人であったヘレナ・クローニンと入念な準備もしたにもかかわらず、オックスフォード大学で最大かつもっとも神聖な講堂を怖れる思いで怯えていたからかもしれない。私の神経過敏は論争に入っても続いていたが、私はかなりうまくやれたと思うし、とくに、私たち二人の用意したスピーチの後の公開討論ではそうだったと思う。二人の正式なスピーチの録音テープは残っており、のちにオーストラリア放送協会の花形科学ジャーナリスト、ロビン・ウィリアムズによって放送された。残念なことに、興味深い論点のほとんどが提起された、スピーチのあとに切り結んだチャンバラについての録音は残っていないように思われる。テープのその部分が失われたことは、私にとってはきわめて遺憾である。なぜなら、それは私が正しく、彼がただ理解できなかっただけだということを示してくれる――そう、私に言わせればそうだろうし、そのはずだ。しかし悲しいかな、スティーヴはもはや、ここで異議を唱えることができないのだ――はずだからである。

「この生命の見方」(スティーヴ・グールドが《ナチュラル・ヒストリー》誌のコラムの見出しとしてダーウィンから借用した成句だが、私自身の生命の見方を示すために、ここでダーウィンから再借用する)に彩りを添えるために、二つのイメージを加えよう。一つは『盲目の時計職人』からのもので、私の庭のいちばん低いところに生えているヤナギの木で、空中に吹きちらされた綿毛の生えた種子があらゆる方向の地面を覆い、私の双眼鏡で見える限りのはるか遠くまで、オックスフォード運河を埋め尽くしている。

　外ではDNAが降っている。……綿毛だの「猫」（＝尾状花序）だの木だの、その他もろもろのものはただ一つのこと、つまりDNAをあたり一面に播き散らすということを助けているだけなのである。……綿毛の粒は、文字どおり、自らをつくる指令を播き散らしている。向こうで指令が降っている。綿毛がそこにあるのは、彼らの祖先が同じことをうまくやったからである。木を育て、綿毛を播き散らすアルゴリズムが降っている。これは隠喩ではなく、明白な事実である。たとえフロッピー・ディスクが降ったとしても、もっと明白だというわけではないだろう。（中嶋・遠藤・遠藤・疋田訳）

　フロッピー・ディスク――これは時代を表している。しかし「明白な事実」は万古不変の深いもので、上っ面のイメージをムーアの法則によって徐々に削られても、その真実はやせ細ることはない。次に示すのは二〇一五年一月のもので、ツイッターがどれだけいいことができるか（悪くことをするものもどっさりある）を示す一つの心温まる例である。一人の女性が私の上記の文章を引用したうえで、彼女自身の喜ばしい反応を付け加えていた。

　外は冬だが、中は春です。突然、私はヤナギの木の下の草の上に横たわっているのです。[1]

二つめのイメージは、その一〇年後の『不可能の山に登る』からである。私はコンピューターのウイルスと生物学のウイルスとの強い類似性を主張した。どちらも「私を複製せよ」というプログラムで、それ以外にはほとんどなにももっていない。それなら、ゾウのような大きな動物についてはどうなのだろう？　ゾウのＤＮＡの指示も

> やはり「私を複製せよ」と言っているが、もっとずっと回りくどい言い方をしている。ゾウのＤＮＡは、コンピューター・プログラムに類似した巨大なプログラムを構成している。ウイルスのＤＮＡと同じように、基本的には「私を複製せよ」プログラムなのではあるが、その基本的なメッセージを効率的に実行するために不可欠な部分として、ほとんど途方もない大きさの脇道への脱線を含んでいる。その脱線が、一頭のゾウである。プログラムはこう言っているのだ。「まず一頭のゾウの体をつくるという回り道をすることによって、私を複製せよ」。

大多数の進化生物学者が、ダーウィンにならって個体を生物学的適応の主たる実行主体《エージェント》として扱うのは、ゾウのような生物個体がそれほど一体性のある緊密な実体であり、それほどもっともらしく、説得力のあるヴィークルだという理由からである。エソロジストたちは、動物の行動を個々の動物の生き残り、繁殖するための懸命の努力と見る点で、ダーウィンにならっている。これは正しいが、この実行主体が最大化しようと努力している量についてのもう少し洗練された見方を取り入れなければならない。集団遺伝学者はその量を「適応度」と呼ぶが、これは、子、孫、およびその他の子孫の一種の加重平均（あるいはそれに比例するもの）である。

親による世話、子のための自己犠牲は明らかに、この図式のなかにたやすく収めることができる。「ダーウィンのもう一つの理論」である性淘汰についてもそうである。しかしR・A・フィッシャー、J・B・S・ホールデン、そしてなかでもW・D・ハミルトンは、傍系の血縁者を世話する個体でも、世話をするという行動を仲立ちする遺伝子を共有している一定の統計的確率をもっていれば、自然淘汰によって選り好みされうることに気づいた。

　この議論にアプローチする一つの方法は、『利己的な遺伝子』で私が「緑ひげ」と呼んだ思考実験である。ほとんどの新しい突然変異は、体に二つ以上の影響を及ぼす（多形質発現と呼ばれる現象）。それをもつ個体に、緑ひげのような目立つ標識と、緑ひげの個体に対する優しい気持ちと、そうした個体の生き残りと繁殖を助ける傾向を同時に授けるような一つの遺伝子を想像してみてほしい。「その可能性は微々たるものでございます、ご主人様」と、ジーヴス〔ウッドハウス作の小説シリーズの主人公〕なら言うだろうが、話の要点は示すことができる。そのような遺伝子は、集団全体にひろがるだろう。この緑ひげのアイデアは受けたが（Googleで、Green Beard Effectを検索すればものすごい数がヒットし、何枚かの写真さえ出てくる）、私の目的は、血縁淘汰を説明するための地ならしだけである。身体の特異性と、そうした特異性に向けての利他的性向が結びつく多形質発現的な偶然の一致は、ありそうにもない（もっともその後、いくつかのそれを示唆するような実例が科学的な文献に現れてはいるが）。けれども、まったくありそうもないとは言えないのは、緑ひげ効果と統計的に等価なもの——それを統計的に薄めたもの——である。もしあなたが、誰が兄弟であるかを「知って」

（1）このメッセージを収載することを許可していただいたことについて、ナタリー・バターリャに感謝する。

淘汰の単位	役割	最大化される量
遺伝子	自己複製子	生き残り
生物個体	ヴィークル	包括適応度

表3

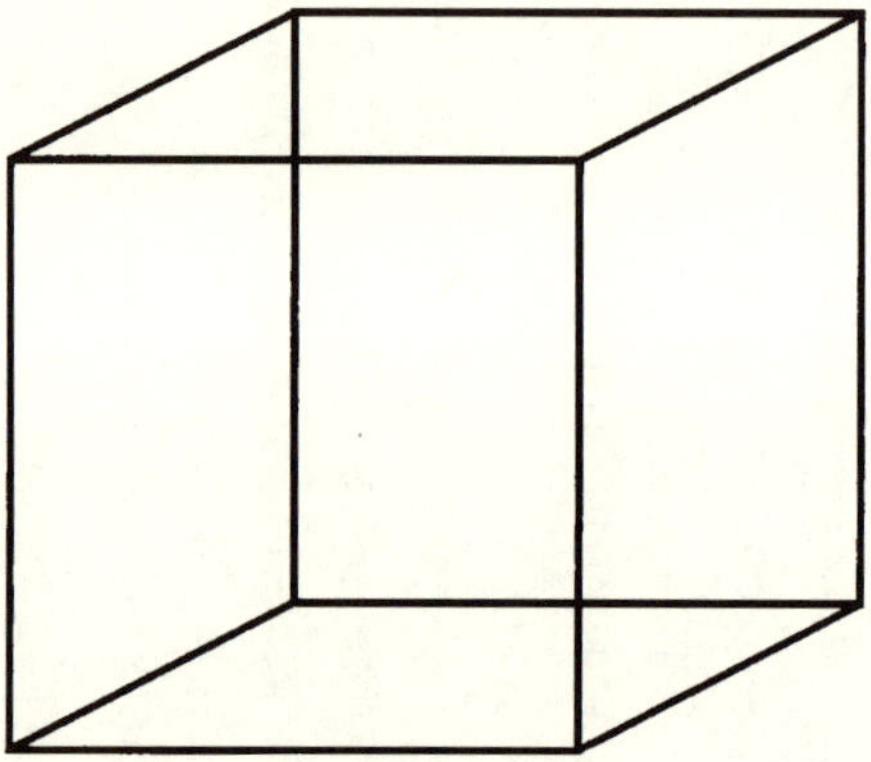

図4

いれば、緑ひげ遺伝子のような特定の遺伝子に限定する必要はない。彼がどれか特定の遺伝子をあなたと共有する確率を計算することができる。(1)そのような遺伝子が、兄弟に対して親切であるための仮想の遺伝子になることは十分に考えられる。あるいはより実践的には、子供時代に巣を共有していた、あるいは自分と同じ臭いがする――兄弟姉妹を見分けるための実用的な経験則――個体に対して親切であるための仮想的な遺伝子は、緑ひげ遺伝子が理論上、選り好みされるのと同じ理由で、たやすく実際に選り好みされることが起こりうる。血縁――あるいは具体的には巣を共有しているとか、自分と同じ臭いがする個体――は、非現実的な緑ひげの現実的な統計学的近似である。

一九六四年にハミルトンは、生物個体の視点から血縁を考慮に入れるために、「適応度」を再定義する数学的な方法を提案した。彼は包括適応度という概念を思いついたのだ。私は形式張らない形で（ひょっとしたら、あまりにもくだけすぎたかもしれないが、ハミルトン自身は賛成してくれた）、包括適応度を「本当は遺伝子の生存を最大化しているのに、個体が最大化しているように見える量」として定義しなおした。表3は、「自己複製子」と「ヴィークル」という二つの概念を要約するもので、両者がともに、意味は異なるが、淘汰の単位であることを説明している。

（1）実際には、話はもうすこしだけ込み入っている。集団内でふつうに見られる遺伝子は、いずれにせよ、必然的に私たちの多くに共有されている（そして実は、他のいくつかの種の大部分の個体にも共有されている）。血縁淘汰の理論に関連した特別な意味での「共有の確率」は、「集団全体によって設定された基準線を越える以上の確率」により近いものである。この微妙な考え方を視覚化する最良の方法は、アラン・グラーフェンによって考案された幾何学的な模型によるものである。R. Dawkins and M. Ridley, eds, *Oxford Surveys in Evolutionary Biology*, vol. 2 (Oxford, Oxford University Press, 1985) において、彼が書いている章（pp. 28-9）を参照。

『延長された表現型』において私は、自然淘汰に対するこの二つの見方はどちらも結果的には同じことになるという主張のために、ネッカー・キューブのアナロジーを使った（図4を参照）。それはちょうど、ネッカー・キューブの二つの見え方が、どちらも同じように、眼から入ってくる情報の流れに適合しているのである。このネッカー・キューブには、本章の後のほうの項でまた立ち戻るつもりである。

『利己的な遺伝子』では、私はハミルトンに従うと言ったが、ハミルトン自身は自分の見解を述べる際に二つの方法、遺伝子中心の方法と個体中心の包括適応度という方法のあいだで、スイッチを切り替えていた。次に示すのは、彼が遺伝子中心の見方をどのようにとらえていたかである。

もし一つの遺伝子の複製の集合が遺伝子プール全体の中でより高い割合を形成するようになれば、その遺伝子は自然淘汰において選択される。われわれは、持主の社会的行動に影響を与えると想定されるような遺伝子に関心を向けようとしている。そこで、一時的に、遺伝子に知性と一定の選択の自由をもたせることによって、この議論をより生き生きとしたものにするよう試みてみよう。ある遺伝子が、自分の複製の数を増やすという問題を考えていると想像してみてほしい。

（日高・岸・羽田・垂水訳）

彼はこれらの言葉を、「包括適応度」の論文から八年ほどのちに書いたのだが、同じ遺伝子中心の見方が、一九六四年の長大な大傑作でも根底にあったことは完全に明らかである。『利己的な遺伝子』で私も、比喩的な行動主体《エージェント》あるいは意思決定者としての遺伝子そのものについて語るスタイルと、個体がそれらの遺伝子にとって何が最善であるかについて独り言を口にするようなかたちで包括適応度を語るスタイルのあいだで、かなり自由にスイッチの切り換えをした。言うまでもないが、こうした種類の主観的な独り言はどれも、文字通りに受け取られることを意図したものではない。いずれの場合も「行動主体」は、あたかも最適な行動経路を計算しているかのように振る舞っていると考えるべきである。しかし、「あたかも」にすぎない。

ハミルトンは彼の考えの基本を遺伝子の眼からの視点に置いていたが、にもかかわらず包括適応度は生物個体、すなわちヴィークルに焦点を合わせる伝統的な見方を保存する方法である。実際、私はそれを、われらがダーウィン主義的な注目の焦点としての個体を遺伝子の代わりに救い出そうと必死になっている痛ましいほど厄介な骨折りだと見ている。しかし、そもそもなぜ、個体はそれほど際立って、確固としたヴィークルなのだろう？　なぜ私たちは、個体を当然のことと思うのだろう？　なぜ翼や眼、角《つの》やペニスが存在するのかを問い、そして遺伝子中心的な答が得られるのを期待するのであれば、それとまったく同じように、遺伝子の眼からの視点に立つなら、なぜ個体というものが存在するのか、その理由を問うべきではないのか？　遺伝子は、多形質発現の動力レバーを引くことによって生き延びる。しかしなぜ、そうした多形質発現のレバーは私たちが個体と呼ぶ確固たるヴィークルに束ねられていて、そしてなぜ不滅の自己複製子は、他の遺伝子と手を結んでヴィークルを共有することを「選ぶ」のだろう。これが、私がハミルトンより一歩先に進めた論点であるが、実際には、彼の言っていることに何一つ反するものではない。私はそれを二冊めの本、『延長された表現型』でおこなった。マレク・コーンは自著『万物のただ一つの理由――自然淘汰と英国人の想像力』のために私にインタヴューしたあと、要点をうまくまとめている。

「もし適応が〝何かの利益のためのもの〟として扱われるのであれば、その何かとは遺伝子である」という、彼の最初の本の想定に基づいて、ドーキンスはいまや、「利己的な遺伝子を、その概念上の監獄であった生物個体から自由にしてやる」試みに乗り出した。

　このバスティーユ監獄の囚人の一人はビル・ハミルトンで、彼は自分が信奉者によって、革命的には十分に徹底していない者という役回りをさせられていることに気づく。ドーキンスは、ハミルトン崇敬の念はけっして揺らいではいなかったが、包括適応度という概念が生物学的な事実を遺伝子の眼から見るうえでの障害になると感じた。包括適応度は遺伝子の淘汰についてのものだが、それを生物学の既存の思考枠組みにあてはめようとすることで、ハミルトンは問題を複雑にしてしまった。「ハミルトンの革命以前、われわれの世界には自分の生命を維持し子供をもとうと孤独な心ではたらいている生物個体が住んでいた。生物個体のレベルでこの事業の成功度を測ろうとするのは、当時としてはあたりまえのことだった。ハミルトンはあらゆるものを変化させた。しかし不幸なことに、彼は自分のアイディアをたどってその論理的結論にまで至り、最大化の観念的作用体としての根拠から生物個体を一掃するかわりに、個体を救出する手段を考案することに彼の天才を発揮したのだった」。（日高敏隆・遠藤彰・遠藤知二訳）

　ジョン・メイナード・スミスも、私が彼を相手におこなった一九九七年の‘Web of Stories’というインタヴュー[1]（三四二頁参照）で、ほとんど同じことを言っていた。

表現型を延長させる

もし聖ペテロが真珠の門〔「黙示録」にある天国の門〕で私の腕をねじ上げて、この地球上のわずかな空間を占拠し、その空気の一部を呼吸したことをどのように正当化するのかという問いに対する答を出せと強いたならば、私ができる最善は、『延長された表現型』を指さすことくらいだ。これは、正しいかまちがっているかを、実験や観察によって検証されなければならない本当に新しい仮説ではない。これはむしろ、すでによく知っているものを見つめる新しい方法、物事をしかるべき位置に収め、意味をもたせるのに役立つ生物学の新しい見つめ方のようなものである。思うにこれは、「今日という日は、残りの人生の最初の一日である」〔米国の薬物中毒患者救済機関の設立者、チャールズ・ディートリヒの言葉〕と言うのにちょっとばかり似ているのではないだろうか。ありふれた、必ずしも真実とはいえない、裏づける証拠を探しに出かけなければならないような種類の言い草では断じてない。しかし、にもかかわらず私たちはそれを、ものの見方を変える一つの真理として認める。明らかにそれは、誰かほかの人間に対して、彼らの物事のやり方に影響を与える方法として、あえて言う価値がありうるのだ。これが、延長された表現型についての私の見方である。しかし、これは簡潔な格言に要約される代わりに、説明を必要とする。それをおこなう一つの方法は、「ヴィークル」の中心的役割と想定されているものにまで疑問を突き詰めていくことである。

従来、一つの遺伝子の表現型への影響は、その遺伝子を含む個体の体壁で終わると考えられてきた。

（1） Story no. 40, 'W. D. Hamilton: inclusive fitness'. http://www.webofstories.com/play/john.maynard.smith/40 を参照。

遺伝子は胚発生の過程を通じて、体に影響を及ぼす。一つの遺伝子の突然変異は、アマツバメの翼の細部のどこかを微細に変化させる。その結果、鳥は同じエネルギー消費でわずかにより速く飛べるようになり、これが、この鳥が生き延び、したがってそれと同じ遺伝子を未来の世代に伝える可能性をわずかに高める。この効果を多数のアマツバメで、多数の世代にわたって掛け合わせていくと、その結果として、その突然変異した遺伝子がその対立遺伝子[1]の犠牲のもとに、集団のなかで優位になるということが起こる。

すべての遺伝子は、個体の体内の生化学的仕組みの奥深くに埋もれたやり方で直接的な影響を及ぼし、そうした影響はふつう、専門の科学者以外には見えない。しかし、私たちが最終的に適応ないし生存の道具として認識する表現型への影響は、ふつう外面的なもので、肉眼で見ることができる――アマツバメの翼の場合のように。内部に埋め込まれた原因・結果の連鎖反応《カスケード》があり、これはしばしばDNAの塩基配列によって厳密に指定された一つのタンパク質の合成によって始まる。アヒルの水かき、あるいはひょっとしたらスズメバチの大きな翅や、アホウドリの大袈裟な求愛動作といった、動物の外面のはっきり目に見える何かに行きつく前に、この反応連鎖に沿った任意の地点――タンパク質そのもの、細胞の生化学的反応の触媒としての直接の影響、その結果としての組織と相互作用する細胞の挙動への影響、さらに下方へと波及していくもっと多くの結果――で恣意的に「表現型」を特定することができる。こういったことのすべてが、一つの遺伝子の表現型効果と呼ばれてしかるべきなのである。

私が、『延長された表現型』で付け加えたのは、原因と結果の連鎖は必ずしも体壁で終わらないという考えである。たとえば、ジェーン・ブロックマンのオルガンパイプジガバチモドキ（*Trypoxylon politum*）というハチ（一三三頁および口絵写真を参照）がつくる一連の筒を取り上げてみよう。それぞれの筒は、体の器官に似ている。つまり、子に栄養を与える外づけの子宮である。それは自然淘汰によって、有用な目的のために、このハチの翅、脚あるいは触角と同じようなやり方で形づくられたのである。その遺伝子は造巣行動を介して、その前は慎重に操作された神経系を介して、その前は胚発生における細胞増殖プログラムを介して、さらにその前は細胞増殖への生化学的影響を介して、さらにその前には細胞の核内の遺伝子の影響下でのタンパク質合成を介して、その影響を及ぼしたのである。脚や翅と同じように、より良い形と大きさの（泥の）「器官」になるよう影響を与えた遺伝子は、自然淘汰によって選り好みされてきたのである。そして脚や翅と同じように、遺伝子は多数の他の遺伝子との相互作用のなかで、まずは細胞の生化学的性質から始めて、中間的な過程を走り抜けて最終的な表現型に至るという間接的な過程によって、泥でできた「器官」の形と大きさに影響を及ぼすのである。

そう、これは表現型なのだ。これが私の主張である。この「表現型」は生きた細胞ではなく、泥でできている――だから〝延長された表現型〟なのだ――が、まぎれもなく本物の表現型である。このハチがもってくる以前の川の泥は表現型ではない。生物学的な目的、この場合には成長中の幼虫の保護という目的のために形づくられたときに、それは表現型となる。それは、筒の形状やその他の性質が何世代にもわたって完成度をしだいに増大させながら進化してきたがゆえに、表現型なのである。したがって、筒の長さのための遺伝子、筒の径のための遺伝子、筒の壁の厚さのための遺伝子、筒の

（1）その集団の染色体上の同じ位置（遺伝子座）を占める、その遺伝子の代替ヴァージョン。

仕切りと仕切りのあいだの距離のための遺伝子が存在するにちがいない。

　そうした遺伝子が存在していると、どのようにしてわかるのか？　私がたったいま列挙したような表現型形質の遺伝学的研究を誰かがしたことがある、という意味においてではない。しかし私は、もしそのような遺伝的研究がおこなわれさえすれば――そして、それは確実にできる――、そうした表現型形質のすべてが、遺伝的な制御のもとで変化するものであることが判明するだろうと、確信している。なぜそう確信できるのか？　なぜなら、このジガバチモドキによって構築された筒が、そのうまく設計された形を自然淘汰によって形づくられてきたことは歴然としており、自然淘汰の論理は、遺伝子の関与を暗黙のうちに意味しているからである。ある遺伝子を他の遺伝子よりも選り好みするというやり方以外で、いったいどうして自然淘汰は、幼虫の保護という機能に対する適性を増加させる方向にむかって泥の筒を形づくらせることができたのか？　繰り返して言うが、遺伝子はもちろん、ハチの造巣行動を介して、間接的にしか筒に影響を与えることができない。そしてその前に、ハチの神経系における連鎖反応を介さなければならない。さらにその前にも、ハチの神経系をつくる細胞過程も介さなければならない。しかし、あらゆる表現型効果は、いずれにせよ間接的である。泥の筒への遺伝子の影響は、遺伝子の翅や脚や触角への影響とそっくり同じかたちで間接的なのである。そして、ここで注目している延長された表現型は、因果関係の連鎖反応《カスケード》の最終点ではないかもしれない。それによって引き起こされるものは、このカスケードの「下流」にあるなら何であれ、それにかかわる遺伝子が自然淘汰の結果として選り好みされるという条件を満たしてさえいれば、さらなる一つの延長された表現型と見ることができる。

　本書口絵に掲載されている写真は、筒の色の変異を示している。それならば、筒の色のための遺伝子はあるだろうか？　あるかもしれない。それについては、私はあまり確信がない。しかしそれは単に、筒の色が自然淘汰によって選り好みされてきたかどうかがそれほど自明ではないからにすぎない。ある色が他の色よりも具合がいいということはありうるし、遺伝子がハチに集める泥の色にうるさくこだわるようにさせるということもありうる。一方で、ハチが泥の色に無頓着で、近くの川で手に入るものならなんでも集め、その泥がたまたま淡褐色だったり、暗褐色だったり、赤褐色だったりするということも十分にありうる。同じ「無頓着」という議論がなぜ、筒の長さや壁の厚さには適用されないのか？　適用できるかもしれないが、この場合は無理そうだ。目的にとって筒の壁があまりに薄すぎる（幼虫を保護するのに不適切だったり、バラバラになってしまったりすることさえある）という場合のあることは容易に理解できる。あまりに厚すぎるということもありうる（あまりにも多くの泥を使うため、川に出かけるのにより多くの時間をかけることが必要になる）。壁の厚さが自然淘汰の対象にならない理由は、ちょっと思いあたらない。個人的には、筒の色も自然淘汰の対象になるのではないかと推測している（いくつかの色は、捕食者に見つけられやすいかもしれない）が、色に無関係にいちばん近い川から泥をもってくることに時間の節約（よりいい色の泥を求めて遠くまで広範囲に探し求めるより）という利点が最優先されるというのは、まったくもって説得力がある。

これらは、説明のためだけの仮想の詳細である。要点は、自然淘汰の論理（表現型効果による遺伝子の選択）に従うなら、そのような機能的な表現型は個体の体、すなわち「ヴィークル」に限定されないことを認めざるを得ないということである。動物の造作物がもっとも明快で単純な例を提供してくれる。ここで私は、オックスフォードでの大学院生時代に同じ家《フラット》に同居していたことのある、マイケル・ハンセルとの緊密な友情から恩恵を得られた。マイクはいまでは動物の造作物に関する世界を代表する権威であり、この問題に関する数冊の本の著者である。そうした本のうちに『建築する動物たち』というのがあるが、この美しい本は、動物行動の多くの側面についてより一般的に語るためのプラットフォームとして造作物という主題を巧妙に使ったものだ。『延長された表現型』には、トビケラの幼虫の巣から鳥の巣、シロアリ塚、ビーバーのダムまで、動物の造作物についてだけ書かれた一章が含まれている。ビーバーによってつくられたダムさえ、ビーバーの遺伝子の（延長された）表現型、おそらくは世界で最大の表現型として、正しく見なすのが適切である。

もし『延長された表現型』がその射程を、ジェーン・ブロックマンのジガバチモドキの管やマイク・ハンセルのトビケラの持ち運べる巣のような造作物だけに限定するならば、私はわざわざ、「私の他のどの著作も読まないとしてもどうか、少なくともこれだけは読んでほしい」と言わなかっただろう（そして出版社も、ペイパーバック版のカヴァーにわざわざそう印刷したりしなかっただろう）。しかし、延長はさらに進展する。動物の造作物についての章は、じつは読者の頭を柔軟にして、宿主による寄生者の操作や「遠隔作用」というより過激な観念に備えさせる役割をも果たしている。吸虫は、トビケラの幼虫が石の巣のなかで生活しているのと同じように、カタツムリの殻のなかで生活している。吸虫は、トビケラがその巣をつくるように、その殻を「つくり」はしない。しかし、吸虫がカタツムリの殻を自分の利益のために改変する方法を見つけることができれば、そしてもし、その改変が自然淘汰によって選り好みされると確信できるのであれば、ネオ・ダーウィン主義の論理は私たちに、カタツムリの殻の形質の「ための」吸虫の遺伝子を認めさせることになるだろう。延長された表現型の論理によれば、もしトビケラのアナロジーを受け入れるならば（どうしてそうしないでいられるのか？）、吸虫のゲノムがカタツムリの表現型の「ための」遺伝子を、少なくとも吸虫が自分の表現型の「ための」遺伝子を含んでいるというのと同じ意味で含んでいると、結論することになる。

トビケラの石の巣とまったく同じように、カタツムリの殻は、身の安全を守るすみかである。寄生者が感染して、たとえば殻の厚みを本来あるべきよりも薄くなるように仕向けて、カタツムリが捕食者にやられやすいようにすることを知ったとしても驚かないだろう。しかし、寄生者がいるときにカタツムリの殻が厚くなるとしたら、どう考えたらいいのだろう？ そういう事態が、ある種の吸虫に寄生されたカタツムリで実際に起こるのである。寄生者によるなにがしかの感染の結果として、カタツムリはより効果的に身を守れるようになるのだろうか？ 吸虫は、カタツムリに対して利他的な善行をほどこしているのだろうか？ カタツムリは寄生者を住まわせることで、実際にうまくいっているのだろうか？

ある意味ではおそらくイエスであるが、正しいダーウィン主義的な意味でではない。ここで私の考えを述べよう。動物に関するあらゆることは、対立する圧力のあいだの妥協の結果である。殻がカタツムリ自身の安寧《あんねい》にとって薄くなりすぎることがあるのとまったく同じように、厚くなりすぎることもありうる。なぜか？ それは経済の問題で、進化理論においてはお馴染みのものだ。殻をつくるのに必要な元手、たとえばカルシウムは、ただではない。アナバチの経済の章で見たように、体の経済の一つの部分へあまりにも過大な投資をおこなえば、どこか別の部分でのあまりにも過小な投資という形で代償を支払わなければならない。殻にあまりにも大きな投資をするカタツムリは、ほかの何かを切り詰めなければならず、殻により少なく投資する（したがって、ほかのどこかにより多く投資する）ライヴァルのカタツムリよりも成功できないことになる。寄生されていないカタツムリの平均的な殻の厚さが最適値だと想定していいだろう。吸虫がカタツムリに殻を厚くするよう仕向けるとき、それはカタツムリの最適値から、より大きな出費を要する別の最適値、つまりは吸虫の最適値の方向に押し出しているのである。

吸虫の最適値がカタツムリの最適値よりも大きくなければならないというのは、妥当な主張だろうか？　イエス、実際にきわめて妥当である。どんな動物も、個体として生き残る必要性と繁殖の必要性のあいだでバランスを取らなければならない。生殖と生存の配分比率を表す連続体のなかで、クジャクの雄と雌の最適値は、異なった位置にある。雌は生存についてより「気に掛ける」。雄は繁殖をより気に掛け、短い寿命という代償を払いさえする。これは、出費を要する大きな卵を産まない雄は雌よりも、短い生涯により多くの繁殖を詰め込むことができるからである。大部分の雄は、遺伝子を伝えるという点では平均的な雌よりも成功しないが、少数の「エリート」雄は平均的な雌よりもはるかに成功するのであり、たとえ若死にをしようともそうなのだ。雄はその形質を、繁殖で大成功したあと若死にした少数エリートに属する先祖から受け継ぐ傾向がある。したがって、体の経済を、個体としての生存の最適値から繁殖の最適値へと移行させる傾向が、雄においては選り好みされるのである。

カタツムリは、その繁殖を「気に掛ける」。カタツムリの生存とはそもそも、繁殖を成功させるための手段にほかならない。吸虫は、その現在のすまいである特定のカタツムリの繁殖成功をまったく「気に掛け」ない。カタツムリの生存とカタツムリの繁殖のあいだで吸虫の遺伝子は、カタツムリの遺伝子とは別の妥協点に到達する。カタツムリの遺伝子は、カタツムリの繁殖のためにいくらかの資源を残すことを「望み」、そのように生存と妥協を図る。吸虫の遺伝子は、カタツムリがその吸虫が乗っている巣を守ることにすべての資源を投入することを「望む」——カタツムリが生き残りさえすればいい。カタツムリの繁殖などクソ食らえ。しかし、もし吸虫が親のカタツムリから子のカタツムリへ直接に受け渡されるのであれば、事態は変わってくるだろう。その場合、吸虫も、カタツムリの生存だけでなく、繁殖についても「気に掛ける」だろう。これが『延長された表現型』から得られるもっとも重要な教訓の一つである。寄生者はその宿主に対してより優しくなり、より共生的になる。その度合いは、宿主と同じ種のランダムなメンバーに感染するより、その特定の宿主の子に感染するほうが強くなる。

したがって、寄生者の遺伝子は宿主の表現型に、「延長した」効果を及ぼすことができる。寄生虫学の文献には、宿主の習性が、その体内に乗っかっている寄生者の生活環をうまく進めるよう操作される魅力的な、時にはゾッとするような例が満ちあふれている。私の「寄生者遺伝子による宿主の表現型」についての章には多数の例が挙げられている。それはほとんど、寄生者が宿主を糸で操っているようであり、自然淘汰の論理は、そのイメージを寄生者の遺伝子のレベルまで降ろしていくことを余儀なくさせる。デイヴィッド・ヒューズらは二〇一二年に『寄生者による宿主の操作』(1)というすばらしい本を出版したが、これはまさに、「延長された表現型」というものの見方を採用している。

遠隔作用

しかし、寄生者は必ずしも宿主の体内（あるいは体の表面）に乗っている必要はない。カッコウと

（1）D. P. Hughes, J. Brodeur and F. Thomas, eds, *Host Manipulation by Parasites* (Oxford: Oxford University Press, 2012).

宿主のあいだには空っぽの空間が介在するが、カッコウはそれでも寄生者であり、里親の歪められた親としての行動もやはり、カッコウのヒナが自然淘汰によってつくりあげた適応である。極悪非道のカッコウのヒナは、いかなる誘惑の魔術をもって、ちっぽけなミソサザイの神経系をたらしこむのか？　私たちにはわからないが、それはまちがいなく、進化的な軍拡競争の結果である（四八四頁を参照）。この軍拡競争では、カッコウの自然淘汰は、宿主を操作する「ための」カッコウの遺伝子の淘汰を意味する。そして、それは宿主の行動の「ための」カッコウの遺伝子、その表現型効果が宿主の行動を自分に都合のいいものへと変えさせるカッコウの遺伝子があるということを言い換えただけにすぎない。それゆえ、延長された表現型は体壁を越え、トビケラを囲む石の巣を越えて、吸虫を囲むカタツムリの殻を越えて、体のすぐそばから、カッコウと宿主のあいだの空間——この空間のなかで一方が何かを伝達し、もう一方がそれを拾い上げる——を越える。これが「遠隔作用」の意味で、『延長された表現型』の最後から二つめの章のタイトルになっている。そしてそれは、寄生者と宿主に対してだけ当てはまるわけではない。

生理学者が、雌のカナリアを繁殖状態にさせ、機能的な卵巣のサイズを大きくして造巣やその他の繁殖行動様式《パターン》を開始させようと思うなら、彼はいろいろなやり方をとることができる。彼は生殖腺刺激ホルモンや発情ホルモンを彼女に注射することもできる。電灯を使って彼女の経験する日長を長くすることもできる。あるいはまた、われわれの観点からすればもっとも興味深いやり方として、彼は雄のカナリアの歌を録音したテープ・レコーダーをまわすこともできる。それはあきらかにカナリアの歌でなければならない。セキセイインコの歌ではだめだろう。セキセイ

インコの歌が雌のセキセイインコには同じような効果を及ぼすとしても、である。（日高・遠藤・遠藤訳）

この引用は『延長された表現型』の前のほうの、「軍拡競争と操作」という章からのものだが、遠隔作用を例証する文章としても有効だ。雄のカナリアのなかにある遺伝子は、雌のカナリアに対するその延長された表現型効果――遠隔作用――のために、自然淘汰を受けてきたのである。

このテーマは、一九七八年に友人のジョン・クレブスと共著で書いた、「動物の信号――情報かそれとも操作か」と題する論文（四八四頁を参照）に予示されていた。この論文は、「利己的遺伝子」革命を鳥の囀《さえず》りのような動物の信号の研究にもちこんだという点で高く評価できた。ニコ・ティンバーゲン、マイク・カレン、デズモンド・モリス、およびその他のティンバーゲン＝ローレンツ学派のエソロジストの影響下で、動物の信号は、協調的な精神のもとで取り扱われた。つまりコミュニケーションの双方が、両者のあいだの正確な情報の流れから利益を得る（「お互いの利益のために、ぼくが君と同じ種の雄で、なわばりをもっていて、いつでも交尾できる用意がありますということを、ぼくは君に伝えているのです」）ものとして扱ってきたのだった。ジョン・クレブスと私は、信号の送り手があたかも相手の神経系にドラッグを過剰摂取させるかのようにして、あるいは微小電極で脳に電気的な刺激を与えるかのようにして受け手を操作しているとみなすことによって、その考え方をひっくり返したのである。私は『延長された表現型』において、計算されたベイソス〔bathos、高尚なものと低級なものを組み合わせて、諧謔的な趣をもたせる詩の手法〕をもって、その要点を示した。

ブタゴエガエル（*Rana gryllio*）の鼻を鳴らしたような鳴き声は、サヨナキドリがキーツに、ヒバリがシェリーに影響を及ぼしたのと同じように、他のブタゴエガエルに影響を及ぼしているのかもしれない。（日高・遠藤・遠藤訳）

そして、ずっとのちに『虹の解体』（原題 *Unweaving the Rainbow* はキーツの詩句を言い換えたもの）において、私はキーツの「小夜啼鳥《さよなきどり》に寄せるうた」を引用したあとで、似たようなことをまた言っている。

キーツは文字どおりそれをしようとはしなかったかもしれないが、ナイチンゲールの鳴き声が一種の麻薬として働いているという考えは、まったくのこじつけというわけではない。自然で起こっていること、つまり自然淘汰で起こっていることを考えてみてほしい。オスのナイチンゲールはメスのナイチンゲール、あるいは、他のオスの行動に影響を与える必要がある。鳥類学者の中には鳴き声は情報伝達の手段であると考えている人たちもいる。すなわち、鳴き声によって、〝私はオスのナイチンゲール（ルシニア・メガリンコス）、今繁殖期の最中で、縄張りがあって、交尾と巣づくりの準備はまさに最高潮〟と言っている、というのだ。確かに鳴き声はそういった情報を含んでいる。ただしそれは、情報が本当であるという仮定のもとに行動するメスが、そのことで利益を得るという意味においてである。しかし、別の見方もあり、私にはそのほうが素敵に見える。つまり、鳴き声はメスに情報を与えているのではなくて、メスを操っている、と考えるのだ。鳴き声はメスの脳に情報を伝えているというよりは、メスの脳の生理的状態を変化させるのである。すなわち、鳴き声はまさに一種の麻薬として作用しているのである。

メスの鳩やカナリヤの行動およびホルモンレベルの測定実験により、オスの鳴き声はメスの生殖時期に直接影響を与え、その影響はかなり長時間続くということが判明した。オスの鳴き声はメスの耳を通って脳の中に入り込み、そこで鳴き声は麻薬を皮下注射するのと同様の効果を与えるのである。オスからの〝麻薬〟は皮膚を通るのではなく、メスの耳の穴を通って入ってくるが、この違いは特に問題にはならない。（福岡訳）

もっと尊大な気分になった瞬間には、動物コミュニケーションのすべての分野を遠隔作用する延長された表現型のなかに包含することを、私は夢想した。理論上は、

遺伝的遠隔作用は同種および他種の個体間のほとんどあらゆる相互作用を含むことができるはずである。生きている世界というのは、自己複製子パワーが相互に結びついている多くの場の一つのネットワークとして理解されうる。（日高・遠藤・遠藤訳）

残念ながら、まだ

事の詳細を理解するのに結局は数学が要求されるとしても、その数学がどのような種類のものなのか、想像するのは私にはむずかしい。進化空間のなかを淘汰のもとで自己複製子によって異なった方向へひっぱられて行く表現型形質について、かすかなヴィジョンを私はもっている。

（日高・遠藤・遠藤訳）

そしていまだに、次のことは事実である。

私は数学空間へ飛翔するための翼はもっていない。けれども、野外で動物を研究する人々に対する言葉のメッセージがあるにちがいない。延長された表現型の教義は現実のわれわれの動物の見方にどのような違いをもたらすだろうか？　現在では、大部分のまじめな野外生物学者たちは、ハミルトンに多くを負っている定理、動物はあたかも自身の内部にあるあらゆる遺伝子の生存のチャンスを最大化するかのように行動すると考えられるという定理を承認している。私はこれを延長された表現型という新しい中心定理に改めてきた。つまり、動物の行動は、その行動を演じる特定の動物の体にそれらの遺伝子がたまたまあろうとなかろうと、その行動の「ための」遺伝子の生存を最大化する傾向があるというわけだ。この二つの定理は、動物の表現型がいつもそれ自身の遺伝子型の純粋な支配のもとにあり、他の生物体の遺伝子によって影響されないのであれば、帰するところは同じことになるはずである。（日高・遠藤・遠藤訳）

生物体を再発見する――乗客と密航者

それなら、ヴィークルとしての生物体はどうなのか？　自己複製子（生命が見つかるところではどこであれ、自己複製子があるに違いないと私は推測する）が境界で仕切られたヴィークルをもたないような生命形態が存在する惑星がどこかにあるかもしれない。その惑星では生物圏《バイオスフィア》全体が、境界で仕切られていない自己複製子から放射状に波及する延長された表現型の影響が縦横に走る網の目になっているのだ。しかし、私たちの地球上では、そんなふうにはなっていない。多数の協調しあう自己複製子によって共有される明確な単位である生物体が支配的である。ほとんどすべての自己複製子は自由ではなく、巨大なヴィークルのなかに一緒に乗り込んでいる――『利己的な遺伝子』の論争の的としてたびたび引用された一節で述べたように、「外界から遮断された巨大なぶざまなロボットのなかに巨大な集団となって群が」(日高・岸・羽田・垂水訳)っている。なぜ、私たちの遺伝子は一つの目的のために群がり、一緒に働くのか？　生物体はどこから来るのか？

『延長された表現型』では、二つの仮想の海草による思考実験を思いついたが、『利己的な遺伝子』の第二版では、「スプラージュウィード」(ふつうにまわりに枝を広げて、切り離された断片が無性生殖のように成長する)と「ボトルラック」(この海草の遺伝子はスプラージュウィードと違って単細胞の繁殖子に注ぎこまれ、これが世代ごとの遺伝的ボトルネックになる)に名前を変えた。ここで同じ議論を繰り返すよりも、より実践的な結論にまっすぐ進みたいと思う。その結論はある意味で、延長された表現型という考え方そのものから自然に出てくるものである。明確な「ヴィークル的」生物体のなかの遺伝子は、全員が未来に向かう同じ(「ボトルネック」)退出ルート――彼らが共有する精子あるいは卵子――を共有しているがゆえに、共通の目的に向けて共同作業する。もし一部の遺伝子が別の退出ルートをもっていれば、たとえば、現在の生物体から射精によってではなくくしゃみによって出ていくのなら、協力しあうことはないので、「ウイルス」のような名前が使われることになる。生物体の緊密な一体性は、その遺伝子が退出ルートを共有し、したがって未来への予測、あるいは「希望」さえも共有するという事実に依拠しているのである。

吸虫の遺伝子とカタツムリの遺伝子は、カタツムリの殻の厚さに関して異なる最適値を好む。カタツムリの遺伝子は、カタツムリの繁殖により「関心があり」、吸虫の遺伝子はカタツムリの生存により「関心がある」。吸虫の遺伝子は、彼らの繁殖体が彼らの共有するカタツムリの精子または卵子に入って次世代まで旅をする場合にのみ、カタツムリの遺伝子と「合意に達する」であろう。もしある細菌が宿主の卵に、したがってその宿主の子の体内に入り込む以外に未来に到達する方法がないとすれば、その遺伝子と宿主の遺伝子は、ほとんど同じ淘汰圧の対象になるだろう。両者とも、宿主が生き残るだけでなく巣を作り、交尾の相手を引きよせ、子に餌をあたえ、孫の世話をすることさえも「望む」だろう。そのような寄生者は、その名で呼ばれるに相応しくなくなってしまう。その遺伝子は、宿主の遺伝子とあまりにも緊密に結合するように進化するため、その主体性は宿主の主体性のなかに溶け込み、寄生者であることはチェシャ猫のにたにた笑いのような痕跡にしかうかがえなくなってしまう。ミトコンドリア（私たちのすべての細胞内に群がっている、生命に不可欠な小さなエネルギー生成体）は細菌の密航者として出発したが、協力的な他のすべての遺伝子と退出ルート──ヴィークルの卵──を共有するようになったがゆえに、正式な乗客になったのである。

ミトコンドリアのチェシャ猫笑い（このイメージは、一時オックスフォード大学の私の同僚だったデイヴィッド・C・スミス教授から借用した）はあまりにもかすかなものだから、それが細菌起源であることに、私たちもやっと最近気づいたばかりなのだ。彼らが私たちと闘うよりむしろ協力的な理由は、私たちが体と呼ぶ大きなヴィークルの卵を共有している（多くの有害な寄生者もそうしている）だけでなく──決定的な点だが──、卵という小型のヴィークル──この仮想の海草の例では、これが遺伝子を体から体へと運んでくれる──をも共有しているからにほかならない。延長された表現型の論理からおのずと導かれる奇想天外にも聞こえる結論は、私たちの遺伝子のすべて、私たちの「自分の」遺伝子のすべて、私たち自身の遺伝子のすべては、一つの巨大なウイルスのコロニーと考えることができるというものである。これらの友好的ウイルスと有害なウイルスとは、それらが未来に向けての予想される退出ルートが、くしゃみや咳でなく、あるいは吐息や分泌によるのでもなく、精子あるいは卵子という「正規の」ルートを通じて直接にくみ出され、現在の宿主の子に入るという事実によってのみ区別される。

私たち「自身の」遺伝子、「友好的なウイルス」は、ヴィークルの運賃を払った乗客であり、それに対して、水痘ウイルスやインフルエンザ・ウイルスは「密航者」だと考えることができる。そのもっとも奥深いレベルでは、この二つのあいだの違いは、ヴィークルからの退出ルートに横たわっている。これがたぶん、『延長された表現型』の中心的なメッセージであり、それは、聖ペテロの真珠の門での裁きにおける私の「物証A」になるだろう。それはよく考えてみればほとんど自明なことだが、ほかの誰かがこのような形で説明したことがあるとは思わない。

『延長された表現型』の余波

『延長された表現型』の三つの余波が私に特別な喜びを与えてくれた。一つめは、一九九九年に新しいペイパーバック版に寄せられた驚くほど洞察に富んだ跋文《ばつぶん》で、著名な科学哲学者である（そして同じく一九九九年に最初のシモニー講演者になってくれた）ダニエル・デネットが書いてくれた。二つめは、《生物学と哲学》誌の特集号で、『延長された表現型』刊行以降の二〇年間を批判的に回顧したものである。そして三つめは、デイヴィッド・ヒューズによって組織された、延長された表現型という概念の成功と失敗について総括するために招集されたコペンハーゲン近郊での会議である。

ダン・デネットの一九九九年の再版への跋文は私に格別な喜びを与えてくれた。なぜなら、そこでは一人の哲学者が、『延長された表現型』を哲学の著作として擁護していたからである。人々が私に向かって、科学に専心すべきで哲学の領域に迷い込まないようにというための前口上として、私の科学に好意的であることを必死になって書いているのを読んで、私は一種の激しい怒りを感じたことを告白する。明晰で論理的な思考以外に、何が哲学の領域だというのか？　科学者も、明晰に論理的に考えるべきではないというのか？　もちろん、職業的な生物学者はふつう、哲学の学位をもつ人間に要求されるほど十分に、過去の哲学者たちについて知悉していないのは事実である。ゆえにヒューム、ロック、ウィトゲンシュタインの適切な引用ができないかもしれない。しかしそのことはそれ自体で、その人が哲学的な性質をもつ明晰かつ論理的な議論を提示できないことを意味しない。したがって、もしこの問題について私がデネットを引用しても、言い訳がましく聞こえないことを願う。

なぜ哲学者がこの本の跋文を書いているのだろう？　『延長された表現型』は、科学なのかそれとも哲学なのか？　両方である。それはまちがいなく科学であるが、あるべき姿の哲学でもあり、そして間欠的にのみ哲学なのである。綿密に論理立てられた議論が、私たちの眼に新しい視野を開き、それまでどんよりして、よく理解されていなかったことを明快にし、私たちがすでに理解したと考えていた話題について新しい考え方を与えてくれる。リチャード・ドーキンスが冒頭で言っているように、「延長された表現型は、それ自体では検証可能な仮説にならないかもしれないが、それは私たちの動物や植物への見方をかなり変えてしまうので、そういう見方をしていなければ夢にも思わなかったような検証可能な仮説を考えつかせてくれるかもしれない」（日高・遠藤・遠藤訳）。では、この新しい考え方というのは何だろう？ それは、ドーキンスの一九七六年の『利己的な遺伝子』で有名になった「遺伝子の眼からの視点」だけではなかった。その基礎の上に築き上げたもので、彼は生物体についての伝統的な考え方を、一つのより豊かな考え方にいかにして置き換えるべきかを示している。その新しい見方によって、まず生物体と環境のあいだの境界が溶解し、ついで、より深い基礎の上に部分的に再構築していく。……

本職の哲学者として私は、そこに豊かなものがあると付け加えたい誘惑に抗《あらが》えない。私がこれまでに出会ったなかで、もっとも堂々たる、一貫した論理の筋道のいくつかがあるのだ……。

最後の一文を引用した私の放縦《ほうじゅう》をお許しいただきたい。たぶん私は、哲学的に甘いと評されてきた分のバランスを取り戻そうとして、過敏になりすぎているのだろう。デネットは自分のテーマを発展させ、この本から引用したページで、それを例証していく。彼が取り上げたものの中には私の思考実験のいくつかが含まれているが、彼自身が「直観ポンプ」としての思考実験の卓越した使い手であるので、これはとりわけ興味深い。

哲学の著作としての『延長された表現型』のテーマを継続して、オーストラリアの哲学者で《生物学と哲学》誌の編集委員であるキム・ステレルニーは二〇〇二年に、この学際的な雑誌の特集号として、この本の刊行二〇周年を記念することに決めた。さまざまな遅れのために、この記念号は最終的に二〇〇四年まで発行されなかったが、それは問題ではなかった。ステレルニーはケヴィン・ラランド、J・スコット・ターナー、エヴァ・ヤブロンカの三人の学者に、それぞれこの本の回顧的な評価と批判を書き、それに私からの詳細な返答をつけるよう依頼した。私たち四人はその要請を受け入れ、そして私はそれぞれの論文を読み自分の返答を書くことを、予想していた以上に楽しんだと言っておかなければならない。

私の返答のタイトル、「延長された表現型──しかしあまり延長しすぎないように」は、人間の造作物について聴衆から出された質問に対する答として、以前に使ったことのある文句である。「もしハタオリドリの巣が延長された表現型なら、シドニー・オペラハウスやクライスラービルについても同じことをおっしゃるのでしょうか?」。いいえ、そんなつもりはありません。そして答は質問よりもずっと興味深い。鳥の巣、トビケラの巣、アナバチ(ジガバチモドキ)の筒巣のセットも自然淘汰の産物である。自然淘汰はすぐれた造巣行動を育《はぐく》む遺伝子を選ぶ。祖先のハタオリドリは、巣づくりのスタイルも技量も異なっていた。その変異の一部は遺伝的で、できあがった巣が当該の遺伝子を含んだ卵とヒナを守ることに成功するか失敗するかによって、選り好みされるかされないかである。人間がつくった建築物を延長された表現型として認定するためには、建物の変異が建築家の遺伝子の変異によって引き起こされることが必要だろう。その可能性は絶対にないとは言えないが、控え目に言っても私には、これが成功の可能性を約束するような研究の方向だとは感じられない。建築家の才能に遺伝的な変異があっても私は驚かないだろうし、もし一卵性双生児の一方が三次元的な視覚化にすぐれているとすれば、もう一人のほうもそうだろうと、私は予想する。しかし、トビケラの幼虫、ジガバチモドキ、あるいはダムを造るビーバーにならそれに相当するものが見つかると予想する私も、ゴシックアーチ、ポストモダンの頂華《フィニアル》、あるいは新古典派のアーキトレーヴ(主梁)のための遺伝子が見つかれば、とんでもなく驚くだろう。

人間の建築物への延長は、私が《生物学と科学》誌に書いた論文のタイトルで思い描いていた唯一の「延長しすぎ」の例ではなかった。そこで私が取り上げた主な問題は、「ニッチ構築」と呼ばれる流行の（そしていささかウンザリする）概念に関するものである。スケールの大きな話をひとつ例に挙げることで、この曖昧で漠然とした概念がいかに人を混乱に陥れるかが見てとれるだろう。大気中の自由酸素は、すべて植物（光合成細菌も含めて）によってもちこまれたものである。生命の歴史の初期には、自由酸素はなかった。それをもちこんだ緑色細菌（およびのちには植物）は、自分たち自身を含めて、その後のすべての生命形態のニッチを大幅に変えた。今日《こんにち》の生物のほとんどは、酸素がなければ即座に死んでしまう。これはニッチ変更だったが、あくまで光合成活動の付随的な副産物であり、「構築された」ものではなかった。光合成は、緑色細菌そのものにとっての直接的な栄養的利益のゆえに自然に選り好みされてきた。大気への影響のゆえに、自然に選り好みされたわけではないのである。そうした緑色細菌は、自分たちや自分たちの子孫、あるいはその他の誰かが将来において酸素を吸うことから恩恵を得るという理由で酸素をつくったのではない。彼らは副産物として酸素をつくった。なぜなら、光合成するときにそうするほかなかったからである。酸素がつくられたあと、その後の自然淘汰は、酸素のなかで繁栄できる細菌やその他の生物を選り好みした。ニッチは気づかないうちに変えられ、その後のすべての生物は、最初は汚染物質だったものに対処できるように進化した。

自然淘汰は、全体としての世界に全般的な利益をもたらすものではなく、むしろ当該の生物体だけを分け隔てして有利な遺伝的利益をもたらすものであると言える。世界全体に対してではなく、それをしている個体に対してだけ特に遺伝的な利益をもたらすという意味で、積極的な利益が生じるとき、延長された表現型があると言える。そうでない場合、そこには延長された表現型はなく、ニッチ構築もなく、ただニッチ変更があるだけなのだ。

鳥の巣やビーバーのダム、あるいはカッコウのヒナを育てる里親の攪乱されてしまった親としての行動といった、真の延長された表現型は、それを媒介した遺伝子に利益をもたらすダーウィン主義的な適応であるに違いない。「ニッチ構築」は、注意深く使えば意味のある成句《フレーズ》になりうる。これは不注意に、しかもダーウィン主義を十全に理解することなく使われることがあまりに多いので、使われているのを目にしたくないフレーズである。ただ、正しくかつ注意深く使えば、延長された表現型の特殊な事例になりうる。つまり、動物が自らの遺伝子の利益のためにニッチを変えるという特殊な事例である。ビーバーのダムはその一例だが、他にそんなに多くの例はないかもしれない。

このような、延長された表現型と、ニッチ変更の同義語として不適切に使われるニッチ構築とを一緒くたにするという事例は、先に挙げた三つめの余波、すなわち二〇〇八年にコペンハーゲン近郊の大きな屋敷で招集された延長された表現型の会議でも見られた。この会議を組織したのは、現在はアメリカで研究しているアイルランド生まれの有能な若手のデイヴィッド・ヒューズで、彼は延長された表現型に対する支持者も反対者も含めて、著名な科学者の絢爛たる出席者の面々を招き寄せた。この会議については、《サイエンス・デイリー》誌の「ヨーロッパの進化生物学者、リチャード・ドーキンスの延長された表現型のもとに結集」という記事にすぐれた報告がある。[1] 余談ながら、この「ヨーロッパの」という記述は、マーク（マーカス）・フェルドマン（批判者の一人）という著名な遺伝学者を含めたアメリカ人科学者の存在によって嘘になってしまっている。

いまではデイヴィッド・ヒューズは、延長された表現型という理論上の観念を実践の場で用いることに関する世界的な主導者である。彼は、《生物学と哲学》誌の私の論文のクライマックスとして描かれた、空想的な夢物語である仮想の「延長された表現型研究所」の理想的な初代所長になるだろう。

あるノーベル賞受賞科学者による除幕式（王族では役者不足ということになったので）のあと、来賓たちは新しい建物を見て回りながら感嘆しきりである。そこには三つの翼棟がある。「動物造作物博物館」（ZAM）、「寄生者によって延長された遺伝学」（PEG）研究所、そして「遠隔作用研究センター」（CAD）だ。……三つの翼棟のすべてで、よく知られた現象がなじみのない視点、すなわちネッカー・キューブの別のアングルから研究されている。〔三つの翼棟のすべての科学者が〕自分たちの理論の規律ある厳格さを〔誇りに思っている〕[2]。彼らの研究室の正面扉に刻まれたモットーは、聖パウロの言葉の一遺伝子座突然変異型だった。「そのなかでもっとも大いなるものは明晰さである」。〔But the greatest of these is clarity：正常型は、聖パウロによる「コリントの信徒への手紙第一」の欽定訳 But the greatest of these is charity「そのなかでもっとも大いなるものは愛である」〕

いまや、私の空想の研究所には医学棟も付け加える必要があるらしい。アメリカの生物学者、ポール・エワルドは、ランドルフ・ネシー[3]、デイヴィッド・ヘイグと並ぶ、急成長しつつあるダーウィン

（1）http://www.sciencedaily.com/releases/2009/01/090119081333.htm.
（2）ここの文脈では、これは「ニッチ構築理論」の、大袈裟なもの言いで中身の曖昧さをごまかそうとする身振りに対する当てこすりだった。

医学のリーダーの一人である。延長された表現型の概念を利用した、癌についてのダーウィン主義的アプローチについてのポールとホリー・エワルドの魅惑的な論文に私の注意を喚起してくれたすばらしい先駆者、ロバート・トリヴァースに感謝する。腫瘍内の細胞が、その腫瘍内部での自然淘汰の対象になるのは周知のとおりである。しかし、この場合の自然淘汰は永久に続くものではなく、そこにはタイムリミットが設けられている。「よりよく」（癌化するのに「よりよく」であって、断じて患者にとって「よりよい」ではない）なっていく突然変異細胞は、腫瘍内のより悪性でない細胞に競争で勝ち、腫瘍の内部でより多数になっていく。しかし、この進化過程は患者の死とともに終わる。そして、体の残りの部分における癌に抵抗する、癌に対して防壁を築く、それに対抗する免疫学的なトリックを開発する等々のための、並行的かつ長期的な（継代的であるがゆえに）遺伝子の自然淘汰が存在する。これは非対称な軍拡競争である。なぜなら、抗癌トリックは、過去の何世代にもわたって研ぎ澄まされてきているからだ。腫瘍それ自体のトリックは、世代ごとに一から進化させなければならない。なぜなら癌はそれぞれの体で、正常で健全な細胞から悪性化の進化を開始し、増殖競争において他の癌細胞に勝つのに必要な性質を一歩ずつ、自然淘汰によって進化させなければならないからである。

体とその癌のあいだの軍拡競争というアイデアは、いろいろと面白いことを思いつかせてくれる。癌は寄生体であり、その細胞が宿主の細胞とほとんど同じ（だが重要な点でまったく同じではない）であるがゆえに、とりわけ悪質である。ゆえに癌細胞は体にとって（そして医学的な治療にとって）、条虫や細菌のような「外来の」寄生体よりも、異物として識別するのがむずかしい。多くの世代にわたって、そして次々と現れてくる癌との幾度もの乱闘を通じて、疑わしい癌細胞を認識する「スキル」は研ぎ澄まされる。あらゆる軍拡競争と同じように、過度のリスク回避（実際に存在しないところに危険を見てしまう）と過度の「暢気《のんき》さ」（実際に存在する危険を見過ごしてしまう）のあいだでバランスがとられるにちがいない。これは、草を食べているときに長い草のあいだでカサカサ揺れるものを見て、それが捕食者であるか風のいたずらであるかを判断しなければならないアンテロープのジレンマによく似ている。あらゆるカサカサ音を怖れてビクビクするアンテロープは、逃げるために草を食べるのを中断してばかりなので、毎日栄養不足に終わってしまう。ほかの個体が逃げても草を食べつづける暢気なアンテロープは、ヒョウの胃袋に収まってしまう危険がある。アンテロープの遺伝子に働く自然淘汰は、リスク回避型のスキュラと暢気型のカリュブディスのあいだの〔いずれもギリシア神話の怪物で、英語で between Scylla and Charybdis は「前門の虎、後門の狼」という意味の熟語〕、賢明なバランスに落ち着かせる。免疫系も、悪性細胞を見つけ出すのに同じような綱渡りをする。あまりにも暢気にかまえていると、患者は癌で死んでしまう。あまりにも「ビクビク」しすぎ、リスク回避に走りすぎると、免疫系が無害な正常細胞を、まちがって癌細胞だと「疑って」攻撃してしまう。さて、脱毛症、乾癬、あるいは湿疹のような自己免疫病について、これ以上うまい説明が考えられるだろうか？　もちろんアレルギーも、免疫系のリスク回避型の「無闇に銃を撃ちたがる」過剰反応として理解することができる。

この分析にエワルドたちが付け加えた独創的なひとひねりが、延長された表現型という概念の導入である。腫瘍は周囲を取り巻く体の細胞が提供するミクロな環境のなかで生活し、進化する。腫瘍細

（3）ネシーの共著者であったジョージ・C・ウィリアムズは残念ながら、もうこの世にはいない。

胞が体内の自然淘汰のなかで改良する悪性化のトリックは、おおむねミクロ環境の操作から成り立っている。たとえば、腫瘍細胞は他の細胞に劣らず——実際にはより以上に——栄養と酸素のために、良好な血液の供給を必要とする。ビーバーの遺伝子が、流れを堰き止めて湖をつくるような延長された表現型を構築するようビーバーの行動に働きかけるのと同じように、突然変異し進化していく腫瘍内の遺伝子は、腫瘍への血液供給を改善するような延長された表現型を構築する。肥大し、枝分かれした血管は癌ではない。それらは癌細胞によって操作されているのであり、それゆえこれは本物のダーウィン主義的適応であり（癌の利益のためのものであって、体の利益のためのものではない）、血液供給の変化は、腫瘍内の突然変異した遺伝子の真の延長された表現型だと言えるのである。エワルドたちはその論文において「延長された表現型」という術語を全面的に活用しており、私は、彼らがこの概念を有用だとみなしてくれているのが嬉しい。

完全化に対する拘束

一九七九年、ジョン・メイナード・スミスはロイヤル・ソサエティで、「自然淘汰による適応の進化」についての会議を組織した。ジョン・クレブスと私はそれぞれ講演《スピーチ》をするように招かれたが、私たちは二人の努力をまとめて、「進化的軍拡競争」というテーマについて共著論文を書くことに決めた。「動物の信号——情報か操作か？」という一九七八年の共著論文（四六九頁を参照）で、私たちはうまく協働できることがすでにわかっていたのである。近頃はお互いにほとんど会ってはいないのだが、私はジョンを知的な兄弟とみなしている。私たちはいつも説明の必要なしに、同じ馬鹿げた話に大笑いした。彼が海外でひと仕事したのち、オックスフォード大学の動物学教室に戻ってきて荷物をほどいていたとき、彼は、私の役に立つと考えたアイテムに巡り合っていた。「リチャード、もし付け髭が必要になるようなことがあれば……」。彼は予言していたのだろうか？ そんな日はまだ来そうもないが。妹のサラもそうだが、ジョンがこれまで生きてきて面白がった本や好きだった詩が私のものと一致するのは賭けてもいい。私たちはお互いがほのめかしていることを何の苦もなく理解できた。私よりほんのわずかに若いけれども、当然のことだが、彼は私よりずっと早くロイヤル・ソサエティの会員になった。私とちがって、彼は大学の政治やお役所仕事に対処し、それをすばらしい科学の実践と結びつけることができる。彼は叙勲されて英国食品基準局の初代長官となり、現在では貴族院議員であり、オックスフォード大学の古くて美しいジーザス・カレッジの学寮長である。

一九七九年のロイヤル・ソサエティ会議で発表された軍拡競争の論文の冒頭の一節は、次のように場面を設定した。

キツネとウサギは、二つの意味で互いに競争している。一匹のキツネが一匹のウサギを追跡しているとき、この競争は行動という時間の尺度のなかで起こる。それは個体どうしの競争で、特定の潜水艦と、それが撃沈しようとしている船のあいだの競争に似ている。しかし、時間の尺度を違えたところで展開する、もう一つの競争がある。潜水艦の設計者は過去の失敗から学ぶ。技術の進歩につれて、のちの時代の潜水艦は船を見つけて沈めるためのよりすぐれた装備をもっている。これが「軍拡競争」で、それは歴史的な時間の尺度で起こる。同じように、進化的な時間の尺度では、そのキツネの系統は、ウサギをつかまえるための改善された適応を進化させ、ウサギの系統は逃げるための改善された適応を進化させるだろう。

私たちは、種間軍拡競争vs種内軍拡競争（すなわち捕食者／餌動物vs雄／雄のライヴァル争い）、および対称的軍拡競争vs非対称的軍拡競争（すなわち雄／雄のライヴァル争いvs親／子の対立）の四つの区分にしたがって、実例を整理した。そして軍拡競争がどういう結末になるか、どちらか一方の「勝利」に終わるのか、それとも、なんらかの平衡状態に終わるのかを考察した。イソップ寓話にヒントを得て、ある軍拡競争が「勝利」に終わる方法として、「命／御馳走原理」という言葉をつくることもした。すなわち、ウサギは命懸けで走るのに対して、キツネは御馳走にありつくために走るだけだから、ウサギはキツネより速く走る。この軍拡競争の両陣営には、失敗のコストに非対称性がある。この非対称性自体は、経済学の用語で示される。ウサギもキツネももし可能ならば、マセラティ〔イタリア製のスポーツカー〕のように走るだろうが、速く走るための機構は高くつく。それは体の経済の他の部分から支払わなければならない。命／御馳走の非対称性はウサギに、貴重な資源を走るスピードに振り向けるようにという付加的な誘惑を与える。

似たような非対称性が「レアエネミー（珍敵）効果」にも生じる。カッコウの祖先はすべて里親を騙すのに成功してきたに違いないのに対して、里親のほうは振り返ってみれば、生涯のうちに一度もカッコウに出会ったことのない先祖がたくさんいる。失敗のコストは、宿主よりもカッコウのほうが高い、そのため、軍拡競争のより厳しい側で生き残ってきたカッコウは、将来の出会いにおいて生き残るためのより優れた装備をもっている。軍拡競争という概念はとてつもなく実り多いものであり、私の本の多くのページにいきわたっている。私の友人で、ケンブリッジ大学の動物学者、N・B・デイヴィスは公正なところ、ジョン・クレブスとともに現代型の行動生態学の共同創始者とみなせるが、そのカッコウについての古典的な野外研究で、軍拡競争の概念のすばらしい使い方をしている。[1]

ひょっとしたら、生物学のすべての分野といわないまでも、私の分野でもっとも過大評価された論文が、この同じロイヤル・ソサエティ会議で誕生した。すなわち、S・J・グールドとR・C・ルウォンティンの一九七九年の「適応万能論批判」である。ルウォンティンとグールドはこの分野のアルファ雄《おす》で、エドワード・O・ウィルソン（彼は幸いにも、自分の面倒は見ることができた）に対する一九七〇年代の攻撃キャンペーンの強力な首謀者だった。そしてその弱い者いじめ的な振る舞いを、一九七九年のロイヤル・ソサエティ会議でもやめていなかった。ルウォンティンは欠席で、グールドが講演をおこない、野次らせても絶好調、後ろの席から馬鹿笑いを轟かせていたが、自分の掲げる中心的な主張が、その日の前半にティム・クラットン゠ブロックとポール・ハーヴェイの「比較と適応」という思慮深く徹底した発表によって根こそぎ突き崩されたという事実には、どういうわけか知らぬふりを決め込んでいた。ひょっとしたら、グールドがクラットン゠ブロックとハーヴェイへの対処に失敗したのは、論文に手を加える時間がほとんどなかったという理由で言い訳が立つかもしれない。しかし、彼らに対してちょっと頷いて見せ、あざ笑いの度をしだいに弱めていったのであれば、礼儀にかなっていただろう。

その主張は、ある動物のなんらかの形質を検討するとき、それが自然淘汰によって形づくられたと想定するのは正しいかどうかについてのものだった——それはかならず「適応」なのか？　グールド

（1）ニック・デイヴィスは、これらの注目すべき鳥についての現代における代表的権威である。たとえば二〇一五年の本 *Cuckoo: cheating by nature* (London, Bloomsbury) を参照。

とルウォンティンの、いわゆる「適応主義」（以前にルウォンティンがつくった言葉）で攻撃の対象にしていたのはおおむね藁人形か、あるいは二流の生物学であって、私たちが「思慮深い適応主義」と呼ぶようなものとははなはだしく異なっていた。クラットン＝ブロックとハーヴェイは、適応仮説を真の科学的厳密さで検証するための洗練された定量的技法を提示することによって、グールド＝ルウォンティンの攻撃の根拠を突き崩した。彼らの用いた技法は主として統計学な比較法の変形で、その後の数年でクラットン＝ブロックとハーヴェイたち自身、および一時期私の学生だったマーク・リドレーを含む他の研究者たちの手によってたちまち進展し、そしてのちには、動物学教室の教授として非常な成功を収めたポール・ハーヴェイが育てた研究者たちによっても継承された。

私が見境のない「適応主義者」として批判されそうなことはよくわかっているが、この論争における、私の活字上の主たる貢献は実際には、「完全化に対する拘束」――『延長された表現型』にこのタイトルの章がある――と呼ばれるものであった。藁人形版でない思慮深い適応主義（当時は違ったふうに呼ばれていたが）は、私が大学生だったときのオックスフォードの動物学教室でもっとも大きな影響力をもっていた。それは私の師匠、ニコ・ティンバーゲンと、「生態遺伝学」という学問分野の創設者E・B・フォードの学派によって育《はぐく》まれたものだった。フォードは、集団遺伝学だけでなく統計学という分野においても並外れた革新者であったサー・ドナルド・フィッシャーの献身的な弟子であった。フォードは非常に細心な審美主義者で、野外で研究する彼を想像するのはむずかしいのだが、彼とバーナード・ケトルウェル、アーサー・ケイン、フィリップ・シェパードを含む同僚たちは実際に森や野原に出かけて、自然界における自然淘汰の圧力を測ったのである。彼らが採集したチョウ、ガ、カタツムリの標本からは、テオドシウス・ドブジャンスキー（ルウォンティンは彼から学んだ）のもとにいたアメリカ遺伝学の類似の学派の助力のもと、じつに意外なことがわかった。野外における淘汰圧は、誰もが想像するよりもはるかに強かったのである。一見些細な違いが、死亡率の違いにずっしりと反映されることがわかったのだった。

「英国学派」の自然淘汰主義者たちの活気に満ちた群像を描いたマレク・コーンの『万物のただ一つの理由』についてはすでに触れた。コーンはいみじくも、フォードが残した「強い淘汰主義の雰囲気がオックスフォードの動物学教室を包み込み、その遺産の上に彼は、自らの鱗翅類についての細心の研究をなしとげた」と言っている。この遺産には洗練された女性蔑視《ミソジニー》も含まれていた。ミリアム・ロスチャイルド（三〇五〜三〇八頁を参照）は栄えある例外とされていたが、それはおそらく、彼女が文字通り「高貴」——貴族の娘——で、フォードは俗物だったからだろう。私が彼と面と向かって会ったのは一度だけだが、彼の講義にはすべて出席したし、動物学教室で、コーヒー・タイムに群がる大衆のあいだを伸ばした手を使って丁寧にかきわけて進む姿を頻繁に見た。彼はネスカフェというものがあることを頑として認めず、それを「ココア」と呼んだが、それはちょうど、彼がイヌを認めるのを潔しとせず、「プッシー」と呼んだ（コーンはフォードが一度、イヌを飼っている女性に親切心から、あなたのプッシーは大丈夫ですかと尋ねて仰天させた顛末を紹介している）のとほとんど同じ流儀だった。一度私は社交の場で彼に会ったことがあるが、彼の鋭い、狡猾にさえ思える眼は、彼の変人ぶった見せかけが偽りのないものかどうかという疑念を私にもたせた。一方で、フィリップ・シェパードが言いだしたものらしい、彼が夜中にワイタムの森で「私は世界の灯りだ」と唱えながら、ランタンをあちこち振り回してガのトラップを調べるのが見られたという報告は、そうではないこと——もし本当に自分が誰にも見られていないと考えていたのなら——を示唆している。

フォードの『生態遺伝学』は、たとえかなり自己中心的なところがあるにしても、たくみに書かれた本であり、自然淘汰の実証された威力に関して読者に何の疑いも残さないだろう。私は大学生として同じ精神《スピリッツ》を、ロバート・クリード、ジョン・カリー、ニコ・ティンバーゲン（彼は遺伝学者ではないが動物行動の生存価について野外実験をおこなっており、それはまぎれもない適応主義者のスタイルだった）といったフォードのより若い同僚たちから吸収したが、なかでもアーサー・ケインは「オックスフォード学派」のなかでもっとも哲学的であり、歴史学的に洗練されていた。

アーサーの適応主義は忠実という以上のものだった。完全に頂点を極めたとはいえないにしても、頂点に近いものだった。それはまた、よく考えぬかれてもいた。メイナード・スミスは彼に一九七九年のロイヤル・ソサエティ会議の最終の議論の口火を切るように要請したが、彼のグールドおよびルウォンティンに対する敵意はあからさまだった。グールドが話をしはじめる前のこと、私はアーサーと前列の席に一緒に座っていたのだが、彼は逆上してぶつぶつと独り言をつぶやいていた。彼をとりわけ激怒させたのは以前にルウォンティンが発表した文章の中で、フォード学派を「英国『中流《アッパー》の上』階級《ミドル・クラス》の活動」として愚弄したことで、これはたぶん、チョウの採集という貴族的な趣味のことを遠回しに言っていたのだろう。アーサーは最終的に公式な発言となった返答を、小声でリハーサルしていた。「先入観にこりかたまっているとおそらく、事実もなしですますことができるのでしょう。私自身の背景と育ちを労働者階級から区別するのは、極端な純粋主義者にしかできないでしょう」。グールドが話を始めるのを待ち受けながら、アーサーは闘志をみなぎらせて立ったり座ったりしていたが、私に向けてスタンリー・ホロウェイ〔英国の映画俳優〕の「さあ戦いを始めよう」という科白〔「サム・スモール（おまえのマスケット銃を拾え）」という独白劇から〕を口にした。

一九六四年にアーサーは「動物の完全化」と題する論文を書いているが、これには動物の「瑣末な」、非機能的な形質という概念についての辛辣な攻撃が含まれていた。私はこの論文の一部を、私の「完全化に対する拘束」という章の導入部で引いている。

ケインはいわゆる瑣末な形質についても同様の主張を行ない、ダーウィンが一見したところ驚くほどリチャード・オーウェンの影響を受けてあまりにも容易に非機能性を認めてしまったと批判している。「ライオンの仔の縞模様やクロウタドリの若鳥にみられる斑点が、これらの動物の役に立っていると考える人はだれもいないだろう……」というダーウィンの意見は、今日ではもっとも極端な適応論の批判者にすら無鉄砲に聞こえるにちがいない。いかにも、適応論者がある特定の諸事例においてその嘲笑者たちを再三にわたって打ちのめしてきたという意味では、歴史は適応論者の側にあるように見受けられる。モリマイマイ（*Cepaea nemoralis*）というカタツムリの縞模様の多型性を維持する淘汰圧に関して、ケイン自身がシェパードとその学派とともに行なった名高い研究は、ある部分は次のような事実に刺激されていたのかもしれない。「カタツムリの殻にある縞模様が一本であろうと二本であろうと、そのカタツムリにとってはさしたる問題ではないと、自信に満ちた主張がなされていたものであった」（Cain, p. 48）。「しかし、『瑣末な』形質についてのもっとも注目すべき機能的解釈は、おそらく倍脚類のフサヤスデの近縁属*Polyxenus*に関するマントンの研究によって与えられている。彼女は従来『装飾』（そしてそれ以上に無用と受けとれるようなもの？）として記載されていた形質が、ほとんど文字どおりその動物の生活にとっての枢軸であることを示している」（Cain, p. 51）。（日高・遠藤・遠藤訳）

けれども驚くべきことに、私が見つけることができたもっとも極端な適応主義的な引用はケインのものではなく、よりにもよってルウォンティン自身が逆の立場に転向する以前の一九六七年に書いたものだった。「すべての進化論者が同意する一つの点は、私の考えでは、生物体がその本来の環境内で現在おこなっている以上にいい仕事をするのは、事実上、不可能だということである」（日高・遠藤・遠藤訳）。

適応主義への私のオックスフォード仕込みの偏向から始まる、『延長された表現型』のこの章は、方向違いに思われるかもしれないところに向かって少しばかり話を進め、完全化に立ちふさがるいくつかの主要な拘束（制約）を特定する。ケイン自身は、私たちが眺めている動物が単純に時代遅れであるかもしれないことを認め、遅れている時間の上限として、二〇〇万年という仮説的な推算値を与えた。完全化に科せられるより恒久的な拘束としては、学部生時代に私のチューターの一人だったジョン・カリー（彼はケインと一緒にカタツムリの集団遺伝学を研究していた）から教えられたものがある。それは脳神経の枝分かれの一つ、脳から喉頭まで走る反回《はんかい》神経（回帰性喉頭神経）である。ただし、この神経は脳と喉頭のあいだを直線的につないでいるわけではない。実際には胸部に潜って下行し、大動脈の一本を迂回してから心臓を離れ、頸の後ろを上行して喉頭に達するのだ。キリンではこの迂回路は相当なもの（英国流の控え目な言い方）で、おそらく大きなコストを必要とする。なぜこうなっているかについての説明は、目に見えるほどに長い頸が進化する以前の私たちの祖先となる魚にこの神経が出現した歴史のなかにある。そのような太古の時代には、この神経（魚類でこれに相当するもの）の初めと終わりを結ぶ回路が実際に、当時の動脈に相当するもの（鰓の一つに血液を供給していた）の後ろにあった。私は、『延長された表現型』で次のように述べている。

大きな突然変異が生じれば神経の経路を完全につけ変えることもできたかもしれない。しかし、それには初期の胚発生過程を大激変させる費用がかかったろう。デボン紀の昔に予言力をもった神のような設計者がいたとすれば、キリンが生じることを見通して、おそらくはじめから胚の神経経路を別のやり方で設計することもできただろうが、自然淘汰は予知能力をもってはいない。

（日高・遠藤・遠藤訳）

何年ものち の二〇一〇年に、チャンネル4の《自然界の巨獣たちの内側》と題するテレビ・ドキュメンタリーで私は、動物園で死んだ一頭のキリンの反回神経を取りだしてみせるという解剖の手伝いをした。そこで展開された光景は、忘れようとしても忘れられない、夢のようなものだった。手術のおこなわれた階段教室《シアター》は文字通り劇場《シアター》で、着席している獣医学の学生の聴衆からは、舞台は一枚の大きなガラス壁によって隔てられていた。聴衆は薄暗がりのなかにいて、舞台を照らしている強烈なライトに浮かび上がる、キリンの網目模様と、お揃いの白いウェリントン・ブーツを履いた解剖チームのオレンジ色の上っ張りが、妙に似通って見えた。キリンの片方の脚は起重機で高く吊り上げられていて、それがその場面にシュールな雰囲気を付け加えていた。折に触れて私はテレビ・プロデューサーに、ガラス壁のほうに近寄って、この反回神経の進化的な意義と、何ヤードにも及ぶ無意味な枝分かれについて学生たちにマイクで説明するよう言われた（1）。

自然淘汰は強力であるかもしれないが、選別されるべき遺伝的変異なしには無力である。翼を生やす（およびその他の空気力学的に重要な多くの事柄を変える）のに必要な突然変異が手近にありさえすれば、ブタが空を飛ぶかもしれない。これを阻む拘束がどれほど大きいかについては論争があり、その論争はまさに発生学の分野に属するものである。私はこの問題に対し、建設的なものになったと自分では思っているやり方で、『不可能の山に登る』で立ち戻った。

もう一つの明らかな拘束として、材料のコストによって強いられるものがある。『延長された表現型』では、一九八〇年にジェーン・ブロックマンと共著で書いた「コンコルド」論文からの一節を引用した。

技術者は、製図板に白紙が与えられれば、鳥にとって『理想の』翼を設計することもできよう。しかし、彼は、自分がどのような拘束の下で作業しなければならないのか、知ることを要求するだろう。彼は羽毛や骨を使うよう拘束を受けているのだろうか、それともチタン合金で骨格を設計してもよいのだろうか？　彼はどれくらいの費用を翼に使うことが許されているのだろうか、また利用できる経済投資のうちどれくらいを、たとえば卵生産にふりあてなければならないのだろうか？（日高・遠藤・遠藤訳）

教室のなかのダーウィン主義技術者

アナバチの明らかにコンコルド的な行動（一三六～一四二頁を参照）を説明するのにジェーンと私がもちだしたのは、こういった種類の拘束だった。

494

大学生だった私に対するオックスフォード大学での個別指導が、のちに批判を受けることになる適応主義に私を向かわせる下地をどのようにつくったかについて説明してきた。さらにのちに、オックスフォード大学の他の同僚とともに、より慎重で思慮深い適応主義の擁護にかかわったことの次第も説明した。そんな私が自分自身、チューターになったとき、私の適応主義的な偏見が教育上の利点をもつことに気づいた。それは生物学のこまごました事柄を覚えるのに役立つ、物語の流れを提供してくれるのである。

講師およびチューターとして、厖大な数の事実を覚えなければならない学生に私はたえず同情し、簡単に覚えられる方法はないかと模索していた。医学部の学生はもっとも悲惨で、ここで「ダーウィン主義技術者」と呼ぶ、私のお気に入りの教育トリックでも残念ながら、人体解剖学が提示するまったく梃子《てこ》でも動かないような事実のおそるべき隊列にはおそらく、ほとんど歯が立たないだろう。それゆえわが娘、ジュリエット・ドーキンス博士が優等学位を得たことが、いっそう誇らしく思えてくる。とりわけセントアンドリュース大学が現在でも解剖学を実地の解剖実習を通じて教えている、わずかしか残っていない医学部の一つであることを考えればなおさらだ。少なくとも、最良の医学部で教えるような詳しさのレベルでの解剖学にまつわる問題は、その事実のあまりにも多くがばらばらの情報の断片で、糸を通してネックレスのようにつなぎ合わせて一つの筋の通った物語にはなかなかしにくい、ということだ。確かに、人体解剖の主要な幹線については機能的に筋道を立てることができ、それに応じて教えることができるが、どの神経が正確にこの動脈の上または下にあるかといったごく

(1) https://www.youtube.com/watch?v=cO1a1Ek-HD0.

ごく細かな事柄——外科医にとっては文字通り、致命的に重要である——は、ただ覚えるしかない。もし機能的な理屈があったとしても（私はあると思っている）、おそらくは発生現象をめぐる錯綜のなかに深く埋もれていて、見つけることはむずかしい。

動物学の学生は、医学生よりは楽な学生生活を過ごせるが、いつもそうとは限らない。一九六五年にピーター・メダワーは、一八六〇年にロンドン大学ユニヴァーシティ・カレッジで比較解剖学の学生に向けて出題した、八回の試験問題のうちの一回分を著書の中で引用している。

いかなる特別な構造によってコウモリは空中を飛ぶことが可能なのか？　そして、ヒヨケザル類、モモンガ類、フクロモモンガ類、ムササビ類は、この空気という軽い元素《エレメント》のなかでどうやって身を支えているのか？　コウモリの翼の構造を鳥類の、さらに絶滅したプテロダクティルスの翼の構造と比較せよ。そして、コブラが頸を伸ばすための構造、および翼竜が空中を飛ぶための構造について説明せよ。いかなる構造によって、ヘビは地面から跳びはねることができ、魚類や頭足類が水中から船の甲板に跳び上がれるのか？　そして、飛ぶ魚はどのようにして、空中で自分の身を支えるのか？　蛛形《ちゆけい》類の糸のパラシュートの起源、性質、および作り方を説明し、子グモ、およびそれを包む卵嚢についても説明せよ。さらに、それを支持する骨格要素、ならびに昆虫の翅（meoptera および metaptera）を動かす筋肉について述べよ。昆虫の脚の構造、付着、および主要な形状の変異について述べよ。そしてゴカイ類の中空の関節肢、およびオヨギミミズ類の管状の脚と比較せよ。テングミズミミズの堅い剛毛を動かす筋肉はどのように配置されているか？　カイチュウの皮膚の外皮、カガミガイ類の筒状の肉茎、ワムシ類の輪（繊毛冠）、マヒトデ類の足、クラゲの傘《マントル》、吸管虫類の管状の吸触手はどうなのか？　腸内寄生虫は、その発生と変態のために必要な移動をどのようにして実行するのか？　花虫類と海綿動物はどのようにして、その子孫を海にばらまくのか？　そして最後に、顕微鏡でしか見えない不滅の原生動物は、どのようにして地球上のあらゆる湖から湖へとひろがるのか？[1]

メダワーはこの非常識ともいえる試験問題を、〝科学は進歩するにつれて、覚えなければならないことがますます多くなるため、ますます簡単ではなくなっていく〟という広く流布している考え方に反対する証拠として引用したのである。彼らしい挑発的な返答は、〝私たちはヴィクトリア朝時代の先人たちよりも実際は覚えることが少ない〟というものだ。なぜなら、おびただしい数の生の事実は、比較的わずかな数の一般的原理に包摂されるからである。なかでも最大の法則が、ダーウィンによって残されたものである。

メダワーに一理はある。しかし、今に始まったことではないが、この陽気な精神の騎士の言い分は、誇張が過ぎるというものだ。《ネイチャー》や《サイエンス》の論文の大部分はそれぞれの分野の専門家しか読むことができないということは、彼だって認めざるを得まい。にもかかわらず、事実を撚りあわせて一つの機能的な物語にするというのは、ものごとを記憶するうえでの強力な助けになる。そしてそれこそ、私がオックスフォードとバークリーで講義という仕事を始めるにあたって最初から用い、そしてとくにオックスフォード大学のチューターとして用いた方法だった。前に適応主義が教

（1）Peter Medawar, 'Two conceptions of science' (1965) で、*Pluto's Republic* に再録されている。

育的利点をもちうると私が言ったのはこういう意味である。教師として私が特に用いたやり方は、まずある動物が直面する問題を取り上げ、それを技術者の立場ならどうするかを考えさせる。それから私が技術者に思い浮かびそうなさまざまな解決策を列挙し、それぞれの長所と欠点を挙げていく。そして最後に、実際に自然淘汰によって採用された解決策を見る。これが把握しやすい話の流れを提供し、記憶するための努力のいらない導きになるわけである。

私は、『盲目の時計職人』（コウモリのソナーの例）および『不可能の山に登る』（クモの巣網の例）のともに第二章でこのテクニックを全面的に活用したが、そのことをわかりやすく説明するために、実例をここに再録しよう。まずはコウモリから。コウモリにとっての問題は、夜間にどうして進むべき道を見つけるかである。昼間の狩りが鳥類によって独占されてしまっていたために、コウモリは夜に狩りをするよう追い込まれた。それは一つの問題を突きつけた。暗闇である。技術者ならさまざまな解決策を考えるだろうが、それぞれ固有の連鎖的な問題がともなう。一部の深海魚がやっているように、自ら光を発する。サソリモドキのように、長い触肢で道を探っていく。フクロウのように獲物の居場所を知らせるどんなかすかな物音も逃さない極度に鋭敏な聴覚を、モグラのように極度に鋭敏な嗅覚を、あるいはホシバナモグラのように極度に鋭敏な触覚を手に入れる。あるいは最後にソナーだ。つまり大きな音を発してその反響音を利用するのである。こうした工学的な解決策のなかから、コウモリが実際に採用したのはソナーである。コウモリはさまざまなやり方で自らが発する超音波の声の反響《エコー》の時間を計り、障害物や獲物の位置や、相対的な位置変化の速度を計算する。

しかし、これはさらなる問題を提起する。出した音とその反響音の時間間隔を正確に計ろうとするなら、音が短いほど精度がよくなる。しかし音がより短く、より断続的になるほど、本当に大きな音を出すのがむずかしくなる。おまけに、エコー音は微弱になってしまうから、非常に大きな音である必要がある。技術者は両方のいいとこ取りをする方法を見つけることができるだろうか？　一つの方法として、音を断続的にしない、というのがある。一つの声をもっと長くするが、その音高《ピッチ》を変調させるのである。つまり、一回の叫びのあいだに一オクターブばかり急降下（あるいは急上昇）させればいい。こうすれば発する声は短くなく、したがって大きくもなりうる。欠点は、一回の発声に消費する時間である。エコーが跳ね返ってくるとき、脳は、高ピッチのエコーが発声の初めの部分からのものであり、低ピッチのエコーが後の部分からのものであることを「知って」いる。私が『盲目の時計職人』を執筆していた当時の、私のカレッジの学寮長で物理学者のアーサー・クックは、第二次世界大戦中に最高機密の英国レーダー計画（当時ＲＤＦと呼ばれていた）で働いたことがあり、彼はある晩のディナーの席で私に、同じテクニックがレーダー技術者によって、「チャープ・レーダー」という名で用いられていたことを教えてくれた。もう一つの工学的な解決策は、ドップラー偏移（救急車が通り過ぎるときにサイレンの音の高さが下がる理由）を利用することである。いくつかのコウモリは、昆虫の獲物のような動く標的を追跡するときにこの方法をうまく使っている。

次の工学的な問題に移ろう。要点を繰り返せば、反響音《エコー》は必然的にもとの音よりもずっと小さくなってしまう。考えられる工学的な解決策は発声音を極端に大きくするか、あるいは（および）耳を極度に鋭敏にするかである。しかし、この二つの解決策はどちらも互いの領域を侵犯するものだ。極度に敏感な耳は、極端に大きな発声音によって聴覚障害をこうむりかねない。第二次世界大戦初期のレーダーも同じような問題に直面した。またしてもアーサー・クックはディナーの席で、技術者たちが「送受信」レーダーと呼んだものを設計することによってそれを解決したのだと教えてくれた。そして――あなたは信じられるだろうか？――、これとまったく同等の解決策が一部のコウモリによって採用されているのだ。叫び声を発する前に、鼓膜からの音を伝える骨をそれ専用の筋肉で引っ張ることによって、一時的に耳のスイッチを切るのである。発声したあとただちに筋肉を弛緩させれば、エコー音を聞くときには、耳は最高感度を取り戻している。発声、筋肉で引っ張る、筋肉の弛緩、エコー音を聞く、また筋肉で引っ張る……というこのサイクルは、叫び声を発するたびに繰り返さなければならない。そし驚くべきことにこの繰り返しの速度は、コウモリが昆虫の獲物を仕留めるために最後の接近を試みるときには最高一秒間に五〇回にも達し、機関銃よりも速いところまでいく。

「ダーウィン主義的技術者」アプローチの教育上の利点は、さまざまな事実をばらばらに覚えなければならない、ということがなく、それらが互いに連なって記憶しやすい物語になるということにある。実際、学生には事実を聞かされる前に推測で言い当てることもできる余地があるのだが、そのことは、研究を試してみるだけの価値がある実りある仮説を思いつくためのいい訓練になる。

たとえば、コウモリはしばしば何百匹という他のコウモリの仲間がいるなかを飛び回る。彼らは自分のエコーが、他のすべてのコウモリの叫び声とそのエコーによって知らないうちに混ざり合ってしまうという問題をどう解決するのだろう？　「ダーウィン主義の技術者」のように考えたときに学生が思いつくかもしれない、一つのアイデアはこうである。動画を撮影し、それを切り離して別々のフレームにし、そのフレームをすべて帽子のなかに入れてかき混ぜ、ランダムにそれをふたたびつなぎ合わせると想像してみてほしい。物語はもはや意味をなさないだろう。実際、なんの「ストーリー」も、何の一貫した物語もなくなるだろう。これと同じ理屈で、特定の一匹のコウモリにとって他のコウモリのすべてのエコーは、ランダムにフレームをつなぎ合わせた私の動画と同じようにしか受け取れないはずである。いかなる「これまでのストーリー」との関連においても予測できないランダムさのゆえに、たやすく無視されてしまうだろう。その個体自身のエコーだけが、エコーの順番通りに前のものと「つなぎあわされた」ときに一貫性のある物語を形成し、意味をなすはずだ。実験心理学者たちは「カクテルパーティ効果」を解明するのに、同じ種類の論法を使う。すなわち、私たちはカクテルパーティで、まわりすべての他の何十という会話が責め立ててくるなかでどういうふうにして、一つの会話をなんとか理解しているのかという問題である。

　私は同じ「ダーウィン主義の技術者」というテクニックを『不可能の山に登る』の第二章でも使ったが、今度はコウモリのソナーの代わりに、クモの巣（網）を例として使った。またしても、問題からスタートする。クモは、獲物を捕らえるための手脚の実質的な長さを、どうすれば伸ばすことができるだろう？　またしても、さまざまな仮説的な解決策が差し出され、最後には自然淘汰が実際に採用した優雅で経済的な解決策、すなわち〝絹糸の網〟に到達する。そしてこの過程でつぎつぎと出てくる部分問題、さらにはその部分問題についても繰り返す。同じ本の「蒙《もう》を啓《ひら》く四〇通りもの道」と題する章で眼の設計《デザイン》について語るときにも、同じ方式に従った。ここで私は「設計技術者」アプローチを取り、人によっては馬鹿げた極端とみなすかもしれないが、私自身は教訓的だと考える解説をしたのである。レンズは単純な装置であるが、それが解決する計算問題は、実際には驚くほど洗練されたものである。私は捕捉した光線を厳密に計算した角度で屈折させてスクリーン上の像に焦点が合うようにするコンピューターという、想像上のシステムをこしらえることによって、そのことを劇的に表す方法を選んだ。これは馬鹿馬鹿しいほどに複雑になりそうだが、この仕事を——私が王立研究所クリスマス講演で実演したように——、水を満たした透明なプラスチックの袋をつり下げることで近似した、一枚の「レンズ」がいとも簡単に解決するのである。焦点がほとんどあっていない当初の像は、「不可能の山」のなだらかの斜面に沿って一歩ずつ改善していくことが、で、き、る。これは、理論上は明らかに複雑なものを、実際にはいかに簡単に進化させることができるかの喩え《メタファー》となっている。ダーウィン自身の時代から久しく、彼のネメシス〔天罰を与える女神〕として持ち上げられてきた眼は簡単に進化しうるもので、実際に何十回となく、動物界のあらゆる脇道で独立に進化してきたのである。

物事を説明するうえで「ダーウィン主義の技術者」アプローチがもつ価値はずっと以前、それぞれ別々に二人のケンブリッジ大学の眼の生理学者、W・A・H・ラシュトンとH・B・バーロウからインスピレーションを得たときに、私の心を打った。私はラシュトンに、まだ高校生時代に会ったことがある。というのも彼には二人の息子がいて、どちらもオーンドル校の生徒で、そのうちの一人がまさに私と同学年だったからだ。私たちは学校のオーケストラで一緒にクラリネットを演奏し、Google で調べたところ、(驚くことではないが) 彼がのちに音楽研究の学者になっているのがわかった。おそらくその学校に二人の息子がいたからだろうが、著名なラシュトン教授は六学年の生物グループに話をすることを承諾してくれた。

ラシュトンは、アナログ信号方式とデジタル信号方式の違いについて、興味深い解説をした。アナログ電話では、しゃべる言葉のたえず変動する圧力の波が電線の電圧変化の電波に変換され、それがもう一方の端末の受話器で音声に変換しなおされる。問題は、電線が長いと電気信号は減衰するので、増幅器で電圧を上昇させなければならない。昇圧は不可避的にランダムなノイズをもちこむことになる。これは、昇圧する中継局が電話線に沿って二、三しかなければ問題ではない。しかし、十分に大きな数の中継局があれば累積したノイズが信号を圧倒してしまい、会話は理解不能なシューシュー音になってしまう。これこそ神経が、少なくとも長い神経では、（アナログ）電話線のように働くことができない理由である。

神経は電流を運ぶ電線ではなく、ハイファイでさえなく、導火線として働くシューという音を立てながら燃えていく火薬の列にむしろ似ていて、ランヴィエ絞輪という複雑さが付け加わっているが、これは個別の中継局に相当すると見ることができる。要するに、神経は全長にわたって数百のノイズを生む中継局に相当するものをもっているというわけだ。技術者なら、このノイズ問題をどう解決するだろう？　情報を波の高さ（電圧）を介して伝えるという望みをきっぱりと捨てることによってである。その代わり、電波をスパイク（活動電位、インパルスとも呼ぶ）に変える。その高さは一定に保たれるが、いずれにせよ高さそのものは関係ない。情報はスパイクの高さによってではなく、一連の可変的なスパイクの振動パターンによって伝達される。たとえば、大きな音は素早い間隔でスパイクを急速に大量放出することによって伝えられ、静かな音は十分な間隔をあけた、少数のスパイクによって伝えられるのである。

そう、これが、ある工学上の問題に対する興味深い生物学的解決策である。しかし、コウモリやクモの場合と同じように、一つの解決は次の問題を導き、それはまた別の工学的解決策を必要とし、そのため私は二人めのケンブリッジ大学の有力者、ホレス・バーロウのところに赴くこととなった。私の最初の妻、マリアンと私はカリフォルニア大学バークリー校にいたとき、ホレス（この名はチャールズ・ダーウィンの息子である彼の祖父、サー・ホレス・ダーウィンからとったもの）に会い、感覚生理学の客員教授として来ていた彼の講義に出席した。この講義は、ホレスがふつう少なくとも三〇分は遅刻するという事実のゆえに有名だったが、待つだけの値打ちはあった。途方もなく頭の切れる人物だったが、同時に風変わりな気晴らしも好きだった。顔を見つめているだけで、彼が冗談《ジョーク》を口に出そうとするのを、何秒か前に言い当てることができる。私たちにインスピレーションを与えたバーロウの論文は、私たちが彼の講義を聴く一〇年ほど前に出たもので（そもそもそれを読んだので私たちはその講義を聴きにでかけたのだ）、それは感覚系について教えるときの私の取り組み方を完璧に変えさせた。実際、私たちは二人ともバーロウ論文に取り憑かれ、一時期、お互いでする科学的な会話の多くはこの話題ばかりで占められていた。「ホレス・バーロウ」という名前そのものが、その当時二人が共有していた思考の筋道全体を表す一種の省略表現になっていた。バークリー校の学生に向けての当時の私の行動生理学の講義は、「ダーウィン主義の技術者」アプローチに支配されるようになっていた。

つい先ほど、神経は大きな音をスパイクの高さの信号ではなく、スパイクの頻度あるいはタイミングの信号によって伝える（高温や強い光などについても同じことが言える）と私が言ったのを覚えているだろう。これは正しいが、それはさらなる工学的問題を生じる。もし神経スパイクの頻度が単純に信号の強さに比例するのであれば、確かに必要な情報は伝達されるが、この過程は無駄が多い――しかも、きわめて興味深いやり方で無駄が多いのである。この浪費は、「冗長性《リダンダンシー》」を取り除くことによって、救済が可能である。冗長性とは何だろう。

ある任意の一瞬における世界の状態は、その前の瞬間とほとんど同じである。世界はランダムに、気まぐれに変化したりしない。ジャーナリストがニュースを報じるのと同じように、世界の状態について報告する神経は、変化があったときにだけ信号を送る必要がある。「大きな音大きな音大きな音大きな音大きな音……」という伝え方をしてはならない。そうではなく、「大きな音が始まった。追って知らせるまで変化はないものと想定せよ」と伝えるべきである。情報理論における専門用語としての「冗長性」がここで登場する。ひとたび世界の現状を知れば、同じ状態についてのさらなる情報は冗長である。冗長性とは情報を裏返したものにほかならない。情報は、「驚き《サプライズ》」の数学的に厳密な尺度である。時間領域では、情報はある瞬間から次の瞬間における世界の変化を意味する。なぜなら変化だけがサプライズ価値をもつからである。この文脈では、冗長性は「同じであること」を意味する。多数のメッセージの受け手は、すべてのチャンネルを四六時中モニターしなければならないわけではない。変化を知らせる信号だけに注意すればいいのだ。このやり方は、もし世界が四六時中、気まぐれかつランダムに変化していれば、役には立ちえないだろう。幸いにも——いや、明らかに——そんなことはないのである。

冗長性の選別《フィルタリング》が、時間領域における経済的な信号伝達という問題に対するバーロウの工学的な解決策だった。そしてそれは——案の定——神経系によって、感覚順応として採用されている。ほとんどの感覚系は、変化を感知するたびに急速に大量のスパイクを送るが、そのあとまた別の変化が起こるまで、スパイクの頻度は低くないしはゼロにまで降下する。

空間領域にも、類似の工学的問題が存在する。ある場面《シーン》を見つめている眼（あるいはデジタル・カメラ）を考えてみれば、網膜のほとんどの細胞（あるいはカメラの画素《ピクセル》）は、隣りの細胞と同じものを見ているだろう。これは、世界の場面《シーン》は気まぐれかつランダムな霜降り模様ではなく、ふつうは空や白壁のような一様な色の大きな区画《パッチ》から構成されているからだ。ある領域の縁《へり》の近くにないかぎり、すべてのピクセルはその隣りと同じものを見ており、そのことを報告するのはピクセルの無駄遣いである。この情報を伝える経済的な方法は、送り手が両縁を報告し、受け手（この場合は脳）が両端のあいだの帯状の部分を均一な色で「埋める」ことである。

バーロウはこの工学的な問題についても、冗長性を減らす手際のいい解決策が生物学にあることを指摘した。それは側抑制《そくよくせい》と呼ばれる。側抑制は感覚順応と同等のものであるが、時間領域ではなく、空間領域におけるものである。並んだ「ピクセル」のなかの細胞は、脳に神経スパイクを送ることに加えて、そのすぐ隣りの細胞を抑制する。ある色の一区画の真ん中に位置する細胞はあらゆる方向から抑制されるので、したがって、たとえあったとしてもごくわずかな数のスパイクしか脳に送らない。ある色の一区画の縁に位置する細胞は一方の側の隣りからしか抑制を受けない。したがって脳は、そのスパイクの大多数を縁から得る。かくして冗長性問題は解決されるか、あるいは少なくとも軽減される。

バーロウは自らの論文を、心をひろげる一つの思考実験——マリアンと私の想像力をぎゅっと摑んだのはこれだった——から始めた。脳が識別しようと願うあらゆるパターン——あらゆる樹木、あらゆる捕食者、あらゆる獲物、あらゆる顔、アルファベットのすべての文字、ギリシア語のアルファベット——に対して一つの神経細胞が、「自分の」形が網膜に投影されるとスパイクを発射(=発火)するような形で網膜につながっていると、想像してみよう。そうした脳細胞の一つ一つがピクセルの「鍵穴」組み合わせと接続していて、正しい「鍵穴」形が見えたときにのみスパイク発射するようになっている。それはまた、「反=鍵穴」(鍵穴以外のすべてのピクセル)とは抑制的に接続してもいなければならない。そうでなければ、鍵穴全体を覆う光の空白域を見たときにもスパイク発射してしまうだろう。これはまっとうな言い分に聞こえるが、よく考え直してみると、正しいはずがない。こうした鍵穴との重ね合わせによって識別される必要のあるすべての形が、無数の異なる向きで、あらゆる距離から提示されるということを思いだしてほしい。重ね合わすべき鍵穴（どんな場合でも、網膜の残りの部分は反＝鍵穴である）の数は桁外れに大きなものだろうから、それに対応する脳細胞は、世界中のすべての原子の数よりも多くなくてはならないだろう。バーロウとは独立に、彼と同じアイデアを思いついたアメリカの心理学者フレッド・アトニーヴの計算によれば、脳の容量は立方光年単位で測らなければならないだろうという！

この解決策――冗長性の減衰――は、感覚順応や側抑制にとどまらず、水平線感知ニューロン、垂直線感知ニューロン、「バグ感知ニューロン」その他のような特徴感知ニューロンの魅力的なリストをなしており、それらすべては、バーロウ／アトニーヴの意味での冗長性を減衰するものとみなすことができる。たとえば直線はその両端の点だけで表すことができ、冗長な中間の点は脳が「埋める」ように残しておく。コウモリやクモの網の場合と同じように、バーロウの物語の全体は簡単に覚えやすい、優雅な問題の連鎖として語ることができる。問題に対する工学的な解決策が新たな問題を生み、それがまた新しい工学的解決策を示唆し、それがまた……という形で。

また、ある特定の種のある動物の脳で進化した「感知」細胞が、感覚の流れのなかで冗長な特徴だけでなく、その種の動物にとって機能的に重要な特徴――たとえば性的パートナーの色や形――にも向けられるよう調整されることになるだろう、といった予測を、私たちは立ててしかるべきである。これら二つを組み合わせると、一つの動物の脳内にある感知細胞の包括的なリストは、その種が生きている世界の重要な特質についての、一種の間接的な記述となるはずだということが考えられる。

そして、このアイデアはさらにもう一つの、今度は私自身の「遺伝子版死者の書」というアイデアに関係してくる。こちらのアイデアの眼目は、動物の遺伝子は理論上、その祖先が生き延びてきた環境についてのデジタル記録として読むことができるというものである。

「遺伝子版死者の書」と「平均加算装置」としての種

『遺伝子の川』は、読者が祖先を振り返って、自分の祖先のうちで若死にしたり、少なくとも一回の異性との交接を達成することができなかったりした人間は一人もいないと考えてみる（些細なことだと思うだろうが、それでもなお重要である）ところから始まっている。あらゆる個人は、文字通り途切れることのない成功した祖先の系列の遺伝子を受け継いで誕生する。私たちは、あえて先祖たちのうちのエリートと呼ぶが、そのエリートになる資質を授けた遺伝子を受け継いでいるのだ。ある個体が成功した先祖になるということの正確な意味は種ごとに異なるが、それがどういうものであれ、私たちはすべて、うまく祖先になることができた個体の子孫なのである。「うまくやる」というのは、鳥類、コウモリ、翼竜ではうまく飛ぶことであり、ライオン、タカ、カワカマスではうまく狩りをすることであり、雄シカ、雄のゾウアザラシ、寄生性のイチジクコバチではうまく闘うことである。

したがって、ある種のＤＮＡを原理的に、その種が優れている生き方についての記述のごときものとして読み取ることができるというのには一理がある。私は何冊かの著書でこの「遺伝子版死者の書」という概念について触れてきたが、しかし、もっとも詳しく論じたのは、『虹の解体』のこのタイトルの章においてだった。ここに示すのは、私が用いた方法の一つである。

一つの種というのはいわば、平均加算装置である。それは、何世代にもわたって、種の祖先が生活し繁殖を繰り返してきた世界の統計学的記録からなる。その記録は、ＤＮＡの言葉で書かれるが、どれか一つの個体のDNA中にあるというのではなく、全体としての種のDNA中にある。これが私のいう〝利己的な協力者〟としてのDNAである。このことは、「読み出し」という言葉のほうが、「記録」という言葉よりもうまく捉えられるかもしれない。科学的に今まで知られていなかった新種の動物個体を見つけたとしよう。この動物を詳細に解析することを許された有能な動物学者であれば、動物の身体を「読み」、その祖先がどのような環境で暮らしていたのか言い当てることができるはずだ。砂漠、熱帯雨林、北極のツンドラ、温帯性の森林、あるいは珊瑚礁であるというように。動物学者はまた、その動物の歯や腸を読みとることで、何を食べていたのかについて述べることができる。平らかな臼歯《きゆうし》を持ち、たくさんの袋小路からなる長く複雑な腸を持っていれば、その動物が草食動物であることがわかる。鋭い剪断歯《せんだんし》と短くて単純な構造の腸であれば、その動物が肉食動物であるといえる。動物の足、目、その他の感覚器官を見れば、行動様式や食べ物の見つけ方が読みとれる。体表の模様、角《つの》や鶏冠といったものも、専門家の目にかかれば、動物の社会生活や性生活を読み解く手がかりとなる。（福岡訳、一部改変）

私は種を「平均加算装置」と呼んだが、なぜ平均加算装置は生物個体ではなく、種なのか？　それは、少なくとも有性生殖をする動物ではどの一個体のゲノムも、何世代にもわたって篩《ふる》い分けられ、吹き分けられて、祖先の世代の個体が立ち向かい生き延びてきた条件や困難を平均化してきた、遺伝子プールの束の間の一例にすぎないからである。種の遺伝子プールは、種のすべての個体にとっての平均的な環境の陰画《ネガ》のようなものである。もし自然淘汰を、大まかな素材を鑿《のみ》で削って、たえず完全化に向かって前進していく彫刻家のようなものだと考えるなら、そうして彫りだされる実体が種の遺伝子プールとなる。それぞれの個体のゲノムはその遺伝子プールの一サンプルであり、個体の生き残り（あるいは失敗）は、そのプールからたまたま幸運にも（あるいは不運にも）抽出された遺伝子のセットに（ほかの何よりも）依存する。最初、私は一九七六年の『利己的な遺伝子』において、遺伝子の成功が遺伝子の組成に依存するという考えを、メンバーが組み換えられる競艇クルーの喩え《メタファー》によって伝えようとした。そこでは漕ぎ手が遺伝子を、メンバーの組み換えで成功した艇が生物個体を表している。多くの喩えと同じように、これもあまり行きすぎた使い方をするべきではないが、最良の遺伝子が、たとえそのコピーの多くが特定の個体の体のなかで弱い仲間のメンバーによって足を引っ張られて消滅することがあったとしても、長い目で見れば遺伝子プールのなかで生き残る傾向があることを、確かに伝えている。自然淘汰が何世代にもわたって余分なものを削りながら前進するとき、長い眼で見て、改良しているのは遺伝子プールなのである。ここから遺伝子版死者の書のイメージまでは、ほんの一歩の距離でしかない。ここでは環境が直接に遺伝子に刷り込まれる――そうならラマルク主義になってしまう――のではないということを理解しているのが重要である。そうではなく、遺伝子はランダムに変異し、環境に適した遺伝子が生き延び、将来の遺伝子プールに移り住むのである。

〝有能な動物学者なら原理的に、一つの種の解剖学的性質、生理学的性質、およびＤＮＡから、それがどこでどのように生活し、天敵は何で、対処しなければならない気象条件は何かといったことを読み取れるはずだ〟ということが最初に思い浮かんだのは、個別指導をしていたときだったと思う。私は分類学、すなわち動物を分類するための学問の原理について教えていた。類縁関係はないが同じような生活様式をもつ動物は互いに表面的な特徴（形質）が似てくる傾向があり、それは真に分類学的類縁関係を共有する形質から、私たちの注意をそらすという危険性がある。イルカとカジキは、どちらも海の水面近くを高速で泳ぐために、表面的にはよく似ている。しかしその表面的な類似より、イルカが陸生の哺乳類と似ている形質の数、カジキが他の魚と似ている形質の数のほうが上回る。こうした競合する似かよりを、それが「祖先的」であるか「現生的」であるかとは無関係に計測する数量的な分類方法も存在する。

そのような「数量分類学」は現在では、私が大学生のときにアーサー・ケインから教わったときほどに人気はなくなっているが、問題点を明らかに示すのにはすぐれている。非常にたくさんの種について、見つけられるかぎりのあらゆることを計測し、すべての計測値をコンピューターに入力し、それぞれの種とそれぞれの他の種とのあいだの距離を算出するようコンピューターに要求する。もちろんここでの距離は、空間的な距離を意味するのではない。それは互いがどれほど似ているかを意味するのである。つまりこれは多次元的、数学的な「類似度空間」なのだ。こうした作業の結果、期待できるのはこういうことだ――イルカとカジキはよく似た生活様式のゆえに、本来ある「べき」よりも互いにほんの少し「近くへ」引っ張られているが、そうした類似性（流線型の体ほか）は、一方が哺乳類で他方が魚類であるという事実に由縁するはるかに多くの相違に埋没させられてしまう。両者はデボン紀以来、互いに分岐してから非常に長い時間を経てきたのだから、当然そうなる。ここでおこなわれる数量的な計算は、表面的な（少数派）類似を埋没させてしまうことによって「篩い落とし」、系統的な類縁性を指し示す「根本的な」（多数派）類似を残してくれるのである。

個別指導の学生たちと一緒に声に出しながら考えているときに、こうした数量的方法は逆立ちさせることができるのではないかという考えが思い浮かんだ。「表面的な」機能的特徴（イルカとカジキの流線型の体のような）を篩い落として「真の」分類学的形質を残す代わりに、正反対のことだってできるだろう。類縁性に由縁する分類学的形質をあえて篩い落とし、機能的な類似性に集中するのである。どうやればそれができるだろう？　ペアの動物の集合を作成すると想像してみてほしい。それぞれのペアの最初のものは水中で繁栄し、二つめのものは陸地で繁栄する。たとえば、｛カワウソ、アナグマ｝、｛ビーバー、ホリネズミ｝、｛ミズオポッサム、オポッサム｝、｛ミズトガリネズミ、トガリネズミ｝、｛ミズハタネズミ、ハタネズミ｝、｛モノアラガイ、カタツムリ｝、｛ミズグモ、陸グモ｝、｛ウミイグアナ、リクイグアナ｝といったペアである。さらに分類学的な観点から言えば、それぞれの動物は別のペアの「自分側」の動物とより、自分のペアの動物とより近い関係にある。これらの動物すべてについて（そしてもっと多くの同じようなペアについて）数百の計測――解剖学的計測、生理学的な計測、生化学的計測、遺伝子配列――をおこない、コンピューターに各ペアのメンバーのうち、どちらが水生で、どちらが陸生であるかを教えたうえで、すべてのデータを取りだして、コンピューターに投げ込むと仮定してみてほしい。ここで、コンピューターに次のような質問をする（これは言うほどに簡単ではないが、やりようは確かにある）。「それぞれの場合、水生動物は陸生のパートナーたちと違って、共通に何をもっているか？」。それよりほんの少し巧妙なやり方だって可能かもしれない。動物たちに水生か陸生かというチェック項目を問う代わりに、水生に向かう勾配上に彼らを配置し、勾配に沿っての量的な相関を探すのである。思い切ってこう尋ねてもいいのだ。「それを陸生から水生に変身させるためには、どの測定値にどのような倍数を掛ければいいのだろう？」。

同じことを、樹上生活する種と地上生活する種のペアについてしてもいい。たとえば、｛リス、ネズミ〉、〈キノボリガエル、カエル〉、〈キノボリカンガルー、ワラビー〉。次に同じことを、地中生活する種と地表生活する種でする。たとえば、〈モグラ、トガリネズミ〉、〈ケラ、コオロギ〉、〈デバネズミ、ネズミ〉といった具合である。水生と陸生の場合、水かきのついた足が一つの答として思い浮かび、これはかなり明白である。しかし私としては、コンピューターが動物たちの奥深くに埋もれたそれほど明白でない答を見つけるのを期待したいところである。たとえば、血液の生化学的性質に関係したもののような。そして遺伝子版死者の書に話を戻すと、遺伝子についても同じ演習をおこなうことができる。とりわけ密接な類縁関係にあるわけでもないのに、水生動物を他の水生動物に結びつけるような遺伝子があるだろうか？　ふつうならば遺伝的な比較が、どの動物が密接な類縁関係にあるかを教えてくれるものと予測する。ウミイグアナとリクイグアナは、その遺伝子の大部分に関しては非常に近い親戚であり、まちがいなく、互いが非常に似ているという結果になるだろう。しかし私は同時に、正反対のこともできるはず、と思うのだ。すなわちウミイグアナが、他の海生動物と共有するがリクイグアナや他の陸生動物とは共有しない少数の遺伝子——ひょっとしたら、それは塩分の排出に関係した遺伝子かもしれない——を見つけることである。

　毎年やってくる学生たちと何年間も個別指導で話をし議論をした、そういう考察こそが私に「遺伝子版死者の書」という成句《フレーズ》を思いつかせたのであり、十分に有能な動物学者なら、未知の動物を提示されても、最終的にはコンピューターの助けを借りてその動物——より厳密にはその祖先——の生活様式を復元できるのではないかという考えを思いつかせたのである。とりわけ、その動物の祖先の生き残りを助けた遺伝子は原理的に、その祖先の世界、すなわち祖先の捕食者、祖先の気候、祖先の寄生虫、祖先の社会組織についての暗号化された記述として解読することができる。

そして、私と学生たちがこうしたアイデアをいじくりまわしていた、そうした個別指導のなかで私は、自分自身のチューターだったアーサー・ケインのことと、彼の「動物は、そうである必要があるからそうなっているものだ」という格言のことを心に留めていた。学生だった時分、気がつくと私は、一人で夕食をとるためにオックスフォードのロイヤル・オーク・パブ（反対側にラドクリフ診療所があったので、医師用のパブとして知られていた）に来ていて、言うのは悔しいが、ベーコン・エッグを注文した。たまたまアーサーも同じパブで同じことをしていたので、私たちは合流した（同じく悔しいことに、私はギデオン協会を創設した二人の「旅人」のことを思いださされた（偶然ホテルで相部屋になった二人のクリスチャンであるセールスマンが意気投合して設立されたのが同協会））。私たちは分類学と適応について話をし、そのうちにアーサーが自分の研究テーマの説明の一環として、リスはネズミに似た祖先から「樹上生活という次元」に沿って一定の距離だけ移動したネズミとして表現できるのではないかと示唆したのである。このイメージが私にずっと残り、『虹の解体』の「遺伝子版死者の書」という章、ならびに『不可能の山を登る』の二つの章の中心となる「考えられるあらゆる動物の博物館」というアイデア（後出を参照）を吹き込んだ。しかし「博物館」は、私が『盲目の時計職人』の執筆中に始めたコンピューター・モデリングの試みから直接のヒントを受けたものである。

ピクセルの進化

『盲目の時計職人』の第三章「小さな変化を累積する」には、他の一〇章を合わせたよりも多くの時間と努力をかけた。というのも、人為淘汰によって画面上で「コンピューター・バイオモルフ」を繁殖させるために設計した、ブラインド・ウォッチメイカーという名の適切なプログラムを書くのに数週間も、数カ月も費やさなければならなかったからである。「バイオモルフ」という言葉は、友人のデズモンド・モリスから借用したものである。疑似生物を描いた彼のシュルレアリスムふうの絵は、彼のいかにももっともらしい説明によれば、キャンヴァスからキャンヴァスへと「進化する」。デズモンドの絵「待ち受ける谷」は『利己的な遺伝子』の表紙カヴァーに使われたが、その原画を私は、デズモンドのある展覧会で買い取った。なぜならその値段（七五〇ポンド）が、オックスフォード大学出版局がくれた前払い金とぴったり同額だったからである。その因縁が私の気まぐれな心に突き刺さったのだ。その一〇年後に私がデズモンドに『盲目の時計職人』の話をしたとき、彼はこのタイトルがとても気に入り、すぐさま同じ画題をもつ絵を描きはじめた。そしてこの新しい絵——本の内容よりはむしろタイトルにかかわりがあったのだが——がのちに、『盲目の時計職人』のロングマン版とペンギン版、両方の表紙カヴァーを飾ることになった。

私はコンピューター・バイオモルフのプログラムを、現在はもうほとんど使われなくなっているパスカルという言語で書いた。これそのものは、私が大学院生のときに学んだＡｌｇｏｌ-６０という言語（パスカル以上に徹底的に廃《すた》れてしまってさえいる）の直系の子孫だった。私はずっとアップル・マッキントッシュの「ツールボックス」に頼っていたが、これはＭａｃに特有の（そして真似されていることで有名な）「ルック・アンド・フィール（画面の見た目や操作感）」を与える、さまざまなハードウェア制御プログラムの集まりである。そして、Ｍａｃツールボックスの六冊の技術マニュアルは私のすっかり手垢にまみれ、汚れた、乱雑な書き込みのあるバイブルになっていった。

私はまたしょっちゅう、どんなときにも忍耐強いアラン・グラーフェンのところへ走っていって、助けとアドバイスを求めた。彼のほうが私より経験を積んだＭａｃプログラマーだったからではなく

――むしろ逆だった――、彼が知能指数（ＩＱ）の部門で一日《いちじつ》の長をもっているのは否めなかった。Ｐ・Ｇ・ウッドハウスならこう言っただろう。「カラー・ボタンより上に関して言えば、アラン一人が図抜けている」。あるいはマリアンが彼について言っているように、「彼はつねに正しいという、最高に鬱陶《うっとう》しい性質をもっている」。私のプログラミング・マラソンの途中で彼は一度、かなり愛情のこもった口ぶりで、私を気の毒に思うと言ったことがある。というのは、私はコーディングが特別にむずかしい部分で泥沼にはまり込んでいたが、手を引くにはあまりにも深くはまりこんでいたからである。まるでコンコルドの誤謬のように聞こえるが、ある意味で実際にもそうだった。手を引くのは、それまで投入したすべての仕事を投げ出すことを意味するだろう。しかしそこには、それ以上の何かがあった。私は生物学的な直観によって、固執することを余儀なくされた――そしてこのことについては、私は図々しく自分の手柄と考えているし、少しばかり誇らしく思ってさえいる。その直観はほとんど、生物学者としての私が嗅ぎつけずにはおかない本能的な鼻のようなものだった。私はこだわりつづけ、複雑さの泥沼から抜け出しさえすれば、バイオモルフ生成アルゴリズムから真に興味深いことが最終的に現れてくるに違いないという確信によって、前につきすすんだ。

その鍵は、私のバイオモルフに埋め込まれた「発生学」のフラクタルな性質だった。再帰的に樹状の成長をとげるという手順《プロシージャ》がそれで、その量的な詳細は九つの（後のほうのプログラムではもっと多い）数字でコントロールされるが、これを私は遺伝子と呼んだ。これは自明のことながら、遺伝子の数値を変えると、バイオモルフの形態は変わる。それほど自明ではないのが、この変化はしばしば、生物学的に興味深い方向に向かうということだ。私は人為淘汰を用いて、親バイオモルフから娘バイオモルフを（有性的にではなく無性的に）「繁殖させる」ことによって、ダーウィン主義をもちこんだ。コンピューターは、わずかな突然変異をもつ娘バイオモルフの選択肢を提示される。人間の選択者が、次の世代を誕生させるべきものを一つだけ取り上げる――そしてこれを果てしない数の世代にわたって続ける。遺伝子の数値は隠されていた。家畜やバラの育種家と同じように、バイオモルフの育種家も遺伝的変化の結果だけを、コンピューター画面上の形態だけを見て育種にあたったのである。

私の夢ではそのあと興味深い、予想外のことが現れることを予想していた。しかし、私のバイオモルフが植物学から昆虫学まで進化していくなどとは、けっして期待していなかった。

このプログラムを書いたとき、私は樹木ふうの形をした変異体以上の何かが進化してこようとは考えてもいなかった。シダレヤナギとかレバノンスギとかセイヨウハコヤナギとか海藻とか、ことによるとシカの角とかはでてくるだろうとは期待していた。画面に何が実際に現われてくるかについては、私の生物学者としての直観のなかにも、コンピューターをプログラムしてきた二〇年にわたる経験のなかにも、そして私の野心的な夢のなかにも、前もって教えてくれそうなものは何もなかった。何か昆虫らしきものが進化してきそうだとはじめて私にわかってきたのが、一連の世代のいつごろだったのか、はっきりとは思い出せない。大胆に推測して、ともかくもももっとも昆虫らしく見える子供を選んで、私は世代から世代へ育種しはじめた。そしてどんどん昆虫に似たようなものが進化してくるにつれて私はだんだん信じられないという気持ちになってきた。……下の最終的な結果を見ればおわかりだろう。あきらかに、それらは、昆虫のような六本足のかわりに、クモのような八本足をもっているが、たとえそうであってもかまわない！　いまでさえ、自分の目の前にこうした絶妙の生物が出現してきたのをはじめて眺めたとき、自分がど

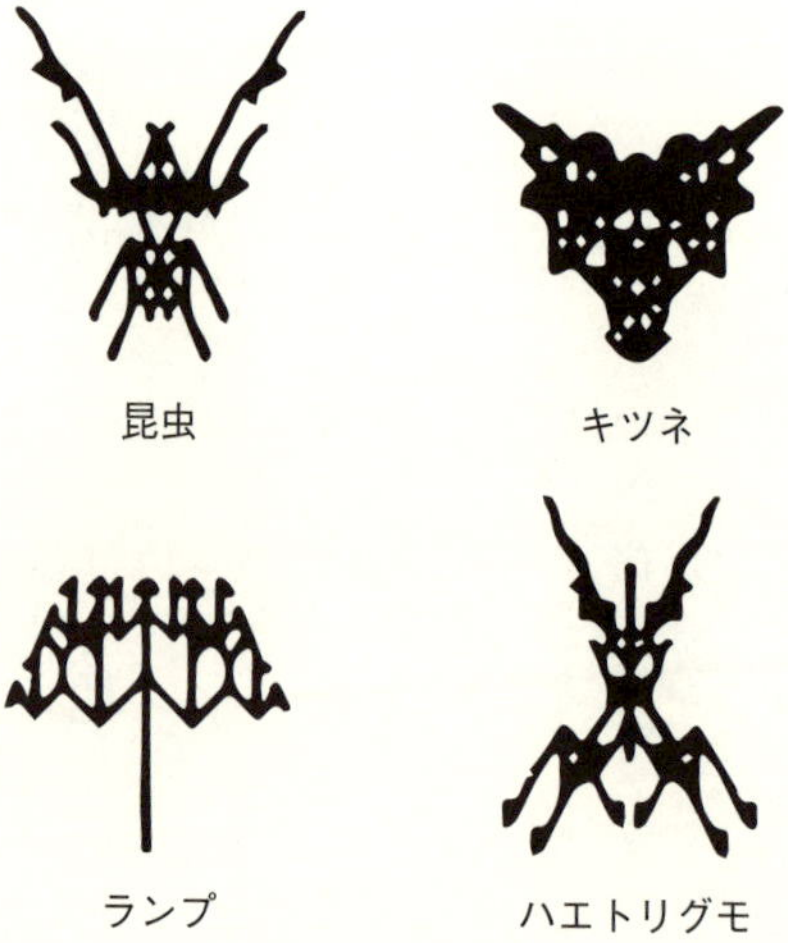

図5　ブラインド・ウォッチメイカー・プログラムで育種されたバイオモルフ。

んなに狂喜したかを隠せない。私ははっきりと、あの〈ツァラトゥストラはかく語りき〉（『2001年宇宙の旅』のテーマ）の勝ち誇ったようなオープニング・コードを心のなかで聞いた。食事も喉を通らないまま、その夜は、眠ろうとして目を閉じるたびに瞼の裏に「私の」昆虫たちが飛び交った。

市販されているコンピューター・ゲームのなかには、プレーヤーに地下の迷路をさまよっているような気にさせるものがあるが、それは、どんなに複雑な地形になっているとしても、またそこでプレーヤーがドラゴンとかミノタウルスとか他の神話に出てくる魔物どもに遭遇するとしても、しょせん限界がある。こうしたゲームに出てくる怪物たちは数からいうとむしろ少ないくらいだ。それらは人間のプログラマーによってすべてデザインされているし、迷路の地形も同じくすべてデザインされたものだ。進化のゲームでは、コンピュータ版であれ本物であれ、プレーヤー（あるいは観察者）は、比喩的に言うと迷路のように枝分かれした通路をさまようような感覚になるのだが、とりうるすべての道すじの数はほとんど限りがなく、遭遇する怪物たちもあらかじめデザインされてはいないし予測もできない。バイオモルフの国の地下水脈をさまよいながら、私はホウネンエビ、アステカの寺院、ゴシック様式の教会の窓、アボリジニーの描いたカンガルーに遭遇し、二度と捕えられないのだが、忘れがたいものでは、論理学のウィカム記念教授［マイケル・ダメット］のなかなかよくできた似顔絵にも出会ったことがある。（中嶋・遠藤・遠藤・疋田訳、一部改変）

ここに引用した二番めの段落で触れているのは、このプログラミング演習から私が持ち帰った主要な生物学的教訓の一つのことだ。私の想像力の内なる目は「バイオモルフの国」を、さまざまな形態に満ちた多次元のランドスケープである、それぞれが他のすべてと一歩一歩の、漸進的な進化の軌道をたどって結びついているありうるすべてのバイオモルフが潜む九次元の超立体を見たのである。遺伝子の数は固定されていないので、これほど整然とではないが、理論上ではあらゆる現実の動物がn次元超立体のなかに位置を占めているのを想像することができ、その超立体を私は『盲目の時計職人』の第三章で、「遺伝的空間」と呼んだ。この怪物的な（この単語をわざと使うのだが）超立体の住人の大部分は、けっして実在したことがないだけでなく、実在したとしても生き残ることはできなかったであろう。「たとえ生きていく方法がいろいろあるにしても、死んでいる方法（もしくは生きていない方法）にはもっといろいろあるというのは確かである（中嶋・遠藤・遠藤・疋田訳）」（この私

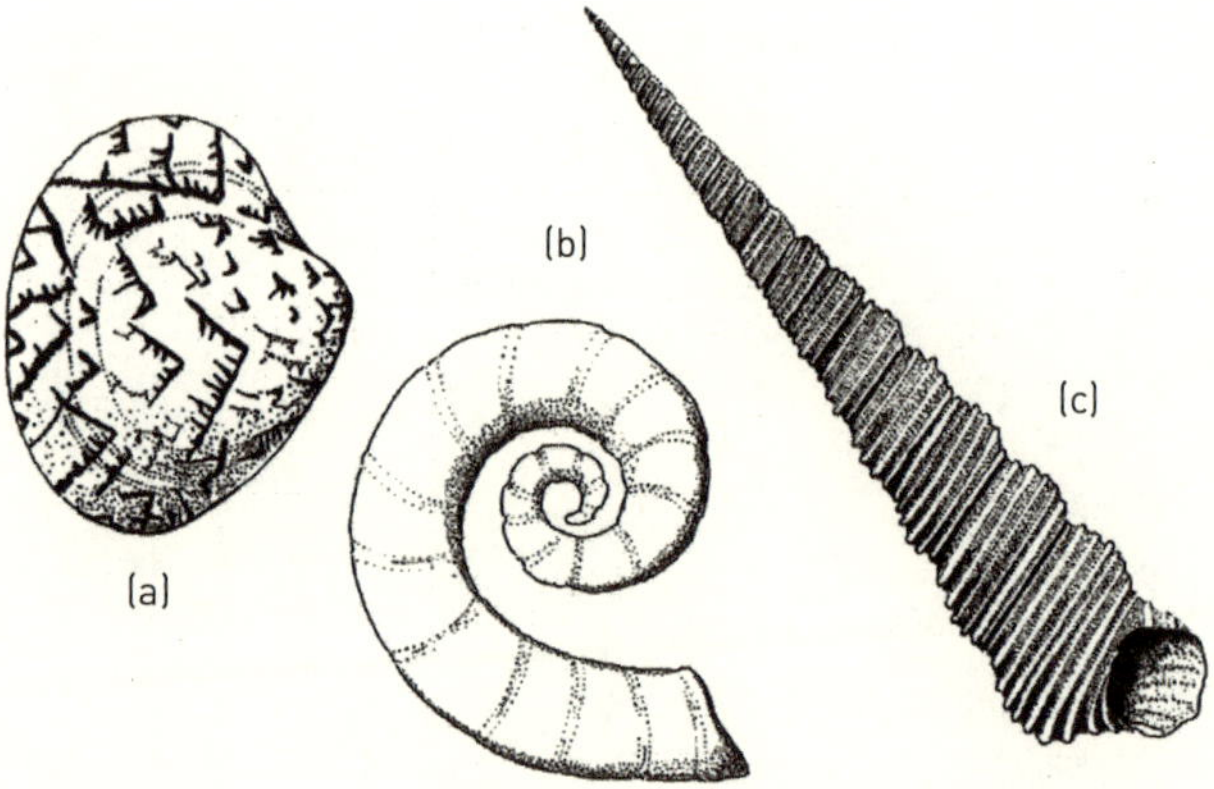

図6　フレア、ヴァーム、スパイアを例証する貝殻：（a）高いフレア：マルスダレガイ科の二枚貝（*Liconcha castrensis*）（b）高いヴァーム：トグロコウイカ（*Spirula*）の殻（c）高いスパイア、キリガイダマシ（*Turritella terebra*）

の文章が、『オックスフォード引用句辞典』に入っているのを見たときは嬉しかった）。現実の動物はこの超空間のなかの島で、互いに広大な空間で隔てられていて、いってみれば、近縁な動物たちの裾礁に取り囲まれ、不可能な動物たちの越えることができない広大な不毛の荒野によって他の島とは隔てられた、超ポリネシアのようなものである。現実の進化は時系列や、超立体を走り抜ける軌道によって表される。私は数式を書いたり、正しく計算したりするのが得意ではないが、ひょっとしたら、数学者の魂の萌芽をもっているのかもしれない。そうであってほしいと切に願う。

ダン・デネットはこのアイデアを洗練して「メンデル図書館」という名のもとで実りあるものとし、私も『不可能の山に登る』で、空想の「考えられるあらゆる動物の博物館」において、さらに考えを進めた。

遠い地平に向けあらゆる方向に伸びた回廊《ギャラリー》をもつ博物館を想像してみてほしい。……この博物館に保存されているのは、これまでに実在した動物のすべての種類、そして想像できるあらゆる種類の動物である。それぞれの動物は、もっともよく似た動物のいる部屋の隣りに入れられている。博物館のそれぞれの次元《ディメンション》——回廊が延びているそれぞれの方向——は、動物どうしが示す差異の指標《ディメンション》に対応している……これらの回廊は私たちの限られた精神で思い浮かべることができる通常の三次元空間ではなく、多次元的な空間のなかで、互いに縦横《じゅうおう》に交叉している。

『不可能の山に登る』で私はこの博物館を、軟体動物の貝殻というかなり特殊な例を用いて紹介した。貝殻は従来、周縁で（対数的に）成長しながら伸びていく管であると理解されてきた。もし管の断面の形状を無視すれば（たとえば断面が円であると考えて）、すべての貝殻の形は三つの数値だけで決定されるが、『不可能の山に登る』で私は、フレア、ヴァーム、スパイアという語を当てた。フレアは、管がらせん状にのびる際の〝口径〟が広がる速さを決定する。スパイアは平面から逸脱していく程度を決定する。典型的なアンモナイトではスパイアはゼロ（ずっと同一平面に収まっている）だが、たとえばキリガイダマシ（*Turritella*）では、この値は高い。フレアはザルガイで高く（実際に、「管」の口径があまりにも急速に広がるので、そもそも管のように見えるまえに終わってしまう）、キリガイダマシでは低い。ヴァームは言葉で説明すると長くなってしまうが、要は図6のトグロコウイカの殻が高いヴァームの典型である。アメリカの古生物学者、デイヴィッド・ラウプが気づいたように、もし一連の動物の形状の変異を支配している数値が三つしかなければ、そうした動物のすべて

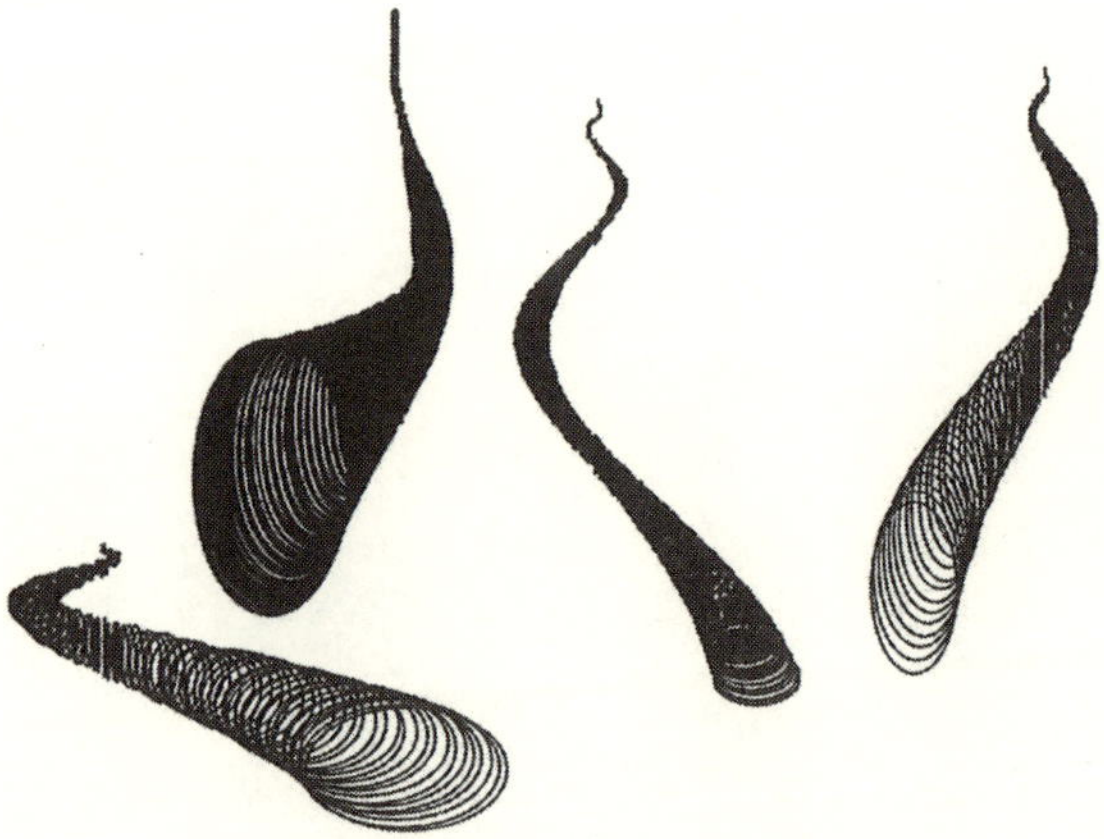

図7

は単純な数学的空間——三次元の立体——に収容することができる。超立体は必要なく、現実の立方体で間に合う。同じ理由で、私はバイオモルフ・プログラムの巻き貝版を九つの遺伝子ではなく、三つだけの遺伝子で書けることに気づいた。樹木のような形をしたバイオモルフのセットのどれかを選んで育種する代わりに、私はスネイル（巻き貝）モルフ、あるいは——言葉を混同しないようにしてほしいのだが——コンコ（貝）モルフを提示することができる。世代から世代へと、好ましいものを選んで繁殖育種させることによって、どんな貝から始めても他のいかなる貝へと進化させることも可能だろう。進化は、考えられるあらゆる貝類の立方体のなかを一歩ずつ動いていく軌道になるだろう。

そのプログラムを書くために、私はもとの九つの遺伝子のバイオモルフ発生学を、新しい三つの遺伝子の貝類発生学のモジュールに置き換えるだけでよかった。残りのその他はすべて同じだった。そして実際にそれは、他のどんな貝から出発しても、世代ごとに目標にもっともよく似た貝を単純に選択していくだけで、どんな貝でも非常に簡単に育種できることを実証した。この時代にはまだ3Dプリンターが発明されていなかったが、もしもっていれば、私はこのすべての貝が収まった立方体丸ごとを「プリント」していたことだろう。実際には、私は六枚の四角い紙にその立方体の六つの面の各々をプリントし、段ボール箱の外側に貼り付けることで満足しなければならなかった。口絵には、この「貝の箱」をもったララの写真がある。

実在の生物の進化はおそらく、この立方体——この仮想の考えられるあらゆる貝類の博物館——のなかをどこへでも自由にさまようことができるだろう。しかしながら、ラウプが以前に記したように、いくつかのかなり大きな、数学は許容するがいかなるものも実際に生き延びることのできないような、「立ち入り禁止」区域（面というよりもむしろ空間）がある。これは、そうした形状が機能的に生存不能だからである。そうした「危険（ここにはドラゴンがいる）」〔ダグラス・アダムズの『これが見納め』に出てくるコモドオオトカゲの存在を警告する看板の文句〕地帯にとどまる突然変異体は、ただ死ぬしかない。図7に示すのは、この立方体の借り手のつかない区域の数学的に可能な四つの住人である。これらの形は貝としては実在しないのだが、興味深いことに、アンテロープやその他のウシ科動物の角《つの》として実在する。

しかし、すべての可能な貝類の博物館が三次元の立体だというのは厳密には正しくない。それが正しいのは、成長する管の断面の形を無視し、たとえばそれが真円であると仮定したときだけだ。私は最初の三つの遺伝子に四番めの遺伝子を付け加えることで、円の代わりにさまざまな楕円でやってみようと試みた。しかし実在の生命は、そんなふうに幾何学的に完全ではない。多くの貝では断面の形は数学的に指定するのは簡単ではないので（もちろん原理的には可能なのだが）、フリーハンドのプ

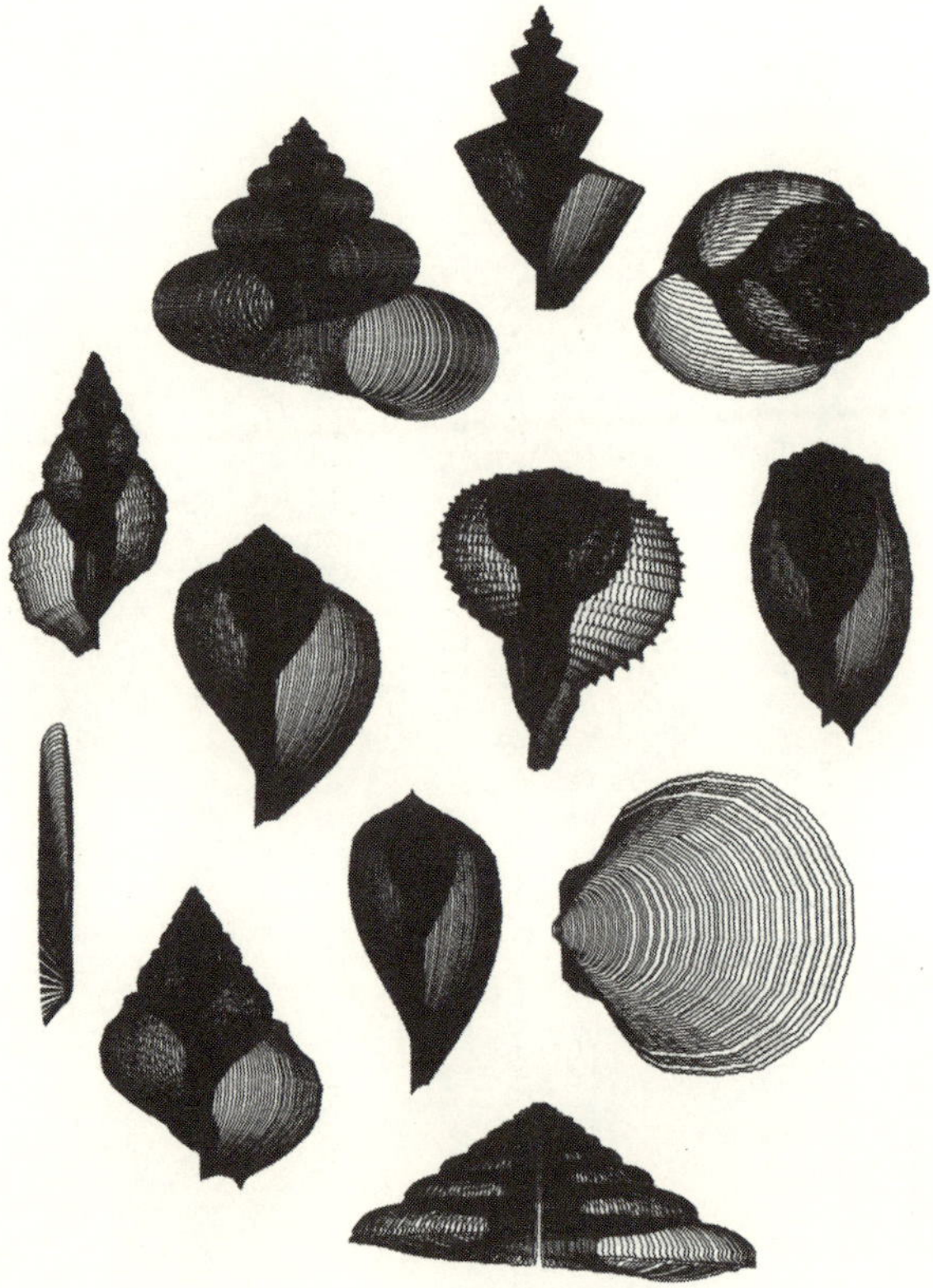

図8

ログラムでそこに踏み込むことにした。発生学モジュールに対するこの変更を別にすれば、プログラムは同じままで、遺伝子を三つだけたずさえて、私はコンピューターの画面上に勇気づけられるほどリアルな貝類の群れを育種することができた（図8を参照）。

最初の樹木発生学および貝類発生学に加えて、私の進化プログラムに取り込むことができるもっと多くの発生学モジュールはあっただろうか？　私は久しく、ダーシー・トムソンの「変形《トランスフォーメーション》」に魅了されてきた。かの偉大なスコットランド人動物学者（一五二一〜一五三頁を参照）はラウプに、そしてのちには私の貝類の研究にインスピレーションを与えた人物の一人である。しかし、彼がもっともよく知られているのは、生物の形が数学的な変換によって類縁のある形に変形できると証明してみせたことにおいてだった。動物の形、たとえばオオエンコウガニの一種（*Geryon*）の形をゴム板に描くことによって、それを視覚化することができる。それからこのゴム板を数学的に指定されたやり方で引き伸ばすことで、さまざまな類縁のカニの形に変形できることがわかるだろう。図9はダーシー・トムソンが示したこの過程である。オオエンコウガニは左上の方眼紙（「ゴム板」）に描かれている。他の五つのカニの形（悲しいかな、概略にすぎない）は、方眼の座標を五つの異なる数学的に優雅な方法で歪める（「ゴム板」を引き伸ばす）ことによって得られるものである。

私は久しく、「ダーシー・トムソンがコンピューターでそれをやっていたらどうだっただろうか？」という夢想に魅了されてきた。実際、私はそれを、オックスフォード大学での動物学優等学位の最終試験の一問として出題したことがある。たしか、その問いを選んで解答した学生はいなかったと思う——悲しいかな、たぶんそれはこんなことを教える講義がなかったからだろうし、そもそも（無理もないとは思うのだが）ピリピリしている受験者は冒険をしたがらないものである。さて私は、

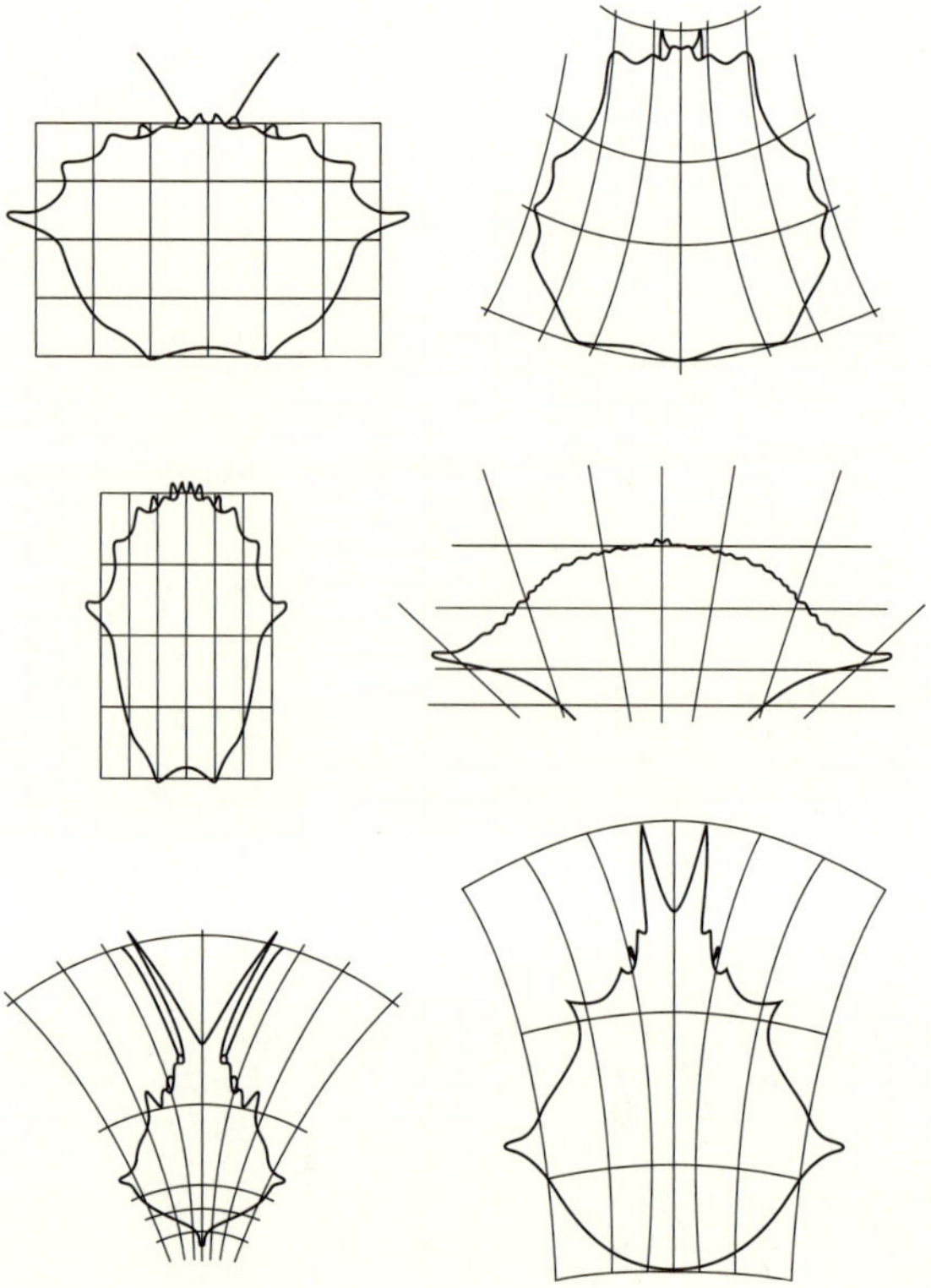

図9

自分がつくったこの問題にバイオモルフ・プログラムを変形して答えてみたいと思った。遺伝子には樹木の発達を制御する代わりに、コンピューターのなかで仮想の「ゴム板」を数学的に引き伸ばさせよう。コンコモルフの場合と同じで、もとのバイオモルフ・プログラムの核心である発生学ルーチンだけを書き直せばいいはずだ。残りのすべては同じままでいけるだろう。オオエンコウガニから一歩一歩の人為淘汰を通じて、たとえばイチョウガニ（*Corystes*）を「進化」させるのは可能であるにちがいない。ダーシー・トムソン自身にならって、これらのカニがすべて現生種で、どれ一つとして他のカニに由来するものではないという事実に目をつぶる、心の準備もできていた。類縁関係にある動物が互いに、すべての動物の数学的博物館の隣りにいる動物を引っ張ったり、捻ったり、歪めたりした形と見ることができるというアイデアの、私は虜《とりこ》になってしまった。

たとえそれをやるだけの時間があったとしても、要求される数学およびコンピューターのスキルは自分の能力を超えていたので、私は二人のプログラマーを雇うための研究助成金に入札するためのオックスフォード大学の共同事業体《コンソーシアム》に参加した。一人は私の「ダーシー・トムソン」プロジェクトのために働いてもらうため、もう一人は農業に関する私とはつながりのないプロジェクトのためだった。「私の」プロジェクトで働くためにやってきたプログラマーはウィル・アトキンソンだったが、彼は望みうる最高の人材だったことがわかった。

ウィルの「ダーシー」プログラムの「遺伝子」は、いろいろなことをした。ある遺伝子は「引き伸ばされたゴム板」を正方形から台形に変え、歪みの大きさは遺伝子の数値によって決定される。ある遺伝子は一方あるいは両方の「軸」を対数的に変化させ、あるいは他のさまざまな数学的変形を引き起こす。ゴム板に描かれた生物の形は、私のもとのバイオモルフ・プログラムにおけるのとまったく同じように、観察者が「育種」のために気にいった「子孫」を選んでいくにつれて、徐々に変わっていく。

ウィルのプログラムはみごとに書かれていたが、それが「進化した」形は、世代が進むにつれてますます「生物学的」でなくなるように思えた。進化していく動物は、新しい生命力のある変形よりもむしろ、しだいにその祖先の形から退化した形になっていくように見えた。私の最初の進化するバイオモルフがそうだったような、本当の進化的な子孫に似てはいなかったのだ。ウィルと私はその理由をつきとめたが、それはじつに示唆に富むものだった。「ダーシーモルフ」は発生学をもっていないのである。一つの世代から次の世代へ進化するのは、動物の形そのものではなく、それが描かれた「ゴム板」なのである。

だから、ダーシー・トムソンのもとの変形は結局のところ、けっして本当に進化的ではなかったのである。なぜなら、彼の描いた動物は成体でかつ現生種である。成体の動物は、他の成体の動物に変化はしない。胚発生過程は祖先の胚発生過程から進化する。ジュリアン・ハクスリー（ニュー・カレッジにおけるチューターとしては私の大先輩に当たる）はダーシー・トムソンの方法を改変して胚を成体に変形させたが、ピーター・メダワーが指摘したように、これは生物学的により現実的な使い方である。私の最初のバイオモルフが「繁殖力」があり、「創造的」でさえあったのは、それが発生学をもっていたからだった。再帰的な、枝分かれする樹木は、新鮮な興味深い方向に進化しつづけるという、ある種の組み込まれた性向をもっていたのだ。「コンコモルフ」もまた、それ独自の（非常に異なってはいるが、それでもなお生物学的には興味深い）発生学をもっており、生物学的に現実味のある豊かな変異を生みだすことができた。実在の生物の発生学も、それと同じように「創造的」なの

図10

ではないのか？　発生学自体が、進化をつくりだすことがもっとうまくなるように進化しさえするのだろうか？　進化的に実り豊かなものを選択する、発生学そのものを取捨選択する高次の淘汰という類《たぐい》のものがありうるのだろうか？　これが私の「進化しやすさの進化」というアイデアの萌芽となったのであり、それについては、すぐに立ち戻ることにする。

『盲目の時計職人』で私が最初につくった、九つの遺伝子をそなえたバイオモルフは、九次元の超立体の内部で、その進化的な道を蛇行しながら進んだ。進化的な趨勢はこの特定の超立体、この九次元のすべてのバイオモルフの博物館を一ミリ刻みで進む一つ一つの歩みから成る。私はこの超立体の外へといったん飛び出し、さらに大きな超立体に入ることが可能な方法に関心があった。それをする一つの方法は、完璧に異なる発生学に置き換えること、たとえば樹木の発生学を貝類の発生学に置き換えることで、実際にやってみた。しかしそれにとりかかる前には、私の既存の発生学、すなわち最初の樹木のバイオモ

図11

ルフの発生学に影響を与える遺伝子の数を増やしたらどうなるだろう？　という興味を抱いていた。これは、進化が利用できる数学的空間の次元の数を九つ以上に拡張することに等しいだろう。そして私はそうすることで、実在の生物学的進化に関する洞察をもたらされまいかと期待した。私はこの試みを二段階に分けておこなった。第二段階は色の遺伝子を導入することで、それは『不可能の山を登る』でデビューした。第一段階——まだモノクロだったが——は、『盲目の時計職人』の一九九一年の第二版の付録《アペンディクス》に登場している。そこでは私は遺伝子の数を九から一六に増やした。枝分かれする樹木の発生学は核心に残したままで、新しく持ち込んだ遺伝子（またしても、遺伝子は単なる数字にすぎなかった）は、この基本的なバイオモルフを描く多様な方法を提供するものである。「体節化」遺伝子群はミミズやムカデの体節を模して、縦一列に並んだ一連のバイオモルフを描く。一つの遺伝子はどれだけの数の体節を描くべきかを決め、もう一つの遺伝子は体節間の距離を制御し、さらにもう一つは、前から後ろに向かうにつれて漸進的に変化する「勾配」を提供する。体節化したバイオモルフ（図10を参照）は、私がそれを見たとき〈ツァラトゥストラはかく語りき〉のコードが鳴るのを聞いたあの「昆虫」たちよりもなお節足動物に似ていた。たとえ特定の生きている本物の種のようにピンで突き刺すことができなくとも、これらは「生物学的に」見えないだろうか？　別の一組の遺伝子は、さまざまな対称面でバイオモルフの「鏡像をつくる」。

一六次元の超立体は、その新しい対象遺伝子群と体節化遺伝子群をもって、もとの九次元の空間におけるよりもはるかに広いバイオモルフのレパートリーの進化を可能にした。それはかなり不完全なアルファベットの育種さえ可能で、私はぎこちなく、私の名前をサインさせることを試みた（図11を参照）。最初の九つの遺伝子では、アルファベットを育種することはまったく不可能だったろう。一六次元の超立体で見つけることができた文字はいかにも不完全で、バイオモルフ進化の柔軟性《フレキシビリティ》を増大させるためにはもっと多くの遺伝子が必要なことを示唆している。

そんなことを考えるうちに私は生物学へと引き戻され、進化しやすさの進化という概念を提案するに至ったのである。

進化しやすさの進化

『盲目の時計職人』を出版した翌年、私は人工生命という科学分野を創設した先見の明あるクリストファー・ラングトンから、ニューメキシコ州にあるロスアラモス国立研究所での新しい学問分野の創設会議に招待された。最初の原子爆弾が開発された場所を眺めながら、長い平和のただなかで、ロバート・オッペンハイマーが砂漠での最初の核実験のあとで述べた暗い予言的な言葉を思いだし、粛然《しゆくぜん》とした。

私たちは世界が以前とはもう同じではなくなるだろうとわかっていた。笑う人はほとんど、泣く人もほとんどおらず、大部分の人は押し黙っていた。私はヒンドゥー教の聖典『バガヴァッド・ギーター』の一行を思いだした。……「われは死神、世界の破壊者となれり」。思うに私たちはみな、それぞれのやり方で、そう考えていたのだろう。

第一回の人工生命会議のために集まった人々の顔ぶれは、オッペンハイマーの同僚たちとはまったく異なっていたが、これは想像ながら、雰囲気はほんの少しだけ似ていたのではないだろうか。みなまったく新しい、それまで見たこともないような企てを実行するために集まったパイオニアたちである。ただし、容易に想像できるように、私たちの企てが建設的であるのに対して、彼らの企てが破壊的であるという違いはあった。クリス・ラングトン自身に加えて、スチュアート・カウフマン、ドゥーン・ファーマー、ノーマン・パッカードを含めた、会場からほど近いサンタフェ研究所のさまざまな有名人に会えたのは嬉しかった。このなかでもファーマーとパッカードは、靴に仕込んで足指の先で操作するミニ・コンピューターで、ニュートン物理学の原理を用いて、ラスヴェガスの銀行を襲うという冒険的な——実際に危険な——試みをおこなった戦友どうしである。この話の全容はトマス・バスによって面白おかしく語られているが、その本の書名に言及するのは差し控えたい。なぜならそのタイトルが、大西洋を渡ったときに謂われなく変えられたからである。

同じ危険を好む精神のようなものが、ニューメキシコの砂漠の夢のような雰囲気と併せて、やはりこの会議で会った一人の魅力的な若い女性に埋め込まれているように思われた。彼女は私を説き伏せエクスタシー〔幻覚剤。化学名はメチレンジオキシメタンフェタミンで、MDMAとも呼ばれる〕を飲ませようとした。私はそれまで（これは一九八七年のこと）それについて聞いたことがなく、そのときには臆病すぎると思いはしながらも彼女の申し出を断ったのだが、いまとなっては正解だった。しかし、彼女のしなやかな美しさ、彼女の不思議な煉瓦造りの家、彼女が私のために流してくれた「ニューエイジ」音楽、砂漠の幽霊の出そうな静けさ、そして山々までの距離を夢のなかでのように縮めてしまうヒリヒリするほど透き通った空気が、ドラッグの必要がないほど私をハイにしてくれた。彼女と一緒だったこの小さな幕間《まくあい》、とりわけ南西の地平線にほとんど幻覚のように大きく見える一〇〇マイル先の山々の景観が、私にかわってこの注目すべき会議の雰囲気を簡潔に要約してくれる。

私は講演のタイトルを「進化しやすさの進化」としたが、私の知るかぎりでは私の講演と、この会議の議事録として発表された私の論文が、現在広く使われているこの成句《フレーズ》の初出《デヴュー》である。私はＭａｃを用いて、遺伝子の数を九から一六に増やして拡張した「バイオモルフ空間」において進化の自由度が拡張されることを例証し、それから生物学的なモラルについて詳しく説明した。

私のような極端な適応主義者にとって、自然淘汰がどんなことでも、無制限に達成できると考えるのはあまりにも安易すぎる。しかし、淘汰は発生学〔発生現象〕がつくり出した突然変異にしか作用することができないのだ（これは私が五年前に『延長された表現形』で列挙した「完全化への拘束」の一つである）。進化的な変化は、「考えられるあらゆる動物の博物館」の多次元回廊を這い進むものである。しかし回廊のあるものは、文字通りの袋小路ではなくとも、他より通り抜けづらく、進化は丘を滴り落ちる水と同じように、もっとも抵抗の少ない道を探し求めるだろう。進化しやすさの進化に関する要点はこれである。ひょっとしたら、この博物館のそれまで塞がれていた、あるいは量的に流れが妨げられていた回廊のどれかが、発生学の新機軸という進化的な発明によって、突然に通れるようになるのかもしれない。先カンブリア時代にさかのぼって、最初に体節をもった個体は、体節をもたない親よりも生き残ることにすぐれていたかもしれないし、そうでなかったかもしれない。しかし、それを誕生させた発生学的な革命は、あたかも水門が突然開かれたかのように、新しい進化の系統の激発の引き金を引いた。それなら、それがもつ発生学の進化的な「豊穣さ」のゆえに、それらの系統全体を選抜するような高次の自然淘汰の類《たぐい》が存在するのだろうか？　一九八〇年代にさかのぼって筋金入りのダーウィン主義的適応論者だった私にとって、これはほとんど異端思想と言ってもよかったが、私は刺激を与えられた。

体節をもつ最初の動物には、体節をもたない両親がいたにちがいない。そして、それは少なくとも二つの体節をもっていたにちがいない。体節の真髄は、それらが複雑な事柄について互いによく似ていることである。ムカデは肢をもったどれも似通った貨車の長い連なりを真ん中にして、先端に感覚器官、後端に生殖器がついている。ヒトの体の脊柱の体節は同一ではないが、どれも同じパターンの椎骨、前根と後根から出る神経、筋肉の塊《かたまり》、何重にも走る血管などをもつ。ヘビは数百の椎骨をもち、ある種はほかの種より途方もなく多い数の椎骨をもつが、そのほとんどは、「列車」をなす隣りあった椎骨と同じである。すべてのヘビの種は互いに親戚だから、個々のヘビは折に触れて、自分の親よりも多い（あるいは少ない）数の椎骨をもつに違いない。そして、それが多くなるにせよ少なくなるにせよ、椎骨の数の差異は必ず整数個である。つまり、半分だけの体節をもつことはできない。一五〇体節から一五一、あるいは一五五体節にはなれても、一五〇・五節や一四九・五節にはなれない。体節は全か無《オール・オア・ナッシング》なのである。それがどのように生じるかは、今ではかなりよくわかっている――ホメオティック突然変異と呼ばれるものによってだ。驚くべきことに――私が動物学を勉強していた大学生時代よりずっと後になってなされたすばらしい発見だ――脊椎動物と節足動物の両方の体節化を仲介しているのが同じホメオティック突然変異であり、遺伝子をマウスからショウジョウバエに移植して、驚くほどそっくりな効果を得ることさえできるのである。

「進化しやすさの進化」講演の前年、私は『盲目の時計職人』のなかで、「ボーイング７４７」式の大突然変異に対するものとしての「DC8伸張型」について書いた。著名な天文学者であるサー・フレッド・ホイル（生物学に不適切な介入をした物理学者[1]は彼が最初でもなければ、最後でもない）は、ガラクタ置き場を吹き抜けたハリケーンがボーイング747を組み立てたというイメージをもって、ダーウィン主義に対する疑念を表明した。ホイルは生命の起源（自然発生説）のことを語っていたのだが、この喩えは、進化そのものに疑いを投げかける創造論者たちのお気に入りとなっていった。彼らが見落としている点はもちろん、累積的自然淘汰の力、不可能の山を登るおだやかな坂道のことである。口絵ページに、廃棄航空機置き場に立って、突然ハリケーンがやってきて自然にボーイング747を組み立てるのを待ちうけて、油断なく監視する私の写真がある。

私はそれに対比する喩えとしてもう一つの、「DC8伸張型」航空機を引き合いにだした。これはDC8旅客機の改良型で、二つの〝プラグイン〟〔コンピューター用語では機能を拡張するためにプログラムを追加すること〕をおこなうこと、すなわち前部の胴体を六メートル追加し、機尾の胴体も五メートル追加することで、機体を一一メートル長くしたものである。それは二つのホメオティック突然変異をもつDC8である。胴体の追加された部分のそれぞれの列に、トレー・テーブル、照明、通気管、呼び出しボタン、音楽を聴くための端子、その他の付属装備をもつ座席が並んでいると考えることができ

（1）有名な鳥類化石である始祖鳥が贋物であることを示そうと試みたとき、彼は僭越にも、いかなる物理学者も生物学者とは違ってそんな貧弱な証拠を受けいれないだろうと主張しさえした。彼は本当に傑出した物理学者であり、恒星の内部で化学元素がどのようにしてつくりだされるかを解明するという、ノーベル物理学賞に値する業績の持ち主である——実際には、同じ業績にかかわった共同研究者〔ウィリアム・ファウラー〕が受賞した。

きる。これらは一つの体節であり、突然変異が起きるまえにあった体節の重複である。ここで強調したい生物学上の要点は、一回の突然変異変異で根本的に新しい、複雑な動物がつくられる（ホイルの747）ということに対する基本的な異論はあっても、個々の体節がどれほど複雑であるかにかかわりなく、体節が丸ごと重複される（私のDC8）のには、原理的な異論は存在しないということである。なにもないところから椎骨を発明することはできない。しかし、最初の椎骨がすでに存在していれば、二つめの椎骨はつくれる。一つの体節をつくることができる発生学的な機構は、二つの体節でも、あるいは一〇の体節でもつくることができる。そして私たちはいまや、それをおこなうホメオティックなメカニズムを知ってさえいるのだ。

発生学的なメカニズムは、ひとつながりの体節の一つ一つを伸ばすことも簡単にできる。旅客機がこのように「突然変異する」わけではないのだが、それでも私はこうしてできたものを「DC8伸張型」と呼ぶ。というのは、こちらは仮想の「747式突然変異」のような、複雑さにおける飛躍的向上が一挙になされるのではないからだ。キリンはふつうの哺乳類と同じ、七つの頸椎をもっている。キリンの首があのように長いのは、これら七つの椎骨のどれもが長くなったからである。私はそれが漸進的に起こったものではないかと強く推測しているが、七つの椎骨すべてに同時に影響を与える一回の大突然変異で首が素早く伸びたという、理に適《かな》って打倒不可能な「747」式の考え方に対して、異論は存在しないだろう。頸椎をそれに付随する複雑な神経、血管、筋肉とともにつくる発生学的な機構はすべて問題なかった。必要なのはいくつかの成長の場における、七つの椎骨を同時にしかも大幅に引き伸ばすような量的な微調整だけである。そして、もし――ヘビの場合のように――伸張が個々の椎骨を引き伸ばすことでなく椎骨を重複させることによって達成されるとしても、同じことが言えるだろう。

ジョージ・オーウェルの『一九八四年』の独裁体制は、（トロツキー、あるいはサタンの「堕天使」神話を思わせる）ゴールドスタインと呼ばれる売国奴党員に対して、毎日の「二分間憎悪」を規定していた。「憎悪（hate）」を「嘲り（scorn）」に置き換えれば、私が大学生だった時代のオックスフォード大学動物学教室でおおむねＥ・Ｂ・フォードの影響のもとで流行《はや》っていた、ドイツ系アメリカ人のリチャード・ゴールドシュミットに対する反応がどんなものであったか、なんとなくわかっていただけよう。大突然変異の重要性を説く、ゴールドシュミットの「有望な怪物」というアイデアは実際、彼がそれを提案した状況（たとえばチョウの擬態というまさに「オックスフォード」のなわばりで）のなかで誤った方向に導かれたが、彼は「ＤＣ８伸張型」という誠実な領域から「ボーイング７４７」式大突然変異の幻想の領域へと迷いでることはけっしてなく、ゴールドシュミットは原理的には、常軌を逸していたわけではなかった。そして、最初に体節をもった動物に「有望な怪物」という肩書きをつけたことを咎《とが》めるのは酷《こく》だろう――形態学的な大量生産方式におけるとっくに死に絶えたフォードのＴ型モデルの化石を誰かが見たことがあるというわけでもないのだ。

大突然変異《マクロ》（大きな影響をもたらす突然変異）は実際に起こる。めったに起こることではないが、大突然変異が通例通り遺伝子プールに取り込まれることに理に適った異論はない。私が理に適った異論を唱えたいのは、たとえば網膜、水晶体、毛様体筋、虹彩絞り機構、その他を備えた眼のような、〝いちどきに組み合わされるのが単なる偶然では説明できないほど多数の部分をもつ、真新しい、複雑で機能的な器官あるいはシステムを大突然変異が組み立てる〟という考えに対してである。「四つ目の魚」、ヨツメウオ（*Anableps*）は一回の大突然変異で二つの余分な眼を獲得することができたと

The adjective noun
(of the adjective noun
(which adverbly adverbly verbed
(in noun (of the noun (which verbed)))))
adverbly verbed.

図12

いう考えに対して、理に適った異論は存在しない。実際、これはおそらく現実に起こったことで、ホメオティック突然変異による、ＤＣ８伸張型式進化のみごとな実例なのであろう。突然変異する前の祖先の胚の機構は、眼の作り方をすでに「知っていた」。しかし、そうした眼のどれ一つとして、あるいは実際にはいかなる脊椎動物の眼も、何もないところから一回の突然変異でつくられたはずはありえなかった。そのような「７４７式進化」であれば、承認しがたい奇跡ということになるだろう。脊椎動物の眼の機構はもともと漸進的に、一歩ずつつくりあげられたものなのである。

ついでながら、スティーヴン・グールドが言いはじめ、しばしば繰り返される、「漸進論者」としてのダーウィンがいわゆる「断続的な」進化に反対していただろうという馬鹿馬鹿しい主張の答は、どのあたりにあるのだろう。ダーウィンは、７４７式の大突然変異となんのかかわりもなかったという意味でのみ、「漸進論者」だった。ダーウィンは当然のことながら旅客機の術語を用いはしなかったが、彼の異論は７４７式の大突然変異だけを排除するようなものであり、伸張型ＤＣ８式のような変異を排除するものではないのである。

言語の進化は、この議論に関する興味深いテスト・ケースになりうる。言語能力は一回の大突然変異で生じたものだろうか？　四一八頁で述べたように、人間の言語を他のすべての動物のコミュニケーションと区別する主たる質的な特徴は構文《シンタックス》（より専門的には統語論）、すなわち関係詞節、前置詞句その他を階層的に埋め込むやり方である。これを可能にしたのが、少なくともコンピューター言語においては、そしておそらく人間の言語においても、再帰的サブルーチンという、ソフトウェア的トリックだった。サブルーチンとはひとまとまりのコードで、呼び出されると呼び出された場所を記憶していて、終わるとそこへ戻る。再帰的サブルーチンは、自分自身を呼び出して、外部にある（よりグローバルな）自分のコピーに戻すという付加的な能力ももっている。このことは『好奇心の赴くままに』で詳細に論じたので、ここでは結果を要約した表（図12を参照）を掲げるだけで満足することにしよう。この文は私の書いたコンピューター・プログラムによって作文されたもので、このプログラムは、完全に文法的で（たとえ意味論的な内容を欠いていたとしても）、英語を母語とするいかなる人も構文として正しいと認める文を、無限に生みだすことができる。私はこの特別な文を、（　）と、埋め込みの深さにつれて小さくなる活字書体を用いて構文解析した。副文が文末に付け加えられるのではなく、主文のなかに埋め込まれている様子に注目してほしい。

この類の文法的に正しい（意味論的には空疎だが）文を好きな数だけつくりだすことができるプログラムを書くのにはほとんど何の努力もいらない。ただしそれは、あなたのコンピューター言語が再帰的サブルーチンを許容しさえすればの話だ。たとえば最初のＩＢＭフォートラン言語では、あるいはそれと同時代のいかなる競合言語でも、書くのは無理だったろう。私がそれを書けたのは、それらより少しだけ新しいＡｌｇｏｌ‐６０という言語あってのことだったが、再帰的サブルーチンという

「大突然変異」が導入されて以後に開発されたもっと最新のプログラム言語ならどれでも、簡単に書くことができるだろう。

人間の脳は再帰的サブルーチンに匹敵するようなものをもっているように思われるが、そのような能力が一回の突然変異で出現したというのがまったく信じがたいわけではない。おそらく、それは大突然変異と呼ぶべきだろう。Fox P2と呼ばれる特別な遺伝子が関与しているのではないかということを示唆するいくつかの証拠さえある。というのも、この遺伝子に突然変異をもつ珍しい個人は正しく言葉をしゃべることができないからである。もっと有力な証拠として、これが大型類人猿のなかでヒトに特異的なゲノムの少数派領域の一つに属する、ということがある。しかしながら、Fox P2についての証拠は確実なものではなく異論もあるので、これ以上深く論じることはしない。この件について私が大突然変異を熟慮するつもりがある理由は、論理的なものである。私たちが半分の体節をもつことができないのとちょうど同じように、再帰的サブルーチンと非再帰的サブルーチンの中間は存在しないからである。コンピューター言語は再帰を許すか、許さないかのどちらかしかない。半＝再帰的などというものはないのである。それは全か無かのソフトウェアの技《トリック》である。そしてこの技がいったん取り入れられると、階層的に埋め込まれた構文がただちにつくれるようになり、無限に長々と続く文章を生みだすことができるようになる。これに関する大突然変異は複雑で、「７４７式」のものに思えるが、実際はそうではない。これはソフトウェアへの単純な追加――「ＤＣ８伸張型式の突然変異」――が一つなされているだけで、突然それが巨大な暴走する複雑さを、創発的な性質として生みだすのである。この「創発的」が重要な単語である。

もし一人の突然変異人間が生まれ、真に階層的な構文をしゃべることが突如としてできるようになったとして、誰に向かってしゃべることができるのかという疑問が湧くかもしれない。その人物はひどい孤独に陥ったのではないか？　もし仮想の「再帰遺伝子」が優性だったとすれば、最初の突然変異個体でこの遺伝子は必ず発現し、その子の五〇％でその遺伝子が発現することになる。言語をもつ最初の家族、というものがあったのではないだろうか？　Fox P2がたまたま遺伝的に優性であることには、実際に意味があるのだろうか？　一方で、たとえ片親とその子供の半分が統語のためのソフトウェア装置を共有していたとして、彼らがただちにそれをコミュニケーションの手段としてどう使ったかを想像するのはむずかしい。

ここで『好奇心の赴くままに』で論じた可能性について、簡単に触れておきたい。すなわち、この再帰的サブルーチンがアンテロープ狩りや近隣の部族との戦いのための計画のような、なんらかの前言語的な機能のために使われていたのではないかという可能性である。チーターの狩りの各段階《フェーズ》は一連の欲求ルーチンをもち、それが補足的なルーチンを呼び出し、それぞれのルーチンは呼び出された上位プログラムのところまで戻るように信号を伝達する「停止規則」によって終了する。このサブルーチンに基づくソフトウェアが、言語的な統語法に至る道ならしをし、最後の大突然変異、すなわちサブルーチンが自分自身を呼び出すことができるようにする突然変異――再帰性というもの――がしかるべき場所に収まるのを待つだけだったということがありえるのだろうか？

ノーム・チョムスキーは、階層的に入れ子になった文法ならびに他の言語学的な原理についての、私たちの理解に主要な貢献を果たした天才である。彼は、他のあらゆる種の子と違ってヒトの子供は、脳に言語学習装置を遺伝的に植え込まれて生まれると考えている。もちろん子供は自分が生まれた部族や国の特定の言語を学習するが、それは、言語について脳がすでに知っていることに遺伝的に受け継いだ言語機械を用いて肉づけするだけのことだからたやすいのである。（昔は必ずしもそうでなかったが）今日、遺伝万能論的な傾向を持つ知識人は政治的右派であることが少なくないが、控え目に言ってもチョムスキーは、政治的なスペクトラムの反対の極に属する人間である。この分裂は、ときに第三者に矛盾しているという印象を与えてきた。しかし、この一件におけるチョムスキーの遺伝万能論的な姿勢は理に適《かな》っており、もっと言えば、重要な意味がある。言語の起源は、進化における「有望な怪物」説の稀少な例を代表しているのかもしれないのだ。

体節化や言語（こちらは議論の余地はあるかもしれないが）を創始したかもしれない有望な怪物ほど劇的な例ではないだろうが、それをもった最初の個体に劇的な生存上の利益こそ授けなかったが未来の進化の水門を開きはした、というような発生学的な新機軸《イノベーション》はたくさんありえただろう。そこで、話を進化しやすさの進化に戻そう。ロスアラモスの会議でこのフレーズを新しくつくったとき私は、私たちが言われてはじめて気づく類の、ある種の高次の自然淘汰のようなものもその一環となるものと考えていた。短期的に個体の生残率を直接に改善するかどうかにかかわりなく、一つの新しい新機軸は、その子孫たちが地を受け継ぐ〔「マタイによる福音書」にある表現〕ように、幾重もの進化的な枝分かれを導く。体節化は私のいち押しの例であり、言語はとりわけ劇的な例かもしれないが、ほかにもある。魚が水から出て陸上に進出することを可能にした初期の適応は、単にそうしたパイオニアが新しい食物源や、海の捕食者から逃れる新しい方法にたどりつくのを助けただけではなかった。そうした適応は、単に個体の短期的な生き残りを利するだけではなく、未来の時代を通じて開花するクレード（系統群）をも利する、新しい生活環境を切り拓いたのである。ダーウィン主義的な淘汰が個体の生き残りを助ける適応を選り好みするのとちょうど同じように、進化しやすさの質に関する系統間の、非ダーウィン主義的な（あるいは漠然とした、議論の余地ある混乱を招く意味でのみダーウィン主義的な）高次の淘汰が存在しうることになる。こういったところが、私がロスアラモスの会議の「進化しやすさの進化」という講演において主張した論点であり、私はそれを自分のコンピューター・バイオモルフと体節化、そして生物がさまざまな平面に関してもつ対称性を司《つかさど》る新しい遺伝子を加えてプログラムを書き換えたときに開《ひら》けた、バイオモルフ進化の新しい眺望によって説明した。

私の講演の質問セッション（著名な理論生物学者、スチュアート・カウフマンが好意的な司会をしてくれた）において、誰かが冗談で、私のバイオモルフ・プログラムはアルファベットだけでなくお金も育種できませんかと質問した。瞬時に私は、スクリーンにドルとして通用する記号を映し出すことができ（五三〇頁の私の署名の「S」を参照）、こうして私の講演は、心地よいユーモアに溢れた笑いのなかで終わりを迎えることになった。

万華鏡《カレイドスコープ》的な胚

ロスアラモスでの私の講演は「進化しやすさの進化」と題されていたけれども、この段階では、このテーマを十分に深く追求することはしなかった。『不可能の山に登る』の「万華鏡的な胚」と題する章でさらに深く、私自身もかなり満足のいく方向に前進できた。私がバイオモルフ・プログラムのかなりのちの改訂版の一つで導入した「鏡像遺伝子」についてはすでに触れた。動物がさまざまな平面に関してもつ対称性を制御する遺伝子は、万華鏡のなかの鏡のように、胚に「鏡」を挿入するのと同じだと考えることもできる。すべてではないが、ほとんどの動物は正中線《せいちゅうせん》を走るそうした鏡をもっており、これが動物に左右相称性〔生物学では対称性のことを相称性と呼ぶのが慣例である〕を与えている。

ある昆虫の三番めの肢に起きた突然変異は、理屈のうえでは右側の肢だけに影響を与えてもいいはずだが、現実には、左側の肢にも反映される。立て前として、この鏡像化は一つの拘束（制約）である。なぜなら、それは進化が自由に進むのを阻げるからだ。というのは、鏡像化がなくとも、左右で別々に起こる突然変異によって、多数の風変わりな非対称性とともに、完全な――むしろ「不自然な」と呼ぶべきかもしれないが――対称性を実現できるのである。しかし、もし左右相称性にもっと大きな利益があるのではないかと考えてみるなら（『不可能の山に登る』で論じた理由で十分にありうる）、突然変異が自動的に左右両側で鏡像化されるならば、進化的な改良が加速されると言える。したがって、対称性の押しつけ（胚の万華鏡の正中線に「鏡」を入れること）は、拘束（厳密にはそうなのだが）と見るよりはむしろその逆――進化しやすさの進化的な前進――であると見ることができる。

同じことは、実在の生物学ではそれほど一般的ではないが、他の平面に関する対称性についても言える。図13は、四方対称性（直角に交わる二つの「万華鏡の鏡」）をもつコンピューター・バイオモルフである。中央は放散虫（非常に美しい顕微鏡的な大きさの単細胞生物）、右はアサガオクラゲである（当然ながら縮尺は同じではない）。これらはすべて発生学の奥深くに埋め込まれた、直交する「二つの鏡」をもっている。バイオモルフの場合、私は、その発生学のソフトウェアを自分が書いたのだから、それが事実であることを知っている。実在の二つの動物の場合は確実にはわからないが、四方対称性が発生学における標準的《デフォルト》拘束であることを私は確信している。私の推測は、この万華鏡的な拘束を打ち立てる基本的な発生学の新機軸がどのようなものであれ、それは一つの利点をもっていたということである。そして私は、その新機軸を進化しやすさの進化的な前進と呼びたいのである。またしても棘皮《きよくひ》動物（ヒトデ、ウニ、オニヒトデその他）は、大部分が五方（放射）相称である。

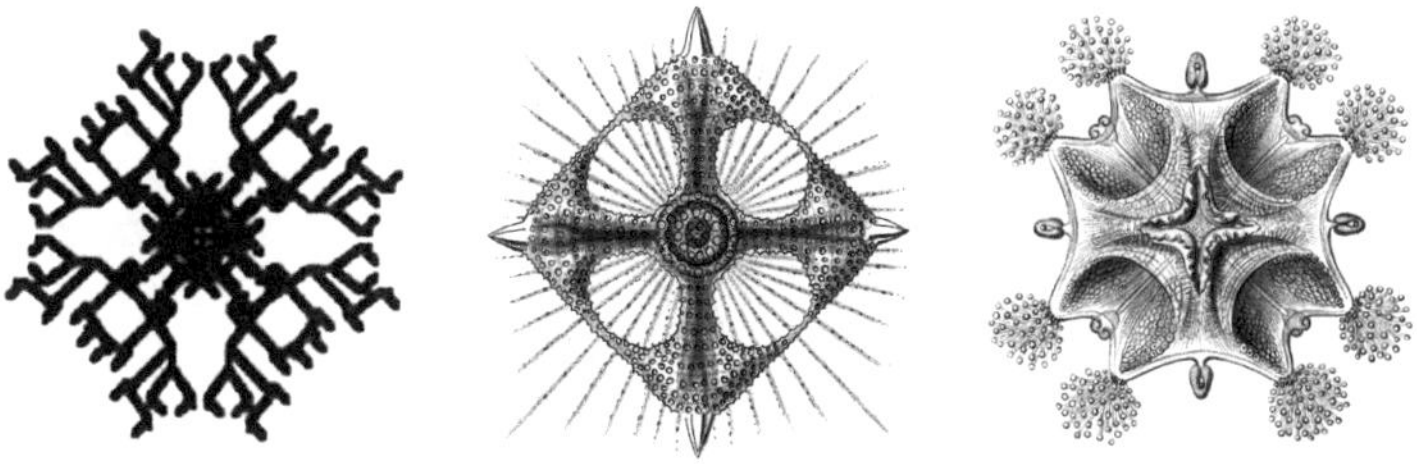

図13

私には、これに関連した対称性の規則が発生学の内部の奥深くに潜んでいることはほとんど自明であるように思える。たとえば、ヒトデの一本の腕の細部における一つの突然変異が五本の腕すべてに反映される（このような一般化は、まれに六本以上の腕をもつヒトデが出現するという事実によっては否定されない）といったような形で。そしてまたしても、この対称性が何らかの理由でヒトデにとっても都合がいいことであると考えれば、その突然変異を「反映させる」ことは、五方相称から離れることなしに変化を達成するための近道である（それぞれの腕で独立してバラバラに変化させることに比べて）。したがって、それは「進化しやすさの進化」という項目のもとで考察する価値がある。そして、コンピューター画面上で五方相称のバイオモルフを育種しようという私のあらゆる努力が失敗におわったことは、重要な、ほとんど自明と言ってもいい意味がある。五方相称は発生学的ルーチンの根底的な書き換えなしには生み出しえないのだ――このことからも、ここで本当に問題なのは進化しやすさの進化なのだとわかる。画面上でなんとか育種することができた「棘皮動物」バイオモルフは、すべて「いかさま」である（図14を参照）。それらは表面的にはそれぞれカシパン、ウミユリ、ウニ、クモヒトデ、および二種類のヒトデに似て見えるが、どれ一つとして五方相称ではない。

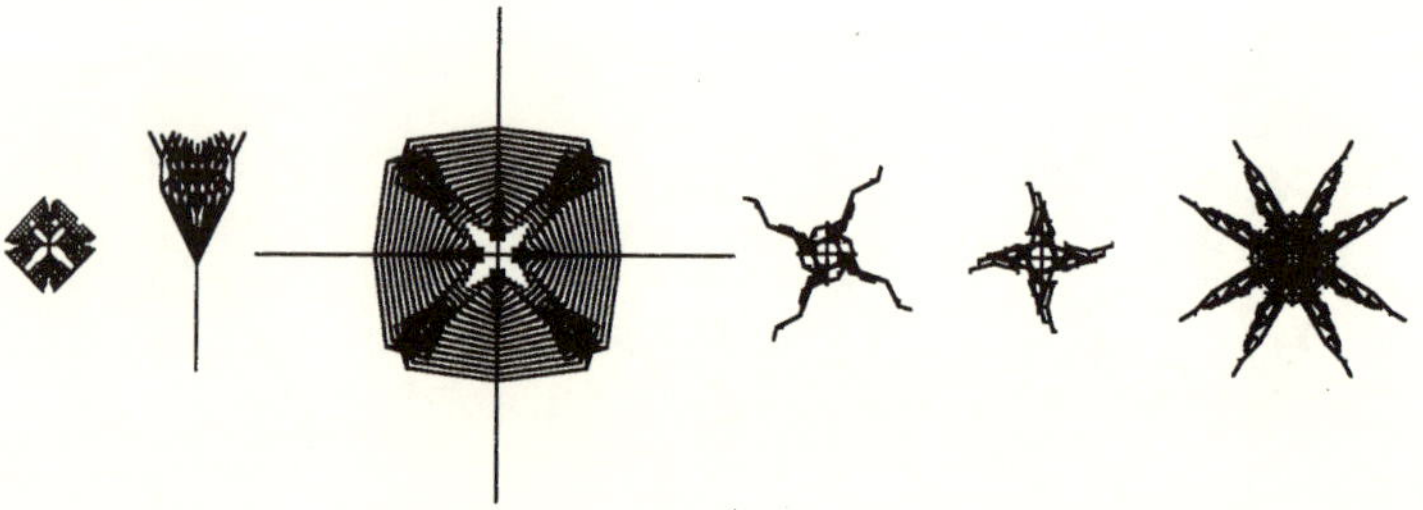

図14

ロスアラモス会議の時点では、カラー用のＭａｃはなかった。私が最終的に一台入手したとき、私のバイオモルフのゲノムを発展させるべき次の一歩は明らかに、色に関する一揃いの遺伝子を追加することだった。同時に私は、この発生学的アルゴリズムの基本となる樹木図を描く線を変える遺伝子も付け加えた。単純な線はそのままにして、さらに線の太さを変える一つの新しい遺伝子と、ほかに単純な線を正方形や卵形に変える遺伝子、それらの形を塗りつぶすか白のままにしておくかを制御する遺伝子、および線の色と塗りつぶす色を制御する遺伝子を導入した。これらの追加された遺伝子は進化の新しい水門を開け、選抜する人間を、ますます異国風の花のデザイン、テーブル敷き、チョウに似てくるようなバイオモルフを育種したいという誘惑に駆り立てた。コンピューターを庭に持ち出して、本物のミツバチやチョウに、画面《スクリーン》上の「花」や「チョウ」を選択するチャンスを与えられたら、と空想した。本物の昆虫が、花に似ていない発端から出発して、本物の花のまがいものを育種してくれはしないか、とも。残念ながら――考えればわかることだったのだが――、昆虫を採餌に引っ張り出す明るい陽光は、画面を見るのをむずかしくするあの眩しい陽光と同じものだったのである。一見すごそうなアイデアでよく起こりがちなことだが、私はこのプロジェクトを棚上げにして、二度と戻らなかった。ひょっとしたら、夜間に飛ぶガならどうだったか？　iPadのようなタッチ感応スクリーンをもつ改良型なら、ガが叩くのに直接反応するのでは？

私はララと出会った頃にカラー・バイオモルフをつくりつつあった。刺繍は彼女の数多い才能のなかの一つであるが、その当時彼女は、モザイク画、絵付け、あるいは〔最近の彼女の芸術様式である〕ミシンで縫いながら描くというところへまだ移行していなかった――そこで彼女は、カラーの四方相称バイオモルフに着想を得て、一針一針がコンピューター画面の画素《ピクセル》に対応するような刺繍をクッションや椅子カヴァーに施した（口絵写真を参照）。それらは二〇年経ったいまでも称賛される。

私のバイオモルフ形式のプログラムにはすべて、自然淘汰ではなく、人為淘汰を用いた。何らかの興味深いやり方で自然淘汰をいかにして模倣《シミュレート》するかという、はるかに困難な問題については、私には夢見ることしかできなかった。それが困難であるという事実それ自体が示唆に富んでいる。たとえば、私のバイオモルフ・プログラムに「とげとげしさ」とか「丸み」といった淘汰（選別）規範を組み込むことが想像できる。そして私はその通りのことを実験として、実際におこなった。これは淘汰因（選別主体）として、人間の眼を回避したもので、実際にうまくいった。しかし、それは生物学的に非常に面白いというものではなかった。「世界」のなかでの生き残りを模倣《シミュレート》するためには、それ自体の「物理学」、それ自体の（理想的には三次元の）地理学、その世界でバイオモルフが他の事物や他のバイオモルフと相互作用するやり方の規則、他の事物と同一の物理的空間を占めないようにするための規則等々を構築することが必要になるだろう。『盲目の時計職人』が出版されて以降、巧妙なプログラムによって、そのような自身の「物理学」をもつ人工世界が開発されてきている。たとえば、スティーヴ・グランド〔英国のコンピューター科学者〕の《クリエイチャーズ》、トーステン・レイル〔英国のNatural Motion Games社CEO〕の《ナチュラルモーション》、および《セカンドライフ》〔インターネット上の3D仮想世界〕タイプのさまざまな空想的な環境といったものである。これらは私の守備範囲外であり、いずれにせよ、私はもうプログラミング中毒から抜け出していた。

アースロモルフ

進化しやすさの進化とは、新しい創造的改良の道を切り開く水門にほかならない。私がこのアイデアを紹介したロスアラモス会議は、このアイデア自体の一種のメタファーとなった。なぜなら、この会議は実際に私自身の精神にとって（そしておそらく他の参加者の精神にとっても）、創造の大波に少しばかり似たものを解き放ってくれるものだったからである。私にとって、この大波は『不可能の山に登る』でその最高潮に達したが、私の著作のなかでこの本はもっとも過小評価されていると思う（もっとも読まれていない本ではあるが、たぶん『延長された表現型』に次いで、もっとも創造力に富んだ本である）。

そしてここから、この会議が開いたもう一つの水門について述べよう。私がテッド・ケーラーに会ったのもこの場でだった。テッドはアップル社の花形プログラマーで、創造的でオリジナルな精神の持ち主で、私たちはかの芸術面でも革新的な企業と共同で仕事をすることになった。彼はそこでコンピューター展示（私のを含めて）の一部を手助けしていたが、彼の専門技術と関心はそのような技術的な領域をはるかに越えていたので、私は進化的なアイデアについて、何度も議論の相手になってもらった。のちに彼がロサンゼルスで、アップルが後援するアラン・ケイの教育プロジェクトで働いているときに、私はもっと頻繁に彼と会った。私がすてきなグウェン・ロバーツのところに滞在し、カラー・バイオモルフの仕事の大部分をおこなったとき（四一五頁を参照）に、このプロジェクトの高度の緊張が要求されるシンク・タンクに短期間参加できるという栄誉に浴した。テッドと私はしだいに熱狂の度を増しながら、考えを出しあった――アナバチの章でも書いたことだが、一緒に考えることで素早く、しかもうまくことが運んだときには、素晴らしい感覚を味わえた。私たちは進化しやすさの進化、とくに体節化に取り憑かれた。そして私たちは共同で、体節をもつ節足動物類似の人工生物に集中し、発生学のその他のあきらかな生物学的原則を取り込んだ、新しいバイオモルフ形式の人為淘汰プログラムを書くという計画を立てた。私たちは、この新しい人工生物を「アースロモルフ」と名づけた。

これのもとになったブラインド・ウォッチメーカー・バイオモルフは、九つの遺伝子をもっていた。この「ロスアラモス」版は一六個もっていた。カラー版は三六個である。ゲノムの拡張はどれも、私が水門と呼んできたものを開き、進化のもつ「創造性」を勢いよく解き放った。とはいえ、たとえば体節化や「万華鏡の鏡」による「構成」法がもつ制約（拘束）下でのことではある。しかし、こうした機能の増進は、プログラマーの大きな介在に依拠していた。私は振り出しに戻って、たくさんの新しいコードを書かなければならなかった。そしてある意味でこのことが、進化しやすさの進化を表すぴったりのメタファーである。なぜなら実在の生物学においては、いま話題にしているような根底的な転機をなす出来事――体節化の起源、多細胞化の起源、性の起源、あるいは棘皮動物における五方相称性の起源――はまれな、かなり天変地異的な大激変であり、コンピューター・プログラムにおける大きな書き換えと少しばかり似たものだからである。実際、このアナロジーは、「デバッギング（バグ修正）」すら込みで成り立つものだ。なぜなら、革命的な突然変異が淘汰によって遺伝子プールに取り込まれるとき、波及効果を引き起こすので、その跡をスムースにならす必要がある。つまり全般的には恩恵をもたらす大きな突然変異の有害な副作用をならしてくれる、小さな突然変異という「お従《つ》きの者」を選り好みする副次的な淘汰によって、問題を解決するのである。

しかし実在の生物学は、中間的な段階の突然変異、つまり多細胞性、性、体節化の起源、あるいは新規の対称性の「鏡」の起源ほどには革命的でないが、ワトソン＝クリックのヌクレオチド四人衆――C、T、G、A――のうちの一つが別のどれかに変わってしまう通常の点突然変異よりは過激な突然変異を知っている。この中間的なカテゴリーに入るものの一つが、染色体一本丸ごとの重複（あるいは逆の欠失）だ。遺伝子重複はゲノムが大きくなるための主要な方法である。『祖先の物語』（とくに「ヤツメウナギの物語」において）で、私はヘモグロビンという特定の事例でその過程を説明した。簡単に要点を繰り返せばこうである。私たちは、ゲノムの異なる場所の異なる遺伝子によって指定《コード》される五本の異なる「グロビン」鎖をもっている。そして要点は、この五本すべてが、単一の祖先遺伝子によって指定される一本の祖先グロビンに由来することである。この祖先遺伝子（これは私たちのはるかに遠い原始的な親戚であるヤツメウナギが今でも一つだけもつ遺伝子である）が進化のなかで重複されていき、今日の私たちがもつ複数の「グロビン」遺伝子をつくることに成功したわけだ。ふつう私たちが進化的な分岐と言えば、それは〝祖先種が二つに分かれる〟という意味である。たとえば、歩行し、肺呼吸する動物の集団（個体群）が分裂して、それぞれ別の道を歩むのがそうだ。それに対して、今ここではやはり進化的な分岐について語っているのではあるが、単一の個体内で起こった分離について語っているのであり、その結果生じた二つの子孫分子の系統は、未来のすべての世代を通じて、未来の個体の体内で、並んで存続するのである。

ついでながら、私はしばしば、もし『利己的な遺伝子』を書き直せるとして、ゲノム学についての理解が進展したことによって私の言うべき内容が変わるかどうかという質問を受ける。答はノーである――ある意味では、気の進まないノーである。なぜなら科学者にとって、新しい証拠が出てきたときに考えを変えるのは誇るべきことであるからだ。むしろ、一九七六年版の私の「遺伝子からの視点」は、「ヤツメウナギの物語」で論じた遺伝子重複のような新しい考察によって、強化されている。これは、私たちがいまや進化的な分岐を個体の内部の遺伝子レベルで見ているからであり、それは淘汰が作用するレベルとしての、個体（遺伝子に対するという意味で）の重要性を低くすることになる。

テッドと私は、私たちのアースロモルフ・プログラムのための仕様書を書き上げているとき、ヘモグロビン形式の遺伝子重複それ自体の模倣《シミュレート》を試みることはしなかった。けれども、私たちの新しいプログラムはある形の遺伝子重複（および欠失）を取り込んではいて、それがのちにきわめて有益なものであることが判明した。私の以前のバイオモルフ・プログラムのすべてが遺伝子の固定されたレパートリーをもっていたが（三つのヴァージョンの遺伝子の数は、それぞれ九、一六、三二六）、アースロモルフがもつ遺伝子は数が変動し、遺伝子の数自体が突然変異の対象になっていた。進化にそれ自身のソフトウェアの書き換えをさせる方向へと、私たちが動いていたことが理解してもらえるだろうか？ 以前のものでは、バイオモルフの進化しやすさにおける大突然変異による前進のためには、私が席に座ってたくさんのコードを書き加えなければいけなかったところだ。

遺伝学的に一個の体節をもつことだけは許されていたが、体節化はアースロモルフ発生学という織物のなかに深く織り込まれていた。左右の鏡像関係は標準的《デフォルト》な拘束で、すべてのアースロモルフは左右相称だった。各体節は一つの卵形の胴体（その形と大きさは遺伝的に制御されている）から構成されており、一対の左右対称な肢を生やす能力をもち、それぞれの肢は、二股に分かれて爪になる能力をもっていた。一本の肢の関節の数は遺伝的な制御のもとにあり、各関節の大きさと角度もそうであり、末端の爪の大きさと角度も同様になっていた。

発生学的にもっと興味深いことが始まったのは、一群の隣接する体節（連なった）が影響力の場を共有したことである。たとえば、（仮に）最初の三つの体節は互いにほとんど同じだが、次の二つの体節とはより大きく異なり、その次の四つの体節とも違っているとしよう――頭、胸、腹をしのばせる構造（図15のアースロモルフ1を参照）だ。このそれぞれの（もちろん三つである必要はない。この数自体も遺伝的変異の対象である）体節グループを合体節《ごうたいせつ》と呼んだが、これは節足動物学における正式な名称である。しかし、一つの合体節内の体節は、かならずしも文字通り同一ではない。各体節はその合体節に特異的な遺伝子による影響を受けていて、その遺伝子は他の体節とは独立に自由に突然変異できる。一つの合体節内での均一さの比較は、各体節の発現遺伝子量に、その合体節に特異的な（「遺伝子」）数を掛けることによって得られる。ただし第三体節は、合体節1のメンバーであるとはっきりわかるものの、合体節1の他の二つの体節よりも長い肢をもっている。合体節3も、全体が異なった肢をもっている。

高次レベルでは、個体全体、すべての合体節にわたるすべての遺伝子の「数値」を増幅させる遺伝子が存在する。さらに私たちは「勾配」遺伝子を追加した。これは、生物体（あるいは合体節）の軸に沿って後方に進むほど数値を増大（あるいは減少）させることによって、他の遺伝的影響を増幅させる。合体節の数および各合体節に含まれる体節の数の増加（および減少）は、遺伝子の重複（あるいは欠失）によって達成される。

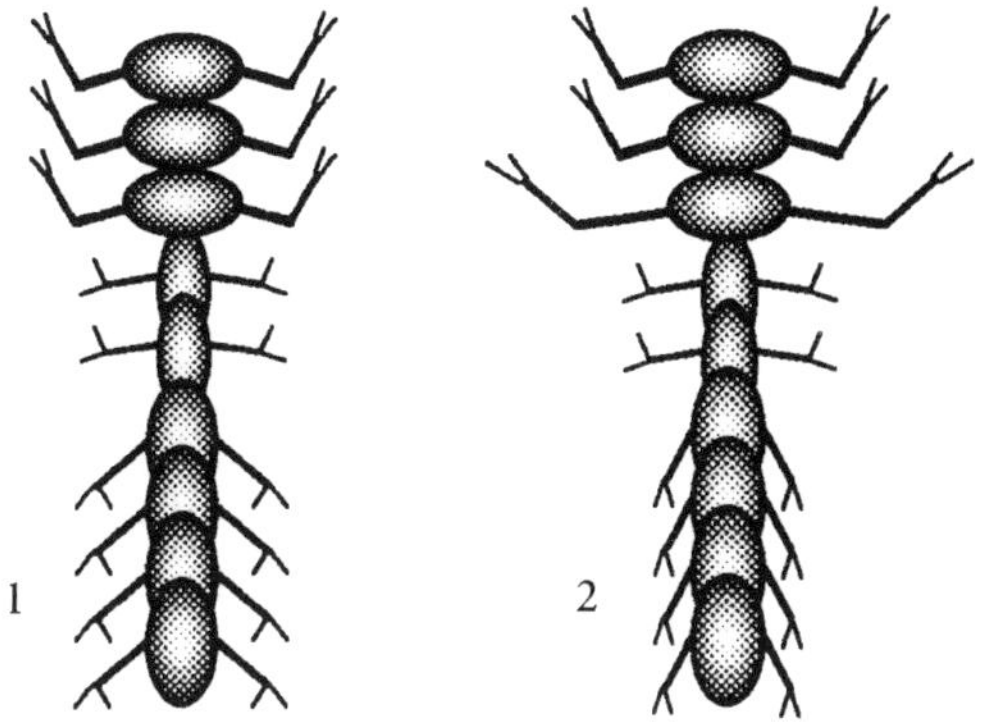

図15

こういったところがアースロモルフの発生学で、これがバイオモルフの発生学よりも生物学的に興味深い形で、より複雑になっていることにお気づきになるだろう。私のプログラミング技量《スキル》ではもういっぱいいっぱいになってしまい、私はテッドの卓越した経験に頼らざるをえなかった。コード書きそのものは自分でしたが（テッドのお気に入りの言語である、すでに書いたとおり今ではすっかり廃《すた》れたパスカルで書いた）、テッドが英語の方言（formal subset）にかなりよく似たある種の疑似コンピューター言語で書いた電子メールの指示で、私を導いてくれた。時々、私の仕事ののろさ——本職のアップル・ソフトウェア技術者の水準にはとても及ばない——に少しばかり苛立っていたにちがいないと思うが、彼はいつも非常に親切で、とうとう私たちはやり遂げることができた。ひとたびむずかしい発生学ルーチンが書けると、画面上での「育種」のための選別を扱えるよう、もとのバイオモルフ・プログラムの新版にそれを埋め込むのは簡単な作業だった。図16に示したのは、このプログラムが完成したあとに私が人為淘汰によって育種することのできた、無数のアーソロモルフのう

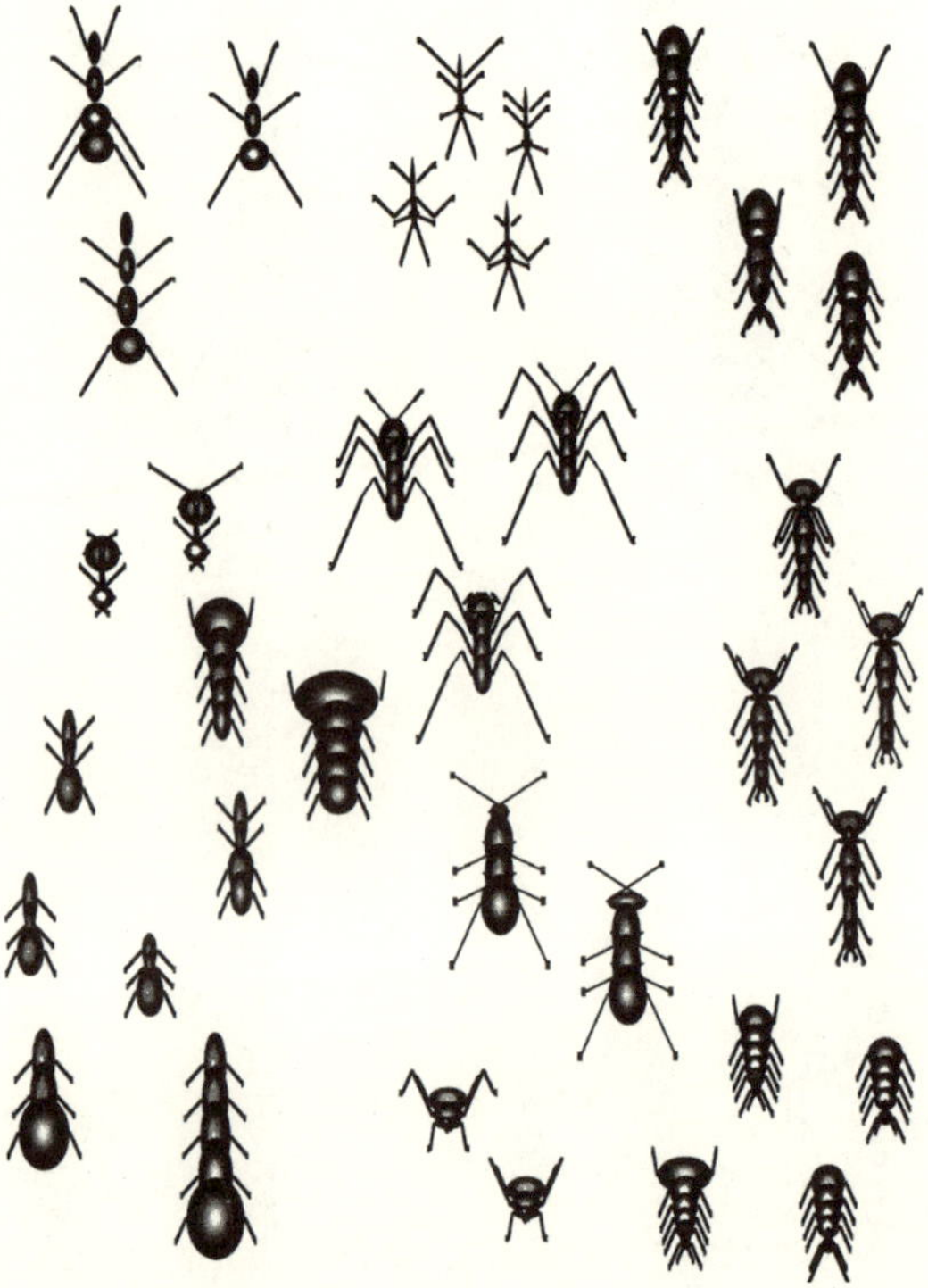

図16

ちから選び出したものの「動物園」である（ひょっとしたらノミのサーカス団のほうがより適切な用語かもしれない）。

クリストファー・ラングトンの一連の、〝人工生命〟会議シリーズは継続され、〝デジタル・バイオータ〟と呼ばれる関連シリーズも継続されていた。一九九六年にケンブリッジ大学のモードリン・カレッジで開催されたこの第二回の会議にクリス自身が出席し、私は「実在の生物からの視点」と題する基調講演をするように要請された。これは明らかに、ギークたちに彼らの魅惑の仮想世界を探検させながら、実在の生物学へ着地させようという試みだった。この会議は、私にとってはもっぱらダグラス・アダムズによるすばらしい即興演説（『疑惑のサケ』に再録されている）のゆえに、そしてスティーヴ・グランドという、名作人工生命プログラム、《クリエイチャーズ》の作者であり、それにまさるとも劣らない名著、『創造――生命とその作り方』の著者に会えた場所であるがゆえに、忘れがたいものとなった。また私が、共同プロジェクトとして建設され、警備さえされている空想の城や宮殿、カジノ、そして街のなかを、世界中のプレイヤーたちが自分の「アバター（仮想世界における自分の分身）」で歩きまわることのできる、仮想世界の驚くべき可能性を紹介されたのもここだった。私は、そのような仮想世界に使われるプログラミングの離れ業に好奇心をそそられはしたが、そこにアバターを通じて住む人々が到達する極端のきわみには、どこか少し薄気味悪さを感じた。「ゲット・ア・ライフ」（ネット上のスラングで、クレーマーに対して、「いい加減にしろ」とか「ほっておいてくれ」という意味で使われるが、もともとは「人生を楽しめ」という意味）」というフレーズは常套句になってしまっているが、《セカンドライフ》の街角の真ん中で、情緒不安になるはずだという気持ちをもたざるをえない。この世界では、住人たちは実物にけっして会ったことのない誰かと「結婚し」、のちに、サイバー空間における「不実」のために「離婚」したことさえ知られているのだ。まあしょうがない。ひょっとしたらこれが未来の生き方かもしれず、いつの日か、私は自分の言った言葉を事実上、取り消すことになるかもしれない。(1)

協調的な遺伝子

遺伝子版死者の書のテキストとして、(個体のゲノムよりも)種の遺伝子プールを重視することは、私の世界観のもう一つの根幹である協調的な遺伝子という概念の補強にもなる。これは、遺伝子は遺伝子プールの他の遺伝子――これはいわば、空間的・時間的に分散した多数の個体を共有しているに違いない他の遺伝子のことである――がつくる文脈の外では何もできないという、明らかではあるが、機能的な視点から重要な概念である。『虹の解体』には丸ごとそのことに捧げられた「利己的な協力者」という章があるが、これは『利己的な遺伝子』に(本のタイトルにもかかわらず)に予示された考えだったわけだ。

ゆく先々の体で出会う可能性の高い遺伝子、すなわち遺伝子プールの残りの遺伝子の大方とうまく協調できる遺伝子は、有利になる傾向があるだろう。

たとえば、有能な肉食獣の体には数々の特性が必要である。その中には肉を切り裂く歯、肉の消化に適した消化管、その他さまざまな特性が含まれる。一方、有能な草食獣は、草をすりつぶすための平たい歯と、別の型の消化機構をもったずっと長い腸を必要とする。草食獣の遺伝子プールの中では、肉食用の鋭い歯をその持主に授《さず》ける新しい遺伝子は、けっして成功しないにちがいない。それは、一般に肉食という着想が悪いためではない。適した消化管その他、肉食生活に必要なあらゆる特性をもそなえていなければ、肉を効率よく食べられないからである。肉食用の鋭い歯に関する遺伝子が、本来的に劣った遺伝子なのではない。それは、草食性に向いた遺伝子が優勢な遺伝子プール内では劣った遺伝子であるというのにすぎない。

これは微妙で複雑な話である。ある遺伝子の「環境」が大方他の遺伝子にからなっており、他の遺伝子のそれぞれが、さらに別の遺伝子という環境と協力しうる能力によって淘汰されていくため、複雑なのである。（日高・岸・羽田・垂水訳）

私としては、『協調的な遺伝子』と題する新しい本を喜んで出版したいところだが、本そのものは一字一句、『利己的な遺伝子』と同じであろう。[2] ここに別に矛盾《パラドックス》はない。生き残る利己的な遺伝子は、自らの環境のなかで生き残るのだ。その環境にはもちろん、私たちが見ることができる外部環境、すなわち気候、捕食者、寄生者、食物源その他が含まれる。しかしどの遺伝子にとっても、環境とし

（1）この章を書いたあと、ケンタッキー州出身の熟達のプログラマーであるアラン・キャノンから接触を受けた。彼は自発的に申し出て、アースロモルフ・プログラム、および私の『ウォッチメイカー・スイート』〔Suite は「総合的ソフトウェアセット」というような意味〕の他のプログラムを生き返らせて、現代のコンピューターで走らせることができるようにしてくれた。『ウォッチメイカー・スイート』の最新版は、https://sourceforge.net/projects/watchmakersuite からダウンロードできる。

（2）たまたま、私の同僚でかつての学生であったマーク・リドレーの進化についての見方は私と非常によく似ているのだが、彼は、少なくとも米国版では『協調的な遺伝子』という本を出した。もとの英国版は『メンデルの悪魔』だった。

てさらに重要とさえいえる部分は、その種の遺伝子プールの他の遺伝子——これは統計的に、一つの肉体を共有する可能性のある遺伝子のセットを意味する——である。一つだけで孤立している遺伝子はいかなる表現型効果ももちえず、それが及ぼす表現型効果は、短期的にはその体のなかにいる、長期的にはその遺伝子プールのなかにいる他の遺伝子に依存してきたのである。自然淘汰はそれぞれの遺伝子座で独立に、ゆく先々の体を共有する他の遺伝子と協力できる対立遺伝子《アレル》ならどれでも選り好みする。そしてそのことは、その対立遺伝子が他の遺伝子座の対立遺伝子と協力し、それらもまた同じように他の遺伝子と協力する、ということを意味する。協力はもっとも重要な要点なのである。その効果は、相互に協力しあう遺伝子の連合《カルテル》が遺伝子プール内で結成されることである。もし一つのカルテルのメンバーが引き抜かれ、別のカルテルに放り出されたとすれば、それは成功という結果では終わらないだろう。この重要な点についての私の理解は、オックスフォード大学のE・B・フォード学派の研究に大きな影響を受けている。フォードと共同研究者たちは交雑実験によって、遺伝子が異質の「遺伝的風土」、別の種の異質な遺伝的風土にさらされたときに、ガの複雑な形質が損われることを示した。この研究は、学部学生時代に私がフォードの年下の同僚であるロバート・クリードから受けた個別指導で、私に非常に強い印象を与えた。次に示すのは、私が『虹の解体』で書いたことである。これほど長い引用をすることをお詫びするが、幾度となく誤解されてきた要点を表現するのに、これよりいい言葉が見つからないのである。

このような記述は「チーターまるごと」とか「アンテロープまるごと」が「ひとつの単位として」淘汰されるという考えに誘うが、表面的なことこのうえない。これも怠惰な考えだ。真に起こっていることを知るためには、さらにもう少し頭を働かせることが必要になる。肉食性の消化管を発達させる遺伝子が増えるのは、肉食性の脳をプログラムしている遺伝子がもともと多い遺伝子風土においてだ。その逆も言える。また、防衛のためのカムフラージュをプログラムしている遺伝子が増えるのは、草食性の歯をプログラムしている遺伝子がもともと多い遺伝子風土においてだ。その逆も言える。生活を営むやり方は、数えあげればきりがない。哺乳類をほんの少し挙げてみても、チーターのやり方、インパラ（アフリカ産の大型レイヨウ）のやり方、モグラのやり方、ヒヒのやり方、コアラのやり方がある。一つのやり方が他のどれかより優れている、などと言う必要はない。すべてのやり方はうまくいっている。まずいのは、半分が一つのやり方に向いた構造で、あとの半分が別のやり方に向いた構造になっている場合なのだ。

この手の議論は個々の遺伝子のレベルで考えると、最もわかりやすい。それぞれの遺伝子の座に入りやすいのは、何よりも他の遺伝子によって与えられた遺伝子風土になじむ遺伝子、すなわち、その風土で多くの世代を生きぬいてきた遺伝子だ。このことは風土を作りあげるどの遺伝子についても言えるのだから――というのは、すべての遺伝子はすべての他の遺伝子にとっての風土の一部でもあるのだから――結果として一つの種の遺伝子プールは、お互いになじみのパートナーたちの一団を生じさせやすくなるのである。（福岡訳）

そしてこれこそまさに、遺伝子が「利己的」であると同時に「協調的」であるということの重要な意味にほかならない。よりおこがましい気分になった瞬間に、私が自分の「世界観」と呼ぶかもしれないものの要石《かなめいし》である。それは、協調性の進化について、「単位としての」生物個体の淘汰について手振り同然の曖昧な説明をするよりもはるかに首尾一貫した、見識のある考え方なのである。

普遍的ダーウィン主義

一九八二年、ダーウィン没後一〇〇周年は世界中における記念行事で彩られたが、たぶん、もっとも際立っていたのはケンブリッジ大学におけるものだった。ケンブリッジ大学は若きダーウィンが神学の卒業論文を読み上げた場所であり、そこで彼は「ヘンズローと一緒に歩き」、甲虫を採集したのである。私はそこで講演するよう招待されたことを名誉に感じ、演題として「普遍的ダーウィン主義」を選んだ。私の考えは、自然淘汰は単にこの地球上で私たちが知っているような生物種を進化させる推進力というにはとどまらないということだった。私の知る限り、適応的な進化の究極的な原因という役割をつとめることができる力は、ほかに存在しない。「適応的」はこの文章で、なくてはならない単語である。分子レベルでは、進化的な変化のほとんどとはいわないまでも多くについて、ランダムな遺伝的浮動に原因がある。しかし、それは機能的な、適応的な進化の原因にはなりえない。私の知る限り、そして誰かがこれまで想像してきた限りでは、あたかも技術者が設計したかのように機能する器官、たとえば飛ぶことのできる翼、見ることのできる眼、音を聴くことができる耳、麻痺させることができる針といった器官をつくりだせるのは、自然淘汰だけである。などと私は述べ立てた。私が述べたことの含意は、もし宇宙のどこかで生命が見つかるとすれば、それがダーウィン主義的な生命であることがわかるはずだというものである。それは、ダーウィン主義の原理に相当するなんらかのローカル原理に沿って進化してきたことになるだろう。

私の主張は論理的に難攻不落というわけではないが、それでもなお強力であると思う。それは実際に、ジョン・ブロックマンの年刊〈エッジ〉シリーズにおける「証明不可能だが真実であると考えるものは何か?」という問いに対する私の答となった。これは要は、こう言っているに等しい。「自然淘汰の実行可能な代案を思いついた人間はこれまで誰もいない」。こんなもの言いをすれば、誰かが実際に代案を思いついた瞬間に反証されてしまう危険があることは、認めざるをえない。しかし科学者は直観をもつことを許されており、私が寄せた返答の主旨は、そのような反証が生じることはない——けっしてない——はずだという強い直観である。私は、自然淘汰説に対するこれまで知られているあらゆる代案、とくに有名なのは「用不用説」と獲得形質の遺伝をもちだしてくるラマルク説であるが、それらに対して、単に事実においてだけでなく原理的にもありえないことを、難攻不落と考える証拠をもって反論した。これまでのところ生物学者たちは、ネオ・ダーウィン主義的総合説の創設の父で一〇〇歳まで生きたエルンスト・マイヤーにしたがってきた。彼は、ラマルクの仮説は原理的には良いものであるが、T・H・ハクスリーなら醜い事実と呼ぶもののひとつで息の根を止められると考えた。すなわち獲得形質は実際には遺伝しないという事実である。マイヤーの見解がはらむ意味は、もし獲得形質が遺伝する惑星が存在すれば、その惑星における進化はラマルク主義的なものになることができ、とてもうまくいくだろうということだった。これこそあえて私が否定しようとした——私の考えには誰しもうなずくだろうと思うし、これまで誰も反論を発表したことがなかった——ことだった。

特定の目的のために激しく使われた筋肉が大きくなり、その目的により適したものになっていくのは事実である。ウェイト・トレーニングで筋肉は大きくなる。裸足で歩きまわれば、足の裏の皮膚は丈夫になるだろう。マラソンを走れば、ますますマラソンをいい記録で走れるようになるだろう。心臓、肺、脚の筋肉その他多くの事柄が、その目的により適したものになっていく。それゆえ、ラマルク主義的な進化をもつわれらが仮想の惑星上では、より強い筋肉、丈夫でしなやかな脚、鍛えられた肺は次世代に伝えられるだろう。ラマルクは、改良が進化するのはこの原理によってであると考えた。これに対する通常の異論は、醜い事実の問題として、獲得形質は遺伝しないというものである。私の異論は違っていた――事実よりも原理に基づいたもので、それも三つの原理に基づいていた。

第一に、たとえ獲得形質が遺伝したとしても、用不用の原理はあまりにも粗雑で焦点が定まっていないので、ごく少数の実例を除けば、適応的進化を媒介することができない。眼のレンズは、そこを光子が通過することによってきれいに透き通るようにはならない。筋肉の増大は、用不用によって生じる改良のかなりまれな例を代表するものでしかない。自然淘汰だけが、進化における無数の微妙で、しばしばちっぽけな改良を、十分に正確な狙いをもって刻んでいくことができる、繊細で鋭い鑿《のみ》をもっているのである。用不用の原理は、あまりにも粗雑で馬鹿げている。それに対して、遺伝的に媒介される改良は、どれほど些細なものであろうと、生物個体の細胞化学のどれほど奥深くに埋め込まれていようと問題なく、すべて自然淘汰の肌理《きめ》の細かい挽き臼の手にかかるのである。

第二に、獲得形質のうちで改良になるのはごく少数である。確かに筋肉は使うと発達するだろうが、体の他の部分のほとんどは使うことによって摩耗し、より小さく、より不完全になり、しばしば凹んだり傷ついたりする。これはもう決まり文句のようになった反論だが、何世代にもわたる宗教的な割礼は、包皮の進化的な退縮に向かう何らかの影響を与えることに見事に失敗してきた。ラマルク主義的な進化は、多数の改悪（股関節の摩耗など）から少数の改良（丈夫でしなやかな脚のような）を篩《ふる》い分けるための、なんらかの「淘汰」メカニズムを採用しなければならないだろう――それはダーウイン主義的な淘汰と、とてもよく似て聞こえる。
ひろくそう信じられているにもかかわらず、私たちの体は祖先の傷や折れた骨の歩く陳列棚ではない。私の母はバンチという名のイヌを可愛がっていたが、このイヌは、四本脚のうちの三本だけでのろのろと歩くという習性があった（膝蓋骨脱臼は小型犬にはよくある疾患である）。隣人はベンという老犬を飼っていたが、こちらは事故で後ろ脚を一本失い、いやおうなしに、残された三本脚でびっこをひいていた。隣りの婦人は、なんとベンがバンチの父親にちがいないと母を説得しようと試みたのだ！

しばし、恥知らずな感傷にふけらしてほしい。今週私は、両親が何年にもわたって互いのために集め、丹念に手で書き写した詩のぼろぼろのフォルダーをめくっていたとき、母の手書きの次のような詩を見つけた。それは明らかに、バンチの死の直後に書かれたものだった。削除と訂正からわかるごとく、それは未完だったが、私はここに転載しても十分なほど美しいものだと思った。それに、自伝において感傷的になれないとしたら、いつなれるというのだ？

愛しい、小さな幸せの精霊よ
おまえは何年もずっと、私のまわりを走り回っていた
どんな生身のイヌでもおまえの代わりにはなれない、
おまえにでなければけっして流しはしないだろう。
心から、勝手にあふれ出る涙を。
おまえは、私の一部だったのよ――

そして、すべての野原とすべての道も
森の馬車道や開けた丘に通じる道も
いまの私には、空虚な場所

そこにおまえはいない――おまえはいないのよ

愛しいバンチ。人を失ったときほどにイヌの死を悲しむことはできないというのは、まったくナンセンスである。あるいは別の言い方をすれば、死を悼むという目的にとって、イヌは「人」になりうるのである。

獲得形質の遺伝に基づくいかなる種類の進化に対しても私があげる第三の異論は、あらゆる場所に存在するあらゆる生物種に対して、かならずしも普遍的には適用はできないかもしれない。けれどもそれは、発生が「前成説」よりもむしろ「後成説」（地球上の生物の発生がそうであるように）であるような、いかなる生物種に対しても成り立つ異論である。そして、前成説的な発生が原理的にうまくいかないというのには議論の余地（この議論は他日に譲る）が残っている。この「後成説（epigenetic）」と「前成説（preformationistic）」という術語は何を意味しているのだろうか？　それらは発生学の歴史にさかのぼる。いまなら私はそれらをそれぞれ、「折り紙」発生学と「3Dプリンター」発生学と呼ぶことだろう。『祖先の物語』および『進化の存在証明』で書いたように、折り紙発生学は組織を成長させ、折りたたみ、陥入させ、再度折りたたみ、裏返しにするレシピあるいは指示のプログラムに従って体をつくりだす。不可逆的であるのが折り紙（後成説）発生学の本性である。体を手に取り、それをつくる指示をリバース・エンジニアリングして明らかにすることはできない。せいぜいできるのは、折り紙の鳥や船を手に取り、リバース・エンジニアリングして、それをつくる折り方の順序を明らかにしたり、グルメ料理を手に取り、そのレシピの言葉を復元したりすることくらいだ。

前成説（あるいは「青写真」）発生学はまったくちがう。それは可逆的で、わが地球上の生物学には存在しない。これこそ、DNAを「青写真」と表現するのがまちがっている理由である。青写真発生学は、もし存在するとすれば、可逆的なものだろう。部屋の長さを測り、縮尺することで青写真を復元することはできる。しかし体をどれだけ詳細かつ綿密に測定したところで、その動物のDNAを復元することはできないのである。

前成説（あるいは「青写真」）発生学を説明するのにもっと都合のいいのが3Dプリンターだ。3Dプリンターは、ふつうの紙のプリンターから自然に拡張されたものである。それは、物体を一層ずつ「プリントしながら」構築していく。この驚嘆すべき機械の一台を私が初めて見たのは、イーロン・マスク〔南アメリカ出身のアメリカ人起業家〕に彼のスペースX社のロケット工場に招かれたときだった。この特別な3Dプリンターは――その「離《はな》れ業《わざ》」を誇示するために――チェスの駒をプリント中だった。コンピューター制御の彫刻家の役を演じ、金属の塊《かたまり》から削り取っていくことによって物体を掘りだすフライス盤とはちがって、3Dプリンターは層の上に層をつけ加えることによって付加的に物体をつくりあげていく。それは存在する3D物体の層ごとの連続的スキャンとして表すことができ、そしてその各層を積み上げて、新しい、コピーされた物体をふたたびつくりだすことができる。私たちが知っている生物は前成説的にではなく、後成説的[1]に発生するのである。

宇宙のどこかに、その発生学が3Dプリンターのように働き、親の体をスキャンし、それぞれの層を積み重ねていくことで子をつくりあげていく前成説的な生物があると、想像することはできる（たぶんできる、できないことはない、たぶんできないことはない）。そしてそのような生命は、理論的には獲得形質を次世代に伝えることができる。現在の体をコピーしたスキャン機構がどういうものであれ、それは獲得された変更（おそらく傷跡、手足の切断、摩耗や綻びをも含めて）をコピーすることができるだろう。しかしわれらが惑星のDNA／タンパク質を基礎とする生物について私たちが知っていることのすべては、親の体をスキャンして、そのスキャンした情報を、次世代に伝えるために遺伝子に提供するといったやり方とは相容れない。それはDNAの働き方ではないし、できもしない。動物の体をそのゲノムから復元することはできない。私たちが知っている、遺伝子から体を構築する唯一の方法は、子宮あるいは卵のなかで胚を成長させることである。おまけに――割礼の話の要点を繰り返せば――、体のスキャニングは、「用不用」による改良だけでなく、あらゆる損傷をも拾い上げてしまうだろう。

そこで私は、エルンスト・マイヤーが「彼の前提を受け入れれば、ラマルク説は適応の理論として、ダーウィン説と同じように理に適っている。残念ながら、そうした前提は正しくないことが判明している」と言ったのは誤りであると結論した。違う。正しくないことが「判明して」などいなかった。問題は、たとえ、そうした前提が正しかったとしても、原理の問題として、そうした役目は果たせなかったことである。そして私はフランシス・クリックに、彼の「誰一人としてそのようなメカニズムが自然淘汰よりも有効でないに決まっていると、理由をあげて包括的な理論的異議を申し立てた人間はいいない」という発言を見直すべき根拠を私が与えたものと思いたい。

私の講演が終わったとき、スティーヴン・グールドが立ち上がって発言したが、これがはじめてというわけでもなく、彼の雄弁は、あまりに大きな学識が時として、度を超して精神に負担をかけるあまり、重要な論点を曖昧にしてしまうことの例証以外の何物でもなかった。彼は明瞭かつ流麗に、一九世紀末から二〇世紀初頭において、たとえば突然変異説や跳躍進化説のような、自然淘汰に対するさまざまな代案が流行したことを指摘した。この発言は歴史的には正しいが、どうしようもなく的を外している。ラマルク主義（これもまた私がケンブリッジ講演で論じたように）と同じように、突然変異説も跳躍進化説も、その他の一九世紀のどの「主義」も原理的に、適応的な進化を媒介することができないのである。

たとえば「突然変異説」を取り上げてみよう。ウィリアム・ベイトソン（一八六一－一九二六）は、メンデル遺伝学がともかくも自然淘汰に取って代わり、淘汰なしの突然変異で進化の十分な説明になると考えていた多くの遺伝学者（geneticist はベイトソンの造語）のうちの一人だった。私は『盲目の時計職人』で、彼から二つの引用をした。

（1）ついでながら、「エピジェネティックス（epigenetics）」という単語が最近不当に拉致され、〝遺伝子発現における変化（もちろんこれは正常な胚発生の過程でつねに起こっている。そうでなければ、体中のすべての細胞が同じになる）を未来の世代に伝えることができる〟という最新流行の、過剰に宣伝された考えに対するラベルとして濫用されているという事実があるが、それとこれとを混同しないようにしてほしい。そのような世代を超える影響がときに起こることがあり、それは、たとえかなりまれな現象であっても興味深い。しかし、大衆紙が「エピジェネティックス」を、世代を超えた伝達がまれで興味深い変則であるどころか、むしろ epigenetics の定義そのものをなすことがらであるかのように誤用するようになっているのは、恥ずべきことである。

「われわれは、比類のない事実の収集についてはダーウィンを大いに頼りにしている（が、しかし……）彼の語るところはわれわれにとってもはや哲学的権威以上のものではない。われわれは彼の進化の体系を、あたかもルクレティウスやラマルクのそれを読むかのようにして読む」。

さらに

「個体群の大多数が淘汰にみちびかれて目に見えないほどわずかな段階ずつ変形していくというのは、われわれの多くがいま見るように、事実には適用できないので、そうした命題の弁護人によって開陳された洞察力の欠如と、ほんのしばらくでさえそれを受け入れられるように思わせた弁論技術には、ただただ驚くほかない」。（ともに中嶋・遠藤・遠藤・疋田訳）

なんというひどいナンセンスであることか。歴史的な事実の問題として、ダーウィンやラマルクのもの以外の進化の理論が一九世紀から二〇世紀初めに流行していて、ベイトソンがそうした罪人の一人であったという点で、グールドは確かに正しかった。私の論点は、その歴史を否定することではなく、そうした他の理論がラマルク主義と同じように、原理的にまちがっているのを示すことだった。つねにまちがっているに違いなかった。そのことは、証拠がそれを反証する以前にさえ、机上の推論だけで明らかにできていたはずだ。ダーウィン主義の自然淘汰は、証拠によって支持されるだけではない。適応的で、機能的に改善されていく進化がかかわっているところであれば、自然淘汰が、原理的にその仕事をおこなうことが可能なものとして私たちが知る唯一の理論であるのはまちがいなく、その一般化は、私たちが知らない理論にまで拡張することができるだろう——それが私の確信である。

ケンブリッジの会議では、普遍的ダーウィン主義についてはあまり十分に論じることができなかった。このテーマを発展させるのに要する時間をひどく過小に見積もってしまったためである。その頃にはまだ私は、その手の失敗をしてしまったときの自分の戸惑いをうまく隠すことができなかった。時間がなくなってしまうというのは、これが唯一の機会というわけでもなく、私は真っ赤にのぼせ上がる覚えのある感覚を思いだし、不安とパニックで文字通り汗をかいた。自分が失敗したと受けとめた講演のあとのコーヒー・ブレイクのあいだ、私は誰もいない講堂でわびしく、じっと動かずに座っていた。私の落ち込みようを見た優しい女友達が私の背後にきて、両肩に静かに手を置きながら、頭の天辺に黙ってキスをしてくれた。女性の優しさは、生きつづけるための良い理由の一つである。『盲目の時計職人』の最終章で普遍的ダーウィン主義の話を繰り返すことになったときには、もっとうまく語ることができた。

ミーム

『利己的な遺伝子』（初版）の最終章、遺伝子の過大視を諫《いさ》めるくだりで、私は普遍的ダーウィン主義の一ヴァージョンを提唱した。それがこの本の残りの主役《ヒーロー》となった。自己複製できるようコードされた情報はどんなものであれ、DNAの代役として進化の劇《プレイ》に足を踏み入れることができると、私は主張した。そして、ひょっとしたら、どこかの遠いところの惑星にそれがあるかもしれない。私はその代役はもう一つ付加的な資格をもっていなければならないと付け加えるべきだった——しかし、

『延長された表現型』を書くまで十分に明確にすることができなかった。その資格とは、自らが複製される確率に影響を与える力のことである。実際、『延長された表現型』というタイトルを思いつく前に私は、リヴァプール大学の先駆的な進化理論家ジェフリー・パーカーに次回作は何かと訊かれ、「力《パワー》」だと答えたのを思いだした。ジェフは要点をすぐに理解したが、私は、そのたった一つの単語から要点を理解してくれる人が多数いるとはとても思えなかった。

一九七六年に『利己的な遺伝子』で普遍的ダーウィン主義という概念を紹介したとき、潜在的に強力な自己複製子——DNAの仮説上の代案——として、私は他のどんな例を取り上げることができただろう？　コンピューター・ウイルスであればその役を務められただろうが、それはどこかのさもしい小心者によって発明されただけのものであり、たとえ思いあたったとしても、そんなアイデアを喧伝などしたくないと思ったにちがいない。私は見知らぬ惑星上で奇妙な自己複製子が存在する可能性について触れ、こう続けた。

別種の自己複製子と、その必然的産物である別種の進化を見つけるためには、はるか遠方の世界へ出かける必要があるのだろうか。私の考えるところでは、新種の自己複製子が最近まさにこの惑星上に登場しているのである。私たちはそれと現に鼻をつき合せているのだ。それはまだ未発達な状態にあり、依然としてその原始スープの中に無器用に漂っている。しかしすでにそれはかなりの速度で進化的変化を達成しており、遺伝子という古参の自己複製子ははるか後方に遅れてあえいでいるありさまである。（日高・岸・羽田・垂水訳）

文化的な進化が、遺伝的な進化の何桁も大きな速度で進むのは事実である。しかし、もし私がこのとき、〝ミームの自然淘汰に文化的な進化のすべての手柄を認めるべきだ〟というようなつもりだったとしたら、それは早まりすぎでフライングのそしりはまぬがれなかったことだろう。それはそうとして、私はそこまで大胆なもの言いをするつもりはなかった。たとえば、言語の進化は明らかに、淘汰まがいのものというよりは浮動（ミーム浮動）に負うところが大きい。私はつづけて、それを表す言葉そのものの造語に向かった。

新登場のスープは、人間の文化というスープである。新登場の自己複製子にも名前が必要だ。文化伝達の単位、あるいは模倣の単位という概念を伝える名詞である。模倣に相当するギリシャ語の語根をとれば〈mimeme〉ということになるが、私のほしいのは、〈ジーン（遺伝子）〉ということばと発音の似ている単音節の単語だ。そこで、このギリシャ語の語根を〈ミーム（meme）〉と縮めてしまうことにする。私の友人の古典学者諸氏には御寛容を乞《こ》う次第だ。もし慰めがあるとすれば、ミームという単語は〈記憶（memory）〉、あるいはこれに相当するフランス語の〈même〉という単語に掛けることができるということだろう。なお、この単語は、「クリーム」と同じ韻《いん》を踏ませて発音していただきたい。（日高・岸・羽田・垂水訳）

遺伝子がお互いの適合性によって淘汰されるのとまったく同じように、ミームも原理的にはそうであってもいい。ミーム学についての大量の文献では、「ミーム複合体《コンプレックス》」の略語として「ミームプレックス」という言葉が採用されてきた。『利己的な遺伝子』のなかで、私は協調的な遺伝子複合体という概念（このときは「進化的に安定な遺伝子セット」というフレーズを使った）をふたたび持ち出し、試みに以下のように、ミーム学との類似点を比較した。

たとえば肉食動物の遺伝子プールでは、互いに適合した（suitable）[1]、歯、爪、消化管、そして感覚器官が進化し、一方草食動物の遺伝子プールでは、これとは異なった諸特性が安定したセットを形成している。ミーム・プールでもこれらに似たことがおこるだろうか。たとえば、神のミームが他の特定のミームと結びついて、この結びつきが当のミームたちそれぞれの生存を促進するようなことがあるだろうか。もしかすると、独特の建築、儀式、律法、音楽、芸術、そして文字として書かれた伝統をともなった教会組織などは、互助的なミームの相互適応的安定セットの一例かもしれない。（ともに日高・岸・羽田・垂水訳、一部改変）

そして、ここにはもう一つの興味深い可能性がある。もしミームが遺伝子と同じように自然淘汰を受けるかもしれないことを認めるならば、相互に適合するミームと遺伝子の複合体は一緒に、それぞれの淘汰の領域において選り好みされるかもしれない。したがって、遺伝子版死者の書が祖先の環境についての記述であるとするなら、そうした祖先の遺伝子環境になぜ、祖先のミームが含まれてはいけないのだ？　祖先の社会的な実践、祖先の宗教、祖先の婚姻習俗、および交戦時の習慣といったものは、祖先の遺伝子が生き残った世界において、重要な部分を構成していたのではなかったのか？

気候の地域的な相違に加えて、太陽への曝露、牛乳、その他に身をさらす度合いには、属する文化、宗教、伝統、婚姻習俗、等々によって集団間に重要な違いが存在し、それらが遺伝子に異なった淘汰的影響を及ぼしてきたこともありうるだろう。まったく信じられないことではない。ここで考えられているのは、長期間にわたって地理的に多少とも分離されてきた複数の集団である。そこでならば、遺伝子とミームが相互に適合するカルテルを結成して、互いに協調しているかもしれない。別の言い方をすれば、遺伝子版死者の書に、祖先の文化の記述が含まれているということである。これはずっと以前に、E・O・ウィルソンが「遺伝子＝文化共進化」について語ったときに意味したものにほかならない。「ミーム版死者の書」というものがあるのだろうか？　そしてそれには祖先のミームだけでなく遺伝子の記述も含まれているのだろうか？　私はそこは読者が耕すべき畑地としておき、播くべき種《たね》としては、遺伝子の流れとミームの流れに対する文化的、言語学的、宗教的な障壁が進化的な分岐を育《はぐく》んだ地理的障壁と同じような役割を果たすことがありうるのではないかという示唆を残して、立ち去った。興味深いことにそのような文化的障壁は、集団間の地理的な距離の場合にはそういう役割を果たすのに小さすぎるような場所でも機能しうる。もしニューギニア高地の隣接する谷の住人どうしが抱いた敵意によって、無数の互いに理解できない言語の進化を育むほど十分に争いあう集団が孤立した状態で存続してきたのなら、それは集団間の遺伝子の流れにどういう影響を及ぼすのだろう？　もし遺伝子版死者の書が文化をも含めた祖先の世界についての記述であるならば、なぜ、祖先の遺伝子を含めて記載したミーム版死者の書が存在しないといえるのだ？　そして、しかるべく言い直せば（mutatis mutandis）、なぜ遺伝子版死者の書は祖先のミームについての記述を含んでいては

（1）これはたぶん、「安定な（stable）」の誤植で、今日の滑稽な「オートコレクト」ソフトに匹敵するような人間によってもたらされたもののはずだ。もしそうなら、これはたまたま二つの単語のどちらでも意味が通る、幸運な誤植の例である。ひょっとしたら、有利なミーム突然変異のまれな実例かもしれない。

いけないのか？

私はしばらくミームから離れていたのだが、タイトルに「ミーム」がついた多くの本を含めて、ミーム学については大量の文献が生まれてきている。ミームの理論については何人かの著者による顕著な進展が見られるが、なかでも特筆すべきは、スーザン・ブラックモア（『ミーム・マシーンとしての私』において）、ロバート・アンジェ（『電子ミーム』において）、およびダニエル・デネット（『解明される意識』、『ダーウィンの危険な思想』、『解明される宗教』、『思考の技法』〔原題は *Intuition Pumps*〕を含む数冊の著作において）である。デネットとブラックモアはどちらも、ミーム学が心の進化を含む人類進化において決定的役割を果たしていると見ている。スー・ブラックモアは、テレビの科学番組の司会者である夫のアダム・ハート＝デイヴィス（偶然にも彼はオックスフォード大学出版局にいたとき、『利己的な遺伝子』の出版にかかわっていた）と一緒に暮らしている風変わりで美しいデヴォンシャーの邸宅で、一連の「ミーム研究（Memelab）」ワークショップを開いてきた。毎回のワークショップは、参加者がその家に泊まり一緒に食事をするという、完璧な週末のホームパーティとして組織され、このワークショップは私にとって、すばらしく気さくに考えを口に出せる感じがして、いつもとても居心地がよかった。もし天気がよければ、ワークショップは吹きさらしの中でのダートムアの岩山登りで終わる。ある忘れられない一回ではダン・デネットが出席でき、彼はいつものことだが、残りの私たち全員の〝腕前を上げさせ〟た。

折り紙のジャンク（宝船）と伝言ゲーム

私はスー・ブラックモアの『ミーム・マシーンとしての私』に序文を書き、その機会を利用して、ミーム説に対する主要な批判の一つに対する回答を提示した。その批判というのは、ミームは遺伝子と違って高い忠実性をもつ複製ができないというものだった。世代が進むにつれて情報は劣化していくのであって、それは進化にとって致命的であると、批判者は難じる。DNAにおいては、ATGCGATTCという塩基配列は正確にコピーされる（あるいはコピー間違いがあれば明確な、はっきりと特定できる誤りを含むことになるだろう）。しかし、童歌《わらべうた》のようなミームがコピーされる――たとえば父親から娘へ――とき、複製は不正確である。子供の声は高く、母音を同じように正確に発音できない、等々のことがある。したがって、ミームは遺伝子とは違って複製の忠実度が十分に高くないので、進化の基盤にはなりえないというのだ。

この批判は、表面的にはもっともらしいのだが、明らかにまちがっている。私はそれに対して、子供の伝言ゲーム〔英国ではChinese Whispers、米国ではTelephoneという〕の変形版という一連の思考実験をもって答えた。一列に並んだ、二〇人の子供を想像してみてほしい。私が最初の子供に一つの文句をささやく。それは「暗い谷の奥底に、一頭の年老いたウシが座ってマメの茎を食べている」でもいい。最初の子供は自分の聞いた通りの言葉を二番めの子供にささやき、その子がまた、というふうに列の最後まで伝えていく。二〇番めの子供はその文句の「進化」版を謳い上げる。それは歪曲されたすえ、びっくりするようなおふざけになっているかもしれない。しかし、その文句が短く、とりわけ子供たち自身の言葉で何かの意味をもつものであれば、そのままで列の最後まで生き残る見込みは十分にある。さて、このゲームでその文句が列の一番最後で正しく表明されるという、特別な事例について言うなら、私はこういった事柄に注意を喚起したい。じつは、その文章の発音が正確に前の子供のコピーであるかどうかは問題ではない。一人の子供はアイルランド訛りで、次の子はスコットランド訛り、その次はヨークシャー訛り、等々であるかもしれない。この文句は、子供たちにとっては彼ら自身が共有する言語において理解されるので、それぞれの子供はそれを「正常化」する。スコットランド語の母音はヨークシャー語の母音とは異なってくるが、その違いは内容を損ないはしない。オーストラリア人の子供は、その単語を聞いて共有する英語の語彙のなかから引かれたものであると認識し、アメリカ英語訛りの次の子供がその文句を理解し、それを伝えることができるような形で、正確に表現する。

伝えられていく経路のどこかで、「突然変異」が見られるかもしれない。たとえば一四番めの子供が「暗い（dark）」を「湿っぽい（dank）」と言ったとすれば、この突然変異型の「湿っぽい」がこの列の終わりまでコピーされるだろう。これもたしかに興味深い事柄だ。しかし、ここではそのような突然変異が起こらない場合をとりあげることにしよう。そこで、一人のテープレコーダーをもった実験者が列に並んだ子供たちがささやいていくのを盗み聞きすると想定してみてほしい。実験者は一九個の録音を小さな別々のテープに分けて、帽子のなかに入れて混ぜ合わせる。それから、実験に無関係な観察者たちにテープが与えられ、一番めの子供に語りかけられたメッセージとの類似度に従って順に並べるよう求められる。結果がどうなるかはわかるだろう。dark/dank の類《たぐい》の突然変異がないと仮定すれば、その序列の最初のほうから得られたテープが後のほうから得られたテープよりすぐれているというような傾向は見られないだろう。コピー過程が進んでいくにつれて劣化していく傾向は存在しない。これだけで、私が先に触れた批判を退けるのに十分なはずである。

しかし、この思考実験を一段階さらに進めてみよう。そのメッセージが子供たちの知らない言語だと仮定してみよう。たとえば、Arma virumque cano, Troiae qui primus ab oris〔ローマの詩人ウェルギリウスの叙事詩『アエネイス』の冒頭の一行、「戦いと人について歌わん。まずはトロイアの岸辺から」という意味〕だったとしてみよう。またしても、何が起こるかは、わざわざ実験をする必要もなくわかる。子供たちはラテン語を知らないので、発音を真似ることしかしかできない。二〇番めの子供の口から出てくる最終的な音声では、最初の子供に語りかけられたもとの音声との類似性は、ほとんどすべて失われてしまっているだろう。そのうえ、もし帽子のなかでテープを混ぜ合わせるという実験をするとすれば、今度もまた、結果がどうなるかはわかる。実験に無関係な観察者たちが、最初のメッセージとの類似性の順に、テープを順番にならべられるのはまちがいない。最初のテープから最後のテープに向かうにつれて、もとのメッセージとの類似性における着実な退化が存在するだろう。

言葉ではなく技能をもって、これと類似した実験をおこなうことができる。たとえば、大工の技能（親方の真似をすることで見習い大工に伝達され、そうして二〇「世代」にわたって伝承される場合のシミュレーション）である。ここでは、子供たちの〝共通の言語〟に当たる役割を果たす「正常化機能」に相当するものは、私の思うに、その技能が何を達成するためにあるのかという評価だろう。たとえば、もし親方が見習いに釘の打ち方を教えているとするなら、見習いはたぶん、親方がかなづちを打ち下ろす正確な回数や打撃の強さを真似することはないだろう。むしろ、親方が達成しようとしている最終目的、すなわち「釘の頭を材と同じ平面まで沈めること」を真似するだろう。この最終目的こそ、見習いが模倣し、次の「見習い」に伝授することになるものなのである。

ブラックモアの本に寄せた序文で、私はもう一つの手工的技能の例を用いた。それは紙を折って折り紙のジャンク（宝船）をつくることである。それがミームである可能性の確かさは、私がそれを寄宿学校にもちこんだとき、麻疹《はしか》の流行のようにひろまったという事実によって例証済みである。さらに興味深いことに、私はそれを父親から教わったのだが、父もまた四半世紀前に同じ学校で、それが麻疹のように流行したときに教わったのである。

折り紙の技能を模倣するとき、子供は先にやっている子供の正確な手の動きを真似するのではなく、先の子供が何をしようとしているかの認知から成る「正常化」版を真似るのである。たとえば「見習い」の子供は、「先生役」の子供が正確に半分に折ろうとしていると推測するだろう。もし「先生役」が不器用で、彼の折り目が正確には真ん中の線を少しはみだしていたとしても、「見習い」はまちがいを無視して、正確に真ん中で折ろうと試みるだろう。さて、この例について「帽子の中のテープ」に相当するものは、実験と無関係な観察者に、一九個のジャンクを順序づけてもらうように頼むことだ。大きな突然変異（これもまた、それ自体興味深いだろう）がないと仮定すれば、後のほうの順番のものが、最初のほうのものに比べてなんらかの「退化」を示すという傾向は存在しないだろう。平均値を示す線のまわりにいい作品と悪い作品が点在していて、技能のすぐれた子供は、真ん中の線から少しずれたような明らかに不完全なものを模倣しようとはせず、「正常化」するのではないかと、私には思えてならない。

ミーム／遺伝子のアナロジーには正当な異論があるかもしれないが、複製の忠実度が低いがゆえに「退化する」というのは、正当な異論ではない。

ミーム学における実験をしようとするなら、何ができるだろう？　こんなことはできそうだ——標準的な発音をもつ一つの単語を取り上げ、発音間違いの「突然変異」を発明し、それを毎日、何万人もの人々に向かって放送する。その後に、その突然変異の発音がミーム・プールをのっとり規範《ノーム》になっているかどうかを調べるのである。この手順《プロトコル》は多額の出費を要するが、研究助成金を支給する組織から資金を集められる可能性はなさそうだ。けれども幸いまったくの偶然によって、この実験のもっとも費用のかかる部分はときどき、私たちを対象として実施されている。ロンドンの地下鉄道網は車内放送設備をもち、これが毎日、何万人もの乗客に向かって、駅の名前を放送している。突然変異が起こる前のMarylebone〔日本語表記ではメリルボーンがふつう〕駅の発音は、「マリー＝ル＝ボーン」（に近いもの）だった。ベーカールー線の、若い女性の声の録音で流された突然変異の発音は「マーリー＝ボーン」である。この実験であと残っているのは、ベーカールー線に乗る通勤客にランダム・サンプリングで駅名をどう発音するかを尋ね、このサンプルを一年ごとに繰り返し、それから英国人集団全体のサンプリングによって、このミームの分散的な広まりを調査することだけである。私の推測では、この突然変異型はすでにきわめて広範囲に増殖しはじめているはずである。私はおふざけで、陥落する最後の砦は、マリールボーン・クリケット・クラブ、かの有名なMCCだろうと言っておこう。

世界のモデル

ホラス・バーロウの影響で、私は動物の感覚系、とくに脳にある同調済みの認識ニューロンのセットを、動物が生きている世界の一種のモデルとして見るようになった。同じ脈絡で、私は動物の遺伝子を、過去の世界についてのデジタル記述――その動物の祖先の生活条件、祖先が生き残った環境についての一種の統計的平均――として提示した。私は一つの種の遺伝子プールを、祖先の世界のさまざまな特性を平均化する平均加算装置とみなした。同じように、脳は学習しながら、個々の動物が生涯のうちに経験した世界の統計学的な諸特性を平均化する。彫刻家である自然淘汰が、余分なものを削り落とすことで遺伝子プールを平均的な祖先の世界についての記述的なモデルへと変えるように、個体の経験は脳に、現在の世界のモデルを彫り上げる。どちらの場合にも、モデルは世界からのデータによって更新されるが、時間の尺度について言うなら、遺伝子プール・モデルでは数世代、脳のモデルでは、個人の発達期間である。私はジュリアン・ハクスリーのこの詩が昔から大好きで（なにかの理由で、私は大学生時代に彼に共鳴した）、『悪魔に仕える牧師』で引用した。

事物の世界が、あなたの幼い心に入り込み
その透き通った小部屋《キャビネット》にすみついた。
その部屋の中で、きわめて奇妙なパートナーと出会い、
そして、事物は思考に変じ、仲間を増やした。
ひとたびその部屋に入れば、有形の事実はその魂《スピリット》を
見つけることができたからだ。互いにお蔭《かげ》をこうむりあう事実とあなたは、
そこに小さなミクロコスモスを築いた――だが、まだ
その小さな自我に担わすべき最大の課題が残っていた。

死人もそこでは生きることができ、星と言葉を交わすこともできる。
赤道は北極と語りあい、夜は昼と語りあう。
精神は、世界の物質的な仕切りを溶かし――、
無数の孤立が燃え尽きる。

宇宙は生き、働き、計画することができ、
最後には、人間の心の中に神をつくる。

ここで私はハクスリー(1)のスタイルを真似て、もう一つの詩を付け加えよう。

祖先の世界があなたの種《しゅ》の遺伝子に侵入し、
忘れられて久しい死や生を暗号化して書き込む。
デジタル・テキストが生き残るものを祀る、それは
粉々になったゲノムから濾しとられたものなのだ。
かつて何があったのか？　何が起こったのか？　誰が言えよう？
だが、すべてはあなたのＤＮＡに書かれている。

---

(1) 私はジュリアン・ハクスリーに一度だけ会ったことがあるが、そのとき彼は老人で、私は若かった。オックスフォード大学の動物学教室は、アリスター・ハーディ、ジョン・ベーカー、およびＥ・Ｂ・フォードという三人の長老指導者を描いた肖像画の制作を依頼した。サー・ジュリアンは、除幕のために招かれた。彼はスピーチの原稿を一枚読みあげるたびに、手の内の紙束の一番下に置いた。最後の一枚を読み終えたあと、それを一番下に置き、機械的にまた最初の一枚を読みはじめた。出席していたいたずら心の旺盛な生徒たちが喜んだことに、彼はそのスピーチ全文を二回読み、まさに三回めに乗り出そうとしたとき彼の奥さんがさっと進み出て、彼の腕を摑んで大急ぎで演壇から下がらせたのだ。

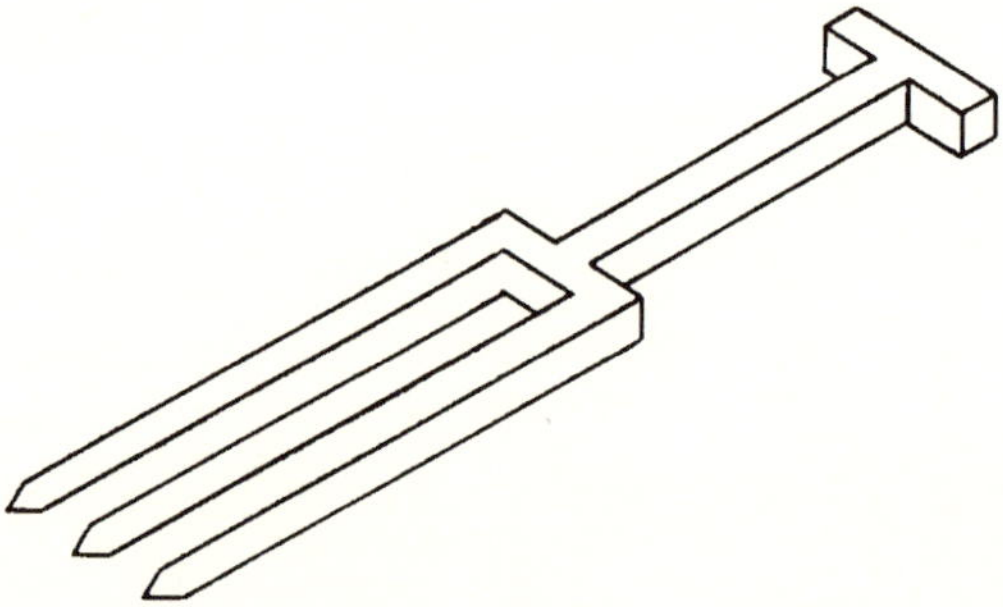

図17　悪魔の音叉

ジュリアン・ハクスリーの詩と、個体発生という時間の尺度において構築される脳のモデルに話を戻せば、一九九〇年代における私の一般向けの講演の多くは、このテーマに捧げられていた。とりわけ私は、クリスマス講演をおこなった年に教えてもらい、王立研究所で子供たちに実演したヴァーチャル・リアリティのソフトウェアに触発された。私は『虹の解体』の「世界の再構成」という章で、これをそっくり借用している。

私たちが自分は「外の」現実世界を見ていると考えるとき、私たちには、脳内で構築されているのではあるが、現実世界からの情報の流れによって拘束されているシミュレーションを見ているという、強い感覚がある。それはあたかも感覚器官から流入する情報の命令で引き出されるのを待っているモデルの一杯に詰め込まれた戸棚が、脳のなかにあるかのようである。リチャード・グレゴリーが彼の著作で（およびオックスフォード大学でのシモニー講演で）示したように、「規則があることを証明する例外」といった類の感覚で、錯視がそのことを私たちに納得させてくれる。ネッカー・キューブは有名な錯視で、これも私は『延長された表現型』で、遺伝子の眼からの視点と「ヴィークル」の視点という、自然淘汰を眺める二つの見方のアナロジーとして使った（本書四五四頁を参照）。このネッカー・キューブとは、脳の戸棚のなかにある二つの代替可能な三次元モデルのどちらにも同じように矛盾なく適合できる、二次元のパターンである。脳が二つのモデルのうちの一つを支持し、それに執着するようにデザインされてきた、ということはありうる。実際にそれがしているのは、最初の一つのモデルを戸棚から取り出し、数秒間それを「見て」からそれを戻して、もう一方のモデルを取り出すということである。したがって私たちが見ているのは、最初は一方の立体、次にもう一方の立体、そしてまた最初の立体、ということの繰り返しになる。

別の有名な錯視として、〝悪魔の音叉〟（図17を参照）、〝不可能な三角形〟（これは私が王立研究所クリスマス講演(1)で実演した）、〝ホロウマスク錯視〟などがあるが、どれも同じことをより劇的に強調している。

私たちは構築された世界、仮想現実《ヴァーチャル・リアリティ》の世界を移動していく。もし私たちが正気で、ドラッグをやらず、目覚めていれば、私たちが歩いていく構築された仮想現実は感覚データによって、私たちの生き残りに役立つようなやり方で拘束を受ける。それは夢や幻覚の世界ではなく、私たちが生き延びなければならない現実の世界なのである。コンピューター・ソフトウェアは、私たちが想像の世界、空想の世界、ギリシア神殿やおとぎの国、異星人の惑星のSF的な風景のなかを歩いていくことを可能にする。私たちが頭を動かすときには、ヘルメットの中の加速度計がその動きを記録し、コンピュ

（1）Lecture 5, 20 minutes in: http://richannel.org/christmas-lectures/1991/richard-dawkins#/christmas-lectures-1991-richard-dawkins–the-genesis-of-purpose.

ータが私たちの眼に投じる映像はその記録に応じて変わる。私たちにはギリシア神殿の中で頭を動かしているように思え、それまで「背後にあった」像をいまや目の前に見ている。そして夜夢を見るとき、脳のヴァーチャル・リアリティ・ソフトウェアが現実から解き放たれて、私たちは心の中のすばらしい大邸宅の中を歩いたり、パニックに襲われる悪夢の構築された怪物から逃走したりするのである。

『虹の解体』と一九九〇年代の講演において、私は未来の外科医について空想してみた。外科医は患者とは別の部屋にいて患者の腸のなかを歩きまわるのだが、その腸は、体内に入れた内視鏡から得られるデータを使って現実そっくりにシミュレートされたものだ。医師が頭を一方に向けると、内視鏡の先端もそれに同調して振れる。医師は仮想《ヴァーチャル》の（しかし内視鏡の現実性に拘束されている）腸のなかをさがしていき、ついに前方にある腫瘍の位置を突き止める。医師が器具箱にある仮想のチェーンソーを振り回すと、内視鏡の先端の適切な顕微手術用のメスが、医師の大きな腕の動きをミニチュアサイズで反映して、腫瘍を繊細に切除する。それと似たような空想が、同じような種類の仕事をする未来の配管工についてできる。彼が仮想の下水管を歩いて——あるいは泳いでいくことさえあるだろう——下っていくと、その動きは実在の下水管にいる、ゴミを除去するために配備された小型ロボットに反映される。ここでの要点は、拘束である。私たちが動きまわる仮想世界は純粋な幻想ではなく、役に立つほど実在に近くなるよう拘束された調整方針に従って導かれているのである。

私たち人間の精神の戸棚には、顔面のモデルがとくに豊富に揃っており、視神経を通じてやってきた最小限の刺激でさえ与えられれば、必死でそれを思いだそうとする。イエスや聖母マリアが一切れのパンや湿った壁に現れたという無数の物語は、これで説明がつく。〝ホロウマスク錯視〟（これもクリスマス講演[1]で出し物にした）は、満足できる顔モデルを思いだす私たちの能力のもっとも眼を見張るような現れである。また、相貌失認という名の脳障害が存在するという事実も興味深い。その症状は、ふつうにものを見ることはできるのだが、顔を――よく知っている、愛する人の顔でさえ――識別することができないというものである。

私はこのテーマを『神は妄想である』でも繰り返し、私たちが幻視、亡霊、幽霊、霊魔《ジン》、天使、聖母マリアといったものにどれほど誤った印象を受けるかを示した。私たちの脳はヴァーチャル・リアリティの技《トリック》の名人である。光背《こうはい》に包まれ、光り輝き、ローブをまとった人物の幻視をつくらせるのはたやすい子供だましで、嵐のなかでささやく良心の声もそうである。多くの人々が、神を個人的に体験したことがあると真面目に信じている。神は彼らに語りかけ、夢や白日夢の中に現れる。そうした人々は、要らぬ感銘を受けずにする術《すべ》を学ぶ必要があるのだ。リチャード・グレゴリーや心理学者たちを勉強してほしい。幻想《イリュージョン》の力を認識してほしい。幻想がどれほどたやすく妄想へと変わるかを理解してほしい。「神をめぐる妄想」がいい例である。

個人的な懐疑にもとづく論証

『盲目の時計職人』において私は、創造論者の基本的な「論証」の要約として、「個人的な懐疑にもとづく論証」という成句《フレーズ》を用いた。もう少し手厳しくない表現では、「統計的なありえなさにもとづ

（1）Lecture 5, 18 minutes in: http://richannel.org/christmas-lectures/1991/richard-dawkins#/christmas-lectures-1991-richard-dawkins–the-genesis-of-purpose.

く論証」――あるいは「複雑さにもとづく論証」ということになるだろう。なぜなら、統計的なありえなさは複雑さの適切な尺度であり、懐疑を引き起こす適切な誘因であるからだ。その論証はつねにこんなふうに進んでいく。複雑な生物学的構造が、多くの部分が厳密な形で配置されているとして、称揚される。この総体をランダムに配置し直してしまえば、どう配置を変えたものであれ、もう機能しないだろう。部分部分を一つに組み上げるうえでのありうる配置の数が計算されるが、もちろん、それは天文学的な数になることがわかる。したがって、そんな複雑な配置が偶然によって生じたはずがない。したがって――ここが、この論証が自ら墓穴を掘るところである――、神がそれをしたにちがいない。

ダーウィン自身は著書の一章の一部を、「極度に完成度が高く複雑な器官」と呼ぶものに割いている。彼はそのくだりを創造論者が頻繁に引用する、以下の有名な文章で書き起こしている。

異なる距離に焦点を合わせ、さまざまな光量に対応し、球面収差や色収差も補正するための巧妙な仕掛けを備えた眼が自然淘汰によって形成されたと考えるのは、率直に白状すれば、このうえなく非常識に思える。

ダーウィンのこの文章の口調からは、彼がこの件をこれきりにして立ち去るつもりがないとわかる。わかるはずだ。彼の口調はそのあとに、「しかし」とか「けれども」という言葉がくる明らかな信号を送っているのではないだろうか？　彼は読者をたぶらかして自分の近くまで招き寄せ、彼のパンチがここぞというときにより大きな衝撃を与えるよう目論んでさえいたかもしれない。「しかし、理性は私にこう告げる……」。Googleではこちらの文節がたった三万九三〇〇件しか見つからないのに比べて、すぐ先ほど引用した「このうえなく非常識に思える」という成句は一三万件も見つかる。ダーウィン自身が別の場所で言っているように、「たえず偽りを言い続けることの力は偉大である……」〔『種の起原』第六版（一八七二）、四二一頁に挿入された文章の一部〕。

「統計的なありえなさにもとづく論証」のまちがっているところは、もちろん、自然淘汰は偶然の理論ではないという点である。自然淘汰はランダムな変異をランダムではない仕方で篩《ふる》い分けることであり、それがうまく機能する理由は、改良が累積的で漸進的になされるからである。『盲目の時計職人』で私はそのことを、たとえば銀行の金庫室を守っているようなダイヤル錠の喩え《メタファー》で説明した。BBCの《ホライズン》の同名のドキュメンタリー番組で、私はもっと話をおおげさにし、本物の銀行の金庫室をランダムな数字で実際に開けるという試みをした。ダイヤル錠の核心は、ランダムにダイヤルをひねくりまわすことで破るには、途方もない幸運が必要だということである。しかし、もしダイヤルの数字を右に回すたびに、金庫室の扉が少しずつ隙間を広げるというような欠陥をもっていれば、どんな能なしでも金庫は破れる。それが漸進的な自然淘汰に相当するものである。

私がのちにもちだした不可能の山というメタファーも、同じ説明的な務めを果たしていた。前に簡単に触れたように、私がテレビドキュメンタリー、《諸悪の根源？》でラッセル・バーンズと一緒に仕事をしていたとき、私たちはコロラドスプリングスの「神々の園」を不可能の山に模した。この山の「創造論者」側を、すなわち「とてつもなく思いがけない幸運」の側を示すために、私が険しい断崖の頂点に立っているショットが撮られた。そこでは、たったの一歩で不可能なものに到達するのは、一跳びで麓から山頂まで跳び上がるのと同じだということが示されている。それからカメラは場所を変え、私は山の「進化的な」側の、穏やかでゆるい傾斜の坂道を黙々と歩かされた。十分な時間と、突然の飛躍のない穏やかな段階的改良さえあれば、限りなく複雑な器官を進化させることに何の問題もない。もちろんテレビはテレビであり、坂道と断崖は実際には別の山であった（いわゆる「モース警部効果」で、この刑事ドラマでは物思いに沈む警部がオックスフォード大学のあるカレッジに入っていくところが写され、別のカレッジの中庭から姿を現す）。

人々が有神論的な信念に価値を認めるあまたの理由のなかで、この統計的なありえなさにもとづく論証は、私が飛び抜けて頻繁に出会うものである。すでに述べたように、しばしばそれは眼やヘモグロビン分子のような複雑なものが「偶然によって」存在するようになるための、途方もない確率についての素朴な数学的計算を持ち出す。このようにして、万物の起源としてのビッグバンという考えまでもが疑念の対象となる。ここで、「エホバの証人」のパンフレットからの二例を示しておくが、どちらもこの部類の言い草のまるっきりの典型である。

印刷工場で爆発があり、インクが壁や天井に飛び散って、一冊の大辞典ができあがったという話を誰かがあなたにしたと想像してみてほしい。あなたは信じるだろうか？　秩序ある宇宙のあらゆるものが、でたらめな一回のビッグバンの結果生じたという以上に信じられない話があるだろうか？

もしあなたが森の中を歩いていて、美しい丸太小屋を見つけたとしたら、あなたは、「なんてすばらしい！　樹木がこの家をつくるのにちょうど相応《ふさわ》しいやり方で倒れたにちがいない」と考えるだろうか？　もちろんそんなことはしない。それはまったく理屈に合わない。それなら、なぜ私たちは、宇宙のあらゆるものがたまたま生じたと信じなければいけないのだろう？

この手の事柄が私をくじけさせ、ときに苛立ちを引き起こし、あとで（ごくまれにだが）後悔させることを白状しなければならない。これには三つの理由がある。一つめは、設計されたものであるような見かけをもつものについての自然科学的な説明のありえなさの確率が、宇宙のすべての原子の数よりも大きな尺度で、本当にとてつもないものであるというのが真実なら、それに騙されるのは、同じようにとてつもない愚か者だけだろう。権威にもとづく論証に訴えるほど落ちぶれたくはないが、これが創造論者の心の中で疑念への小さな暗示をかきたてるのではないかと思うのは、高望みにすぎるだろうか？　少なくとも、こうした巨大なありえなさをもちだす人間が、もしかしたら要点を見逃しているのではないかと一瞬でも考えてみる価値はないだろうか？　科学者も時にまちがうことがあるが、物のスケールを八〇桁もまちがえるということはめったにない。

私が苛立つ二つめの理由は、「まったくの偶然にもとづく論証」は主としてダーウィン説に典型的に現れているような、科学の目を見張るような力と優美さの真の価値を大幅に見落としている。それはこの上なく強力で、しかもこの上なく単純であり、人間の心に現れたもっとも美しい考えの一つなのはまちがいないのに、初心者は見逃してしまう。もっと悪いのは、もし彼らが自分たちの誤解を子供たちに押しつけるなら、彼らは子供たちにその美しさ、知的達成の美しさを与えるのも拒むことになる、ということである。

そして三つめに、統計的なありえなさ（あるいは複雑さ）にもとづく論証が苛立たしい理由は、まったくの偶然によって複雑なものが生じる天文学的に小さな確率というのは、それがビッグバン説、進化論、あるいは神がつくったとする説など、いかなる存在の理論であれ、解決しなければならない問題を単に言い直したにすぎないからである。この存在の謎に対する答がまったくの偶然、あるいは無から突然現れるというものではないことは誰でも理解できる。これは、生命の場合にとくにそうである。なぜならそこでは、設計《デザイン》という幻想には、驚くほどの説得力があるからである。問題は、まったくの偶然に対する代案を見つけることである。生命のありえなさはまさしく、解決する必要のある問題である。神がつくったとする説は明らかに問題を解決していない。単に言い換えているにすぎない。漸進的で累積的な自然淘汰は、この問題を解決しており、たぶん、それを解決することができる唯一の過程である。生命の複雑さという問題を、神と呼ばれるもう一つの複雑な実体を仮定することで解決しようという試みは明らかに無益である。これほど自明ではないけれども、同じことを宇宙の起源という問題にも適用できる。創造論者が統計的なありえなさを積み重ねれば重ねるほど、ますます自分の墓穴を掘ることになるのである。

神は妄想である

設計されたような見かけをもつものが統計的にありえないということについてのこうした問題点が、『盲目の時計職人』と『不可能の山を登る』に満ちあふれており、また私はそれを『神は妄想である』における議論の中心テーマとして、はっきりと名指しした。『神は妄想である』の出版後、神は複雑であり、それゆえ複雑さの謎に対する解決にならないという点について、おびただしい数の回答らしきものが出されてきた。それらの回答はどれもみな同じで、すべて同じように根拠薄弱である。

結局どれも「神は複雑でなく、単純である」という一つの文章に要約できるのだ。どうしてそれがわかるのか？　なぜならば神学者たちがそう言っているからであり、彼らは神についての権威だからです。そうじゃないですか？　楽勝だ、命令によって、議論に勝つのだ！　しかし、二股を掛けようとしても、そうは問屋が卸さない。神が単純だとすればその場合、私たちが目にするような複雑さを説明できるだけの知識も設計の手腕をもたないことになる。神が複雑だとすれば、その場合には、説明のために呼び出された複雑さだけでなく、自分自身の複雑さを説明する必要が出てくる。あなたの神をより単純にすれば、神は世界の複雑さについて説明する資格がより乏しくなり、あなたの神をより複雑にすれば、神それ自身の複雑さを説明する必要がより大きくなる。

ピーター・アトキンスは、そのみごとな著作『創造再訪（*Creation Revisited*）』において、この点を劇的に表現した。この本で彼は「ぐうたらな神」を仮定し、それから一歩ずつ、ぐうたらな神が私たちの見ているような宇宙をつくるのにする必要のあることを削り落としていく。彼の結論は、ぐうたらな神はわざわざ存在しなくともいいほど、わずかなことしかする必要がないだろうというものだった。それに比べて、神が本来おこなえると想定される複雑な能力のうち、副次的なもの――七〇億の人間の考えていることを同時に聞き（死者とも会話することに触れないにせよ）、その祈りに応え、罪を赦し、死後の罰または報償を割り当て、ある癌患者の命を救うが別の人間は救わない――でさえも、それを神の持ち分と考えることは、問題を大々的に増やすだけのことである。

ダーウィン主義的な進化は、生命の統計的なありえなさという問題を、独特のやり方で解決する。なぜなら、進化は累積的、漸進的に作用するからである。進化には掛け値なしに、原始の単純さから最終的な複雑さに至る横断を仲介することができる――そして進化はそうしたことができる、知られている唯一の理論である。人間の技術者は設計によって複雑なものをつくることができるが、人間の技術者は彼ら自身についてもまた説明してやる必要があるのに対し、自然淘汰による進化は残りの生命について説明すると同時に彼らについても説明する、という点が肝心なのだ。

『神は妄想である』にはもちろん、統計的なありえなさについての中心的な論証以外にもたくさんのことが書かれている。宗教の進化的な起源についての、道徳性の起源についての、聖書の文学的な価値についての、宗教的な子供の虐待、およびその他の多くのことについての文章を収めた。私はそれを、ユーモアと思いやりのある本で、時に言われるように怒りとけたたましい論争とはほど遠い本だと思いたい。盛り込まれたユーモアのうちには、むしろ皮肉と、あるいは嘲りと呼んだほうがいいものもある。そしてそうしたユーモアの標的とされた者たちがしばしば、ヘイトスピーチと温厚な嘲りをなかなかうまく区別できないというのは事実である。私がピーター・メダワーから教わったことの一つに、正確に狙いを定めた風刺的な嘲笑は下劣な罵りとは違うということがある〔六〇八頁以下も参照〕。にもかかわらず、宗教的な動機からの批判者たちは往々にしてこの違いを見抜くことができないように思われる。ある人物は、私がトゥレット症候群〔チックの一種で、病的に卑猥ないし冒瀆的な言葉を発する症状をもつ〕ではないかと疑いさえした。もっとも、彼がこの本を読んだとは信じがたい――たぶん彼はナルシスのごとく、自分自身の微笑みに恋をしてしまっただけなのだろう。

この本が見舞われた辛辣な批評のレベルを考えると、米国のいわゆる「バイブル・ベルト〔合衆国中西部から南部にかけての原理主義的なキリスト教徒の多い地域〕」での何回かを含めて、何百回も公衆の前に顔を出したのに、面前で野次られるという類《たぐい》のことはほとんど経験せず、実際に批判的な質問にさらされることもめったになかったのは、きわめて驚くべきことである。これには実のところ、非常にがっかりした。というのも、私はまれな例外——とりわけヴァージニア州のランドルフ・メイコン・ウイメンズ・カレッジ（現在では男女共学になり大学名もランドルフ・メイコン・カレッジになっている）で講演に招かれたとき——を自分が楽しんでいることに気づいたからである。ランドルフ・メイコンは高い水準をもつ、れっきとしたリベラルアーツ・カレッジ（基礎的な教育研究をおこなう四年生大学）であるが、同じ町に、悪名高いジェリー・ファルウェルが創設したリバティー「大学」があり、バス一台に乗ってやってきたかなりの数の学生が、ランドルフ・メイコンの講堂の最前列を占拠した。彼らは質疑応答のセッションを独占し、通路にあった二台のマイクの後ろに一団となって並んだ。彼らの質問は度が過ぎるほど礼儀正しかったが、原理（根本）主義的なキリスト教精神によって動機づけられているのは明らかだった。キリスト教精神の表明は、この「大学」から課される入学要件の一つである。もちろん、私は何の苦もなくそれぞれの質問を順に片づけていくことができ、ランドルフ・メイコンの女子学生たちから喝采を浴びた。一人の質問者が、リバティー大学が三〇〇〇年前というラベルが貼られた恐竜の化石を所蔵していることから語りはじめた。彼はどのようにしてそのような化石の真の年代を展示することができるのか、説明を私に求めた。[1] 私は、化石の年代を測るには、進行速度の大幅に異なる、いくつかの異なる放射性崩壊を利用した時計が用いられていて、独立になされたすべての結果が、恐竜は六五〇〇万年以上昔のものだという点で一致していると説明した。そしてこう付け加えた。

(1) https://www.youtube.com/watch?v=qR_z85O0P2M.

もし、リバティー大学の博物館が三〇〇〇年前というラベルのついた恐竜化石をもっているというのが本当に事実なら、それは教育上不名誉なことであります。それは大学の理念全体を下落させるものであり、ここにおられるかもしれないリバティー大学のあらゆる学生さんに、すぐにそこを去り、まっとうな大学に入られることを強くお薦めします。

これは、この夕べで最大の喝采を浴びた——なぜなら、ランドルフ・メイコンはまっとうな大学だったから。その夕べのもう一つの質問は「あなたがまちがっていたらどうするか（What if you're wrong?）」（Googleで検索のこと）で、これは私の答と一緒にネット上で急速に広まった。私が唯一、敵意にあふれた野次を浴びせられたのはオクラホマでのことで、広大な競技場のなかで、私の話の途中に一人の男が立ち上がり、「おまえは私の救世主を侮辱したんだ！」と叫びはじめた。私が頼みもしないのに、彼は制服を着た用心棒たちによってつまみ出されてしまった。オクラホマ大学でおこなわれたこの催しは、法的手段によって私が話すのを阻止しようという試みのなされた唯一の機会でもあった。州議会議員のトッド・トムセンが州議会に提出していた議案の抜粋を以下に示す（多数のWhereases〔であるがゆえに〕がちりばめられたページを見れば、トラブルを覚悟しなければならないことがわかる）。

以下の事情であるがゆえに、すなわち、オクラホマ大学はダーウィン二〇〇九プロジェクトの一環として、オックスフォード大学のリチャード・ドーキンスをキャンパスにおける講演者として招いたが、彼の二〇〇六年の著作『神は妄想である』で表明された意見、および進化論についての公式発言は、彼が文化的多様性と思考の多様性に不寛容なことを示しており、その見解はオクラホマ市民の大多数が共有するものではなく、オクラホマ市民の考えを代表するものでもない。

また、

以下の事情であるがゆえに、すなわち、二〇〇九年三月六日金曜日にキャンパスでリチャード・ドーキンスに話をさせるための招請は、科学的な概念を教えるよりむしろ、他のすべての多様な考え方を排除して進化論について偏向した哲学を提示することだけにしか役立たない。

しかるがゆえに今や、第五二回オクラホマ州議会の第一回下院審議では次のごとく決議されるべきである。

すなわち、オクラホマ州議会下院は、オックスフォード大学のリチャード・ドーキンスを呼んでオクラホマ大学のキャンパスで講演させることに強く反対する。彼の進化論について公表された発言、およびこの理論を信じない人々に対する意見は、オクラホマの大部分の市民の見解と意見に反し、かつ攻撃的であるからである。

トムセン議員はさらに、この講演料として私に三万ドルが支払われたと申し立て、このような形で公費を浪費した大学の役人に罰を与えようとも試みた。私は一銭も受け取っていなかったし、要求もしなかったので、彼は結局、面目を失った。おまけに、彼の議案は通過しなかった。私が進化論について講演することに対する彼の主たる異議は、私が「オクラホマ市民の大多数が共有するものではなく、彼らの考えを代表するものでもない見解を」もっているというものだった。トムセン議員は、大学が何のためにあると考えているのだろうか？

ここに書いたのは『神は妄想である』をめぐるごたごたの一例であり、それに対して批判者は野蛮だとか耳障りだとか、攻撃的だとかの異議を唱えるのではないかと思う。しかし私に言わせればこんなものは温厚な嘲りでしかなく、短剣《スティレット》をもつ気配こそあれ、棍棒で殴るのや下劣な罵りとはほど遠いものである。ローマ・カトリックはまぎれもなく一神教であるが、実質上の女神である聖母マリアや、個人的な祈りの対象として人々を引きつける、それぞれ独自の専門分野における聖列された聖人をもつことで多神教への傾向をもっていることを指摘したあと、私はこう続けた。

教皇ヨハネ・パウロ二世は、過去数世紀間の前任者すべてを合わせたよりも多くの聖人をつくりだし、また聖母マリアに特別の愛着をもっていた。彼が多神教へのあこがれを抱いていることは、一九八一年にローマで暗殺者に狙撃されたが一命を取り留めた彼が、そのことをファティマの聖母マリアのおかげだとしたときに、劇的に実証された。彼は「聖母の手が弾《たま》をそらせてくださった」と言ったのだ。なぜ聖母は、弾が彼にまったく当たらないようにしなかったのだろうという疑問をもたざるをえない。六時間におよぶ手術をおこなった外科医師団にも、少なくともその手柄の一部が与えられてしかるべきだと考える向きもあるかもしれない。しかしおそらくは、彼らの手もまた聖母によって導かれていたのだろう。肝心な点は、教皇の意見によれば、弾をそらせたのは、単なる聖母マリアではなく、とくにファティマの聖母マリアだったということである。おそらく、ルルドの聖母、グアダルーペの聖母、メジュゴリエの聖母、秋田の聖母、ゼイトゥーンの聖母、ガラバンダルの聖母、クノックの聖母は、そのとき他の用事で忙しかったのだ。

ひょっとしたらこれは、人を傷つける皮肉かもしれない。しかし「耳障り」だって？　私はそう思わない。まして断じて「トゥレット症候群」の症状ではない。私はそれを正当な嘲りであり、愉快なものだと思いたいが、こうした文言はカトリック教徒だけでなく、当然の称賛を得ているメルヴィン・ブラッグ、すなわち非宗教的な文化コメンテーターで、国の宝となるべき道を順調に歩んでいる実力者にとっても癪の種となったらしい。そのような非難がなされるのは、宗教が批判を、あるいは上記のような文章に盛り込まれたような穏やかな冷やかしさえも禁止する慣例を受け入れようとでもしているのでなければありえないと、私は推測する。この論点は『神は妄想である』の何年か前に、ダグラス・アダムズがケンブリッジ大学での即興のスピーチではっきりと述べていた。

　宗教というのは……その核心に、私たちが聖なるもの、神聖なもの、あるいはその他もろもろの名で呼んでいるある種の考えをもっています。それが意味するところは、「ここに、悪く言うことをいっさい許されない一つの考え、ないし概念がある。けっして許されないのだ。なにゆえに？——許されていないから許されないのだ！」ということです。もし誰かが、あなたが賛同していない党派に投票したとすれば、あなたはそのことについて好きなだけ自由に論じることができます。誰もが自分の意見を言うでしょうが、それによって不当な扱いを受けたと憤慨する者はいません。もし税金を上げるべきだとか下げるべきだとか考えている人間がいれば、それについてあなたは自由に議論することができます。しかし一方で、誰かが、「土曜日は安息日なので電灯が点《つ》けられないのです」と言えば、あなたは「私はそれを尊重します」と言うしかないのです。
　労働党か保守党か、共和党か民主党か、この経済モデルか別の経済モデルか、マッキントッシユかウィンドウズか、そのいずれを支持することも完全に正当化されるのに、宇宙がどのように始まり、誰が宇宙をつくったかについて意見をもつことが、なぜ正当化されないのでしょう。……それが神聖なものだからでしょうか？……私たちは、宗教的な観念には異論を差し挟まないことにしているわけですが、リチャード〔・ドーキンス〕があえてこの不文律を犯したら、どれほどの憤激を巻き起こすだろうかは、とても興味深いことです！　すべての人が、完全に半狂乱になって騒ぎ立てるでしょう。そういうことを口にするのは許されていないからです。しかし、理性的になってよく検討してみれば、どういうわけか私たちがそうすべきでないとお互いに同意しあっているということを除けば、そうした考えを自由に論争の対象にしてはならないという理由は存在しないのです。

私はこのダブル・スタンダードについて、『神は妄想である』のペイパーバック版への序文でも強調しておいた（よく耳にする逃げ口上「私は無神論者だが、しかし……」を中心に据えて。もっと最近のサルマン・ラシュディの「しかし旅団（but brigade）」への言及については本書ですでに触れたとおりだ）。私は自分の本の比較的節度ある言葉遣いを、演劇批評や政治評論において当たり前になっているおぞましい言葉遣いと比べてみた。いや、レストラン批評においてさえ、「学校でミミズを食って以来、私が口に入れたもののなかでもっとも不味いもの」「……ロンドンで、ひょっとしたら世界でまったく最悪のレストラン……」という具合だ。

八人のカトリックの聖母についての悪名高いくだりは、『神は妄想である』の第2章に出てくる。まちがいなくもっとも人の気分を害させた——そして以前の章で書いたように、「反ユダヤ主義」という攻撃さえもたらした――のは同じ章の、長い冒頭の一文である。

『旧約聖書』の神は、おそらくまちがいなく、あらゆるフィクションのなかでもっとも不愉快な登場人物である。嫉妬深くて、そのことを自慢にしている。けちくさく、不当で、容赦のない支配魔。執念深く、血に飢え、民族浄化をおこなった人間。女嫌い、ホモ嫌い、人種差別主義者、幼児殺し、大量虐殺者《ジェノサイド》、実子殺し、悪疫を引き起こし、誇大妄想で、サドマゾ趣味で、気まぐれな悪さをする弱い者いじめだ。

しかしながら、護教論者が好むと好まざるとにかかわらず、このリストの一つ一つの単語のすべてについて私は申し分なく正当化できる。実例が聖書のいたるところにあるのだ。ここでそれらを列挙することも考えたが、すぐに例証となる引用文で本がいっぱいになってしまうことに気づいた。おおそうだ、いい考えがある。本にするのだ！　わが友、ダン・バーカー以上にそうした本を書く資格のある人間を私は知らない。私は彼に提案し、彼は飛びついた。

ダンはかつて説教者だった。彼の二〇〇八年の本、『神を信じない――いかにして福音伝道説教者はアメリカの代表的無神論者の一人となりしか』の序文で私が書いたように。

若きダン・バーカーは単なる説教者ではなく、「バスで隣りの席に座ってほしいと思わない」類の説教者だった。彼は通りにまったくの見知らぬ人として歩いて行き、人々に救われているかと問いかける類の説教者だった。つまり、イヌをけしかけたくなるような個別訪問者の類だった。

チャールズ・ダーウィンが自分の甲虫や蔓脚類《まんきゃく》について知っているのと同じように、ダンは聖書について熟知しており、彼が私の勧めを受け入れていまや一冊の本を書いてくれていると言えるのが、私は嬉しい。その本は、私の著書の第2章の全体と冒頭の一文の無慈悲な詩句、すべての単語を逐一例証することに捧げられている。

もちろんキリスト教の護教者たちは、『旧約聖書』におかしな、困惑させられるようなくだりがあることは誰もが知っていると反論する。しかし『新約聖書』についてはどうなのか(whatabout)[1]?その通り。イエスの教えには、いくつかの穏やかで人間的な英知を見つけることができる。山上の垂訓はとてもよく、もっと多くのキリスト教徒がそれに従ってくれたらと思う。しかし、『新約聖書』の核心的な神話は(公正のために言えば、これについて非難されるべきはイエスではなく聖パウロである)、アブラハムがほとんどイサクを犠牲にしかけるという創世神話の不快さを共有している[2]。ここからそれは生まれたのであろう。私はこの点を『神は妄想である』で指摘し、二〇〇九年のクリスマス・アンソロジーとして書いた、P・G・ウッドハウスのパロディのなかでも繰り返した。残念ながら著作権上の理由で、ジーヴス、バーティ、およびバーティが〝聖書知識〟に関する賞をもらったことがある学校の校長先生、オーブリー・アップジョン師などの名前は変えなければならなかった。

「われらの罪のために死んでゆかれたもろもろのことは、すべて償いと贖罪のためなのだ、ジャーヴィス。すべては〝彼の受けた傷によってわれわれは癒される〟〔『イザヤ書』五三章五節〕とつづく。穏やかな形で、老アップコックからの鞭打ちには慣れていたので、僕は率直に言った。

〝僕が何か不品行を働いたときには〟──あるいは不正をというのか、ジャーヴィス？」

「どちらでもお好きなほうを、ご主人様、違反の重大さによりますが」

「そこでかねがね言っていたように、僕がなにかの不品行か不正を犯したときには速やかに、哀れな間抜けの罪のないお尻ではなく、公正かつ堂々とこの軟弱者のズボンの尻を叩かれる懲罰を期待していたんだ。僕の言う意味がわかるかい？」

「まちがいなく、ご主人様。スケープゴートの原理はつねに、倫理的、法理的正当性の疑わしいものでした。現代の刑法理論では懲罰という概念そのものに疑問を投げかけております。たとえ、罰せられるのが不正をおこなった人間自身であったとしてもです。それに応じて、罪のない代理人が身代わりの罰を受けることを正当化するのは、むずかしくなっております。ご主人様が正しい罰を受けるおつもりだとお聞きして、私は嬉しく思います。はい」

「その通りだ。ジャーヴィス」

「申し訳ありません。私はそういうつもりで申し上げたのでは……」

「もういい、ジャーヴィス。怒っているのではない。腹を立ててはいないぞ。われわれ軟弱者は、迅速に動くべきときを知っている。もっと話がある。僕はまだ考えごとのつづきが終わったわけではないぞ。どこまで話したかな？」

（1）Whataboutery〔～についてはどうなのか主義〕というのは、英語に入り込む過程にある新しい抽象名詞である（Wikipediaにはこの項目があるが、『オックスフォード大英語辞典』にはまだ収録されていない）。これは、注意をほかの何かに向けることによって、自分に不利な点を過小に思わせるのに使われることが多い。
（2）イスラム教の神話では、イシュマエルがこれに当たる。

「長いお話は、ちょうど身代わりの罰の不正義について触れられたところです。ご主人様」

「そうだ、ジャーヴィス、よく言ってくれた。不正義だというのは正しい。不正義がココナツを叩いてひびを入れ、その音は諸州一帯に鳴り響く。事態はもっと悪化する。さあ、ここではピューマのように僕の後を追うのだ。イエスは神だった。それで正しいか？」

「初期の教父たちによって公布された三位一体説によれば、ご主人様、イエスは三位一体神の二番めの神でございます」

「僕が考えていた通りだ。しからば神――世界をつくり、急に潜り、安全な側で喘ぐアインシュタインを残すだけの十分な知恵を備えた同じ神で、天地のあらゆるものの創造主である全知全能の神、この鎖骨の上にある至宝、この知恵と力の泉――は、われらの罪を赦すのに、自ら警察隊に進み出て、身を犠牲にする以外の良い方法を思いつかなかったのか。ジャーヴィス、この疑問に答えてくれ。もし神がわれらを赦したいと望んでいたなら、なぜただ単純にお赦しにならないのだ？　なぜ拷問が？　鞭打ちとサソリ、釘と苦痛はどこから出てくるのか？　なぜ単にわれらを赦さないのだ？　おまえの蓄音機でそれを試してみろ、ジャーヴィス」

「その通りです、ご主人様。すばらしすぎるほどです。それはきわめてうまい弁舌です。勝手なことを言わせていただければ、もっと先まで議論を推し進めることもできたでしょう。伝統的な神学書の高く評価されている多くの文章によれば、イエスが償いをしていた主要な罪は、アダムの原罪だったということです」

「なんてことだ、ジャーヴィス、おまえは正しい。いくばくかの熱意と活力を持って、そのような主張をしたことを思いだしたぞ。実際、僕はむしろ、そのことが僕にとって有利なように天秤が傾き、かの聖書知識に織り込まれた大当たりを引き当てたのだと考えたい。だが、話をつづけろ、ジャーヴィス、おまえは妙に僕の興味をかきたてる。アダムの罪というのは何だったのだ？　何かかなりお釜っぽい《フルーティー》ものだと想像するんだが。地獄の基盤を揺り動かすように計算された何かだと」

「伝承によれば、彼はリンゴを食べるという罪を犯したということです。ご主人様」

「果実泥棒だって？　本当かね。イエスが購《あがな》い——あるいは選択できる償い——をしなければならなかった罪はそれだったというのか？　目には目を、歯には歯をというのは聞いたことがあったが、果実泥棒のために磔《はりつけ》だって？　ジャーヴィス、おまえ料理用のシェリー酒をちょろまかしたんだろう。本気で言っているんじゃないよな。もちろん？」

「創世記は、盗まれた食べ物の正確な種を特定しておりません、ご主人様。しかし、伝承では久しく、それがリンゴだということになっております。けれども、これは机上の空論です。なぜなら、現代科学はアダムが実際には存在しなかったと教えており、したがって、おそらく罪を犯す立場にはなかったでしょう」

「ジャーヴィス、すばらしい、まだら牡蠣とは言わないまでも、チョコレートクッキーに値するぞ。イエスが他のたくさんの仲間の罪を購うために拷問にかけられたというだけで、十分にひどい。それがたった一人の他の人間のためだったとおまえから聞かされれば、さらに悪い。その一人の人間の罪が、ダーシー・スパイス種のリンゴをかっぱらう程度のことでしかないとわかれば、さらに一層悪い。そしていまやおまえは、その罪人がそもそも存在していなかったと言う。ジャーヴィス、私は自分の帽子のサイズを知らないが、僕でさえ、これがまるっきり頭《ドゥーラリー》がおかしいことがわかる」

「私はあえて悪口を言うつもりはなかったのですが。ご主人様、おっしゃることはまさに至言です。ひょっとしたら刑を軽くする理由として、私は現代の神学者たちが、アダムと彼の罪の物語を文字通りではなく、むしろ象徴的なものとみなしていると申し上げておくべきかもしれません」

「象徴的だって、ジャーヴィス？　象徴的だって？　しかし鞭打ちは象徴的ではないだろう。十字架の釘は象徴的ではなかった。もし、ジャーヴィス、僕がオーブリー師の書斎で椅子に身をかがめていたときに、僕の不品行、あるいはそっちのほうがよければ不正が単なる象徴であると、抗議できたということか？　彼がそう言っただろうと、おまえは思うのか？」

「彼のような経験ある教育者なら、そのような身構えた言い訳を懐疑主義の寛容な物差しとして扱っていただろうと、私は容易に想像できます。ご主人様」

「確かにおまえは正しい、ジャーヴィス。アップコックは頑固なうすのろだ。僕はいまでも、じめじめした天気にはうずきを感じる。しかし、ひょっとしたら僕は象徴主義に関する論点、あるいは核心に対して、まるっきり批判的というわけではないかもしれないか？」

「ええご主人様、あなた様の判断がちょっとばかり早まりすぎだと考える人間がいるかもしれません。神学者ならたぶん、アダムの象徴的な罪はけっして無視できるようなものではないと、断言するでしょう。なぜなら、それが象徴しているのは、まだ罪を犯していない人間を含めて、人類のすべての罪だったからというのです」

「ジャーヴィス、これはまるっきりのたわごと《アップルソース》だ。〝まだ罪を犯していない人間〟だって？　おまえの心をもう一度、かの校長の書斎の破滅を予示する場面に戻すように願わせてくれ。僕が椅子の上で体を折って、高みからこう言ったと想像してみてほしい。『校長先生、あなたがこのうえなく強力《ジューシー》な六発を見舞われたいま、私が丁重にもう六発を、無限の将来においていつ私が犯そうと思い立つかもわからないような、その他のあらゆる軽い罪、あるいは微罪のかどで、お願いしてもよろしいでしょうか？　ああそれに、私だけでなく、私の友人の誰かが将来に犯すであろう微罪のかどで』。ジャーヴィス、それは納得がいかない。それは自分の好きなことをすることでも、警鐘を鳴らすことでもない」

「そうするのが自由だと受け取られないことを望みます。ご主人様。たとえ私が、賛成したい気持ちに傾いていると申し上げたとしても。そしてもし、あなたが私をお許しになるのなら、ご主人様、クリスマス《ユールタイド》のお祝いに備えて、部屋をヒイラギとヤドリギで飾る仕事に戻りたいのですが[1]」

『旧約聖書』と『新約聖書』のどちらにも、いい章句もあればぞっとするような章句もある。しかし、どの章句が良くてどの章句が悪いかを選別するなんらかの規準があるにちがいない。循環論を避けようとするなら、その規準は聖書の外部に求めなければならない。道徳性に関する私たちの支配的な規準がどこから来たか、その全貌を知るのはむずかしいが、それらは私が「道徳に関する変わりゆく

(1) これは Ariane Sherine, ed. *The Atheist's Guide to Christmas* (London, HarperCollins, 2009) の 'The Great Bus Mystery' からの抜粋。

時代精神《ツァイトガイスト》」と呼んだもののなかに、はっきりと示されている。今日の私たちは、二一世紀の価値観をまぎれもなく標《しる》された二一世紀の道徳家である。T・H・ハクスリー、チャールズ・ダーウィン、エイブラハム・リンカーンのような、一九世紀のもっとも先端的で進歩的な思想家たちでさえ、もし彼らが現代のディナー・パーティやウェブのチャットルームに入ってくれば、その人種差別主義と性差別主義によって、私たちをギョッとさせるだろう。ハクスリーもリンカーンも黒人の劣等性を当然のこととみなしていたし、合衆国建国の父たちの多くも、奴隷を所有していた。世界の民主主義の大部分が婦人参政権を導入するのは遅く、やっと一九二〇年代になってからであり、フランスは一九四四年、イタリアは一九四六年、イタリアは一九四六年、ギリシアでは一九五二年であり、スイスは一九七一年までもたもたしていた。信じられないことに、女性の参政権に反対する根拠には「女性はいずれにせよ、夫と同じ投票をするだけだから必要がない」というものが含まれていた。道徳に関する時代精神は情け容赦なく一つの方向に動いていき、その結果、一九世紀のもっとも進歩的な思想家が、二一世紀のもっとも進歩的ではない思想家よりも遅れを取ることになりがちである。私たちが聖書から自分の気にいった詩句だけをつまみ食いして、これは悪いとか良いとか判定するのは、文明化した二一世紀の会話の規準によってである。そして、つまみ食いのための規準を選び、同意したのであれば、道徳的な指針を探すにせよ、なぜそもそもあえて聖書に戻る必要があるのか？　なぜ、私たちの道徳に関する時代精神に直行し、聖書という仲介者を切り捨てないのか？

一方で、文学としては、聖書に立ち戻るべき適切な理由がある。なぜなら私が『神は妄想である』でも述べたように、西欧文化全体が聖書と緊密に結びついているため、もし聖書を読んだことがなければ、引喩を受けとめることも自らの歴史を理解することもできないだろう。実際に、私は聖書からの長々しい引用をびっしりと詰め込んだ。誰もがよく知っている成句だが、その出典が聖書であることを知る人がほとんどいないものである。私は子供たちにたまたま生まれ落ちた特定の宗教的伝統を教え込むことに対して激しく反対するとはいえ、宗教について子供たちに教えるのは非常に好きである。もし「実存主義者の子供」とか「マルクス主義者の子供」とか「ポストモダン主義者の子供」とか「ケインズ主義者の子供」とか「マネタリストの子供」とかいう成句に出会ったら縮みあがるだろうにもかかわらず、宗教的であると同時に世俗的でもある私たちの社会全体は、「カトリックの子供」とか「イスラム教徒の子供」という言葉を聞いても暢気《のんき》に縮みあがることもないという奇妙な事実に、私は繰り返し注意を喚起してきた。私たちは、そうした成句が受け入れがたく感じられるほどまでに意識を高める必要がある。ちょうどフェミニストたちが〝one man one vote〟（一人一票制）という成句について意識を高めるのと同じように。どうか「カトリックの子供」とか「プロテスタントの子供」とか「イスラム教徒の子供」という言い方はけっしてしないようにしてほしい。その代わりに、「両親がカトリックの子供」とか「両親がイスラム教徒の子供」と言ってほしい。たとえば、人口統計学の計算が、「フランスは、〇〇年までにイスラム教徒が多数派になるだろう」などと人騒がせな結論を弾き出したとしても、これは子供たちが自動的に親の宗教を受け継ぐという根拠のない仮定に全面的にもとづいている。私たちはこの前提を何も考えずに当然のこととして受け入れるのでなく、これと闘わなければならない。

宗教的な人々と議論するとき、融和的な「妥協派」でいるべきか、それともあけっ開《ぴろ》げなほうがいいのかというのは、『神は妄想である』を出版して以来、繰り返し私が受けた質問である。これについては前に、講演の質疑応答でローレンス・クラウスとニール・ドグラース・タイソンから私になされた質問に関連して述べた。二つのアプローチのそれぞれがうまくいくのではないかと思うが、有効なのは、それぞれ異なった聴衆に対してである。私は一度、「馬鹿な真似はするな（Don't be a dick）」という受けのいい講演を聞いたことがあるが、そのなかで講演者が聴衆に向かって挙手をするよう頼んだ。「もし誰かがあなたのことを馬鹿と呼んだら、あなたはその人の世界観を受け入れやすくなるでしょうか、それとも受け入れにくくなるでしょうか？」。言うまでもないが、投票結果は圧倒的に否定的だった。しかし、講演者がしてしかるべきだった、別の質問があったのではないだろうか。「もしあなたが第三者で、どっちにもつかずに二人の人間の論争を聞いているとして、あなたに対し片方がもう片方のことを〝こいつは馬鹿だ〟と納得のいくように示したとしたら、それがゆえにあなたの評価は二人のどちらかに傾くでしょうか？」。私は無用の人格的な侮辱にけっして譲歩しない人間でありたいのだが、ユーモアのある、あるいは風刺的な嘲りは、確かに有効な武器になると思う。ただし、的を正確に撃たなければならないが。アメリカの風刺漫画アニメ《サウス・パーク》が風刺《ランプーン》の一環として、私を登場させたことがある。それはむしろ、教育的なイラストと言うべきものだった。というのもその半分は風刺的な「一本取られたという瞬間」（無神論者の「運動」が分裂して、反目しあう分派になった未来のある世紀）を正確に標的とし、残りの半分はいかなる標的をも狙っておらず、いかなる意味でも風刺とは言えないものだったからである（頭の禿げたオカマと私がアナルセックスをしている漫画だった）。

もし『神は妄想である』に、感じやすい人にとって「耳障り」ではなくとも強く批判的であるように読み取られる文章が実際にあるとしても、この本の始めと終わりは穏やかである。「巨大なブルカ」と題された最後の章は、一つの拡張された隠喩《メタファー》である。人生を貧しいものにしているブルカのスリットは、近代科学以前の世界観の狭さを象徴していて、私はこのスリットの幅を広げ、結果として人生とその喜びを高めることができるさまざまな方法を例証していった。たとえば科学は、私たちが目で見てとれるのは電磁波のスペクトルのほんのちっぽけな領域だけなのだと示すことによって、この幅を広げることができる。

この本の第1章は、私の昔の学校にいた一人の礼拝堂付き牧師についての心和む思い出から始まっている。彼は少年時代、草の上にうつぶせになり、すばらしい体験の瞬間に啓示を受けて信仰を受け入れ、それが彼の歩むべき道となった。「突然、芝生のミクロの森が膨《ふく》れあがり、独自の宇宙をもつものになったように思え、恍惚《こうこつ》となった少年の心はそれをじっと見つめていた」。私は彼の天啓《エピファニー》に十分な敬意を払っていて、こう述べている。「時間と場所がちがっていたら、その少年は星空の下で、オリオン座やカシオペア座、おおぐま座の輝きに圧倒され、銀河が奏《かな》でる耳に聞こえない音楽に涙し、アフリカの庭園でフランジパニ（プルメリア）やノウゼンカズラの夜の香りに酔う私だったかもしれない」。

おおぐま座の名を出したのは、私の母が少女時代に書いた一篇の詩の記憶に衝き動かされた、意識的なものだった。その詩は次のような行で締めくくられていた。

おおぐま座は、逆立ちし、
その掌は林檎の大枝のあいだ、
その黒い木は、もっと真っ黒な空を背景にし、
風に揺れ動き、小枝を打ち鳴らす

その小さなざわめきは、侘びしく、悲しい。
何もない空虚な夜の闇のなかで

この本の冒頭のページの最後〔脚注〕では、いつも私たちがこの牧師に英国空軍で軍務に就いていたときのことを質問して聖書の話からそらせていた様子についての、甘く寛大な思い出で締めくくった。そして彼を讃えて、ジョン・ベッチマンの「われらが神父」という詩を引用した。

われらが神父はかつての空軍パイロット
いまは痛々しく翼をもがれてしまっている。
だが、いまでも牧師館の庭の旗竿は
はるかな高みを指し示している。

私の本が出版されたあと、嬉しいことに同じ学校の昔の生徒が、私のウェブサイト（RichardDawkins.net）に一篇の詩を送ってきてくれた。

ぼくは知っている。君の空飛ぶ牧師を
私の寮長だったから、知っていて当然
君が彼のリベラルな考えを抱きしめるあいだ
ぼくは、彼の娘を抱きしめていたのだ

英国の私立学校の教育にどのような欠陥があろうとも、オーンドル校がこうしたものをつくりだせる卒業生を生みだすかぎり、頑張ってやってみるだけのものをもっているに違いない。

もとに戻る

Richard Dawkins

始まった場所に戻ることにしよう。ララがニュー・カレッジ・ホールで開いてくれた私の七〇歳の誕生日パーティの、一〇〇人の来客との晩餐会の席へ。聖歌隊が懐かしい歌を歌ったあと、ララ自身、私の優等生の学生でのちには師匠となったアラン・グラーフェン、元駐日英国大使でのちにケンブリッジ大学チャーチル・カレッジの学寮長となったサー・ジョン・ボイドのスピーチが終わったあと、私は自分のスピーチをした。おしまいに、もじりや見立て――A・E・ハウスマン（若い頃の私のお気に入りで、ビル・ハミルトンも好きだった。彼は実際、私に「シュロップシャーの若者」の物思いに沈む主人公を思いおこさせた）、「詩篇」、ジョージ・アンド・アイラ・ガーシュウィン、わが英国の国技クリケット、シェイクスピア、G・K・チェスタートン、アンドリュー・マーヴェル、ディラン・トマス、およびキーツに対する――に満ちあふれた短い詩（むしろ韻文だった。私はあえて詩と呼んでもったいをつけようとは思わない）を読んだ。

ぼくの、七〇年（三度の二〇年と一〇年）の生涯のうち七〇歳はもう二度とやってこない。
そして、七〇回の春からこの長い齢を引けば……〔ハウスマンの詩〕
引き算が、私に残されたものをあなたに告げる。
もしあなたが、とても人騒がせで、
古《いにしえ》の詩篇の作者を信じるほどであるかぎり。
聖書で何が語られていようとも、
私はまったく気にせぬ者だ。
保険数理《アクチユアリー》の神秘主義者など追い払ってしまえ。
私は厳然たる統計学と運命をともにしよう。
聖書は古く、趣《おもむき》があるかもしれないが……
なんでもそうとは……限らない〔ガーシュウィン兄弟の歌〕。
（私は、ジョージ・アンド・アイラについていく）
私は撃とう、死神からの警告の威嚇射撃を。私には、
命の審判者に死《アウト》を宣告させるつもりはない。
「脚で球をとったから反則」とか「投手《ボウラー》に取られてアウト」とか〔いずれもクリケット用語〕
少なくとも、私が本当に年寄りになり
そして、かの国の境に着くまでは――私たちが教わった
そこから戻った旅人は一人としてない〔ハムレットの科白〕あの世。
翼をもつ時の戦車〔アンドリュー・マーヴェルの詩〕が予兆していた

かの、しかるべき死の宿〔チェスタートンの詩〕――マリオット・ホテルではない――に
あの快い夜のなかにおとなしく流されていく〔ディラン・トマスの詩〕時間はまだある。
世界を明るくする時間はある。
新しい虹を解きほぐす〔キーツの詩〕時間はまだある、
永遠の旅立ちの時を迎えるまでには。

謝辞

さまざまな種類の助言、助け、支援について、以下の人々に感謝をしたい。ララ・ウォード、ランド・ラッセル、マリアン・スタンプ・ドーキンス、サリー・ガミナラ、ヒラリー・レドモン、ジリアン・サマースケールズ、シーラ・リー、ジョン・ブロックマン、アラン・グラーフェン、ラース・エドヴァルド・アイバーソン、デイヴィッド・レイバーン、マイケル・ロジャーズ、ジュリエット・ドーキンス、ジェーン・ブロックマン、ローレンス・クラウス、ジェレミー・テイラー、ラッセル・バーンズ、ジェニファー・ソープ、バート・ヴォールツァンガー、ミランダ・ヘイル、スティーヴン・ピンカー、リサ・ブルナ、アリス・ダイソン、ルーシー・ウェインライト、キャロライン・ポルコ、ロビン・ブリュムナー、ヴィクター・フリン、アラン・キャノン、テッド・カーラー、エディー・タバシュ、ラリー・シェーファー、リチャード・ブラウン。

訳者あとがき

このドーキンス自伝の第2巻は、精神の形成史を語った第1巻とはちがって、さまざまな活動を通じて出会った人々との交友録が中心になっている。登場する絢爛豪華な顔ぶれとの交流を読みながら、同世代の人間として、その住む世界のあまりの違いように圧倒される。

なによりも、英国を中心とした欧米には、現在でも「知的エリート社会」が厳然として存在するということを、いまさらながら思い知らされた。それは単に学者の世界だけの話ではなく、実業家、政治家、芸術家、宗教家、メディア関係者をすべて含む大きなサークルが形成されているのだ。「宮廷サロン」の伝統が今も生きているのだろう。そうした伝統のなかで、すぐれた経営者がすぐれた教養人であることがわかる。ドーキンスに講座を寄付したチャールズ・シモニーを初めとして、ネイサン・ミアヴォルドやビル・ゲイツなどのＩＴ界の大物たちの言動や、見識、知的好奇心は、彼らがまぎれもなく、すぐれた知識人・教養人であることを示している。それに引き比べて、日本における同業者たちは、もちろん例外はあるのだろうけれど、おしなべて、金儲け以外のことについての関心は薄いように感じられる。余談ながら、トランプ大統領以後の世界で、こうした社会が存続しうるのかどうか、少なからぬ不安はある。

世界のトップクラスの有名人がつぎつぎとドーキンスの人生と交錯するさまは、あまりにも眩しく、クラクラしてしまう。途方もない自慢話を聞かされているようで、ウンザリする人がいるかもしれないが、少なくともドーキンスの愛読者にとっては、面白く読めるはずだ。随所に、著名人にまつわる、ちょっとどころではない、いい話が出てきて、腹を抱えたり、苦笑いしたり、あるいは涙腺を刺激されることになるのは請け合える。とくに、終わりの方の章（「編み上げた本の糸をほぐす」）で、自らの著作と活動を通じて、「利己的な遺伝子」、「延長された表現型」、「ミーム」などのキー概念がどのようにして生まれ、発展していったか、種明かししているのは読み応えがある。ドーキンス風の表現をすれば、彼の脳内のミーム進化史と呼べるもので、彼の思考の過程を知るすぐれた手がかりを与えてくれる。

それぞれの著作にかかわるドーキンスの思い出は、翻訳者としての私の思い出と重なるところがあって、感慨深いのだが、全体を通じてもっとも強い印象を受けたのは、現在の（三番目の）妻、ララの献身ぶりである。単に夫に仕える妻というのではなく、いわば同志として、自らの世界をもちながら、ドーキンスの活動に協力している。ドーキンスの書き方のせいかもしれないが、先妻とその娘（父親はドーキンス）ジュリエットとのあいだに深い友情を築き、先妻の最後を看取る姿から、彼女の温かい人格がおのずと伝わってくる。

＊　＊　＊

この本には、編集者とのかかわりについて書かれた章（「出版社を得るものは恵みを得る」）があるので、それにならって、翻訳者としての私とドーキンスのかかわりについて簡単に述べておきたい。
研究者としての自分の能力に見切りを付けて、私は出版界に身を投じたのだが、最初に携わった仕事は小さな出版社での編集であった。そこでは、主として生物学関係の翻訳出版を手がけたが、なかでも動物行動学関係の書籍が多かった。ちょうど、コンラート・ローレンツ、ニコ・ティンバーゲン、カール・フォン・フリッシュの三人がノーベル賞を受賞したこともあって、動物行動学が脚光を浴びていた時代だった。言うまでもないことだが、ドーキンスはこの動物行動学の後継者で、ティンバーゲンの弟子として、研究生活を始めている。

私は、ローレンツやティンバーゲンの著作の翻訳出版をいくつか手がけたのだが、そうした本の翻訳者として、当時東京農工大学の教授（のちに京大教授、滋賀県立大学学長などを歴任）だった日高敏隆さん（あえて先生とは呼ばない）にお世話になった。ご存じのように日高さんは、ローレンツやデズモンド・モリスに始まり、ドーキンスに至るまで、つねに世界の動物学の最先端情報を日本に紹介してきた、すぐれた啓蒙家であった。私は日高さんの直接の弟子ではなく、あくまで編集者と著者の関係だったが、どういうわけか、気が合い、なにかと目をかけていただいた。私が最初の出版社を辞めたときには、次の出版社を紹介するという労をとってくださった。

その頃、編集者仲間から、翻訳を引き受けてくれないかという話がちょくちょくあり、編集稼業のかたわら、一年に一冊ほど翻訳の仕事を引き受けていた。しかしそれはあくまで、副業としてだった。

ところが、一九九〇年代に、本書にも触れられているように、ドーキンスの『利己的な遺伝子』の増補版が出て、新たな二章が追加された。この本の最初の版の売れ行きがよかったので、版元としては、大急ぎで増補版を出したいという意向があり、日高さんがその追加の二章の翻訳者として私を推薦してくれたのだ。質はともかくスピードには自信があったので、引き受け、無事に出版に至った。この本は、原著出版三〇周年記念にさらなる増補改訂を加えて刊行され、現在も、この分野のベストセラーの地位を保っている。

この本の翻訳者の一人に付け加えていただいたおかげで、翻訳者としての知名度が一気に上がり、ありがたいことに、その後のドーキンスの著作の翻訳の多くが私のところにまわってくるようになった。それ以外の翻訳の仕事の依頼も順調に続いたので、やがてフリーの翻訳者として、自立できるようになった。私が担当したドーキンス本は、『遺伝子の川』、『悪魔に仕える牧師』、『祖先の物語』、『神は妄想である』、『進化の存在証明』、『好奇心の赴くままに』、そして本書である。半分以上を訳していることになるが、私にとっては幸運だったが、読者にとっても幸運だったかどうかは保証の限りではない。

* * *

ドーキンスの文章は、非常に端正なものだと思うが、表現に工夫を凝らしているので、翻訳者には手強いところがある。月並みな表現を潔しとしないため、ふつうの辞書には載っていないような単語や成句を使うことがよくある。それよりも厄介なのは、古典文学、詩歌、聖書からの引用が頻繁になされ、時には、なんの注記もなしに地の文に紛れ込んでいるときがある。翻訳者は教養を問われることになり、その典拠を探すのに追われるのだ。インターネットが普及する以前には、最後に公共図書館に籠もって、そういう典拠探しに時間をかけたものだが、活字だけでの検索には限界がある。幸い、現在では、信じられないような検索能力をもつGoogleがあり、詩の一節でも容易に探しだすことができる。手間さえかければ、出典を見つけるのはむずかしくないというのは、翻訳者にとってはまことにありがたい。

また、出典がわかっても詩の翻訳はむずかしく、理科系の人間としてはたいへんな難事業である。本書でも、最後を締めくくるドーキンス自身の二行連句は、見事な脚韻を踏んでいるのだが、訳者の力量では、それをふさわしい日本語に置き換えるのは不可能だった。読者の寛恕をたまわりたい。

ドーキンスの著作の日本語訳の多くは、早川書房から出版されており、私が翻訳をしたものは、すべて、編集部の伊藤浩さんのお世話になった。彼は猛烈な仕事人間で、どんなときにも手を抜かず、私の訳文原稿に厳しいチェックを入れてくれる。彼の努力によって、私の未熟な翻訳がどれだけ救われたかわからない。あらためてここに記して、感謝の意を捧げたい。さらに、本書の校正をしていただいた二タ村発生、山口素臣両氏にも、その細心の作業に感謝を捧げたい。

著作邦訳一覧

『利己的な遺伝子〔増補新装版〕』（*The Selfish Gene*）日高敏隆・岸由二・羽田節子・垂水雄二訳、紀伊國屋書店

『延長された表現型——自然淘汰の単位としての遺伝子』（*The Extended Phenotype*）日高敏隆・遠藤彰・遠藤知二訳、紀伊國屋書店

『盲目の時計職人——自然淘汰は偶然か？』（*The Blind Watchmaker*）日高敏隆監修、中嶋康裕・遠藤彰・遠藤知二・疋田努訳、早川書房

『遺伝子の川』（*River Out of Eden*）垂水雄二訳、草思社文庫

『虹の解体——いかにして科学は驚異への扉を開いたか』（*Unweaving the Rainbow*）福岡伸一訳、早川書房

『悪魔に仕える牧師——なぜ科学は「神」を必要としないのか』（*A Devil's Chaplain*）垂水雄二訳、早川書房

『祖先の物語——ドーキンスの生命史』（*The Ancestor's Tale*）垂水雄二訳、小学館

『神は妄想である——宗教との決別』（*The God Delusion*）垂水雄二訳、早川書房

『進化の存在証明』（*The Greatest Show on Earth*）垂水雄二訳、早川書房

『ドーキンス博士が教える「世界の秘密」』（*The Magic of Reality*）デイヴ・マッキーン画、大田直子訳、早川書房

『進化とは何か——ドーキンス博士の特別講義』（*Growing Up in the Universe*：日本版独自編集）吉成真由美編・訳、ハヤカワ・ノンフィクション文庫

『好奇心の赴くままに　ドーキンス自伝Ｉ——私が科学者になるまで』（*An Appetite for Wonder*）垂水雄二訳、早川書房

『ささやかな知のロウソク　ドーキンス自伝Ⅱ——科学に捧げた半生』（*Brief Candle in the Dark*）垂水雄二訳、早川書房（本書）

ルの自宅におけるチャールズ・シモニー、1997年頃 : © Adam Weiss/Corbis; スティーヴン・ピンカー、1997年 ; ジャレド・ダイアモンド、コロラド州アスペン、2010年2月 : © Lynn Goldsmith/Corbis; ダニエル・デネット、ヘイ・フェスティバル、2013年5月 : © D. Legakis/Alamy; リチャード・グレゴリー : Martin Haswell.

p19　王室天文官、マーティン・リース、2009年5月 : © Jeff Morgan 12/Alamy; ケニヤのリチャード・リーキー、1994年1月 : David O'Neill/Associated Newspapers/Rex; ポール・ナース、2004年10月 : © J. M. Garcia/epa/Corbis; ハリー・クロト、2004年 : Nick Cunard/Rex; パサデナの記者会見場で、宇宙船カッシーニから送られてきた最初の映像を提示するキャロライン・ポルコ、2004年7月 : Reuters/Robert Galbraith.

p20　《理性の敵》チーム ; ClearStoryの厚意による ;《諸悪の根源》; 著者とゴリラ : Tim Cragg,《チャールズ・ダーウィンの天才》; 著者とラッセル・バーンズ、《宗教学校の脅威》: ClearStory の厚意による。

p21　《チャールズ・ダーウィンの天才》を撮影中のティム・クラッグとアダム・プレスコッド : ClearStory の厚意による ; エルサレムの嘆きの壁の前に立つ著者 ; ルルドの著者 : どちらも Tim Cragg.

p22　ガラクタ置き場に立つ著者 : 著者撮影 ; 椅子カバーと立方体をもつララ : すべて著者提供 ; 家での著者、1991年 : Hyde/Rex.

p23　デヴォンシャーのミーム研究室におけるダニエル・デネット、スー・ブラックモア、および著者、2012年 ; ミーム研究室で折り紙のジャンクをつくる : どちらも Adam Hart-Davis の撮影、Sue Blackmore の厚意による。

p24　ニュー・カレッジにおける70歳の誕生日晩餐会、2011年 : 撮影 Sarah Kettlewell.

p9　著者とララ、1992年 : © Norman McBeath; 著者とカンタベリー大主教、ローワン・ウィリアムズ。オックスフォード、2012年2月 : Andrew Winning/ Reuters/ Corbis; ロバート・ウィンストンと著者、チェルトナム文芸フェスティバル、2006年10月 : © Retna/Photoshot; 著者とジョーン・ベイクウェル、ヘイ・フェスティバル、2014年5月 : ©Keith Morris News/Alamy; 本にサインをする著者 : Mark Coggins.

P10　1970年代半ばのパント・レース大会におけるアラン・グラーフェンとビル・ハミルトン : どちらもMarian Dawkinsの厚意による ; マーク・リドレー、1978年頃 : Marian Dawkinsの厚意による ; パント・レース大会、1976年頃 : Richard Brown撮影。

p11　著者、フランシス・クリック、ララ、リチャード・グレゴリー、オックスフォード、1990年代初め : 撮影Odile Crickで、著者提供 ; サセックス大学のリチャード・アッテンボローから名誉学位を受ける著者。2005年7月 : 著者の厚意による。

p12・p13　王立研究所クリスマス講演、ロンドン1991年および東京1992年。右ページはすべて*Growing Up in the Universe*からの静止画 ; 左ページはすべて© The Yomiuri Shimbun.

p14　トライトンの前の著者 ; トライトンの中のエディス・ウィダー ; トライトンの中の著者、マーク・テイラー、および窪寺恒己 ; ダイオウイカ : すべてEdith Widderの厚意による。

p15　インドネシアのラジャ・アンパット諸島 : © Images & Stories/Alamy; カヌーに乗る著者 : Ian Kellet撮影で、著者提供 ; ヘロン島における著者 : 著者提供 ; グレート・バリア・リーフのヘロン島 ; © Hilke Maunder/Alamy.

p16　父系クランの系譜図（わずかに修正）: © Oxford Ancestors; 著者とジェームズ・ドーキンス : 著者提供。

p18　カザフスタンから国際宇宙ステーション第19次長期滞在に出航する日の、司令官のゲンナジー・パダルカ（上)、チャールズ・シモニー（中央)、および航空機関士のマイケル・R・バラット（下)、2009年3月 : NASA/Bill Ingalls; シアト

口絵写真クレジット

著作権保有者を追跡することに全力を尽くしたが、もし見落としている人があれば、出版社への連絡をお願いする。

p2　サー・ピーター・メダワー : © Godfrey Argent Studio; ニコ・ティンバーゲン : Lary Shafferの厚意による ; ジョン・メイナード・スミス : the University of Sussexの厚意による ; ビル・ハミルトン : Marian Dawkinsの厚意による写真。

p3　ダグラス・アダムズ : © LFI/Photoshot; カール・セーガン : © 1984: NASA/Cosmos; デイヴィッド・アッテンボローと著者 : © Alastair Thain.

p4　《ゲインズヴィル・サン》紙1979年5月11日号の切り抜き ; クロアナバチ属の1種（*Sphex ichneumoneus*）: Jane Brockmannの厚意による。

p5　パナマのスミソニアン熱帯研究センターの景観、1977年 : © STRI; Michael Robinson; フリッツ・ヴォルラース : 著者撮影。

p6　クロンベルクのシュロスホテル : © imageBROKER/Alamy; カール・ポパー、1989年 : IMAGNO/Votava/TopFoto; ジム・ラヴェルとアレクセイ・レオーノフ ; 2011年6月のスタームス会議 : どちらも © Max Alexander; 宇宙飛行士の絵 : STARMUS、Garik Israelienの厚意による。

p7　第1回〈人間行動と進化学会〉、イリノイ州、エヴァンストン、1989年8月 : Professor Edward O. Wilsonの厚意による ; メルブでの著者、1989年 : Tone Brevik撮影、Nordland Akademi, Melbuの厚意による ; ベティ・ペテルセン、1992年 : Nordland Akademi, Melbuの厚意による ; メルブの全景 : Odd Johan Forsnes撮影、Nordland Akademi, Melbuの厚意による。

p8　著者とニール・ドグラース・タイソン、ハワード大学、2010年9月 : Bruce F Press, Bruce F Press Photography; 著者とローレンス・クラウス : 著者撮影。

ささやかな知《ち》のロウソク　ドーキンス自伝《じでん》II
科学に捧げた半生
2017年2月20日　初版印刷
2017年2月25日　初版発行
＊
著　者　リチャード・ドーキンス
訳　者　垂《たる》水《み》雄《ゆう》二《じ》
発行者　早川　浩
＊
印刷所　中央精版印刷株式会社
製本所　中央精版印刷株式会社
＊
発行所　株式会社　早川書房
東京都千代田区神田多町2－2
電話　03-3252-3111（大代表）
振替　00160-3-47799
http://www.hayakawa-online.co.jp
定価はカバーに表示してあります
ISBN978-4-15-209671-5　C0045
Printed and bound in Japan
乱丁・落丁本は小社制作部宛お送り下さい。
送料小社負担にてお取りかえいたします。